技能型人才培训用书
国家职业资格培训教材

室内装饰设计员

国家职业资格培训教材编审委员会　编
平国安　主编

机械工业出版社

本书是依据劳动和社会保障部最新制定的《国家职业标准　室内装饰设计员》的知识要求和技能要求，按照岗位培训需要的原则编写的。本书的内容包括：室内装饰设计的基础理论，室内设计概论、工作程序和书写表达，室内装饰设计的准备工作，室内装饰方案设计，室内装饰施工图设计，室内装饰施工的技术要求。书末附有与之配套的试题库和答案，以便于企业培训、考核鉴定和读者自测自查。

本书主要用作企业培训部门、职业技能鉴定培训机构、再就业和农民工培训机构的教材，也可作为技校、中职、各种短训班的教学用书。

图书在版编目（CIP）数据

室内装饰设计员/平国安主编．—北京：机械工业出版社，2007.7（2024.1重印）
国家职业资格培训教材
ISBN 978-7-111-21670-4

Ⅰ．室…　Ⅱ．平…　Ⅲ．室内装饰—建筑设计—技术培训—教材　Ⅳ．TU238

中国版本图书馆CIP数据核字（2007）第089414号

机械工业出版社（北京市百万庄大街22号　邮政编码100037）
责任编辑：张立荣　版式设计：霍永明　责任校对：张晓蓉
封面设计：饶　薇　责任印制：常天培
固安县铭成印刷有限公司印刷
2024年1月第1版第11次印刷
148mm×210mm · 14.125印张 · 404千字
标准书号：ISBN 978-7-111-21670-4
定价：59.80元

电话服务		网络服务	
客服电话：	010-88361066	机　工　官　网：	www.cmpbook.com
	010-88379833	机　工　官　博：	weibo.com/cmp1952
	010-68326294	金　　书　　网：	www.golden-book.com
封底无防伪标均为盗版		机工教育服务网：	www.cmpedu.com

国家职业资格培训教材
编审委员会

主　　任　于　珍
副 主 任　郝广发　李　奇　洪子英
委　　员　（按姓氏笔画排序）
王　蕾　王兆晶　王英杰　王昌庚
田力飞　刘云龙　刘书芳　刘亚琴（常务）
朱　华　沈卫平　汤化胜　李春明
李家柱　李晓明　李超群（常务）
李培根　李援瑛　吴茂林　何月秋（常务）
张安宁　张吉国　张凯良　陈业彪
周新模　郑　骏　杨仁江　杨君伟
杨柳青　卓　炜　周立雪　周庆轩
施　斌　荆宏智（常务）　柳吉荣
徐　彤（常务）　黄志良　潘　茵
潘宝权　戴　勇
顾　　问　吴关昌
策　　划　李超群　荆宏智　何月秋
本书主编　平国安
本书副主编　王娟芬　曹　莹
本书参编　刘　丽　俞　兰　韩　非
本书主审　高祥生

序　一

当前和今后一个时期，是我国全面建设小康社会、开创中国特色社会主义事业新局面的重要战略机遇期。建设小康社会需要科技创新，离不开技能人才。“全国人才工作会议”、“全国职教工作会议”都强调要把“提高技术工人素质、培养高技能人才”作为重要任务来抓。当今世界，谁掌握了先进的科学技术并拥有大量技术娴熟、手艺高超的技能人才，谁就能生产出高质量的产品，创出自己的名牌；谁就能在激烈的市场竞争中立于不败之地。我国有近一亿技术工人，他们是社会物质财富的直接创造者。技术工人的劳动，是科技成果转化为生产力的关键环节，是经济发展的重要基础。

科学技术是财富，操作技能也是财富，而且是重要的财富。中华全国总工会始终把提高劳动者素质，作为一项重要任务，在职工中开展的“当好主力军，建功‘十一五’，和谐奔小康”竞赛中，全国各级工会特别是各级工会职工技协组织注重加强职工技能开发，实施群众性经济技术创新工程，坚持从行业和企业实际出发，广泛开展岗位练兵、技术比赛、技术革新、技术协作等活动，不断提高职工的技术技能和操作水平，涌现出一大批掌握高超技能的能工巧匠。他们以自己的勤劳和智慧，在推动企业技术进步，促进产品更新换代和升级中发挥了积极的作用。

欣闻机械工业出版社配合新的《国家职业标准》，为技术工人编写了这套涵盖41个职业的172种“国家职业资格培训教材”。这套教材由全国各地技能培训和考评专家编写，具有权威性和代表性；将理论与技能有机结合，并紧紧围绕《国家职业标准》的知识点和技能鉴定点编写，实用性、针对性强；既有必备的理论和技能知识，又有考核鉴定的理论和技能题库及答案，编排科学、便于培训和检测。

这套教材的出版非常及时，为培养技能型人才做了一件大好事，我相信这套教材一定会为我们培养更多更好的高技能人才做出贡献！

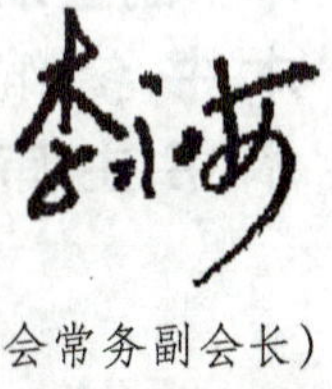

（李永安　中国职工技术协会常务副会长）

序　　二

为贯彻“全国职业教育工作会议”和“全国再就业会议”精神，落实国家人才发展战略目标，促进农村劳动力转移培训，全面推进技能振兴计划和高技能人才培养工程，加快培养一大批高素质的技能型人才，我们精心策划了这套与劳动和社会保障部最新颁布的《国家职业标准》配套的“国家职业资格培训教材”。

进入21世纪，我国制造业在世界上所占的比重越来越大，随着我国逐渐成为“世界制造业中心”进程的加快，制造业的主力军——技能人才，尤其是高级技能人才的严重缺乏已成为制约我国制造业快速发展的瓶颈，高级蓝领出现断层的消息屡屡见诸报端。据统计，我国技术工人中高级以上技工只占3.5%，与发达国家40%的比例相去甚远。为此，国务院先后召开了“全国职业教育工作会议”和“全国再就业会议”，提出了“三年50万新技师的培养计划”，强调各地、各行业、各企业、各职业院校等要大力开展职业技术培训，以培训促就业，全面提高技术工人的素质。那么，开展职业培训的重要基础是什么呢？

众所周知，“教材是人们终身教育和职业生涯的重要学习工具”。顾名思义，作为职业培训的重要基础，职业培训教材当之无愧！编写出版优秀的职业培训教材，就等于为技能培训提供了一把开启就业之门的金钥匙，搭建了一座高技能人才培养的阶梯。

加快发展我国制造业，作为制造业龙头的机械行业责无旁贷。技术工人密集的机械行业历来高度重视技术工人的职业技能培训工作，尤其是技术工人培训教材的基础建设工作，并在几十年的实践中积累了丰富的教材建设经验。作为机械行业的专业出版社，机械工业出版社在“七五”、“八五”、“九五”期间，先后组织编写出版了“机械工人技术理论培训教材”149种，“机械工人操作技能培训教材”85种，“机械工人职业技能培训教材”66种，“机械工业技师考评培训教材”22种，以及配套的习题集、试题库和各种辅导性教材约800种，基本满足了机械行业技术工人培训的需要。这些教材以其针对性、实用性强，覆盖面广，层次齐备，成龙配套等特点，受到全国各级培训、鉴定和考工部门和技术工人的欢迎。

2000年以来，我国相继颁布了《中华人民共和国职业分类大典》和新的《国家职业标准》，其中对我国职业技术工人的工种、等级、职业的活动范围、工作内容、技能要求和知识水平等根据实际需要进行了重新界定，将国家职业资格分为5个等级：初级（5级）、中级（4级）、高级（3级）、技师（2级）、高级技师（1级）。为与新的《国家职业标准》配套，更好地满足当前各级职业培训和技术工人考工取证的需要，我们精心策划编写了这套“国家职业资格培训教材”。

这套教材是依据劳动和社会保障部最新颁布的《国家职业标准》编写的，为满足各级培训考工部门和广大读者的需要，这次共编写了38个职业159种教材。在职业选择上，除机电行业通用职业外，还选择了建筑、汽车、家电等其他相近行业的热门职业。每个职业按《国家职业标准》规定的工作内容和技能要求编写初级、中级、高级、技师（含高级技师）四本教材，各等级合理衔接、步步提升，为高技能人才培养搭建了科学的阶梯型培训架构。为满足实际培训的需要，对多工种共同需求的基础知识我们还分别编写了《机械制图》、《机械基础》、《电工常识》、《电工基础》、《建筑装饰识图》等近20种公共基础教材。

在编写原则上，依据《国家职业标准》又不拘泥于《国家职业标准》是我们这套教材的创新。为满足沿海制造业发达地区对技能人才细分市场的需要，我们对模具、制冷、电梯等社会需求量大又已单独培训和考核的职业，从相应的职业标准中剥离出来单独编写了针对性较强的培训教材。

为满足培训、鉴定、考工和读者自学的需要，在编写时我们考虑了教材的配套性。教材的章首有培训要点、章末配复习思考题，书末有与之配套的试题库和答案，以及便于自检自测的理论和技能模拟试卷，同时还根据需求为20多种教材配制了VCD光盘。

增加教材的可读性、提升教材的品质是我们策划这套教材的又一亮点。为便于培训、鉴定、考工部门在有限的时间内把最需要的知识和技能传授给学员，同时也便于学员抓住重点，提高学习效率，对需要掌握的重点、难点、考点和知识鉴定点加有旁白提示并采用双色印刷。

为扩大教材的覆盖面和体现教材的权威性，我们组织了上海、江苏、广东、广西、北京、山东、吉林、河北、四川、内蒙古等地相关行业从事技能培训和考工的200多名专家、工程技术人员、教师、技师和高级技师参加编写。

这套教材在编写过程中力求突出“新”字，做到“知识新、工艺新、技术新、设备新、标准新”；增强实用性，重在教会读者掌握必需的专业知识和技能，是企业培训部门、各级职业技能鉴定培训机构、再就业和农民工培训机构的理想教材，也可作为技工学校、职业高中、各种短训班的专业课教材。

在这套教材的调研、策划、编写过程中，曾经得到广东省职业技能鉴定中心、上海市职业技能鉴定中心、江苏省机械工业联合会、中国第一汽车集团公司以及北京、上海、广东、广西、江苏、山东、河北、内蒙古等地许多企业和技工学校的有关领导、专家、工程技术人员、教师、技师和高级技师的大力支持和帮助，在此谨向为本套教材的策划、编写和出版付出艰辛劳动的全体人员表示衷心的感谢！

教材中难免存在不足之处，诚恳希望从事职业教育的专家和广大读者不吝赐教，提出批评指正。我们真诚希望与您携手，共同打造职业培训教材的精品。

国家职业资格培训教材编审委员会

前　　言

本书是依据劳动和社会保障部最新制定的《国家职业标准　室内装饰设计员》的知识要求和技能要求，按照岗位培训需要的原则编写的。本书主要介绍了室内装饰设计员应该了解、熟悉和掌握的有关室内装饰方面的基础理论知识和基本的设计原则、方法。

本书共分六章：第一章为室内装饰设计的基础理论，主要内容有中外建筑简史、中外美术简史、室内设计史概况和室内设计的风格与流派；第二章为室内设计概论、工作程序和书写表达，主要内容有室内设计概论、室内设计工作程序和室内设计书写表达；第三章为室内装饰设计的准备工作，主要内容包括现场测绘、建筑装饰材料的选择和室内装饰中的建筑结构知识；第四章为室内装饰方案设计，主要内容有室内装饰方案初步设计和室内装饰方案深化设计；第五章为室内装饰施工图设计，主要内容有装饰构造的基本知识、建筑设备基本知识和施工图绘制的要求；第六章为室内装饰施工的技术要求，主要内容有建筑装饰材料、装饰工程施工质量要求、装饰施工质量检验标准、装饰施工中的变更设计、装饰工程竣工验收和竣工验收备案。

本书每一章一开始都介绍了培训学习目标；书中的重点、难点、考点以旁白的形式标出；章末附有复习思考题，书末附有与之配套的试题库和答案，以便于企业培训、考核鉴定和读者自测自查。

本书由平国安主编，高祥生主审，参加编写的人员主要有王娟芬、曹莹、刘丽、俞兰和韩非。其中，第一章由曹莹、韩非编写；第二章由王娟芬编写；第三章由王娟芬、俞兰编写；第四章由曹莹、刘丽、韩非编写；第五章由刘丽、王娟芬编写；第六章由俞兰编写；全书由平国安统稿。另外，徐毅仁、巫建雄、张惠平、许建均、陈晨、潘炜和元伟也为本书的编写提供了很大的帮助。

在本教材的编写过程中，江苏省室内装饰协会洪子英会长、周庆轩秘书长、高维强副秘书长、柳晓军副秘书长给予了很多帮助，江苏省劳动和社会保障厅职业技能鉴定中心主任杨志霞也给予了大力支持，在此表示衷心的感谢。

尽管我们对本书的编写工作作出了不少努力，但由于水平有限，加上有些内容缺少权威的参考资料，书中难免会出现一些错误，恳请读者批评指正，以利再版时修正。

编　者

目 录
MU LU

第一章

室内装饰设计的基础理论

培训学习目标 了解室内设计中有关人文方面的知识，如中外建筑史、室内设计史概况、室内设计风格和流派、中外美术简史等，并在室内设计工作中能灵活地运用。

第一节 中外建筑简史

中外建筑与艺术发展史分成古代和近现代两个阶段，古代指从史前到公元17世纪的工业革命的萌芽时期，近现代是指工业革命以后至今。

一、古代建筑

1. 古埃及建筑

埃及是世界上最古老的文明古国之一，尼罗河流域是古代文化的发源地，古埃及人创造了人类最早的建筑与室内装饰艺术。这里有古老而神秘的金字塔和狮身人面像等大批纪念性建筑物。埃及的建筑大致可分为上古王国时期建筑、古王国时期建筑、中王国时期建筑及新王国时期建筑。

皇陵建筑（即金字塔）是古王国时期最重要的建筑之一，较为著名的有胡夫金字塔（见图1-1）。与此同时，古埃及人也发明了柱式，丰富了建筑艺术的形式。神庙是新王国时期的最主要的建筑之一，较为著名的有卡纳克神庙（见图1-2）。

图 1-1　胡夫金字塔

图 1-2　卡纳克神庙入口

2. 古希腊建筑

公元前 8 世纪始，在巴尔干半岛、爱琴海诸岛和小亚西亚西岸上建立了很多小的国家，这些国家和地区之间的政治、经济、文化关系密切，总称为古希腊。古希腊是欧洲文明的发源地，它的一些建筑物的形式（如石质梁柱结构及其组合）及建筑物设计的一些基本原则和艺术经验深深地影响着欧洲 2000 多年的建筑发展。

古希腊建筑主要分为三个时期：古风时期、古典时期及希腊化时期，其主要成就是纪念性建筑和建筑群的艺术形式。其中古典时期的标志性建筑是帕提农神庙，它是雅典卫城的主体建筑，其内部设计遵循了理性的原则，体现出古希腊的美学思想。与此同时，古希腊建筑的基本柱式已形成，主要有陶立克、爱奥尼和科林斯三种。

3. 古罗马建筑

古罗马时期的建筑，是在古希腊建筑基础上的继承与发展。其建筑创作领域较广，建筑类型较多，艺术手法丰富，对以后欧洲的建筑与室内设计产生了巨大的影响。在这一时期，在建筑技术、施工、材料、艺术以及结构等各方面，古罗马人都有了突飞猛进的发展。

古罗马建筑的主要成就包括神庙、角斗场、浴场、剧场、凯旋门以及城市广场。神庙建筑最为著名的代表是万神庙，其细部装饰极为精巧细致，其空间处理也参差有致（见图 1-3）。角斗场的代表性建筑是科洛西姆角斗场，它采用了拱券结构，极富韵律感。凯旋门是古罗马用于纪念战役胜利的重要建筑，用来纪念战役的胜利，较为著名的有为纪念提图斯平定犹太人起义而建的提图斯凯旋门。

图 1-3　万神庙内部装饰

4. 拜占庭建筑

罗马于公元 395 年分裂成东西两个国家，其中东罗马帝国建都于君士坦丁堡，史称拜占庭帝国，即今天土耳其的伊斯坦布尔。拜占庭的建筑与室内装饰主要受古罗马文化、东方文化及基督教文化的影响，其主要的特点是穹隆顶和集中式布局（即将穹顶支撑在四个或更多独立的支柱上的结构形式），形成了宽敞而富有变化的空间。拜占庭的室内空间多采用彩色玻璃镶嵌画及宗教题材的彩色灰浆画来装饰，其柱式独具特色，柱头呈倒方锥形且上附有动植物的装饰纹样。其最为著名的建筑是位于君士坦丁堡（今伊斯坦布尔）的圣索菲亚大教堂（见图 1-4），其空间结构及细部装饰的处理方法深深影响了后来的室内装饰。

图 1-4　圣索菲亚大教堂

5. 罗马式建筑

罗马式建筑盛行于 11 ~ 13 世纪，主要特点是其结构来源于古罗马，即拱券结构。罗马式建筑的代表性建筑是位于意大利比萨建筑群的比萨教堂（见图 1-5），它建成于公元 1092 年，教堂的平面呈十字形布局，十字交叉处高耸着椭圆形的穹顶，柱子采用的是科林斯柱式，它将基督教堂的特色与罗马式风格较好地融合在了一起。

图 1-5　比萨教堂

6. 哥特式建筑

以法国为中心的哥特式建筑盛行于 12 ~ 15 世纪，它是在罗马式建筑的基础上的继承和发展，哥特式建筑强调垂直线，故又称为高直式建筑，其主要特点是将十字拱发展成十字尖拱，同时将尖拱发展成带有肋拱的框架式，使顶部的厚度及压力减轻了。哥特式建筑室内空间的重点装饰在于玫瑰窗，即将彩色玻璃镶嵌在铅条中以形成图案。哥特式建筑较为著名的有巴黎圣母院（见图 1-6）、兰斯大教堂、米兰大教堂、科隆大教堂、夏特尔大教堂及亚眠大教堂等。

图 1-6　巴黎圣母院内部装饰

7. 文艺复兴时期的建筑

文艺复兴是指 14 ~ 15 世纪盛行于欧洲的复兴古希腊与古罗马文化，它首先萌芽于意大利的佛罗伦萨，欧洲的许多国家先后受其影响。这一时期，在建筑、雕刻、绘画等各个领域都有了长足的发展。文艺复兴强调人本主义思想，吸收古典文化的营养，同时运用数学及几何的知识分析古典艺术的内在审美规律，并将其运用到艺术作品的创作中去。其最具代表性的建筑是圣彼得大教堂（见图1-7）、佛罗伦萨主教堂及法国的枫丹白露宫等。

图1-7　圣彼得大教堂内部

8. 巴洛克建筑

巴洛克艺术产生于17世纪的意大利，是17世纪欧洲最重要的艺术风格流派之一。巴洛克艺术风格承袭自文艺复兴末期的矫饰主义，着重表现强烈的动感，强调流动感、戏剧性、夸张性等特点，而不像鼎盛时期的文艺复兴以前那样强调严肃、含蓄的表现。

巴洛克建筑风格在于建筑物外部的精美装饰及雕琢，造就出轻盈流畅的动态感及装饰的华丽性。巴洛克建筑的主要特点，一是抛弃了文艺复兴时期的各种理性的规律，追求自然和新奇，多采用曲线、曲面及椭圆形的形式；二是追求豪华，炫耀财富，多采用大量的贵重材料和艳丽的色彩；三是将绘画和雕塑融入建筑中，形成多种艺术形式的综合。巴洛克建筑最典型的代表是意大利的圣卡罗教堂（见图1-8）及康帕泰利圣玛利亚教堂。

图1-8　圣卡罗教堂

9. 洛可可建筑

进入18世纪以后，巴洛克之风逐渐衰弱了，在其基础上发展起来的一种追求雅致精细的纯装饰性之风逐步蔓延，这就是洛可可风格（见图1-9）。洛可可原意是描写那种贝壳的装饰图案，主要表现在建筑与室内陈设的装饰上，它的特征是极尽华丽、纤巧和轻薄，多采用植物的纹样及娇艳的色彩，如在家具、器皿等装饰设计上，以复杂的波浪纹线条作图饰，在室内装饰方面开始用镜子来装饰。

10. 古代印度建筑

印度作为世界四大文明古国之一，其建筑方面的成就是非常高的，建筑创作的领域较为广阔，如印度的佛教和婆罗门教建筑，其代表性建筑是坟墓和石窟。

图 1-9　洛可可建筑

古代印度建筑的鼎盛时期是孔雀帝国文化时期（公元前 324 ~ 公元前 187 年），独具印度风格的雄伟建筑和精美艺术显现于孔雀帝国时代一个叫桑契的地方，至今保存着大窣堵波的建筑，它属于坟墓建筑，是现存的最早的建筑遗址之一（见图 1-10）。印度佛教石窟的开凿，大约始于孔雀帝国的阿育王时代。最早的石窟群是在巴拉巴尔发现的，另外还有巴加、康旦、阿旃陀、纳西克、卡尔勒等石窟群。

13 ~ 16 世纪，由于伊斯兰教的传入，印度建筑融入了中亚建筑的一些元素，使得建筑更加多元化了，其著名的伊斯兰风格的建筑为泰姬陵（见图 1-11）。

图 1-10　古代印度坟墓建筑

图 1-11　泰姬陵

11. 古代美洲建筑

古代美洲如同古埃及、西亚、印度、中国与爱琴海沿岸一样，是古代文化的发源地。

古代美洲大致可分为三个时期：文化形成时期（公元前 1500 ~

公元 100 年），有玛雅人建于今洪都拉斯的用土堆成的圆锥形与方锥形金字塔，现已发现约 200 余幢，其中有高达 30 余米者；古典时代（公元 100～900 年），突出的有特奥帝瓦现城和玛雅人的提尔卡城；后古典时代（公元 900～1025 年），有托尔特克人的首府图拉城和在尤卡坦半岛上的奇钦·伊查城。

12. 中华民族的建筑

巍然屹立在东亚大陆的伟大的世界文明古国——中国，拥有 960 万 km^2 的广袤国土，有文字记载的超过 3000 年的历史，创造了独具特色的优秀的中华传统文化。中国建筑艺术是中华文明中的灿烂瑰宝之一，中国建筑艺术思想对朝鲜、日本、越南和蒙古等广大东亚地区都产生了巨大的影响。

在漫长的历史发展过程中，中国建筑始终完整保留了其体系的基本特征，从其全部历史中，可分出几个大的段落：商、周至秦汉，是萌芽与成长阶段；秦至西汉，是发展的第一次高潮期；魏、晋、隋、唐至宋，是成熟与高潮阶段；唐、宋的成就更为辉煌，是第二次高潮期，被认为是中国建筑的高峰；元至明代，是充实与总结阶段；明至清代中期，是发展的第三次高潮期。从中可以看出，每一次高潮的出现，都相应地伴有国家的统一、民族的安定和文化的急剧交流等社会背景。

中国传统建筑以汉族建筑为主流，主要包括城市、宫殿、坛庙、陵墓、寺观、佛塔、石窟、园林、衙署、民间公共建筑、景观楼阁、王府、民居，长城、桥梁等 15 种类型，以及如牌坊（见图 1-12）、碑碣、华表等建筑小品，它们因时代、地域的不同而表达类型、风格也有所不同。

图 1-12 徽式牌坊

基于中国长期的宗法社会土壤，中国建筑以宫殿和都城规划的成就最高，突出了皇权至上的思想和严密的等级观念，体现了古代中国占统治地位的政治伦理观，宫殿从夏代开始萌芽，隋唐达到高峰，明清更加精致。与欧洲、伊斯兰或古印度建筑以神庙、教堂和清真寺等宗教建筑成就相比，有较为明显的不同。

中国的宗法伦理观念，影响到几乎所有的建筑类型，如祭祀自然神和先贤圣哲的准宗教建筑坛庙以及在重视“慎终追远”、“事死如生”等观念的文化背景下发展的帝王陵墓等，几乎是中国特有的建筑类型，以规模之隆重、气氛之肃穆而令人瞩目。

中国的佛教建筑包括佛寺、佛塔和石窟以及石幢、石灯等建筑小品。佛教建筑在初期受到印度的影响，很快就开始了中国化的过程，体现了中国人的审美观和文化性格，充满了宁静、平和的氛围。道教是中国的本土宗教，道观向佛寺学习，同样具有安详的风韵。大体而言，佛道寺观可分为敕建寺观和山林寺观两类，前者更接近于宫殿，严谨壮丽；后者更接近于民居，自由灵巧。佛塔在中国建筑艺术史中占有重要的地位，类型多样，形式丰富，时代特色和地域特色体现得较为鲜明（见图 1-13）。

图 1-13　佛塔

中国建筑思想的根源

中国的建筑思想受老子“天人合一”的影响甚深，强调人与自然的统一，热爱自然，尊重自然，将建筑镶嵌在自然中，仿佛与大自然是一个有机整体。这在中国各建筑思想中都有明显的反映，并上升到了一定的理论高度，在园林设计中尤其有突出的表现。中国园林通属于自然式，与欧洲或伊斯兰强调几何式的园林不同。中国园林主要有皇家园林和私家园林两种，两汉时以前者为主，成就高于后者；唐宋以后私家园林的水平渐高；到了清代，皇家园林转而要向私家园林学习了。它们虽具有共通的艺术性格，但私家园林更多体现了文人学士的审美心态，现存的私家园林以江南地区成就更高，其风格清新秀雅，手法更为精妙（见图 1-14）；皇家园林多位于华北地区，现存的皇家园林以北京一带最为集中，其规模巨大，风格华丽。

图 1-14　江南地区的苏州园林

与此同时，中国建筑还较为重视群体组合美。群体组合常采取中轴对称或较为自由的布局方式，前者以宫廷、寺庙建筑为主，后者以园林为主。不管哪种布局方式，都十分重视对中和、平易、含蓄和深沉的美学性格的追求，体现了中国人的民族审美习惯，与欧洲等其他建筑体系突出建筑个体的放射外向性格、体形体量的强烈对比等有明显差别。

中国建筑是以木结构为主的体系，这与西方建筑以砖石结构为主的体系不同。建筑结构不但具有工程技术的意义，其组合所显现的结构和装饰，本身也是建筑美的内容。木结构体系的复杂与精微体现了中国人民的智慧，对结构构件和其他附属构件的进一步艺术处理，又形成了独特的中国建筑装饰，包括建筑内外的装修、彩画、木雕、砖雕、石雕和琉璃，有十分丰富的手法和生动的发展过程。

二、近现代建筑

20 世纪以来，随着科技的进步，各国的工业也得到了快速的发展，新材料、新工艺的运用，使建筑及室内装饰产生了巨大的变化，注重功能性及理性的现代主义逐步被人们所接受。

1. 现代建筑设计思想的启蒙

经历了 18 世纪的动荡，进入 19 世纪后，世界各国的经济有了较大的发展，尤其是欧洲各国，相继完成了工业革命，科技有了长足的进步，生产力得到了极大提高。随着工业和科技的发展，现代建筑思想日趋成熟，在19世纪中叶，人们对一种新建筑迫切需求的渴望，促成了“水晶宫”的建成。“水晶宫”是1851年英国伦敦世界首届万国博览会的展示场所，是人们用来展示工业革命成果的场所，整个建筑集中了当时工业革命的技术成果，即采用标准的构件、组装的工艺和大尺度的材料规格来组织空间。在博览会之后，现代建筑设计的思想得到了确认并开始传播。20世纪，全球经历了两次世界大战，各国都蒙受了极大的损失，战后对城市的建设更促进了现代建筑设计思想的发展，尤其是格罗皮乌斯、密斯·凡·德罗、柯布西耶和赖特等建筑大师的思想对后人产生了很大的影响。

2. 包豪斯对现代设计的贡献

包豪斯是1919年在德国合并成立的一所设计学院，也是世界上第一所完全为发展设计教育而建立的学院。这所学院是由德国著名建筑家、设计理论家格罗皮乌斯创建的，他被称为现代建筑、现代设计教育和现代主义设计最重要的奠基人，其设计的包豪斯学院被誉为现代建筑设计史上的里程碑，在他设计的包豪斯校舍的实验中充分地运用了玻璃幕墙。格罗皮乌斯主张艺术与技术相结合，重视形式美的创新，同时对功能因素和经济因素予以充分重视，他的这些主张对现代设计的发展起到了巨大的推动作用。

后来续任包豪斯设计学院院长的密斯于1929年为巴赛罗那世界博览会设计了德国馆，这个作品体现了密斯“少就是多”的理念，也凝聚了密斯风格的精华和原则。

包豪斯对于现代主义来说是十分重要的一页，它的思想至今还影响着各国的设计界，而其重要的贡献是奠定了现代设计教育的坚实基础。

第二节　中外美术简史

一、西方美术发展简史

1. 古代与中世纪

原始人类留存下来的洞窟壁画、岩壁浮雕、雕像以及建筑等共同谱写了古代西方美术发展史的开端。

此后为人们所熟知的便是古埃及的伟大艺术形式，其主要的特征是壮丽、宏伟、明确而又稳定，不仅有着严格的规范，而且在写实基础上进行美化。这一时期的成就主要表现在建筑领域，如胡夫金字塔、狮身人面像以及卡纳克神庙等。

图 1-15　帕提农神庙中的雕刻庄严静穆

古希腊美术的主要特点是庄严与静穆，并强调和谐与规律性。这一时期的主要成就表现在帕提农神庙建筑的雕刻中（见图 1-15），菲狄亚斯是古典时期最伟大的雕塑家。

罗马美术是在古希腊艺术基础上继承和发展起来的，这一时期的成就主要表现在建筑领域，如万神庙、科洛西姆斗兽场，它与古希腊美术共同奠定了西方文明的基础。

中世纪是指从公元 476 年西罗马灭亡到 15 世纪文艺复兴开始的一段时间，它的美术是多种文化源流的综合，是在东方文化、古希腊罗马文化传统和蛮族文化的基础上融合而成的基督教美术，包括早期的基督教美术（公元 2 ~ 5 世纪）、拜占庭美术（公元 5 ~ 15 世纪）、蛮族艺术（公元 5 ~ 11 世纪）、罗马式美术（公元 10 ~ 12 世纪）以及哥特式美术（公元 12 ~ 15 世纪）。由于这一时期的主要成就仍表现在建筑领域，在前一节的内容中已经作过阐述，在此不再赘述。

2. 文艺复兴时期

公元 14 ~ 16 世纪是欧洲在文化艺术发展史中的一个重要历史时期，即文艺复兴时期，它是继古希腊、古罗马的欧洲文化史上的第二个高峰。其思想基础是关怀人，尊重人，以人为本的世界观，并反对神权，提倡个性自由，反对人身依附。这一时期的主要成就表现在绘画、雕塑及建筑等各个领域中。意大利早期文艺复兴的美术家，借助理性和科学知识，在绘画领域中进行探索，尽力让二维平面具有三维空间感，为盛期文艺复兴的到来铺平了道路。文艺复兴三杰（达芬奇、米开朗基罗、拉斐尔）的出现标志着意大利文艺复兴美术达到光辉灿烂的鼎盛时期（见图 1-16）。他们完善了 15 世纪意大利人的探索，使理性和情感、现实与理想在美术作品中获得了完美统一，使形与空间的关系获得了高度和谐，从而为再现性的美术确立了一种经典样式，给后世提供了效法的最佳范例，深深影响了之后的西方美术的发展。欧洲的文艺复兴运动发源于意大利，在其影响之下，西欧各国也都先后萌发了文艺复兴，尼德兰、德国、法国、西班牙等国都为欧洲文艺复兴美术的发展作出了各自的贡献。

图 1-16　达芬奇的《蒙娜丽莎》\ 米开朗基罗的《大卫》\ 拉斐尔的《圣母子》

3. 巴洛克时期

从 16 世纪之后，欧洲美术进入了巴洛克时期。巴洛克的艺术最初起源于意大利，但兴盛于 17 世纪的法国。它抛弃了文艺复兴时期各种理性的规律，追求新奇和豪华，多采用大量的贵重材料和艳丽的色彩，并将绘画和雕塑融入建筑中，形成多种艺术形式的综合。17 世纪，意大利开始流行巨大而沉重的建筑，其柱子粗大，屋顶安置了许多雕像。建筑上的这种风格不久传到雕刻、绘画上，造型的姿态极其夸张。巴洛克的情趣也波及到室内装饰，家具做得很沉重，给人以威严感。表现巴洛克风格的著名画家有以描绘统治者和贵族的肖像而著称佛兰德斯和鲁本斯等（见图 1-17），同时还包括荷兰肖像画家哈尔斯以及擅长作人像画和风景画的荷兰画家伦勃朗。

4. 洛可可时期

18 世纪，洛可可艺术取代了巴洛克艺术，其特征是华丽、纤巧及轻薄，以描绘王室成员、贵族、贵妇人的奢华生活和情趣的布歇等画家为代表。建筑从巴洛克式富丽堂皇的宫殿转变为小巧优雅的别墅；装饰由金碧辉煌变为轻快潇洒的风格。洛可可以人们用于装饰的奇特的旋涡和贝壳形而得名。那样洛可可绘画的主题和巴洛克一样，都是国王和贵族的肖像画，但肖像不像巴洛克时代画得那样强壮有力，而是豪华纤细；色彩也不喜欢浓重华丽，而喜用浅黄、银色、白色等轻淡的色彩；线条不似巴洛克式曲折夸张，而只用柔和的曲线。

图 1-17　鲁本斯的《战神与爱神》

5. 古典主义与浪漫主义时期

19 世纪，西方的美术界流派纷呈。最初 20 年，古典主义在法国大卫及安格尔领导下达到顶峰，体现了古典主义的风格，其特性是偏重理性及形式美，注重线条的清晰和严整。拿破伦统治结束以后，古典主义绘画逐渐为浪漫主义绘画所取代。浪漫主义注重感性，因此色彩和笔法较为热情奔放。代表人物有西班牙的戈雅（见图 1-18）和法国的德拉克洛瓦。

图 1-18　戈雅的作品

6. 19 世纪中后期以及 20 世纪

19 世纪中期，现实主义绘画兴起，著名画家有法国的库尔贝等。19 世纪 60 年代起，重视光和色彩运用的印象派绘画在法国兴起，不久遍及欧洲。后印象主义者则不喜欢印象主义画家在描绘大自然转瞬即逝的光色变幻效果时所采取的过于客观的科学态度，他们主张艺术形象要有别于客观物象，同时要饱含艺术家的主观感受。后印象主义绘画偏离了西方客观再现的艺术传统，启迪了两大现代主义艺术潮流，即强调结构秩序的抽象艺术（如立体主义、风格主义等）与强调主观情感的表现主义（如野兽主义、德国表现主义等）。

20世纪西方艺术最大的特点，一是对传统的借鉴打破了民族、地区、国家、时间等人为的或自然的障碍而更具世界性，二是各门类艺术之间相互影响更趋密切，明显地带有综合性，因此20世纪西方艺术更倾向多样化，更具多变性和主观随意性。

二、中国美术发展简史

1. 古代、先秦及秦汉时期

新石器时代的绘画艺术主要体现在彩陶纹样、居址地画、岩画及墓室装饰上，它们是远古绘画的重要遗存，展示了中国美术中迄今为止最早时期的绘画发展的一些情况。

先秦时期的绘画大多带有装饰性及实用的目的，如青铜器上的纹饰。

春秋战国时期，壁画创作尤盛，既为先秦礼教服务，也蕴含着神秘的原始宗教思想。

秦汉时代的绘画艺术，大致包括宫殿寺观壁画、墓室壁画、帛画等门类，画面以多种色彩绘制，风格古朴浑厚，总体气势显赫壮观，显示出中国早期壁画的风貌。

绘画艺术发展到了西晋，已进入初步成熟的阶段，东晋之后，以现实为题材的风格画逐渐增多，除宗教题材的壁画外，卷轴画也开始流传。这一时期的作品，仍以人物为主。

2. 隋唐、五代时期

隋代书画继往开来，酝酿着新画风的出现，具有细密精致而臻丽的特点。把现实人物的活动置于自然环境之中加以表现，成为这一时代的新风貌。人物画受顾恺之影响较深，山水画虽然没有完全摆脱魏晋以来的装饰手法的束缚，但写实能力明显提高了。

唐代的绘画，在隋代的基础上全面发展，人物、山水、花鸟画均得到了长足的发展。初唐人物画继承隋的细密画风，风格上分为以阎立本为代表的中原风格和以尉迟乙僧为代表的边陲风格；山水画以李思训的青绿山水和王维的水墨山水为代表。中唐是中国绘画史上的空前繁荣时期，人物画已达到了一个新高峰，人物造型更加生动准确，心理刻画与细节描写已达到相当成熟的境界，代表人物有吴道子等；同时，山水画确立了其独特的地位，同时花鸟画也在发展，这一时期牛马题材的画十分盛行。

五代绘画史上，山水画发生关键性的变革，荆、关、董、巨的出现，成为山水画的里程碑。北派擅长大山大水的雄伟壮丽的全景式构图；南派则擅于表现平淡疏远的江南风光，皴法、墨法的技巧更为娴熟。花鸟画以黄荃的精细派（见图 1-19）和以徐熙的野逸派为代表。

图 1-19　黄荃的《写生珍禽图》

这一时期画院的设立促进了中国绘画的发展。

3. 宋元时期

北宋继承前朝旧制，在宫廷中设立了"翰林图画院"，宋代的院体画，对绘画发展起了推动作用，同时培养了一大批绘画人才。至此，山水画的广度和深度得到了进一步发展，更加注意写生和技法的探索，著名画家有以北方雄伟的自然景观为描绘对象的李成和范宽。院体花鸟画中，以宋徽宗为代表，他的粗笔水墨花鸟画也是一种创新。人物画，尤其是人物故事和社会风俗画得到了高度发展。文人画开始出现，代表人物主要有苏轼、文同、黄庭坚、李公麟、米芾等，他们强调绘画要有诗的意境，追求萧散简淡的水墨表现风格，主张即兴创作，取神舍形。

南宋绘画的活动中心仍集中在画院。山水风格注重意境的表达，以抒情为目的，其构图简洁，意境完美，主体鲜明，笔触大胆，以李唐、刘松年、马远、夏圭等人为代表。与此同时，文人画也得到了长足的发展，梅、兰、竹、菊四君子画，成为文人画的特殊题材。

辽、金是五代到南宋时期北方少数民族割据政权，主要受中原文化的影响。辽文化承袭于唐和五代，并受北宋的影响，绘画题材以本民族生活为主，人物、鞍马居多。花卉具有浓郁的装饰趣味，构图讲究对称，技法颇有独到之处。

元代绘画在唐、五代、宋的基础上有显著的发展，特点是取消了画院制度，文人画兴起，人物画相对减少。绘画注重诗、书、画的结合，舍形取神，简逸为上，重视情感的发挥，审美趣味发生了显著的变化，体现了中国画的又一次创造性发展。早期的钱远、赵子昂、高克恭等对唐、五代、宋以来的山水画的继承和发展进行了认真的探索；中后期，黄公望、王蒙、吴镇、倪瓒四大家出现，以简练超脱的手法，把中国山水画提高到了一个新的高度，对明清的影响极大（见图1-20）。

图1-20　黄公望的《九珠峰翠图》

4. 明清时期

明代是中国书画艺术史上的一个重要阶段，出现了一些以地区为中心的名家和流派，如以戴进为代表的浙派，以沈周、文徵明为代表的吴门派，以董其昌、赵左为代表的松江画派，以蓝瑛为代表的武林画派等。山水、花鸟画成绩卓著，前期以仿宋院体为主，中晚期水墨文人画占据主流。

清朝，文人画日益占据画坛主流，山水画的创作及水墨写意画盛行，画坛流派之多前所未有。清代绘画，分为初、中、后期。初期以四王、四僧、金陵八家、新安派为代表。中期，时值康乾盛世，绘画得到长足的发展，人物画的成就也最为突出。同时，在扬州，掀起了一股新的艺术潮流，形成了以扬州八怪为代表的扬州画派，对近现代的花鸟画产生了深远的影响（见图1-21）。后期，中国逐渐沦为半殖民地半封建社会，画坛随之发生极大变化，形成以新兴商业城市为中心的新技巧、新风格的新画派，主要有以海派和广东高剑父、高奇峰为代表的岭南画派。

图1-21　郑板桥的《墨竹图》

5. 近现代时期

自民国时期始，中国现代美术之路充满了新旧交替、中西融合、变化发展的特色，这一时期的美术在继承传统文化的基础上融入了西方文化，主要表现为艺术社会价值的寻求与适应，进行了种种尝试和探索，总趋势是以为人生而艺术，把美术创作与现实功利性因素紧密结合起来的写实主义。在数十年时间里，从诸家纷争到以为人民大众服务的美术为主流的发展中，如通俗美术、大众化运动、复古主义、现代主义、理想主义等，都成为倾向或思潮，共同构成了中国的近现代美术。

第三节　室内设计史概况

室内设计的发展和当时社会的其他领域的发展状况有着非常密切的联系，它们之间互相依赖、互相促进，因此要想深刻地了解某一特定时期室内设计的形式、表现方式、手法以及创作思想、理念的深层内涵，就必然要对当时社会的政治、文化、宗教、艺术、哲学、经济、生产及生活方式等方面有较全面的认识。在多方面的因素中，对于室内设计有着直接影响的是建筑及一些器具和装饰品的整体发展水平，这些器具和装饰品主要包括家具、金属制器、灯饰、陶器和纺织品等。

一、西方室内设计简史

在这里依据一些遗留的实物、考古发掘及文献资料，构绘出室内设计史的大致轮廓。

1. 史前与古希腊、古罗马时代

根据考古学家提供的有关各种类型的史前遗存以及人类学家通常研究的“原始”部落的人群在当代的实践活动，表明人类的室内生活很早就已存在，有关室内生活环境创造与改造的意识、技能和方法也已经萌芽、发展或初具雏形。

火的运用具有划时代的意义。

旧石器时代，穴居曾是人类的生活方式。在穴居生活中，“火”与“岩画壁画”使人类的家与其他动物的巢穴有了最初的本质区别。进入新石器时代以后，人类开始了定居生活，建筑活动得到普及，室内生活成为人类生活的基本组成部分，出现了对室内空间使用方式的原始设计。

埃及是文明古国，从保存下来的建筑中可以看出，古埃及人在空间比例上应用了复杂的几何系统，其中以黄金比例和双向对称最为常见。此外，古埃及的建筑色彩不仅强烈而又富有象征意义，如室内深蓝色的顶棚象征夜晚的天空，绿色的地面象征着尼罗河等。高度发达的古埃及文明孕育了世界上已知最古老的壁饰艺术、建筑艺术和室内用品设计艺术，对人类文明的发展作出了不朽的贡献。

古希腊文明对西方建筑与室内设计在艺术与美学的方面作出了杰出的贡献，它不仅吸收了早期爱琴文明时期的建筑传统，也表现出埃及设计的痕迹。神庙是古希腊重要的建筑类型，多采用列柱和围廊的形式。在列柱的运用过程中，产生了著名的希腊三柱式，即多立克柱式、爱奥尼柱式和科林斯柱式。除此之外，古希腊主要建筑类型并不强调封闭的室内空间（见图 1-22），其剧场及广场通常都是露天的，住宅也都是单一的组合形式（即围绕着一个露天的院子布置）。古希腊文明的审美思想和艺术观念，对西方及其之后各个时期的室内设计活动产生了广泛而深远的影响。

图 1-22 雅典广场上的柱廊

古罗马人在吸收古希腊人经验的基础上，在建筑、室内和家具设计方面又有所发展。高度的组织性和技术性是罗马工程的特点，罗马人探讨了券构造的可能性和应用于大型建筑创造室内空间的能力。与此同时，罗马人在室内空间中不仅引入了曲线空间、大尺度空间和多轴线空间概念，还将大理石、马赛克以及灰墁浮雕应用于室内装饰中，并创造了具有视幻觉艺术特征的壁画方法。除此之外，古罗马人有着布置较为完善的供水系统。总的来说，古罗马人在技术上是先进的，在美学的方面也是吸引人的，为之后的室内设计提供了可供借鉴和利用的元素。

古希腊的文明表现了一种对理想的追求，其审美思想和艺术风格对西方后来的建筑与室内设计产生了深远的影响。而与古希腊的文明相比，古罗马的文明则更加注重对社会政治和现实生活的表达。

2. 中世纪

中世纪始于公元4世纪末，当时罗马帝国分裂为东西两部分，基督教成为罗马帝国的官方宗教。中世纪大约持续了1000年，直到15世纪初意大利“文艺复兴”的出现。中世纪主要包括早期的基督教时期、拜占庭时期和罗马风时期。

早期的基督教装饰设计时期是一种倾向互相冲突抵触的时期，并伴随着欧风的成长。早期基督教教堂建设带有过渡性特点，如柱子一般以某种罗马柱式为基础，采用色彩丰富的大理石、壁画阐释宗教主题，充当说教工具。尽管早期基督教教堂大多设计仓促、施工粗糙，但正是这部分工作确立了中世纪西欧教堂的形制和装饰礼仪，为后来罗马风教堂和哥特教堂室内环境艺术的发展奠定了基础。

拜占庭建筑保存了罗马的工程技术，同时穹顶与拱顶建筑技术得到了进一步发展。拜占庭建筑的室内环境特征往往与巨型穹顶空间、细腻精致的饰面以及新奇华贵的室内用品联系在一起。土耳其伊斯坦布尔的圣索菲亚大教堂是拜占庭建筑的代表，巨大的中央空间，帆拱上的圆形穹顶，穹顶下的小窗，墙面和穹顶上的马赛克镶嵌画，都是典型的拜占庭风格。拜占庭设计吸取了来自东西方的技巧与经验，其建筑与室内设计对东欧地区产生了深远的影响。

早期罗马风建筑只采用简单的半圆形筒拱，后来出现了交叉拱，但始终沿用半圆的形式，具有宏大、厚重、朴实等特点。与古罗马建筑有着相似特征的罗马风教堂，在平面布局方面吸收了早期基督教巴西利卡教堂的经验，并在此基础上有多方面的改进与发展。在空间与装饰处理方面，罗马风教堂设计具有探索性和多样性。

哥特式风格的教堂发展了自己的细部装饰语言，如三叶饰和四叶饰等自然形和流畅的窗花格，设计不再拘泥于古典的规则。在哥特式教堂中，尖券、肋形拱、束柱、飞扶壁等结构要素的运用，与窗花格、彩色玻璃画、石雕等装饰要素结合在一起，共同构成了结构与审美的高度统一。法国的哥特式建筑是该类建筑最典型的代表，法国巴黎的圣丹尼斯修道院对光线的强调是哥特式风格区别于罗马风建筑的主要方面。

西欧中世纪世俗建筑的室内特征，往往与封闭的空间、粗糙的或未经装修的内壁、笨重的罩式壁炉、大量帏帐布幔和挂毯以及便于拆卸或搬运的简陋家具联系在一起。这一情况在很大程度上与当时严峻的社会状况和上层人物巡游式的生活方式有关，带有深深的时代烙印。

伊斯兰风格的室内环境以细密、精致、奢华为特征。花色拱券多采用阿拉伯式花纹的满铺式饰面，室内空间多放置奢华的手工艺品。西班牙格拉纳达的阿尔汗布拉宫是伊斯兰风格建筑中的代表性建筑。

四种设计风格把欧洲文明推进了新的阶段。

3. 15 ~ 18 世纪上半叶

15 ~ 18 世纪欧洲文明的发展进入了一个新的历史阶段。就建筑与室内设计而言，这一时期的欧洲孕育并发展了四种基本设计风格，即文艺复兴风格、巴洛克风格、洛可可风格和新古典主义风格，它们从不同的侧面反映着当时欧洲文明生活的某些特征。

文艺复兴风格反映了一种区别于中世纪价值观的新时代精神。通常采用具有人文主义内涵的装饰题材，与古代希腊、罗马设计传统相联系的构图与装饰的主题，以及符合古典审美趣味的表现形式。文艺复兴风格的室内设计常采用古罗马的线脚和细部，墙面平整而简洁，方格顶棚富于装饰意味。到 16 世纪中叶，文艺复兴设计已形成一个以古典元素为基础的稳固体系，室内空间宁静而朴素。米开朗基罗设计的佛罗伦萨圣洛伦教堂中的美第奇礼拜堂，反映了文艺复兴设计对古典元素个性化的运用。

巴洛克风格是文艺复兴晚期的设计风格，这一风格的设计多倾向于混用多种装饰材料与工艺，追求丰富与夸张的戏剧性效果，并注重光与色彩的运用，强调动感与张力。室内空间强调富有雕塑性、色彩斑斓的形式，造型通常来源于自然的树叶、贝壳等元素。总地来说，巴洛克风格多体现在宗教性建筑上，如波罗米尼设计的罗马四喷泉圣卡罗教堂，内部包含复杂的空间关系，被认为是巴洛克设计的杰出范例（见图 1-23）。

图 1-23　圣卡罗教堂中庭

洛可可风格是18世纪上半叶继巴洛克之后的一种建筑和装饰风格，它是一种典型的宫廷风格，其特征为精致优雅、柔美纤细，如弗朗索瓦·居维利埃设计的德国慕尼黑德阿马连堡小宫，主要采用银色和天蓝色（见图1-24）。洛可可装饰大多用泥塑，较少使用彩绘，屋脚放置镜子，创造出多重反射效果。总地来说，洛可可风格多体现于世俗建筑中。

图1-24 德国慕尼黑德阿马连堡小宫

总的来说，洛可可风格的工艺美术和室内陈设的装饰特征源于宫廷艺术，带有明显的享乐主义色彩，表现出繁缛精致、奢丽纤秀、华贵妩媚的气质和追求纯粹装饰，忽略了实用功能的倾向。但是洛可可艺术中优美的造型、精湛的工艺对当今的装饰艺术、陈设艺术都有诸多的借鉴之处。

文艺复兴风格、巴洛克风格、洛可可风格和新古典主义风格，进一步充实和丰富了欧洲室内设计史的内容。

15～18世纪是西方室内设计史上值得关注的时期，在这一时期，出现了“室内装饰师”这一职业，家具设计的理念与室内整体装饰设计构思的联系也日趋紧密。一些细木工匠开始关注美学与设计理论，成为现代意义上的家具设计师，他们的工作使室内环境，特别是室内视觉环境艺术风格的有机性得到进一步的加强。

室内装饰设计与家具设计具有多样化的艺术特征、地域特点和个性色彩，因此，表现于其中的设计倾向既可以用“文艺复兴风格”、“巴洛克风格”、“洛可可风格”和“新古典主义风格”称呼，也可以用“意大利式”、“法国式”、“英国式”加以定义。15～18世纪的相关活动，构成了西方室内设计史上有关传统设计方法与技巧的主要内容。

4. 18世纪下半叶至20世纪初

18世纪下半叶至20世纪初室内设计的发展主要出现了两个不同的方向：一是利用传统的复古思潮；二是对新风格的探索。它们虽然表现形式不同，但从本质上来说目的却是一致的，即希望通过设计来表现时代的精神。

（1）复古思潮　从18世纪后期到19世纪后期，工业革命后大城市恶性膨胀，传统的建筑出现了新矛盾。同时，新兴的资产阶级出于其政治上的需要，企图从古代建筑遗产中寻找思想共鸣，由此产生了建筑和室内设计中的复古思潮。复古思潮又分为新古典主义、浪漫主义和折衷主义。

1）新古典主义（18世纪60年代至19世纪末）。新古典主义风格是18世纪60年代至19世纪末在欧美盛行的古典建筑形式，当时人们受启蒙运动思想的影响，崇尚古希腊、古罗马文化。其室内设计采用古典柱式为构图手段，以古希腊和古罗马的建筑遗产作为创作的源泉和效法的榜样。新古典主义风格在欧美各国发展不尽相同，法国以罗马复兴式为主，采用了古罗马建筑的形式，如巴黎万神庙和马德里教堂；英国、德国以希腊复兴式为主，采用了古希腊建筑的形式，如爱丁堡中学、不列颠博物馆和柏林旧博物馆等；美国虽以罗马复兴为主，但希腊复兴也较为流行，如约瑟夫·布鲁斯特所建的纽约商人住宅博物馆等。总地来说，采用古典复兴风格的主要是国会、法院、银行、交易所、博物馆、剧院等公共建筑以及部分纪念性建筑。

2）浪漫主义（18 世纪 60 年代至 19 世纪中叶）。浪漫主义风格始于 18 世纪下半叶的英国，一直持续到 19 世纪下半叶，它在艺术上强调个性，提倡自然主义，主张用中世纪的艺术风格与学院派的古典主义艺术相抗衡。19 世纪 30 ~ 70 年代，浪漫主义追求中世纪的哥特式建筑风格，采用哥特式建筑形式，所以又被称为哥特复兴式。其室内设计模仿中世纪的哥特风格，追求非凡的趣味性和异国情调，试图通过相应的途径来唤起人们对中世纪的向往，如理查德·厄普约翰设计的纽约圣三一教堂（见图 1-25）。浪漫主义风格主要限于教堂、大学、市政厅等建筑类型。

图 1-25　纽约圣三一教堂内部构造

3）折衷主义。折衷主义是 19 世纪上半叶至 20 世纪初在欧美一些国家流行的一种复古思潮，它兼有上述两种思潮的因素，具有较大的自由度。它任意模仿历史上的各种风格或自由组合各种形式，不讲究固定的法式，只讲究比例均衡，注重形式美，在室内设计中更是明显。折衷主义在欧美影响较为深远，且持续时间较长，19 世纪中叶以法国最为典型，19 世纪末至 20 世纪初以美国最为突出。总地来说，折衷主义思潮是保守的，没有按照当时不断出现的新材料和新技术去创造与之相适应的新形式。

17 世纪以前，宫殿、住宅中除了大厅、厨房、主人卧室外，基本上没有专用房间，室内空间是多用途的，随需要更换布置。18 世纪后，由于物质的丰富和人力的紧张，室内功能变得专门化了，这正是现代室内设计的基本条件。按功能设计房间不仅使室内布置专门化、永久化，也带来了私密性的要求。追求个性化和刺激成了20世纪室内设计的基本要求，舒适、方便的标准也提高了。19世纪有了冬季采暖系统，抽水马桶和浴缸被推广使用，改善了城市卫生状况。19世纪下半叶出现了对技术要求较高的摩天楼，表达了工业时代人们狂热的理想，主要用作写字楼。

19世纪90年代初，各种运动在比利时、法国、荷兰、奥地利和德国纷纷兴起，这些运动虽各有差异，但都摆脱了折衷主义的束缚，表现了新时代的装饰与空间形式。

（2）新风格的探索

1）工艺美术运动。工艺美术运动是由威廉·莫里斯领导的英国19世纪工业革命发展到高潮阶段造成了机械对工业产品的粗制滥造的现象，使人们起来反对这种现象而产生的。

工艺美术运动开始的象征是由建筑师韦伯于1859年在英国的肯特郡为莫里斯设计的住宅（红屋），它没有采用当时建筑设计中的折衷主义，而采用本地的红砖，不加粉饰，摒弃了传统的装饰，平面布局自由，采光良好，房屋舒适，整个外观效果十分紧凑、协调。后来该运动传入欧洲其他国家和美国，在美国发展成工匠运动，这些运动和20世纪的现代主义有着直接的联系。

尽管工艺美术运动的目的是更广泛地改革维多利亚式的设计和趣味，但是仅仅在一小部分能够付得起昂贵产品价格的支持者和热心分子中间产生了较大的影响，它拒绝大量无意义的装饰，强调诚实地表达功能、材料和技术，同时与新艺术运动相关联，完全拒绝复活主义，并且成为所有研究现代主义的起点。

2）新艺术运动。19世纪末，欧洲大陆出现了一种新的审美思潮——新艺术运动，其主要根据地在比利时，倡导者有设计师万特·维尔德、维克多·霍特以及黑克多·桂马德。这场运动主要涉及美术与建筑两个方面，特别是在室内设计、家具设计和其他小件设计方面得到了充分的发展。新艺术运动的标志是摒弃一切历史参照物，这使得它在相当长的时期内成为第一个真正的独创风格。它采用自然界的曲线和流线形式，进行了冒险性的探索，形成了富有独创性的装饰表现形式。

新艺术运动的设计风格标新立异，它突然兴起并迅速盛行，很快又因第一次世界大战的到来而低落下去，并且导致了消亡，结果是由于昙花一现而为人们所忽略。然而近些年来它又重新被人发现，并且成为人们研究的对象。

3）维也纳分离派。分离派是19世纪末维也纳的建筑师和设计师以及其他艺术家背离学院派而创造非传统风格的一次运动。他们认为传统的风格太循规蹈矩，并开始着手兴建自己的画廊，画廊建筑由约瑟夫·欧勃布利希设计。在风格上它混和了对称的古典主义和类似于新艺术运动的独特装饰表现形式，采用了较少的曲线和较多的几何图形。约瑟夫·霍夫曼则由于他于1905年设计的布鲁塞尔斯陶克莱特公馆而著名，其宽敞的大厅内设计精致，运用了创新的分离派语汇。霍夫曼设计的家具和其他各式各样的装饰都具有高度的独创精神，这就是人们常说的新维也纳风格的个性特点。阿道夫·路斯的设计则更接近于现代派，他的一些设计作品中，反映出了“装饰即是罪恶”的理念。

4）美国的新艺术运动。路易斯·考姆福特·梯芬尼的装饰设计（如灯具和玻璃器皿）以及路易斯·沙利文的建筑与室内设计代表了美国新艺术运动及其相关影响的踪迹。在设计史上，沙利文的作品相当复杂，由于他采用了钢结构和玻璃的表现手法来处理高层建筑，被视为现代建筑的创始人。他遵循“形式服从功能”的设计原则，与此同时，他那建立在自然基础之上的装饰形式使得他比其他任何美国人都要更加靠近新艺术运动。沙利文对20世纪初设计向现代主义方向发展的影响是巨大的。

5. 20世纪初至今

（1）现代主义　人们普遍认为四位建筑设计大师——美国的弗兰克·劳埃德·赖特和欧洲的沃尔特·格罗皮乌斯、密斯·凡·德罗以及勒·柯布西埃是现代建筑的主要开拓者，因为他们四位都在引导现代建筑设计的发展中独树一帜。

1）弗兰克·劳埃德·赖特。赖特于20世纪开始设计建筑，他的设计完全抛弃了历史的影响，引入了开放流畅的室内空间，从而奠定了现代设计的基础方向。在建筑设计中，他注重室内设计的每一方面，设计了嵌入式家具、灯具和一些移动式家具。他多使用抽象几何图案作为装饰，通常运用木材的自然色质，把灰泥漆成自己喜欢的乳白色。这些自然色调与砖石固有的自然质感结合在一起，通过一种他特别钟爱的艳丽而明快的红色作媒介，创造出一种温和的自然情调，配上带有几何图案的彩色玻璃窗，使室内透进鲜艳迷人的光线。

赖特一生中有两次重要的发展历程。第一次是在1915年，他离开美国去了日本，设计了东京帝国饭店；第二次是在他返美以后，他的后期设计很大程度地融入了日本传统建筑的风格。他的主要作品有1937年设计的宾夕法尼亚西部的乡村建筑“落水山庄”（见图1-26）和位于法国纽约城里的古根海姆博物馆。

2）沃尔特·格罗皮乌斯。格罗皮乌斯的影响主要是源于他所创建的包豪斯学院，该学院1919年在德国魏玛成立。他将设计与现代艺术结合起来，在其设计的作品中，空间呈现出一种与当代绘画和雕塑相关的抽象特征，而唯一用于装饰的是来自于材料和色彩结合后产生的效果（见图1-27）。“包豪斯”的宗旨是将艺术与技术统一起来，并通过一种抽象的视觉表现符号，把材料、形式和功能融为一体，创造出一种适合现代工业化社会的美感。

图1-26　乡村建筑“落水别墅”

图1-27　格罗皮乌斯为包豪斯新校舍设计的精美的悬挑阳台（1925～1926）

3）密斯·凡·德罗。密斯·凡·德罗是现代派的开拓者，他遵循“少就是多”的设计原则，主张材料色彩要强烈，包括条纹大理石、镀铬钢材或黑色皮革，以及改变格罗皮乌斯设计的过分严肃和单调。因此后期的“包豪斯”风格中既有格罗皮乌斯的朴素，也有密斯在室内设计中丰富的语汇——强烈的色彩、材料以及细部表现等。他的主要作品有 1929 年设计的巴塞罗那国际博览会德国馆和 1930 年设计的捷克斯洛伐克布尔诺的吐根哈特住宅。

4）勒·柯布西埃。勒·柯布西埃是瑞士人，可人们通常还是将他视为法国的现代派大师，因为他大部分事业都是在巴黎建立的。他于 1923 年出版的具有影响力的著作《走向新建筑》，使他在主要建筑设计作品问世之前已成为现代主义设计观念的主要理论家和宣传者。他的后期的建筑设计，坚持工程美学，形成了整套现代主义建筑设计的处理方法。他的设计作品井然有序，尺寸标准规范，凝聚着庄严与力量。他的主要作品是位于普瓦西·索尔·塞纳的萨沃伊别墅。

（2）艺术装饰　大约在“国际化”流行的同时，还出现了一个较为商业化的、时兴的现代派，现在通常称之为“艺术装饰”。它起源于第一次世界大战后的法国，其主要特征是把原始艺术、立体派绘画和雕塑与现代的主题如电力、无线电及摩天大楼等结合在一起运用到设计中。它形成了一定的影响，并逐步被人们接受。这种现代风格在协调中蕴含冲突，常使人联想到爵士乐的节奏。这种风格尤其得到剧院和展览馆的钟爱，并且经常出现在公共场所，用于办公大楼的外观和公寓的室内设计中。当时新建的一些远洋巨轮如“诺曼底号”、“伊丽莎白女王号”和“玛丽女王号”等，它们的室内装饰采用的就是这种风格。

（3）战后现代派　二战以后，由建筑师和室内设计师从事的室内设计聚成统一的现代派的表现词汇，受沃尔特·格罗皮乌斯和密斯·瓦·德罗的影响，功能主义和国际式成为大部分公共、商业建筑设计的基础。欧洲设计领袖们的家具设计精品以及战后设计师们设计的现代家具及相关物品，对现代派室内设计的推广流行起到了极为重要的作用。

二、中国室内设计简史

中国传统建筑的室内设计与装修历史悠久，经验丰富，具有独特的文化特性和人文精神，在室内设计史上占有举世瞩目的地位。研究、借鉴这些历史和经验，对提高我国当今的室内设计水平具有重要的意义。

1. 原始时期（300 万年前～公元前 21 世纪）

陕西西安半坡村仰韶文化的住房主要有两种形式，一种是方形，另一种是圆形。到了仰韶文化后期，居住建筑已从半穴居发展到了地面上，并出现了在一幢建筑中分隔出几个房间（由几个小室内空间组成）的形式。龙山文化的住房遗址已有家庭私有的痕迹，出现了双室相连的套内式半穴居，平面成“吕”字形。这些实例证明，黄河流域的原始居住方式，经历了从自然洞穴、穴居、袋竖穴居、半穴居，最后发展到地面建筑的过程。

墙壁和地面的演变几乎是同时的，首先出现的是火烤的土墙面和白灰墙面；到了新石器中期，有了挖槽垫基者；到了新石器晚期，则有了土坯墙。

原始时代的建筑已有简单的装饰。半坡遗址中的房屋有锥刺的纹样；牛河梁神庙的墙壁上有彩绘图案和泥塑。彩绘图案以黑、红、白色交错绘成，多为三角形几何纹和勾连纹；泥塑有戳印的圆点，堆塑有乳钉和条带等。和室内生活密切相关的器物也广泛存在，主要是陶器。早期的陶器为手制，颜色不均，厚薄不一，质地松脆，器形不整，纹样也不多。原始时代的陶器就色泽而言，有红陶、黄陶、黑陶和白陶；就器形而言，有碗、壶、钵、罐、盆、瓶、鼎、鬲、鬶、盘、豆、斝和杯等；其装饰手法有刻画、堆贴、指印、雕塑和彩绘等。陶器表面绘有各种生动而美丽的鱼纹、鸟纹、人面纹和由圆点、勾叶、曲线以及各种几何图案所组成的带状纹样，这些纹样也反映了当时人们日常生产及生活的一些情况（见图 1-28）。

2. 夏、商、西周、春秋时期（公元前 21 世纪～公元前 476 年）

随着生产力的发展，社会财富的增加和社会分工的加快，这一时期的建筑较原始社会有了巨大的进步，同时建筑的类型也有所增加，城堡、城市、宫殿、庙宇和墓葬得到了发展。至于奴隶与贫民的住所，则仍然维持着较低的水平。

图 1-28　彩陶盆绘舞蹈纹

在河南偃师二里头发现的商初成汤都城——西亳的宫殿遗址显示，当时的木构架技术已有很大的提高，对构成中国古代建筑内部空间的基本要素——“间”的概念已有认识。

在湖北黄坡县盘龙城发现的商朝中期宫殿遗址中，还可以看到单体建筑四周设有与外界联系的回廊空间及内部以墙体分隔成几个小型内部空间的形式。宋以来许多学者，根据《仪礼》所载礼节，研究春秋时代士大夫的住宅，已大体判明住宅前部有门，门是面阔 3 间的建筑，中央明间是门，左右次间为塾，门内有院，次为堂。堂是生活起居和接见宾客、举行各种典礼的地方，堂的左右有东西厢，堂后有寝卧的室，都包括于一座建筑之内，这同后来流行的堂、寝分在两个不同的单体建筑中的做法有所不同。这也从一个侧面证明，中国古代建筑在完成某些室内功能时有一个从单个变为一组的过程，所以要从多个相关单体建筑来理解一个室内设计空间的问题。在春秋时期还流行在高大的夯土台上建造建筑的做法，可见当时的人们对单体建筑空间的处理已有认识。

陕西凤雏村发现的是先周宫殿或宗庙建筑的遗址，这是一座相当严整的四合院式建筑，由二进院落组成。中轴线上依次是影壁、大门、前堂、后室，前堂和后室之间用主廊连接，形成工字形平面。门、堂、室的两侧为通长的厢房，将庭院围成封闭的空间，二进院落四周有檐廊可环绕通行（见图 1-29）。从以上可以看出当时已出现用多个单体建筑空间共同完成一项室内功能活动的方式。在处理单体建筑之间的联系问题上，运用了中轴线、回廊、院庭、连廊、门堂对应等手法，这对后人处理室内空间问题的影响是深远的。

夏、商、西周和春秋的夯土技术极为发达，因此许多主要建筑都建在高台上。夯土墙借两侧的夹板夯墙，夯锤也由原来的单锤发展为多头锤。为保护夯土墙和土坯墙并取得平整的墙面，涂墁做法更加流行。它是原始时代木骨墙的继承，但在材料和技术上又有新的发展。涂墁之余，不少建筑的墙面还以彩绘作美化。殷墟的某些宫殿，就有壁画残迹。据记载，壁画是在白皮墙上用红色画曲线，再用黑色画圆点。据推断，这可能是一种用作衬托的花饰。除涂墁墙面外，此时也常常涂地面。《尔雅》中记载，一般人家的地面涂成黑色，只有天子的宫殿的地面才可以涂成红色。夏、商、西周已能使用很多种颜色，但不同时期的人有不同的喜好，据《考工记》记载，夏尚黑，商尚白，周则尚红色。

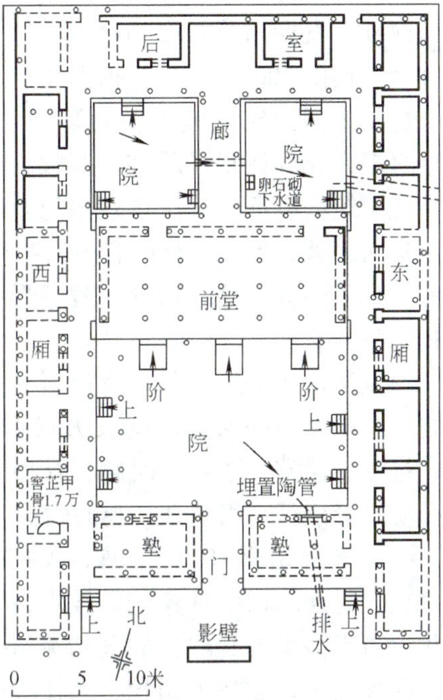

图 1-29　先周宫殿或宗庙建筑的遗址

根据甲骨文“席”“宿”等字的形状以及现存的某些青铜器物，可以知道当时室内铺席，即人们席地而坐，“席下垫以筵”。商朝的家具有床、案、俎和置酒器的“禁”，周朝又增有用于依靠的几、屏风和衣架等。从《考工记》可以知道，周时的建筑室内空间大小和室内器物的大小在设计上有一定的对应关系，及所谓“度堂以筵”“度室以几”，足见当时人们对室内设计总体尺度把握的整体思维。

3. 秦汉时期

秦灭六国建立了中国历史上第一个统一的封建帝国，汉朝是中国封建社会发展的第一个高峰期，这个时期的社会经济得到了空前的发展。秦汉 400 多年，是我国建筑茁壮成长并逐渐走向成熟的时期，也是中国建筑发展史上的第一个高峰期。秦汉建筑规模宏大，类型繁多，充分体现了雄伟、豪放、朴拙的风韵，并已初步具备中国传统建筑的特征。为了体现皇权至上的思想，秦汉都城逐渐从不规整走向规整，形成严整而有序的布局。此时的园林布局相对自由，还有了私家园林。这一时期，陵墓形制已基本定型，同时还兴起了一批佛教建筑。

在咸阳市东郊发掘的一座高台建筑遗址，是战国秦朝咸阳的宫殿之一，这座 60m × 45m 的长方形夯土台高 6m，台下建筑物由殿堂、过厅、居室、浴室、回廊、仓库和地窖等组成，高低错落，主次分明，形成了一组复杂壮观的建筑群。

4. 两晋、南北朝、隋、唐、五代时期

这一时期木构单件建筑的技术得到了很大的发展，并已开始定型化。由于高坐式起居方式开始流行，再加上佛教的繁荣及其他方面的精神追求，建造大面积、大体量的室内空间开始流行。较之早期的单体建筑，其已完全依赖于木构技术本身来解决问题，所以室内空间的形象和前期的“卑宫室”及汉代以夯土高台外包小空间木建筑所形成的大体量建筑的空间形象有很大的区别。这一时期的结构布置仍以严谨为主，较之后来缺少灵活性，室内空间常常受到柱子的限制。

建筑组合的手法，仍以庭院、回廊、房屋围绕、中轴对称等为主，其中尤以中轴对称最为广泛。

这一时期的室内家具也发生了若干变化。一方面席地而坐与使用床榻的习惯依然广泛存在，但在传统的做法上有所改进，如睡眠的床增高，起居的榻加大；另一方面由于胡人垂足而坐的习惯传入中原，逐渐冲淡了跪坐的习惯，南北朝时垂足而坐的家具，已由东汉时从西域引入的胡床发展到凳、荃蹄等高形家具，进入隋唐后，上层阶级逐步习惯了高坐，已出现长桌、方桌、长凳、腰圆凳、扶手椅、靠背椅、圆椅等家具，可见后代的家具类型至此已基本具备。家具的式样简明、朴素、大方，桌椅的构件有些做成圆形断面，线条柔和流利。此时的屏风已发展为多褶多牒式。

此时单体建筑中有中国特色的构件斗拱已被广泛使用，其形式和用料已有规格化迹象。斗拱有单拱也有重拱，其作用除支撑出檐外，还可以承载室内天花下的枋。

在墙面处理上，纺织品的使用逐渐减少，取而代之的是壁画装饰，多用于佛寺建筑中，隋唐时期壁画得到空前的发展。唐代仍盛行直棂窗，初唐时期乌头门的门扉上部已安装有较短的直棂，以便于采光。室内复杂的天花多数用覆斗形藻井，斗八藻井也有采用。唐时天花还采用了小方格的平闇。宫殿往往取用花砖铺地，更注重地面的艺术性。铺地石料加工精致，使用了磨砖对缝的处理。

在室内建筑构件的装饰方面，木料本身的装饰作用明显得到增强，强调了木构件本身的细部处理。彩画已得到广泛运用，“晕”的方法已初步出现，此时的色彩依然以原色为主。总地来说，当时的室内装饰特征趋于整体稳重，从一味追求豪华奢侈走向成熟。

5. 宋、辽、金、元时期

这一阶段是深化中国木结构单体建筑水平的重要时期，形成了以下几种主要发展方向：其一，中国单体建筑的室内空间更具灵活性和多变性，以满足使用者对内部环境的物质与精神的双重需求；其二，单体建筑继续保持唐代遗风；其三，规范了单体建筑设计的倾向。这说明当时单体建筑规范化、定型化已是一种发展趋势，并达到了一定的水平。

在群体建筑中，各单体建筑间的联系继续采用庭院、回廊、房屋围绕、轴线对称等手法，有所区别的是，当时的人喜欢在前后单体建筑中间直接加联系廊，形成工字甚至王字平面，这种形式在宫室、住宅、寺庙类建筑中都有例子。

在家具的造型和结构上，这一时期也发生了明显的变化。首先，彻底将隋唐沿用的箱形壸门结构改变成梁柱式的框架结构，四脚落地，平稳方正；其次，大量应用了装饰性线脚，丰富了家具的造型。家具的布置也有了一定的格局，大体上有对称和不对称两种方式。

斗拱的整体构造方式发生了若干变化，结构机能开始减弱，原来在结构上起相当重要作用的下昂，有些已被斜栿所代替，而且斗拱比例变小，补间铺作的朵数增多，斗拱的装饰作用得到了加强，有些形式变得较为复杂。

宋、辽、金时织品在墙面的使用并不多见，到元时则在宫殿的墙壁上常挂毡毯、毛皮、丝织帷幔等，壁画此时仍大量采用。除继续广泛沿用唐以来的版门和直棂窗外，这一时期建筑墙面还大量使用可以开启的、棂条组合极为丰富的格子门、落地长窗、阑槛钓窗等，不仅改善了室内的通风和采光条件，还具有装饰的作用。

此时，室内构件的装饰继续保持并发挥了木材本身的特色。对于那些在建筑中起结构作用的大木作构件，如梁、柱、斗拱、椽头等，避免了造型上的呆板僵硬，使其形成柔美温和的曲线轮廓，产生了极强的装饰效果。对于小木件制品，如门、窗等，更是制作精巧考究，并广泛采用了木雕技术。彩画仍然是装饰木构件的重要手法。北宋随着等级的差别，有五彩遍装、青绿彩画和土朱刷饰三类，并盛行使用退晕和对晕的手法，使彩画的颜色对比经过晕的渐变而不至过于强烈。

6. 明、清时期

明、清时期的建筑及室内设计仍沿着传统的道路继续向前发展，获得了不少成就，它是中国古代最后一个高峰阶段。

随着时代的发展，城市增多了，建筑的类型也在增加，出现了很多书院、会馆、戏院、旅馆、餐厅等公共性建筑，各地区、民族、宗教的建筑特色也更加强烈和明显，建筑结构、材料生产及其他和建筑相关的技术等都发展到了较高的水平。由于当时单体建筑的做法已成熟定型，要建造能满足复杂功能要求同时又有良好艺术境界的场所，人们只需合理地选择不同大小和形式的单体建筑进行巧妙地组合，使其形成统一的建筑群体即可。所以，当时设计师对建筑组合特别关注。把单体建筑组合起来的主要方法仍是院落和轴线，但院落的数量和轴线的长度有所增加。还有一种组合方式是把单体建筑间没有确定的几何关系，以被称为拓扑对应的方式联系起来，看似闲散独立，但却统一在更高的构图原则之下。它们之间往往连以廊道和路径，私家园林和皇家苑囿中的休闲玩赏空间就常用这种组合方式。

明、清时期的家具是中国家具发展的顶峰，代表中国古典家具的最高成就。

明、清时期的家具是我国家具发展的顶峰。明式家具不仅用材合理，而且充分利用和表现了材料的色泽与纹理，大多为框架结构，轮廓体态轻巧、优美而稳重，在不失坚固的前提下重点装饰，简洁素雅。清代家具虽然在造型和结构上继承了明风，但官式家具趋于复杂，特别是后期大量吸收了工艺美术的成就，如镶嵌玉、螺钿、珐琅、雕漆等，炫奇斗富，还出现了密雕厚漆的家具。家具的布置大都采用成组成套的对称方式，以临窗迎门的桌案和前后檐炕为布局的中心，配以成组几、椅，或一几二椅，或二几四椅。柜、橱、书架等也多为成对对称摆列，力求严谨统一。陈设品如书画、挂屏、文玩、器皿、盆花、盆景等在室内布置中也得到了广泛运用。

斗拱已成为纯装饰性的构件，其比例变得更小，排列更加丛密。墙面以粉刷为主，壁画已很少采用。门窗的开设更讲究装饰性，不仅裙板表面雕刻多样，透光通风部分也成为重要的装饰部位，各种图案的棂子极为精美，主要有分格类、连锁类、回端类、什锦嵌花类等。漏窗也广泛使用，其形式极为优美。大型建筑的顶面往往采用藻井、天花，并施以彩画。北方民居常常顶面糊纸，而南方则常用轩、卷棚等。

作为大木作构件的主要装饰手法——彩画，经过明至清代进一步成熟并完全定型。常用的彩画有和玺彩画、旋子彩画、苏式彩画三类。和玺彩画在清代是最高等级的彩画，大多画于宫殿建筑和与皇家有关的建筑上。旋子彩画的等级仅次于和玺彩画，它具有明显、系统的等级划分，既可以做得很素雅，也可以做得非常华贵，它的应用范围较广，一般用于官衙、庙宇的主殿，坛庙的配殿以及牌楼等建筑物上。苏式彩画多用于住宅和园林，如亭、廊、轩、榭等以观赏为主的建筑上，苏式彩画具有式样多变、内容丰富、构图灵活和色彩鲜艳等特点，其中也包括了表达人们情趣爱好的绘画部分。

对于一些宗教建筑独特的室内装饰手法，也应有所了解，如喇嘛教建筑室内常常挂满彩色幡帷，柱上裹以彩色毡毯，光线幽暗，气氛非常神秘、压抑；伊斯兰教建筑室内常用暗红、棕和金色的蔓卷纹及阿拉伯文字组成繁密的图案；维吾尔伊斯兰建筑中，装饰处多置于视线集中的地方，如柱头、柱身、天花的中心几间及天花与墙的交接处。明、清时期装饰图案的题材增多，动物、几何纹、人物故事等种类齐全，其中以祈祷幸福、祛灾的吉祥图案居多。

第四节　室内设计的风格与流派

室内设计的风格和流派往往与建筑以及家具的风格和流派紧密结合，有时也和特定时期的绘画、造型艺术、文学、音乐等领域的风格和流派相互影响，如建筑和室内设计中的“后现代主义”一词及其含义，最早是起源于西班牙的文学著作中，而“风格派”则是具有鲜明特色的荷兰造型艺术的一个流派。

室内设计中的风格是指在设计创作中体现艺术特色及个性的形式；流派是指具有一定学术和艺术方向的派别。

室内设计风格，是根据不同的时代思潮和地区特点，通过创作构思和表现，逐渐发展成为具有代表性的室内设计形式。一种典型风格的形式，通常和当地的人文因素和自然条件密切相关。

风格虽然表现于形式，但风格具有艺术、文化、社会发展等深刻的内涵，从这一深层含义来说，风格又不等同于形式。需要着重指出的是，一种风格或流派一旦形成，又能积极或消极地转而影响文化、艺术以及诸多的社会因素，并不仅仅局限于作为一种形式上的表达和视觉上的感受。

一、室内设计的风格

在体现艺术特色和创作个性的同时，相对来说，可以认为风格跨越的时间要长一些，包含的地域要广一些。

室内设计的风格主要可以分为传统风格、现代风格、后现代风格、自然风格、综合主义风格等。

1. 传统风格

传统风格的室内设计，是将室内的布置、线形、色调以及家具、陈设等造型要素与传统建筑、室内、陈设的造型、色彩或风格特征联系起来，如中式传统风格的设计，就必然离不开我国传统木构架建筑室内的藻井天棚、挂落、雀替以及明、清的家具造型和款式特征；如要表现西方传统风格的室内设计，通常在罗马、希腊、哥特式、文艺复兴式、巴洛克式、洛可可式等古典主义形式中寻找造型要素。此外，还有日本传统风格、印度传统风格、伊斯兰传统风格、北非城堡风格等。传统风格常给人们以历史延续和地域文脉的感受，能突出民族文化渊源的形象特征。

2. 现代风格

现代风格起源于1851年的水晶宫，但在包豪斯时才真正被确认和发展起来。现代风格的设计师们大多强调突破传统、创建新的建筑设计观，主张功能第一，他们的观点就是“功能决定形式”，注意材质、结构、加工工艺本身所显现出来的带有明显工业技术的精致的审美感受，崇尚简洁的造型，反对多余的装饰，尊重材料本身的性质，研究材料本身的质地和色彩，在设计中，发展了以功能主义和非对称手法的布局，并强调设计与工业生产的关系。

包豪斯学派的创始人沃尔特·格罗皮乌斯对现代建筑的观点是非常鲜明的，他认为“美的观念随着思想和技术的进步而改变”、“建筑没有终极，只有不断的变革”、“在建筑表现中不能抹杀现代建筑技术，建筑表现要应用前所未有的形象”。现代风格的典型例子很多，如狄索包豪斯校舍（由沃尔特·格罗皮乌斯设计）、萨伏伊别墅（由柯布西耶设计）（见图1-30）等，密斯·凡·德罗所倡导的“少就是多”的设计风格，在其一系列的玻璃盒建筑中得到了充分的体现。广义的现代风格也可泛指造型简洁新颖、具有当今时代感的建筑形象和室内环境。

3. 后现代风格

后现代主义一词最早出现在西班牙作家德·奥尼斯1934年的《西班牙与西班牙语类诗选》一书中。后现代风格其实是相对现代风格而言的，主要是对现代风格太强调理性的叛逆，认为现代风格的

图1-30　萨伏伊别墅

设计太冷漠，缺少人性化的东西，因此对其进行批判。后现代风格强调建筑和设计应具有历史的延续性，并要注重历史文脉，探索新的造型手法，讲究人情味、地方性，常在设计中将古典主义的造型要素进行夸张变形，并结合现代材料进行某种“稼接”的手法，运用非传统的混合、叠加、错位、裂变等手法和象征、隐喻等手段，创造一种融感性与理性、传统与现代、经典与媚俗于一体的建筑形象和空间环境。对后现代风格不能仅仅以所看到的视觉形象来评价，需要透过形象从设计思想来分析，如约翰逊的“玻璃教堂”、文丘里的“住宅”（见图1-31）等。

图1-31　文丘里的“住宅”

4. 自然风格

随着现代科技的发展，人们对自然的追随条件日趋成熟，在看惯了工业造就的人为环境以后，开始追求田园式的生活环境，自然主义风格开始蔓延。自然风格倡导“回归自然”，使人们能取得生理和心理的平衡，因此室内多采用如木材、织物、藤制品、竹制品以及石材等天然材料，显示材料的纹理，清新淡雅；也有采用木板、清水砖或更直接的自然材料，如土、草等来装饰。此外，由于其宗旨和手法的类同，也可把田园风格归入自然风格一类。田园风格在室内环境中力求表现悠闲、舒畅、自然的田园生活情趣，也常运用天然木、石、藤、竹等材质质朴的纹理，巧于设置室内绿化，创造自然、简朴、高雅的氛围（见图1-32）。

图1-32　田园风格的室内环境

5. 综合主义风格

综合主义风格，是将所有的风格造型融于一体，是多元论在建筑上的具体表现。它不仅选择历史模式为出发点，同时照顾现代文化，也较易被人接受，例如传统的屏风、摆设和茶几，配以现代风格的墙面、门窗装修及新型的沙发；欧式古典的琉璃灯具和壁面装饰，配以东方传统的家具或埃及的陈设、小品等。综合主义风格虽然在设计中不拘一格，但仍然需要匠心独具，深入推敲形体、色彩、材质等方面的总体构图和视觉效果，如摩尔的奥尔良的意大利广场，堪称为激进的折衷主义的佳作（见图1-33）。

图1-33　奥尔良的意大利广场

二、室内设计的流派

现代室内设计从所表现的艺术特点分析可分为多种流派，主要包括未来主义、风格派、光亮派、白色派、高技派、新古典主义、超现实派、装饰艺术派、解构主义派、新洛可可派等。

1. 未来主义

未来主义是盛行于20世纪初的一种文艺思潮，1908年由意大利青年诗人马利内蒂（Tommaso Marinetti）在米兰发起。其涉及的领域主要有文学、戏剧、绘画和建筑等；其主要特征是：否定文化艺术的规律和传统，主张创造全新的未来艺术。未来主义认为，当今时代的特征是机器和技术以及与之相适应的速度、力量和竞争。它强调现代科技，倡导破旧立新、标新立异，强调一切都要改变。未来主义的思想对 20 世纪以后的建筑产生巨大的影响（见图 1-34）。

2. 风格派

风格派是指起始于 20 世纪 20 年代的荷兰，以画家 P·蒙德里安等为代表的艺术流派。风格派倡导“排除自然形象的纯艺术表现”，主张国际化的艺术，结合了立体派和未来派的理想，强调与传统决裂，风格派认为“把生活环境抽象化，这对人们的生活就是一种真实”。风格派用几何式、长方、正方、无色、无饰、直角、光面以及红、黄、青三原色，间或以黑、灰、白等色彩相配置做建筑的立面来对块体进行强调。风格派的室内，在色彩及造型方面都具有极为鲜明的特征与个性。风格派建筑的代表为斯劳德住宅（雷特维勒德设计）。风格派作为一种艺术流派，其存在时间不长，但其简约、单纯、疏密有致的造型对现代建筑和工业设计产生了深远的影响（见图 1-35）。

图 1-34　未来主义建筑

图 1-35　风格派建筑

3. 光亮派

光亮派也称银色派，是流行于欧美的一种建筑思潮，这个派别主要以大片玻璃幕墙为风格特征。光亮派在建筑设计中，以轻盈、闪光、透明的理念进行表现，在室内设计中经常采用大面积镜面或镜面不锈钢和抛光的石材作装饰，在照明方面常将透射、折射、反射的方法运用于室内设计中，使环境产生光怪陆离，绚丽夺目的视觉效果（见图1-36）。

4. 白色派

美国建筑师理查德·迈耶是白色派的主要成员之一。白色派是在希腊神庙建筑中提取幽雅的平面、立面关系及精华部分，经过白色派建筑师们的艺术处理和提炼，运用到现代建筑形式及造型手法中，创造出特有的恬静的白色系列的建筑；白色的住宅、白色的博物馆、白色的公共商用建筑等以简洁明快的平面处理和丰富的空间分隔相互渗透，各自形成精巧雅致的细部处理与大面积的虚实对比，给人充满理性又富有诗意的感受，如美国建筑师R·迈耶设计的史密斯住宅及其室内即属此例。白色派的室内并不仅仅停留在简化装饰、选用白色等表面处理上，而是具有更为深层的构思内涵，设计师在室内环境设计时，综合考虑了室内活动着的人以及透过门窗可见的变化着的室外景物，由此从某种意义上讲，室内环境只是一种活动场所的"背景"，从而在装饰造型和用色上不作过多渲染（见图1-37）。

图1-36　光亮派室内环境

图1-37　白色派室内环境

5. 高技派

顾名思义，"高技派"强调当代科学技术在建筑形式上的运用，以夸张的手法表现于建筑之中，突出当代工业技术的成就，并在建筑形体和室内环境设计中加以炫耀，崇尚“机械美”，在室内暴露梁板、网架等结构构件以及风管、线缆等各种设备和管道，强调工艺技术与时代感（见图 1-38）。奠定“高技派”建筑设计基础的主要设计师为理查德·罗杰斯和诺尔曼·福斯特，前者设计了法国“蓬皮杜艺术中心和英国第四电视台，后者设计了香港汇丰银行、香港赤腊角新机场以及法兰克福银行大厦。

6. 新古典主义

新古典主义思潮源远流长，20 世纪 50 年代，一些建筑师在进行现代建筑设计时，引入了古典建筑形式和风格，如美国的约翰逊、山崎等在设计时强调古典主义美学，运用古典柱式和装饰线角结合现代建筑，创造了一种新的建筑形式，代表性建筑为美国的电讯公司总部大楼（见图 1-39）。

图 1-38　高技派室内环境

图 1-39　新古典主义建筑

7. 超现实派

超现实派追求所谓超越现实的艺术效果，在室内布置中常采用异形的空间组织、曲面或具有流动弧形线型的界面、浓重的色彩、变幻莫测的光影和造型奇特的家具与设备，有时还以现代绘画或雕塑来烘托超现实的室内环境气氛。超现实派的室内环境较适用于视觉形象有特殊要求的某些展示或娱乐的室内空间。

8. 装饰艺术派

装饰艺术派起源于20世纪20年代法国巴黎召开的一次装饰艺术与现代工业国际博览会，后传至美国等地，如美国早期兴建的一些摩天楼即采用这一流派的手法。装饰艺术派善于运用多层次的几何线型及图案，重点装饰于建筑内外门窗线脚、檐口及建筑腰线、顶角线等部位（见图1-40）。上海早年建造的老锦江宾馆及和平饭店等建筑的内外装饰，均为装饰艺术派的手法。近年来一些宾馆和大型商场的室内，常在现代风格的基础上，在建筑细部饰以装饰艺术派的图案和纹样。

9. 解构主义派

解构主义是20世纪60年代，以法国哲学家J·德里达为代表所提出的哲学观念，是对20世纪前期欧美盛行的结构主义和理论思想传统的质疑和批判，建筑和室内设计中的解构主义派对传统古典、构图规律等均采取否定的态度，强调不受历史文化和传统理性的约束，是一种貌似结构构成解体、突破传统形式构图、用材粗放的流派（见图1-41）。

图1-40　装饰艺术派建筑

图1-41　解构主义派建筑

10. 新洛可可派

洛可可原为18世纪盛行于欧洲宫廷的一种建筑装饰风格，以精细轻巧和繁复的雕饰为特征，新洛可可仰承了洛可可繁复的装饰特点，但装饰造型的“载体”和加工技术却运用现代新型装饰材料和现代工艺手段，从而具有华丽而略显浪漫、传统中仍不失有时代气息的装饰氛围（见图1-42）。

图1-42　新洛可可派室内环境

当前社会正处于从工业社会逐渐向后工业社会或信息社会过渡的时期，人们对自身周围环境的需要除了能满足使用要求、物质功能之外，更注重对环境氛围、文化内涵、艺术质量等精神功能的需求。室内设计不同艺术风格和流派的产生、发展和变换，既是建筑艺术历史文脉的延续和发展，具有深刻的社会发展历史和文化内涵，同时也将极大地丰富人们的精神生活。

复习思考题

1. 学习人文知识与室内设计有什么关系？
2. 室内设计在艺术表现形式上属于哪一类？
3. 古罗马建筑的特点是什么？它与古希腊建筑的差别在哪里？
4. 现代建筑的基本特征是什么？主要反映了什么思想？
5. 请选择当代某位建筑大师，简述其作品的风格特点。
6. 你对建筑中的风格与流派是怎么看的？请简述某一风格或流派的特点。
7. 作为室内设计人员，应掌握哪些方面的知识？
8. 简述文艺复兴时期的艺术大师的作品特征和艺术成就。
9. 简述现代艺术发展主要时期的历史背景。
10. 中国建筑的特点是什么？
11. 中国山水画的发展主要是哪几个时期？主要人物是谁？
12. 为什么要了解民间工艺美术知识？它与室内设计有什么关系？

第二章

室内设计概论、工作程序和书写表达

培训学习目标 掌握与业主进行交流的技能，了解设计所需的数据，如业主对空间、功能的要求以及投资等情况。掌握资料的查询与分析和现场勘探等技能。对室内设计的程序与方法有一个初步的了解，并且能够书写相关文本，如方案说明、施工说明、投标标书以及施工合同等。

第一节 室内设计概论

在室内设计过程中，设计是如何进行的，空间平面是怎样布置的，风格是怎么定位的，这些从表面看似乎是以一系列直线性的步骤表现出来的，其实对这些问题的思考经常是相互牵连、相互制约的。在设计活动的循环中，设计人员会对所得到的信息进行分析，给予综合评价，直至在现有的条件下与业主及施工人员达到某种契合，这里主要是指与业主的需求、建筑空间的条件、投资预算的规模、施工人员的素质、施工工艺的技术条件等达到某种契合，设计才能得以完成。

设计必须以人为本，一切应以满足人们的生活和生产需要为目的，从功能、经济和美学的角度出发，创造出美好的生活环境。

一、室内设计的含义及其与室内装饰、装修的关系

1. 室内设计的含义

室内设计是在建筑设计基础上的后继创作，但不是对建筑空间的“装饰”化处理，而是对建筑内部空间环境的设计，是以一定的建筑空间为基础、以追求室内环境多种功能的完美结合、满足人们生活和生产的物质需求和精神需求为目标的设计活动。室内空间是建筑整体不可分割的一个有机部分，室内设计与建筑设计是密不可分的。人们的工作、学习或生活等活动几乎都要在室内进行，室内环境的设计就直接影响这些活动的质量和效果，同时关系到满足人们的身心需求。因此，室内设计是融合了建筑、心理、经济、文化等多种学科的创造性活动。室内设计应根据建筑物空间的使用性质、所处的环境、相应的标准以及美学原理，创造出能满足人们物质和精神生活需要的室内环境。室内设计的基本特征是必须满足人们特定的目的、需求，如果离开或是违背了特定的需求，那么设计就失去了目的性以及其存在的价值了。室内设计活动应受到空间和时间的限制，设计不能超越具体的时空范围。室内设计是一种创造性的思维活动，具有求异性、发散性、突变性的特征，其创造的设计应具有与众不同的个性化；室内设计也是一种社会文化，一种社会物质文明的象征，它通过自然和人工手法的结合来表现特定的文化背景、文化内容。总之，必须明确地把“创造满足人们物质和精神生活需要的室内环境”作为室内设计的目的，即以人为本，一切应围绕“为人的生活、生产活动创造美好的室内环境”进行。

室内设计是强调科学与艺术相结合、强调整体性、系统性特征的设计，是人类社会的居住文化发展到一定文明高度的标志。

2. 室内设计与室内装饰、装修的关系

室内装饰、装修与室内设计这三者看似相同，但其内在含义是有区别的。装修是建筑主体结构完成之后，内部空间各项设施的安装和墙体地面的具体施工，着重于工程技术、施工工艺和构造做法等方面；装饰是对室内环境的进一步装璜修饰，以创造美化环境的配套工艺，着重从外表的、视觉艺术的角度来探讨和研究问题。室

内环境只有装修施工到位，体现意蕴与内涵的装饰才可以发挥它的魅力。

装修与装饰既有区别，又有联系。装修是功能与使用的实现，装饰是个性与美学的体现，它们相互影响、相互制约，两者要达到和谐的统一，就有一个怎样装修与怎样装饰的问题，这就是室内设计。室内设计既包括视觉环境和工程技术方面的问题，也包括声、光、热等物理环境以及氛围、意境等心理环境和文化内涵等方面的问题。

室内设计要按照使用者的目的和要求，围绕主题演绎方案。在演绎过程中，室内设计人员应该给使用者自由发挥的空间，装修与装饰的整体组合、饰物协调搭配等都能体现使用者的精神和审美的理念。室内设计不能单纯于艺术装饰，还应创造丰富的空间造型，追求率真自由的境界。

室内设计要有一个明确而统一的主题，装饰应体现个性。由于具体的环境不同、文化背景不同、品味追求不同、风俗习惯不同，产生的装饰效果也不同，所以室内设计应不断创新，通过功能性的装修、美学性的装饰，赋予室内环境新的形象。

装修和装饰两者相辅相成，只有在功能合理的装修前提下，装饰的内涵与境界才能得到体现。在室内设计中，可以通过材料的质感、颜色的搭配、饰物的布置，使装修与装饰产生相得益彰的效果。在人们需求日益多样化、个性化的今天，新的风格不断出现并被人们所接受，室内设计应着重设计思维的创新表达，以满足多方面的要求。

二、室内设计的内容

现代室内设计也就是室内环境设计，它涉及的面很广，主要包括以下几个方面：

1. 室内空间的组织、调整、利用和再创造

室内设计的主要任务是根据建筑本身所提供的基础条件，为人们在室内的活动创造一个舒适、实用、美观并与建筑本体功能所配合的、符合某种既定氛围目标的空间环境。室内设计的空间组织包

括平面布置，需要对原有建筑设计的意图充分理解，对建筑物的总体布局、功能分析、人流动向以及结构体系等作深入的了解，在室内设计时对空间和平面布置予以完善、调整或再创造。室内空间的组织要满足人们在使用上的要求，如家具布置、交通组织、消防安全以及具有良好的采光、照明、通风、隔声、隔热等功能，同时也要满足人们在精神上的享受，如爱好、审美情趣、民族文化、民族风格等。如果是公共空间，还要考虑特定人群的总体需求倾向等。总之，室内设计是综合考虑空间中各种因素、突破有限创造无限的空间的过程。

2. 室内各界面的处理

室内界面是指围合成室内空间的底界面（楼、地面）、侧界面（墙面、隔断）和顶界面（顶棚、楼板）。室内界面的设计应对各界面的使用特点和功能进行分析，既包括对界面的形状、色彩、图案及肌理构成的设计，也包括各界面与结构构件的连接构造设计，以及各界面与水、电等管线的协调配合等方面的设计。

3. 室内采光、照明、声学设计

室内设计应合理地运用室内的自然采光和人工照明。照明与光源设计可以统称为光环境设计，主要设计内容包括对自然光源的处理、人工光源的处理以及人工光源的特殊效果表现等。室内设计通过光的直射、反射、折射与漫射等各种照射效果的营造，创造出不同的空间意境。有效地利用室内光照不但可以满足正常的工作及生活的环境需要，而且光照和光影效果能有效地表现建筑艺术造型、材质质感，渲染室内环境气氛，营造意境。室内设计还应使有特殊声觉要求的建筑物（如音乐厅、电影院、录音室、演播室等）具有良好的声学条件，保证没有音质缺陷和噪声干扰，具有合适的声场和清晰度。

4. 室内色彩设计

色彩设计是利用构成室内空间关系的各种材料表面色彩的选择与搭配，达到整体色调和谐的效果，形成与既定功能目标相匹配的色彩氛围。色彩是室内设计中最为生动、最为活跃的因素，依附于界面、家具、室内织物等物体，能够对人们的生理、心理产生一定的影响。在室内设计中，除了考虑个人对色彩的偏爱和色彩的流行趋势外，还应考虑色彩的整体风格，包括装饰材料的色彩、家具的色彩与室内主色调的整体协调，运用色彩特性（明度、纯度、色相）来丰富空间的视觉效果与感觉效果，使色彩设计取得最佳效果。

5. 材料的选用

室内装饰材料应满足使用要求、环境氛围及相应的装饰标准，应从材料的技术性能、视觉艺术和触觉效果来考虑选材。不同材料的质地效果给人以不同的感受，如坚硬平整的表面让人产生沉稳和冷静的感觉；轻柔、细软的表面能令人产生轻松和舒适的感觉。所以能否合理地选用材料直接关系到实际效果和经济效益，在室内设计中的有着重要的地位。

6. 室内陈设的布置、设计及选用

室内陈设设计的内容包括家具、灯具及绿化等方面的布置、设计及选用。在室内环境中，陈设的实用和观赏价值突出，对于室内设计风格的定位有着举足轻重的作用。家具被称为实用的艺术品，既是实用的物质产品也是精神产品。室内绿化能够改善室内小气候，起到净化环境和平衡心理的作用，合理地布置绿化可以柔化室内人工环境，带来生机，使人们感觉到赏心悦目。

以上六个方面是同一个整体不同的有机组成部分，只有综合考虑，充分发挥它们的作用，才能表现出舒适、美观的室内空间环境。

三、室内设计的分类

室内设计的分类与建筑设计分类有所不同，室内设计的对象主要是指民用建筑，即非生产性建筑，它可分为居住建筑和公共建筑两类。在室内装饰行业中，居住建筑的装饰装修称为家装，公共建筑的装饰装修称为工装。在这些空间的设计中有许多交叉之处，如门厅、过厅、电梯厅、盥洗室等，同时也有许多不同之处，如报告厅、警卫室、电影放映厅、手术室等。各种类型建筑使用功能、性质和特点不同，其主要空间的室内设计对文化艺术和工艺过程等方面的要求也各有侧重，如纪念性建筑物，其室内空间应注重精神功能的设计。

四、室内设计的原则

室内设计是一门环境艺术交叉学科，具有时空性、整体性、技术性、人文性、艺术性等特征，作为设计师应了解和遵循相应的设计基本原则。

1. 科学性原则

室内设计的科学性要求体现在室内设计工作的整个过程中，从前期调研开始就需要准确地定位，要积极求证，做好充分准备。设计阶段要符合室内环境设计的基本规律，同时以科学的态度，协调和整合结构、水电、暖通等各部门的工作，以严谨的工作精神，遵循相应的技术规范，达到安全保证。

2. 经济性原则

室内设计必须遵循经济运作的规律，在把握相关要求的基础上，建筑材料的选择、加工及项目管理等各方面都要通过合理的运作，实现设计成效和经济要求的双赢。

3. 社会性原则

室内设计作为建筑设计的延续，是对建筑内涵和价值的进一步深化、补充和发展。和建筑本体结合，室内设计表现出强烈的社会意义，它反映着社会的存在方式，体现社会文化的特征，并对社会的发展产生深刻影响。因此，室内设计不只是单纯的艺术工作，也不是简单地为了表现个人风格，室内设计人员应有社会责任感，要意识到室内设计的综合体现与社会要求是密切相关的。

4. 创新性原则

创新是艺术活动的灵魂。社会环境总是在不断地变化，人们的意识形态随着时代的发展而不断改变。室内设计作为一种社会的艺术表现语言，应体现新的时代风貌，使室内环境充满变化和新颖的活力。因此，室内设计人员必须考虑创新，要在继承传统设计语言和工艺的基础上，不断应用新材料、新工艺和新设计语言。

5. 审美性原则

室内设计不仅要满足功能要求，同时也要满足审美方面的需求。人们一直有着追求美的特性，因此居住环境要在实际中体现美，要满足人们的审美心理。室内设计人员要遵循美学规律，积累丰富的文化素养，在室内设计中体现出多元文化，给使用者以愉悦的视觉体验。

6. 健康性原则

室内设计是对人们的生活环境的再创造，它与人的关系密切。室内设计的健康性原则应体现在“以人为本”上。因此，在装饰材料的选择和使用上以及施工工艺中应符合保护生态环境的要求，不增加生态环境的不合理负荷。健康的室内设计应满足使用者形成健康、合理生活方式的潜在要求，同时还应使用相应的辅助设施和家具，为老年人、行为不便者设计方便合理的空间布局。

五、室内设计的思考方法

室内设计的方法包括设计人员创作的思维方法，也包括执行设计任务中的具体方法。由于设计具体的方法涵盖了方方面面，是进行具体落实设计程序的过程，以后会在具体程序详细分析中谈到，所以这里主要讨论一下设计者创作的思维方法。

1. 审美客体和主体统一，以人为本深层次地把握设计需求

室内设计说到底是以人为中心、促进人与建筑环境之间良好关系的工作，在这个过程中，把握美感是关键。在室内设计过程中，在依照美学基本原理的基础上，室内设计人员要理解作为审美客体和主体的复合统一性，理解人们的审美心理，把握创作者、使用者与欣赏者角色的属性，在较深的层面上确保满足多方面的设计需求。

2. 宏观与微观思维相结合，力求达到多种效果的统一

宏观是对室内设计综合性的概括，是对总体的认识，即从总体上考虑问题及进行设计。微观是将过程和局部放大，将室内设计的重点进行强调，从细部入手加以解析，是设计思维的具体表现。室内设计应以宏观和微观思维相结合的方式，力求在设计过程中达到多种效果的统一。

3. 运用动态及多维方法，多角度、多层次地表达设计思维

动态的方法，即要求室内设计人员把握整体，并对每一个具体环节和设计要素进行动态分析，用变化的视角来看待室内环境的对

象，避免孤立看待设计过程。多维的方法，即要求室内设计人员多角度、多层次地体现设计思维，力求达到多种视觉效果的统一。

第二节　室内设计工作程序

一、室内设计基本程序

装饰工程室内设计应分为设计准备、方案设计、施工图设计和设计实施四个阶段。

1. 设计准备阶段

（1）调查研究　包括以下内容：

1）接受设计任务书，签订合同，或者根据标书要求参加投标；明确设计任务、内容、设计范围、设计要求、设计期限、造价要求，制定设计计划进度安排。

2）定向调查，取得建设单位意见，包括设计等级标准、造价、功能、风格等要求。

3）现场调查，对室内设计任务所在周围环境、建筑物、结构型式和设备设施等进行现场勘探和调查，并对调查情况进行汇总。

4）取得工程资料，如建筑图、结构图、设备图，并进行分析。

（2）收集资料　查阅同类设计内容的资料；调查同类装饰工程；收集有关规范和定额标准。

2. 方案设计阶段

方案设计阶段是在设计准备阶段的基础上，进一步收集、分析、运用与设计任务书相关的资料信息，进行方案构思、初步方案设计、深入设计、方案比较的过程。

（1）方案构思　即整体构思，形成各方案草图，包括平、立面图和透视草图，比较各种草图，从中选定初步设计方案。初步设计方案的文件包括平面图、室内立面展开图、室内透视图、室内装饰材料实样版面、设计说明等。

（2）方案设计　征求建设单位意见，并对委托方的要求加以分析和研究；与建筑、结构、设备、电气等部门的设计方案进行协调；

完善设计方案。

(3) 编制工程概算　根据方案设计的内容，参照定额标准，测算工程所需费用。

(4) 编制投标文件　投标文件要对该工程进行综合说明，包括工程总报价及分析，施工的组织、进度、方法及质量保证措施等。

应明确施工图阶段的图样要求。

3. 施工图设计阶段

施工图设计是继方案设计后，由设计到施工的一个过渡程序，也是将设计方案付诸实施的重要步骤。施工图设计包含以下五项工作内容：

(1) 完善方案设计　对方案设计进行修改、补充，与建筑、结构、设备、电气等部门的设计方案充分协调。

(2) 提供装饰材料实物样板　主要是提供装饰材料的样品和彩色照片。

(3) 完成设计　提供设计说明书和设计图样（平面图、立面图、剖面图、彩色效果图）。

(4) 完成施工文件　提供施工说明书，完成施工图设计（施工详图、节点图、大样图）。

(5) 编制工程预算　提供编制说明、工程预算表、工料分析表。

4. 设计实施阶段

1）在室内工程施工前，设计人员应向施工单位进行设计意图说明及图样的技术交底。

2）工程施工期间需按图样要求核对施工实况，有时还需根据现场实际情况对图样作出局部修改或补充。

3）施工结束时，设计方会同质检部门和建设单位进行工程验收。工程验收结束后绘制竣工图。

二、室内设计具体程序详细分析

了解了室内装饰设计的整个程序后，以接受设计任务书、现场调查、方案构思三个具体程序为例进行详细分析，深入理解各个程序运作过程。

1. 接受设计任务书

设计任务书中会标明与设计相关的内容。当设计人员拿到设计任务书时，不是马上提笔就画图，而是要对设计任务书进行分析，这个过程如同对着设计任务书的问题进行回答。在分析问题的过程中，需要将其分解为几个部分，分门别类，从不同的方面对问题进行评估，分析的工作也会涉及到信息的收集，这些都有助于设计人员理解问题的本质，了解哪些问题会对设计有所限制，哪些可以变动，哪些不能变动。设计人员对技术、法律、投资上的因素都应加以详尽的分析，在对这些问题进行反复比较及细致的分析之后，将会对问题有一个较为透彻的理解，从中会发现新的设计所需的信息，而对这些问题的分析工作，会自始至终贯穿于整个设计过程之中。需要分析的问题包括以下几个方面：

1）已有哪些东西？

① 物质与文化方面的资料，主要包括建筑条件、文化背景、自然环境现状、经济发展情况等。

② 现有的种种要素，主要指人的要素、经济的要素、交通的要素、物质的要素等。

2）设计什么？

① 使用对象，掌握使用对象的资料。

② 要达到的目标，指工程结束以后要达到的效果，包含艺术效果、经济效果、技术质量效果等。

③ 功能和要求，指工程的功能目标及功能流程等。

④ 风格与样式，主要是指艺术效果。

⑤ 时尚与心理要求，即了解业主和消费者对时尚的要求及所处地域的经济和文化发展情况。

3）有哪些限制条件？

① 哪些是可动的，哪些是不可动的？对现状了解清楚有利于下一步工作的开展。

② 哪些是被准许的，哪些是禁止的？了解地方法规和当地风俗习惯。

③ 了解各种限度，如时间、经费、法律、技术限度等。

从问题的收集和分析中，可以得到一些推断，找出可能成为现实的答案。设计需要在知识和理解的基础上作出理性的思考或判断，对一些问题不同的人会有不同的见解，设计人员应对各种不同意见进行综合，并绘出分析图，如图 2-1 所示，使答案成为一个通体连贯的结论。

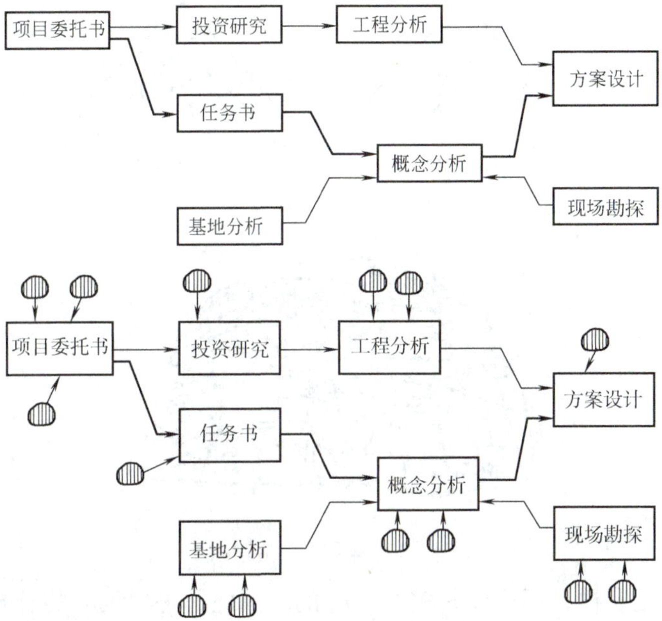

图 2-1　设计准备阶段分析流程图

通过模拟各种可能性，检查并改进构思。针对一个问题，将不同的构思综合成一些可行的答案，如针对某个关键的问题，提出多种解决方案，亦可将其整合到整个设计中来看其重要程度。在整体解决的过程中，会反复多次，从中寻求最佳方案。图 2-2 所示为模拟方案结构图。

要对收集的信息去粗取精、去伪存真。

2. 现场勘探

每次设计工程，从某种程度上来说都是特殊的，虽然某些项目有些类似，但由于业主不同，建筑空间与结构不同，各地区人们的生活习俗不同等，设计最终的结果也将不同，即使是一个企业的连

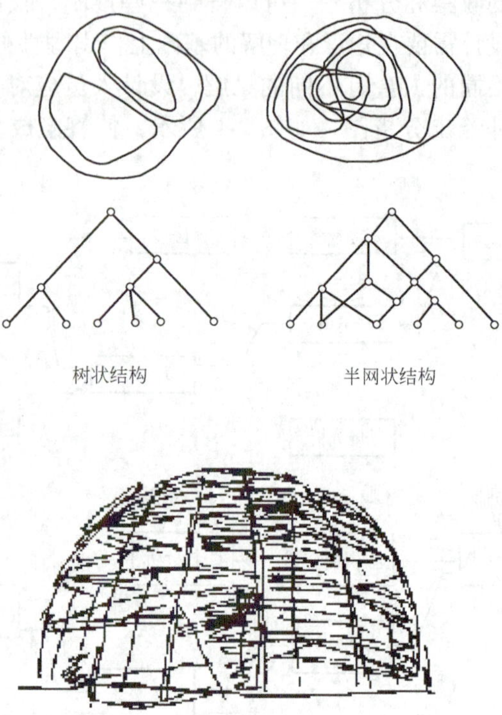

图 2-2　模拟方案结构图

锁店也是一样，不可能是完全一样的。因此，每项设计的分析总是从设计人员亲自勘探现场开始的，通过勘探，能够更多地掌握建筑结构空间及环境特征，熟悉场地情况，了解地方文化，以便在今后的设计中能唤起设计人员对上述情况的意象。在勘探过程中，室内设计人员要以现场的实际所见，对照已有的图样复核尺寸，了解建筑结构、空间形式、楼梯通道位置、消防器材类型和安装位置，了解其他设施是否完备、建筑环境资料是否齐全，了解交通、周边人员及未来规划发展等情况。通过现场勘探，了解了现场整个情况后，可以编写一个设计纲要，这个设计纲要是业主与设计人员之间对话和交流的基础，它可以是文字的，也可以是图解的或两者兼顾的，它是设计的基础，当然这个纲要可能会改变，但它是一个相互了解过程中的重要环节之一。

在现场勘探的同时应注重信息的收集工作，不仅要记录现场勘探的数据，还要多方面收集与设计任务书相关的各类技术资料的信息，通过相关的书籍资料、网络资料及在以往的优秀设计作品中获取有用的信息资源。

3. 方案构思

在接受了设计任务之后，设计人员就逐渐进入“角色”，进行方案构思。作为一个设计人员，日常的观察与积累是十分重要的，如果不善于日常积累和学习，仅靠设计需要时做的一些临时性的补充是远远不够的，正如雕塑家亨利·摩尔所说：“每一样东西，每一种形状，每一个自然形态、动物、人、卵石、贝壳，任何你喜欢的东西，都是可以帮你进行雕塑的资源，对我而言，我收集河木一类其形态能使我感兴趣的东西，把它们放在小工作室里，这样我任何时候走进工作室，都会在5～10min内找到一些能启发我新的构思的东西。”

设计创作的思维方式可分为两大类：一类是逻辑思维，是抽象的，结构性的；另一类是形象思维，是形象的，感觉性的。在具体设计创作过程中，两种思维方式是相互交错、相辅相成、密不可分的。创作思维始终贯穿于整个创作过程之中，在这个过程中，思维特征中的理性与感性特点都有所显示，这是创作主体的思维着重对所做的项目形成的总体上的认识。这时所做的工作，一方面是资料信息的收集和分析，另一方面是思维的记录与表达。这个记录和表达可以是图形的，也可以是文字的。图形可以是完整的，也可以是“零碎”的、局部的，甚至可以是几条线；文字同样可以是完整描述的，也可以是“问语”的，甚至是符号的，有些甚至只有自已能看懂。处在这个阶段的设计人员思维状态是模糊而无序的，一切都是不确定的，但是设计人员似乎已经从远处听到了微微的声响，从微小的迹象中窥见了一丝希望。

这种没被确定的感觉，或窥见到的一丝光芒，都要通过图示表达出来，如图2-3所示，并借助于理性的分析、归纳、综合，从大量的信息中发现有价值的东西，在经过对这些有价值的东西反复推敲和比较之后，雏形终于诞生了。

图2-3 构思草图

对于设计构思性质的理解，可以从发现问题、解决问题与综合评价三方面来探讨。

（1）发现问题　在设计过程中，构思阶段其实是一个不断发现问题、不断解决问题的过程。作为设计人员应如何来发现问题呢？这主要涉及到对设计问题的认识和对设计问题作归类性的理解，可以用图示表达，如图 2-4 所示。这类问题主要有三种：一种是易于确定的问题，指那些目标或结果已经提出或是较为明显的问题，解决这些问题只需要运用适当的手段即可；一种是难以确定的问题，其目标及解决手段都不清楚；还有一种是极难的问题，这些问题通常目标很难明确，没有惯常的解决办法，问题的解决无法判断其正确性。

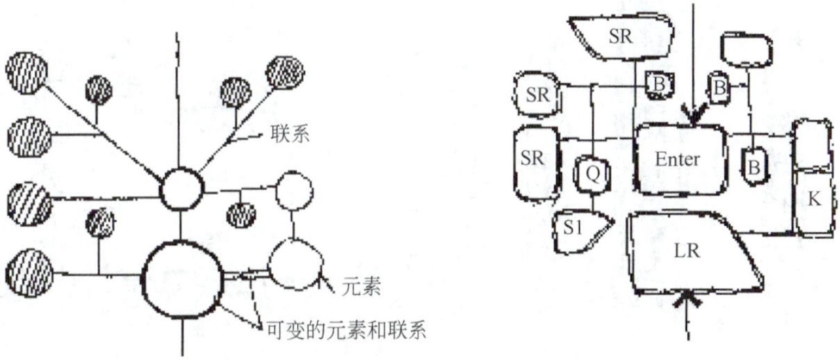

图 2-4　问题结构草图

（2）解决问题　在发现问题后要解决问题，问题有主要问题和次要问题。解决问题的过程是十分复杂的，它既要依靠理性的力量，又要借助于感性的指引。解决问题分两个步骤：首先应对问题进行分解，有许多问题看起来似乎是单个的，经过细致的推敲后，就会发现这些问题是由多个问题组成的，有些甚至是模糊的，因此，在解决这些问题时，首先采用系统分析，将问题用“清单”罗列出来，分析哪些是主要问题，哪些是次要问题，虽然清单不是解决问题的“妙方”，但至少可以帮助设计人员理清头绪，然后再作全面的考虑；

其次是解决问题，解决方法应先从主要的问题入手，再解决次要的、综合性的问题，这样可以较为简捷地达到或接近目标。分析问题到解决问题的过程如图 2-5 所示。

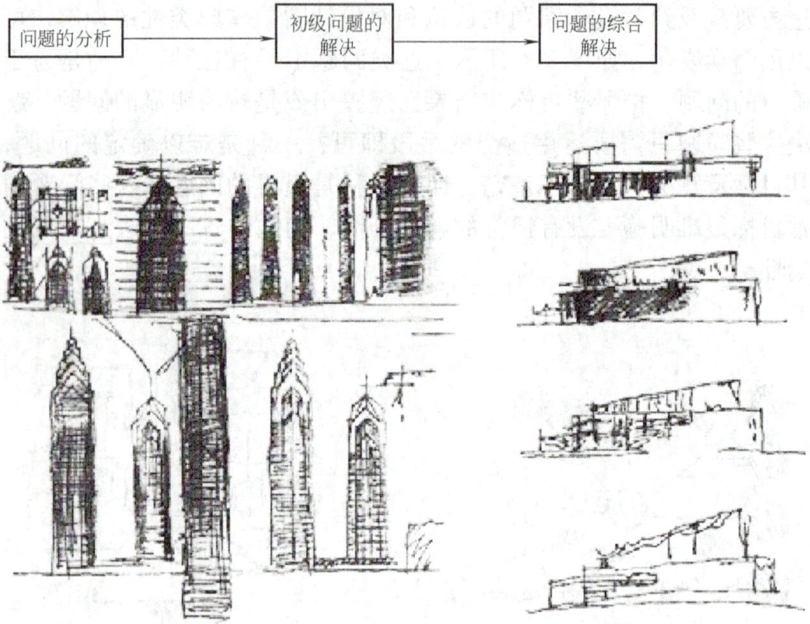

图 2-5　分析问题到解决问题的过程

（3）综合评价　设计需要综合评价以供选择。设计人员需要细心地对每个建议的优缺点进行衡量，直到问题与答案之间出现最恰当的配对。对问题进行成功的探索以及对各种可供选择的方案作出的评价有助于缩小设计发展的选择面。评价方式主要是用设计的目标和设计的原则来比较每一个可供选择的方案，衡量每个解决问题方案的优缺点，列出每个方案的实施条件。以此类推，反复使用这个方法，直到设计的完成。

一个好的设计，应该是明白易懂的，成功的设计往往不局限于只在某一层次上表达其含义，而应是对人们具有广泛的感染力。

第三节　室内设计书写表达

在方案设计的过程中，室内设计人员需要的技能基础之一就是书写表达知识，这包括专业图示表达和专业文本表达两个方面，两者的有机结合，将推动设计过程有效地进行。

一、专业图示表达

设计从分析问题入手时，设计人员就已经着手用各种方法及技巧进行思考和表述了，其中图示表达是最常用的手法之一。这种用图形表达和记录设计人员的思考过程的方式已经有很长的历史了，文艺复兴时期的达·芬奇、米开朗基罗等人的设计草图充分地说明了这一点，他们会在一页纸上表达许多不同的思考点，一个主题跳向另一个主题，并且会在同一页纸上表现透视图、平面图、剖面图及细部图，他们的思考都是探索性、开放性的，有些又是连续、渐变的。这种方法一直延续到现在，如现代建筑大师勒·柯布西耶、密斯·凡·德罗以及阿尔瓦·阿尔托等都运用这种方法来表现出他们快速思考的过程和阐述的内容。专业图示表达是设计人员用速写草图的方式来思考的一个术语，在设计过程中，这类思考通常用在设计的构思阶段，思考与草图结合的方式不仅促进了设想和思路的拓宽，并且验证了设计人员的设计方案。

专业图示表达可分为概念设计图示表达、方案设计图示表达、施工图设计图示表达和计算机辅助设计图示表达等。

1. 概念设计图示表达

概念设计图示表达主要是通过设计概念草图的形式来体现的。设计概念草图是专业知识与视觉图形交织性的表达，是设计主体自身思维的直接反映。它将设计思维物态化，为深刻了解项目中的实质问题提供分析、思考、讨论及沟通的图面，并具有极为简明的视觉图形和文字说明。设计人员通过发散思维的方式，围绕设计项目的中心问题，简明快捷地表达出设计意图。概念设计图示可以称为室内设计的思维导图，设计人员借助具象、抽象和象征等图形形式，在满足设计人员自身、设计人员之间以及使用者三者交流的同时，对设计意图进行形象化的表达，有助于整理思路、促进交流、完善思考，同时为方案的确定和最终实施提供参考。

设计概念草图的表达内容按照项目的中心问题进行划分，可分为功能设计概念草图、空间设计概念草图、形式设计概念草图、技术设计概念草图。草图的内容表达主要体现在两个方面，一方面是在创意阶段的早期，以记录室内空间环境的速写为主；另一方面是在创意阶段的后期，以记录捕捉对所做项目的总体认识为主。概念草图的形成既是运用图像思维的过程，又是创造的过程，它需要设计人员通过日常的大量积累，将各种元素在思考中进行碰撞，通过不断地交流，提取有影响力的因素，进而形成较好的结果。图 2-6 所示为空间分隔草图。

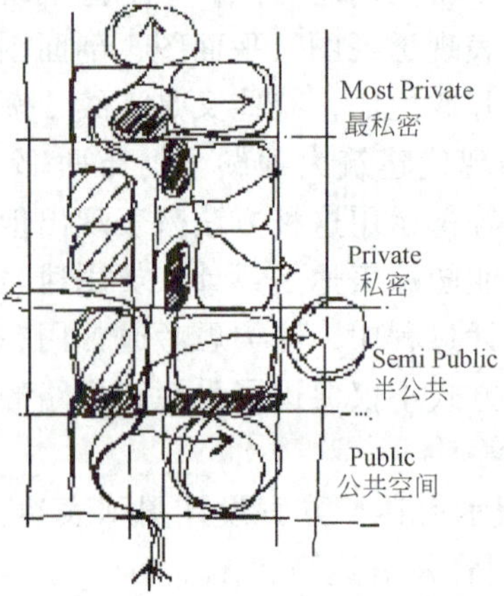

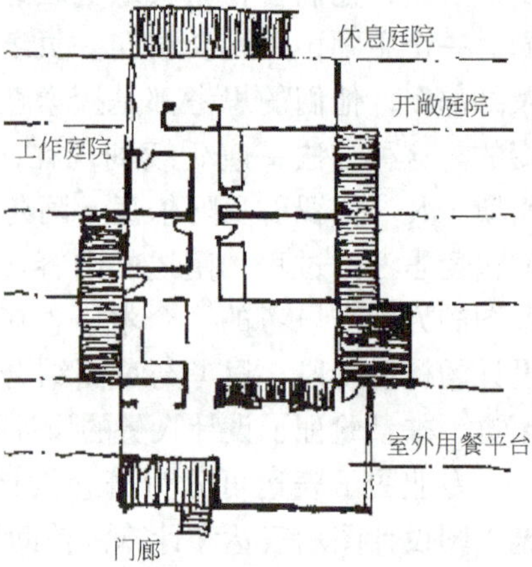

图 2-6　空间分隔草图

方案设计图示内容表达完整。

2. 方案设计图示表达

在方案设计过程中，设计人员需要对设计对象的规模、现状等内容进行预想设计，并通过图示把设计意图表达出来。方案设计的图示表达，一方面要按照制图规范及要求进行平面图、立面图和剖面图的绘制，以表达室内空间的内容和功能要求；另一方面要通过室内环境的轴测图或透视效果图，将设计人员的方案进行更为真实的展现。方案设计图是施工图设计的基础和根据，其具体内容包括：平面图（常用比例1:50或1:100），主要表现平面与平面之间的关系、家具和陈设的位置和比例、地面或楼面的用材和数据；立面图（常用比例1:50或1:20），主要表现各立面的造型、用材、用色等；顶棚平面图（常用比例1:50或1:100），主要表现顶棚的造型、用材、灯具位置等；轴测或透视效果图，主要通过运用各种表现技法（如铅笔、钢笔、水彩色、水粉色、马克笔、喷绘等）来表现室内的立体效果。方案设计图中的尺寸一般只标注图的比例，不需要注明详细尺寸；立面图只出主要立面，不需画出大样图和节点图。

3. 施工图设计图示表达

施工图是室内设计意图最直接的表达，是指导工程施工的主要参照依据，所以应按照标准设计制图规范要求进行绘制。其内容包括：完成施工中必需的平面图、立面图和顶棚图，图样需详细标明物体的尺寸、做法、用材、色彩、规格、品牌等；绘出必要的细部大样和构造节点图。

4. 计算机辅助设计图示表达

计算机辅助设计图示表达，是通过运用计算机辅助设计软件（如AutoCAD、Photoshop、3D MAX）绘制出二维、三维及四维图形的表达方式，这在很大程度上提高了工作效率，促进了设计中的交流。

设计人员要熟练掌握各种绘图软件，综合运用，以求达到较好的表达效果。

二、专业文本表达

专业文本表达与专业图示表达共同构成表达的有机整体。

1. 专业文本的定义、分类和作用

专业文本从广义上讲是运用文字、图表、数据等对室内建筑设计过程中的图样、文件、合同等进行的书面表达，根据内容可分四大类：

1）说明类，包括概念设计说明、方案设计说明、施工说明等。

2）文件类，包括设计建议书，可行性研究报告，投标书，项目估算、概算和预算等。

3）合同类，包括建设工程设计合同、建设工程承包合同等。

2. 说明类专业文本表达

（1）概念设计说明表达　概念设计说明即设计人员用简要的文字表达自己的创作意图，以便于交流的文本。在方案的构思阶段，概念设计说明可以辅助概念设计草图使用。概念设计主要是为了表达设计概念，即表达创意构思和涉及的主要设计元素，文本以简明、准确为特点，在内容上不宜过多，主要包括项目基本情况、项目设计的背景和依据、项目的主要设计元素和设计构思等。

（2）方案设计说明表达　在提交方案设计时，方案设计说明是设计方案文本中重要的组成部分。针对招标文件，方案设计说明对项目设计方案作出了详尽的说明。在项目招投标过程中，方案设计说明表达是重点评价的一个方面。在进行评标时，评标单位根据方案设计说明、方案图样以及投标单位的报价、工期、主要材料用量、施工方案、质量实绩、企业信誉等进行综合评价，择优确定中标单位，而其中除设计方案用图样表达外，其余均须用文字、图表等文本说明。在方案设计说明中既要说明工程项目所在位置、规模、性质等概况，也要说明工程项目的设计原则和设计依据、规范（如防火规范）等。投标方要将自己的资质材料准备充分，作为方案设计说明的一个部分。在方案设计说明中对设计的材料品质、质量等各方面要有详细地说明，经济技术指标也要完备。另外，在方案设计说明中还要注意文本表达和图示表达的结合，要围绕设计的主题，处理好两者之间的关系。由于方案设计内容繁多，在方案设计说明中，设计人员可考虑用不同的色彩表达不同的内容，以方便查阅。设计人员还可应用计算机演示相关方案的设计说明。

（3）施工说明表达　施工图图示表达是设计人员对设计意图的最直接的表达，是以图形的方式体现室内空间环境的处理方式，施工说明则以简明、准确的语言及数据进一步描述施工图质量和施工要求及材料和做法等。建筑施工说明的主要内容有工程概况，设计依据和施工图设计说明。

1）工程概况的主要内容有：

① 工程名称、工程地点和建设单位。

② 工程的原始情况、建筑面积、建筑等级、装饰等级、结构形式、装饰风格、主要用材、设计范围和能反映建筑装饰装修等级的主要技术经济指标。

③工程实际情况中存在的问题分析及解决方法。

2）施工图设计依据应包括以下几点内容：

① 设计所依据的国家和工程所在省的现行政策、法规、标准化设计及其他相关规范。

② 规模较大的建筑装饰装修工程应说明经上级有关部门审批获得批准文件的文号及其相关内容。

③ 应着重说明装饰设计在遵循消防、生态环保、卫生防疫等规范方面的情况。

3）施工图设计说明包括的内容有：

① 装饰装修设计在结构和设备等技术方面对原有建筑进行改动的情况和技术依据。

② 建筑装饰装修的类别和对耐火等级、防火分区、防火设备、防火门、消火栓的设置、安全疏散标志的设置等消防方面的设计方案。

③ 工程可能涉及到的声、光、电、防潮、防水、消声、抗震、防尘、防腐蚀、防辐射等特殊工艺的设计说明。

④ 设计中所采用的新技术、新工艺、新设备和新材料的情况说明。

⑤ 装饰装修设计风格和特点的说明。

⑥ 对主要用材的规格和质量的要求。

⑦ 对主要施工工艺的工序和质量的要求。

⑧ 标注所引用的相关图集。

施工图说明是对工程设计的明确要求，可以作为预算、投标以及施工的依据。从施工图说明中，施工单位可以获取工程概况的总体信息，对工程有总体上的认识。在施工过程中，施工图说明是设计方案的直接体现，可以用于指导施工。在竣工验收及结算阶段，施工说明则是重要的验收和结算依据。

3. 文件类专业文本表达

（1）设计建议书　设计建议书是室内设计人员向业主提供其设计服务的最直接的形式，表明其服务范围、设计流程、设计内容、设计收费简介等情况。一个标准的设计建议书应包括以下内容：

1）项目计划。明确和完整地总结业主提出的具体要求，特别要说明业主对设计的期望，然后表明将如何根据这些要求来完成设计任务。

2）设计过程。详细叙述所有的设计阶段。

3）设计收费。明确写明每一阶段的具体设计费用和总的设计费用。

4）附加服务。明确告诉业主所有不在项目计划内的服务都将成为附加服务，并写明附加服务的收费办法和收费标准。

5）可报销的费用。写明要求报销的费用种类，例如考察费等。

6）设计所介绍。设计建议书还可以包括设计师简介以及设计实例，这样可以增强事务所、建筑师的可信度和竞争力。

7）设计分析。设计分析可以单独作为一个设计文件出现，也可以放在设计建议书中。设计分析需要说明项目的目标、要求、限制等，其中应重点描述解决问题的方法、依据和手段等。

在设计分析中可对当前设计思潮及其手法进行总结、归纳，通过分析给业主提供几种切实可行的解决方案和设计手法，使业主的思路趋于明确化。

（2）可行性研究报告　可行性研究报告是在制定某一建设项目之前，对该项目设立的必要性、实施的可能性、有效性、技术性进行具体、深入、全面、系统的技术论证和经济评价，确定最优方案，从而写出的书面报告。对于可行性研究报告，不同行业的项目其内容的侧重点不同。

可行性研究报告没有固定的格式，通常根据需要研究的内容确定形式。一般来讲，室内设计专业机构编写一个项目的可行性研究报告应包括封面、目录、正文、结论、建议、附件和附图七个部分。

1）封面。一般封面要反映可行性研究报告的名称、编写机构的名称及编写报告的时间三个内容。

2）目录。由于一份可行性研究报告少则十余页，多则数十页，为了便于写作和阅读人员将报告的前后关系、假设条件及具体内容条理清楚地编写和掌握，必须编写目录。

3）正文。正文是可行性报告的主体，一般来讲应包括以下内容：

① 概况，包括可行性研究项目的背景、历史，项目概要（名称、性质、地址、周边的市政配套设施及环境），委托方、受托方的具体情况，可行性研究的目的，编写的依据，可行性研究的编写人员、编写的假设和说明。

② 市场调查，即对国内、国际市场的现状、发展趋势进行的分析。

③ 设计方案，要写明方案地址选择情况和建设条件。

④ 建设技术、设备和施工工艺和进度。

⑤ 工程所需资金估算、资金筹措方式及贷款期限方式。

⑥ 项目财务分析，包括资金投入的分析论证，经济社会效益预测，总成本、总利润、盈亏保本点分析。

4）结论。要求写出该项目可行性研究的结论，明确说明该项目是否可行，是否具有较强的抗风险能力。

5）建议。建议即专业人员在进行可行性研究中发现的一些有利于项目获得更大的经济效益、社会效益、环境效益等方面的建议，供委托方参考。

6）附件。附件包含项目运行的主要法律依据、该项目政府有关部门的批准文件（如房产证、购房或租房合同等）、项目的计算表（如空间使用、功能安排等）。

7）附图。一份完整的可行性报告应包括项目的位置图、地形图等附图，有时也包括项目所在地区或城市的总体规划图等，以便针对总体规划考察项目的可行性。

（3）投标书　投标书是获得投标资格的施工单位在研究、分析招标文件和图样资料及进行现场勘察的基础上编制的有关工程施工和报价的文件。投标书可分为方案投标书、工程投标书两大类，其中方案投标书又分为明标和封闭标。明标允许设计讲解，在副本上可标明投标单位；封闭标则不允许。

1）方案投标书。有正、副两本。正本包括投标告示书、招标文件（邀标函或招标广告）、法人委托书、业绩（公司业绩、类似工程、资质证和职称证）、获奖证书（包括工程类和设计类的）；副本为投标方案报告。

2）工程投标书。工程投标书包括投标告示书、招标文件、法人委托授权书、投标报价、投标文件和业绩。

其中投标文件是投标单位送给招标单位供其审标和决标的书面文件，中标单位的投标文件是双方签订工程承包合同的基础，投标文件内容的完善和严谨可以反映出企业的经营管理水平和技术水平，其内容应包括以下几点：

① 综合说明，应说明招标工程的概况（包括工程规模，本标段装修内容、范围和方案说明，标段装修工程难点和主要解决策略）、对于投标人施工能力和技术力量的要求、工程质量和验收规范、编制原则等。

② 施工图样、设计资料和装饰工程技术说明书。

③ 按照工程量清单计算的标价及主要材料用量，根据统一的工程量计算的自主报价。

④ 保证工程质量、进度、施工安全的主要技术组织措施，包括技术设计保障体系、对材料品质的控制策略、施工交接和半成品保护制度、施工机具的准备措施、施工交叉作业与协调措施、主要工序的作业标准和难点解决、施工过程质量控制体系、工程质量通病及防治措施、安全文明施工措施、夜间施工保障措施和对工人素质的控制策略等。

⑤ 施工总体部署，包括计划开工竣工日期、工期控制、工程总进度等。

⑥ 投标单位及主设计师简介，有影响力作品简介。

⑦ 中标评定的优先条件。

⑧ 对合同主要条件的确认。

编制投标书的大致步骤为：熟悉招标文件和图样资料——→拟定施工方案——→复核和计算工程量——→计算分项工程单价——→确定基础标价——→报价决策——→形成投标书。

投标书必须按规定日期送交招标单位。标函要加盖投标单位及其负责人的印章和签字。送出的标函不得以任何理由要求更改。投标者要严格按规定进行投标，不得行贿，不得哄抬标价，不得串通抬价轮流得标，不得有损国家和他人利益。

工程概算、预算、决算的作用要分清。

（4）装饰工程概算、预算和决算书　在设计的不同阶段，对工程的造价会有不同的计算方法，通常在方案设计阶段为概算，是根据室内设计图预先计算工程总造价的经济文件，是考核设计的合理性和工程成本的依据，也是在招标、投标中选定方案和确定中标单位的重要依据。

施工图阶段是比概算更精确的预算，是在施工图设计完成之后施工单位预先计算和确定工程所需全部投资的经济文件。其主要作用是为进行投标报价及订立合同提供依据，为控制建设投资、办理拨贷款提供依据，是加强施工管理和进行经济核算的必要条件，是施工单位与建设单位工程结算的基础。预算书内容包括封面、编制说明、工程造价计算表、分部分项预算表、工料分析表、材料差价表等。编制预算书的方法步骤为：收集有关资料——→熟悉资料、图样和了解施工现场——→计算工程量——→整理汇总，编制预算书。

竣工决算，是在装饰工程竣工之后，施工单位根据合同规定编制的施工图调整预算，是在施工图预算的基础上考虑实际工作过程中的设计变更、材料代用、费用签证等而编制的。它是建设单位与施工单位清算工程价款的依据，也是施工企业考核工程成本、进行经济核算的依据。竣工决算书要求内容完整、真实可靠，其内容包括决算书封面、编制说明、造价汇总计算表、汇总表、附表。竣工结算的编制方法步骤为：收集、整理原始资料——→调整计算工程量——→套定额——→计算工程差价——→计算竣工造价——→编制竣工决算书。

4. 合同类专业文本表达

(1) 建设工程设计合同　建设工程设计合同是设计人员获得设计工作合理汇报的依据，是设计人员和业主之间签订的合约，是书面合同。该合同内容包括以下三个方面的内容：

1) 合同项目的准确内容。

2) 合同的时间期限。

3) 合同的金额。

合同样式如下：

建设工程设计合同（一）（示范文本）

（民用建设工程设计合同）

工程名称：______________________________

工程地点：______________________________

合同编号：______________________________

（由设计人编填）

设计证书等级：__________________________

发包人：________________________________

设计人：________________________________

签订日期：______________________________

中华人民共和国建设部监制

发包人：________________________________

设计人：________________________________

发包人委托设计人承担________________________________工程设计，经双方协商一致，签订本合同。

第一条　本合同依据下列文件签订：

1.1　《中华人民共和国合同法》、《中华人民共和国建筑法》、《建设工程勘察设计市场管理规定》。

1.2　国家及地方有关建设工程勘察设计管理法规和规章。

1.3　建设工程批准文件。

第二条　本合同设计项目的内容即项目名称、规模、阶段、投资及设计费等见下表：

序号	分项目名称	建设规模		设计阶段及内容			估算总投资/万元	费率(%)	估算设计费/元
		层数	建筑面积/m^2	方案	初步设计	施工图			
说明									

第三条　发包人应向设计人提交的有关资料及文件见下表：

序号	资料及文件说明	份　　数	提交日期	有关事宜

第四条　设计人应向发包人交付的设计资料及文件见下表：

序号	资料及文件说明	份　　数	提交日期	有关事宜

第五条　本合同设计收费估算为________________元人民币。设计费支付进度详见下表：

付费次序	占总设计费（%）	付费额/元	付费时间（由交付设计文件所决定）
第一次付费	20%定金		本合同签订后3日内
第二次付费			
第三次付费			
第四次付费			
第五次付费			

注：1. 提交各阶段设计文件的同时支付各阶段设计费。

2. 在提交最后一部分施工图的同时结清全部设计费，不留尾款。

3. 实际设计费按初步设计概算（施工图设计概算）核定，多退少补。实际设计费与估算设计费出现差额时，双方另行签订补充协议。

4. 本合同履行后，定金抵作设计费。

第六条　双方责任

6.1　发包人责任：

6.1.1　发包人按本合同第三条规定的内容，在规定的时间内向设计人提交资料及文件，并对其完整性、正确性及时限负责，发包人不得要求设计人违反国家有关标准进行设计。发包人提交上述资料及文件超过规定期限15天以内，设计人按合同第四条规定交付设计文件时间顺延；超过规定期限15天以上时，设计人员有权重新确定提交设计文件的时间。

6.1.2　发包人变更委托设计项目、规模、条件或因提交的资料错误，或所提交资料作较大修改，以致造成设计人设计需返工时，双方除需另行协商签订补充协议（或另订合同）、重新明确有关条款外，发包人应按设计人所耗工作量向设计人增付设计费。在未签合同前发包人已同意的设计人为发包人所做的各项设计工作，应按收费标准相应支付设计费。

6.1.3　发包人要求设计人比合同规定时间提前交付设计资料及文件时，如果设计人能够做到，发包人应根据设计人提前投入的工作量向设计人支付赶工费。

6.1.4　发包人应为派赴现场处理有关设计问题的工作人员提供必要的工作生活及交通等方便条件。

6.1.5　发包人应保护设计人的投标书、设计方案、文件、资料图样、数据、计算软件和专利技术。未经设计人同意，发包人对设计人交付的设计资料及文件不得擅自修改、复制或向第三人转让或用于本合同外的项目，如发生以上情况，发包人应负法律责任，设计人有权向发包人提出索赔。

6.2　设计人责任：

6.2.1　设计人应按国家技术规范、标准、规程及发包人提出的设计要求进行工程设计，按合同规定的进度要求提交质量合格的设计资料，并对其负责。

6.2.2　设计人采用的主要技术标准是：____________________。

6.2.3　设计合理使用年限为________________________年。

6.2.4　设计人应按本合同第二条和第四条规定的内容、进度及份数向发包人交付资料及文件。

6.2.5　设计人交付设计资料及文件后，应按规定参加有关的设计审查，并根据审查结论负责对不超出原定范围的内容做必要的调整补充。设计人按合同规定时限交付设计资料及文件，本年内项目开始施工的，应负责向发包人及施工单位进行设计交底、处理有关设计问题和参加竣工验收。在一年内项目尚未开始施工的，设计人仍应负责上述工作，但可按所需工作量向发包人适当收取咨询服务费，收费额由双方商定。

6.2.6　设计人应保护发包人的知识产权，不得向第三人泄露、转让发包人提交的产品图样等技术经济资料。如发生以上情况并给发包人造成经济损失的，发包人有权向设计人索赔。

第七条　违约责任

7.1　在合同履行期间，发包人要求终止或解除合同，设计人未开始设计工作的，不退还发包人已付的定金；已开始设计工作的，发包人应根据设计人已进行的实际工作量，不足一半时，按该阶段设计费的一半支付；超过一半时，按该阶段设计费的全部支付。

7.2　发包人应按本合同第五条规定的金额和时间向设计人支付

设计费，每逾期支付一天，应承担支付金额千分之二的逾期违约金。逾期超过30天以上时，设计人有权暂停履行下阶段工作，并书面通知发包人。发包人的上级或设计审批部门对设计文件不审批或本合同项目停缓建，发包人均按7.1条规定支付设计费。

7.3　设计人对设计资料及文件出现的遗漏或错误负责修改或补充。由于设计人员错误造成工程质量事故损失的，设计人除负责采取补救措施外，应免收直接受损失部分的设计费。损失严重的根据损失的程度和设计人责任大小向发包人支付赔偿金，赔偿金由双方商定为实际损失的＿＿＿＿＿＿＿＿%。

7.4　由于设计人自身原因，延误了按本合同第四条规定的设计资料及设计文件的交付时间的，每延误一天，应减收该项目应收设计费的千分之二。

7.5　合同生效后，设计人要求终止或解除合同，设计人应双倍返还定金。

第八条　其他

8.1　发包人要求设计人派专人留驻施工现场进行配合与解决有关问题时，双方应另行签订补充协议或技术咨询服务合同。

8.2　设计人为本合同项目所采用的国家或地方标准图，由发包人自费向有关出版部门购买。本合同第四条规定设计人交付的设计资料及文件份数超过《工程设计收费标准》规定的份数，设计人另收工本费。

8.3　本工程设计资料及文件中，建筑材料、建筑构配件和设备，应当注明其规格、型号、性能等技术指标，设计人不得指定生产厂、供应商。发包人需要设计人配合加工订货时，所需费用由发包人承担。

8.4　发包人委托设计配合引进项目的设计任务，从询价、对外谈判、国内外技术考察直至建成投产的各个阶段，应吸收承担有关设计任务的设计人参加。出国费用，除制装费外，其他费用由发包人支付。

8.5　发包人委托设计人承担本合同内容之外的工作服务，应另行支付费用。

8.6 由于不可抗力因素致使合同无法履行时，双方应及时协商解决。

8.7 本合同发生争议，双方当事人应及时协商解决。也可由当地建设行政主管部门调解，调解不成时，双方当事人同意由＿＿＿＿＿＿＿＿仲裁委员会仲裁。双方当事人未在合同中约定仲裁机构，事后又未达成仲裁书面协议的，可向人民法院起诉。

8.8 本合同一式＿＿＿＿份，发包人＿＿＿＿份，设计人＿＿＿＿份。

8.9 本合同经双方签章并在发包人向设计人支付定金后生效。

8.10 本合同生效后，按规定到项目所在省级建设行政主管部门规定的审查部门备案。双方认为必要时，到项目所在地工商行政管理部门申请鉴证。双方履行完合同规定的义务后，本合同即行终止。

8.11 本合同未尽事宜，双方可签订补充协议，有关协议及双方认可的来往电报、传真、会议纪要等，均为本合同组成部分，与本合同具有同等法律效力。

8.12 其他约定事项：

发包人名称：	设计人名称：
（盖章）	（盖章）
法定代表人：（签字）	法定代表人：（签字）
委托代理人：（签字）	委托代理人：（签字）
住　所：	住　所：
邮政编码：	邮政编码：
电　话：	电　话：
传　真：	传　真：
开户银行：	开户银行：
银行账号：	银行账号：
建设行政主管部门备案：	鉴证意见：
（盖章）	（盖章）
备案号：	经办人：
备案日期：　年　月　日	鉴证日期：　年　月　日

建设工程设计合同（二）

（专业建设工程设计合同）

工程名称：______________________________

工程地点：______________________________

合同编号：______________________________

（由设计人编填）

设计证书等级：__________________________

发包人：________________________________

设计人：________________________________

签订日期：______________________________

中华人民共和国建设部
国家工商行政管理总局 监制

发包人：________________________________

设计人：________________________________

发包人委托设计人承担________________________________工程设计，工程地点为________________________________，经双方协商一致，签订本合同，共同执行。

第一条　本合同签订论据

1.1　《中华人民共和国合同法》、《中华人民共和国建筑法》和《建设工程勘察设计市场管理规定》。

1.2　国家及地方有关建设工程勘察设计管理法规和规章。

1.3　建设工程批准文件。

第二条　设计依据

2.1　发包人给设计人的委托书或设计中标文件。

2.2　发包人提交的基础资料。

2.3　设计人采用的主要技术标准是：____。

第三条　合同文件的优先次序

构成本合同的文件可视为是能互相说明的，如果合同文件存在歧义或不一致，则根据如下优先次序来判断：

3.1 合同书。

3.2 中标函（文件）。

3.3 发包人要求及委托书。

3.4 投标书。

第四条 本合同项目的名称、规模、阶段、投资及设计内容（根据行业特点填写）________________。

第五条 发包人向设计人提交的有关资料、文件及时间________________。

第六条 设计人向发包人交付的设计文件、份数、地点及时间________________。

第七条 费用

7.1 双方商定，本合同的设计费为________万元。收费依据和计算方法按国家和地方有关规定执行，国家和地方没有规定的，由双方商定。

7.2 如果上述费用为估算设计费，则双方在初步设计审批后，按批准的初步设计概算核算设计费。

工程建设期间如遇概算调整，则设计费也应做相应调整。

第八条 支付方式

8.1 本合同生效后3天内，发包人支付设计费总额的20%，计________万元作为定金（合同结算时，定金抵作设计费）。

8.2 设计人提交________设计文件后3天内，发包人支付设计费总额的30%，计________万元；之后，发包人应按设计人所完成的施工图工作量比例，分期分批向设计人支付总设计费的50%，计________万元；施工图完成后，发包人结清设计费，不留尾款。

8.3 双方委托银行代付代收有关费用。

第九条 双方责任

9.1 发包人责任

9.1.1 发包人按本合同第五条规定的内容，在规定的时间内向设计人提交基础资料及文件，并对其完整性、正确性及时限负责。发包人不得要求设计人违反国家有关标准进行设计。

发包人提交上述资料及文件超过规定期限15天以内，设计人按本合同第六条规定的交付设计文件时间顺延；发包人交付上述资料及文件超过规定期限15天以上时，设计人有权重新确定提交设计文件的时间。

9.1.2　发包人变更委托设计项目、规模、条件或因提交的资料错误，或所提交资料作较大修改，以致造成设计人设计返工时，双方除另行协商签订补充协议（或另订合同）、重新明确有关条款外，发包人应按设计人所耗工作量向设计人支付返工费。

在未签订合同前发包人已同意的设计人为发包人所做的各项设计工作，发包人应支付相应设计费。

9.1.3　在合同履行期间，发包人要求终止或解除合同，设计人未开始设计工作的，不退还发包人已付的定金；已开始设计工作的，发包人应根据设计人已进行的实际工作量，不足一半时，按该阶段设计费的一半支付；超过一半时，按该阶段设计费的全部支付。

9.1.4　发包人必须按合同规定支付定金，收到定金作为设计人设计开工的标志。未收到定金，设计人有权推迟设计工作的开工时间，且交付文件的时间顺延。

9.1.5　发包人应按本合同规定的金额和日期向设计人支付设计费，每逾期支付一天，应承担应支付金额千分之二的逾期违约金，且设计人提交设计文件的时间顺延。逾期超过30天以上时，设计人有权暂停履行下阶段工作，并书面通知发包人。发包人的上级或设计审批部门对设计文件不审批或本合同项目停缓建，发包人均应支付应付的设计费。

9.1.6　发包人要求设计人比合同规定时间提前交付设计文件时，须征得设计人同意，不得严重背离合理设计周期，且发包人应支付赶工费。

9.1.7　发包人应为设计人派驻现场的工作人员提供工作、生活及交通等方面的便利条件及必要的劳动保护装备。

9.1.8　设计文件中选用的国家标准图、部标准图及地方标准图由发包人负责解决。

9.1.9　承担本项目外国专家来设计人办公室工作的接待费（包括传真、电话、复印、办公等费用）。

9.2　设计人责任

9.2.1　设计人应按国家规定和合同约定的技术规范、标准进行设计，按本合同第六条规定的内容、时间及份数向发包人交付设计文件（出现9.1.1、9.1.2、9.1.4、9.1.5规定有关交付设计文件顺延的情况除外），并对提交的设计文件的质量负责。

9.2.2　设计合理使用年限为________________年。

9.2.3　负责对外商的设计资料进行审查，负责该合同项目的设计联络工作。

9.2.4　设计人对设计文件出现的遗漏或错误负责修改或补充。由于设计人设计错误造成工程质量事故损失，设计人除负责采取补救措施外，应免收受损失部分的设计费，并根据损失程度向发包人支付赔偿金，赔偿金数额由双方商定为实际损失的__________%。

9.2.5　由于设计人原因延误了设计文件交付时间的，每延误一天，应减收该项目应收设计费的千分之二。

9.2.6　合同生效后，设计人要求终止或解除合同，设计人应双倍返还发包人已支付的定金。

9.2.7　设计人交付设计文件后，应按规定参加有关上级的设计审查，并根据审查结论负责不超出原定范围的内容做必要的调整补充。设计人按合同规定时限交付设计文件一年内项目开始施工的，应负责向发包人及施工单位进行设计交底、处理有关设计问题和参加竣工验收。在一年内项目尚未开始施工的，设计人仍应负责上述工作，但可按所需工作量向发包人适当收取咨询服务费，收费额由双方商定。

第十条　保密

双方均应保护对方的知识产权，未经对方同意，任何一方均不得对对方的资料及文件擅自修改、复制或向第三人转让或用于本合同项目外的项目。如发生以上情况，泄密方承担一切由此引起的后果并承担赔偿责任。

第十一条　仲裁

本建设工程设计合同发生争议，发包人与设计人应及时协商解决。也可由当地建设行政主管部门调解，调解不成时，双方当事人同意由______________________仲裁委员会仲裁。双方当事人未在合同中约定仲裁机构，当事人又未达成仲裁书面协议的，可向人民法院起诉。

第十二条　合同生效及其他

12.1　发包人要求设计人派专人长期驻施工现场进行配合与解决有关问题时，双方应另行签订技术咨询服务合同。

12.2　设计人为本合同项目的服务至施工安装结束为止。

12.3　本工程项目中，设计人不得指定建筑材料、设备的生产厂或供货商。发包人需要设计人配合建筑材料、设备的加工订货时，所需费用由发包人承担。

12.4　发包人委托设计人配合引进项目的设计任务，从询价、对外谈判、国内外技术考察直至建成投产的各个阶段，应吸收承担有关设计任务的设计人员参加。出国费用，除制装费外，其他费用由发包人支付。

12.5　发包人委托设计人承担本合同内容以外的工作服务，应另行签订协议并支付费用。

12.6　由于不可抗力因素致使合同无法履行时，双方应及时协商解决。

12.7　本合同双方签字盖章即生效，一式______份，发包人______份，设计人______份。

12.8　本合同生效后，按规定应到项目所在地省级建设行政主管部门规定的审查部门备案；双方认为必要时，到工商行政管理部门鉴证。双方履行完合同规定的义务后，本合同即行终止。

12.9　双方认可的来往传真、电报、会议纪要等，均为本合同的组成部分，与本合同具有同等法律效力。

12.10　未尽事宜，经双方协商一致，签订补充协议，补充协议与本合同具有同等效力。

发包人名称：	设计人名称：
（盖章）	（盖章）
法定代表人：（签字）	法定代表人：（签字）
委托代理人：（签字）	委托代理人：（签字）
项目经理：（签字）	项目经理：（签字）
住　　所：	住　　所：
邮政编码：	邮政编码：
电　　话：	电　　话：
传　　真：	传　　真：
开户银行：	开户银行：
银行账号：	银行账号：
建设行政主管部门备案：	鉴证意见：
（盖章）	（盖章）
备案号：	经办人：
备案日期：　年　月　日	鉴证日期：　年　月　日

（2）备忘录　设计人员与业主签订设计合同后，还有许多细节需要与业主不断协调，设计人员必须以书面的形式将这些结果记录下来。只有达成书面协议后设计人员才可以开始工作，否则业主可以拒绝付费；同时如果业主以后更改设计，业主也必须对此负责，包括因此增加的设计费用。

（3）设计人员与顾问工程师设计合同　在方案设计阶段，设计人员要明确所采用的装修材料、装修构造、暖通水电等的系统构成，因此要与顾问工程师进行协调，共同探讨各种系统方案的可行性，并与工程师签订设计合同。为了进一步明确服务责任，方便方案实施，合同的基本内容应包括以下几个方面：

1）顾问工程师的责任。

2）顾问工程师的基本服务范围。

3）顾问工程师的权利。

4）设计师的责任。

5）仲裁。

6）终止、暂停和废弃合同。

7）顾问工程师的设计费用。

8）其他规定。

这里需要说明的是，在以上各项规定之外的其他要求或服务，通常都要求顾问工程师取得设计人员的书面同意后，方可雇用其他顾问工程师。

（4）装饰工程承包合同　装饰工程承包合同是经济合同中的一类，是取得工程承包权的施工单位与建设单位之间为完成装饰工程任务所签订的具有法律效力的书面合约，主要明确双方的责任、权利及经济利益关系。

1）装饰工程承包合同的种类：装饰工程承包合同按建设阶段划分，有勘察合同、设计合同、建筑安装合同和装饰合同；按承包关系划分，有总包合同和分包合同；按承包方式划分，有包工包料、包工不包料、一次性包干和包定额单价等。

2）装饰工程承包合同的主要条款：根据《中华人民共和国经济合同法》的规定，建设工程承包合同应具备以下主要条款：

① 标的。合同标的（指材料、货物、劳务、工程项目等）要明确，如装饰工程承包合同中要明确工程项目、工程量、工期和质量等。

② 数量和质量。合同数量要明确计算单位（如吨、米、平方米、立方米、件等），在质量上要明确采用的标准等。

③ 价款和酬金。价款和酬金是经济合同的主要部分，合同中要明确货币的名称、支付方式、单价、总价等。

④ 履行期限、地点和方式。履行期限包括工程开始到完成的全过程。

⑤ 违约责任。当当事人违反承包合同或不按承包合同规定期限完工时，将受到违约罚款。违约罚款包括违约金和赔偿金等。

3）装饰工程承包合同的具体内容：装饰工程承包合同包括简要说明、工程地点、承包工程范围（工程项目一览表，开工、竣工日期）、工程总造价、施工和技术资料供应、物资供应及管理、工程质量和交工验收、临时设施工程、施工图预算的编制与审批、工程拨款与结算、合理化建议的处理、施工单位进入现场后停窝工的处理、奖罚、仲裁、合同未尽事宜的解决、合同份数和生效方式等内容。

4）装饰工程承包合同的签订：装饰工程承包合同有按招标方式订立的承包合同和按概预算定额、单价订立的承包合同两种。前者按招标文件的要求报价，签订合同；后者由双方协商洽谈，统一意见后签订。

订立装饰工程承包合同应注意以下几个问题：

① 装饰工程承包项目种类多、内容复杂，应根据具体情况，由当事人协商订立各项条款，并应注意执行国务院发布的《建设工程勘察设计合同条例》和《建筑安装工程承包合同条例》的有关规定。

② 签订装饰工程承包合同应注意工程项目的合法性，了解该项目是否列入国家基本年度计划，是否经有关部门批准；注意当事人的真实性，以免发生那些不具有法人资格、没有施工条件（技术力量）的单位充当施工方的情况；土建工程还需注意拆迁、资金、材料、设备是否落实，现场水、电、道路、电话是否通畅，场地是否平整等。

③ 合同必须按照国家颁发的有关定额、取费标准、工期定额、质量验收规范标准执行，双方当事人应该核定清楚后签约。如果是以招标投标方式签订承包合同，双方可以不受国家定额、取费和工期的规定限制，但在标书中必须明确。

④ 合同的用词造句应严谨肯定、详尽明确，免得事后产生争议。

建筑装饰工程承包合同

甲方：

乙方：

按照《中华人民共和国经济合同法》和《建筑安装工程承包合同条例》的原则，结合本工程具体情况，双方达成如下协议。

第 1 条　工程概况

1.1　工程名称：

工程地点：

工程内容：

承包范围：

1.2　开工日期：

竣工日期：

总日历日期：

1.3　质量等级：

1.4　合同价款：

第2条　合同文件及解释顺序

第3条　合同文件使用的语言文字、标准和适用法律

3.1　合同语言：

3.2　适用法律法规：

3.3　适用标准、规范：

第4条　图样

4.1　图样提供日期：

4.2　图样提供套数：

4.3　图样特殊保密要求和费用：

第5条　甲方驻工地代表

5.1　甲方驻工地代表及委派人员名单：

5.2　实行社会监理的总监理工程师姓名及其被授权范围（如果有）：

第6条　乙方驻工地代表

第7条　甲方工作

7.1　施工场地具备开工条件和完成时间的要求：

7.2　水、电、电信等施工管线进入施工场地的时间、地点和供应要求：

7.3　施工场地内主要交通干道及其与公共道路的开通时间和起止地点：

7.4　工程地质和地下管网线路资料的提供时间：

7.5　办理证件、批件的名称和完成时间：

7.6　水准点与坐标控制点位置提供和交验要求：

7.7　会审图样和设计交底的时间：

7.8　施工场地周围建筑物和地下管线的保护要求：

第8条　乙方工作

8.1　施工图和配套设计名称、完成时间及要求：

8.2　提供计划、报表的名称、时间和份数：

8.3　施工防护工作的要求：

8.4　向甲方代表提供办公和生活设施的要求：

8.5　对施工现场交通和噪声的要求：

8.6　成品保护的要求：

8.7　施工场地周围建筑物和地下管线的保护要求：

8.8　施工场地整洁卫生的要求：

第9条　进度计划

9.1　乙方提供施工组织设计（或施工方案）和进度计划的时间：

9.2　甲方代表批准的时间：

第10条　延期开工

第11条　暂停施工

第12条　工期延续

第13条　工期提前

第14条　检查和返工

第15条　工程质量等级

15.1　工程质量等级要求的经济支出：

15.2　质量评定仲裁部门名称：

第16条　隐蔽工程、中间验收

中间验收部位和时间：

第17条　重新检验

第18条　合同价款及调整

18.1　调整的条件：

18.2　调整的方式：

第19条　工程预付款

19.1　工程预付款总金额：

19.2　预付时间和比例：

19.3　扣回时间和比例：

19.4　甲方不按时付款应承担的违约责任：

第20条　工程量的核实确认

乙方提交工程量报告的时间和要求：

第21条　工程款支付

21.1　工程款支付方式：

21.2　工程款支付金额和时间：

21.3　甲方违约的责任：

第22条　甲方供应材料设备

甲方供应材料、设备的要求（付清单）：

第23条　乙方采购材料设备

第24条　设计变更

第25条　确定变更价款

第26条　竣工验收

26.1　乙方提交竣工资料和验收报告的时间：

26.2　乙方提交竣工图的时间和份数：

第27条　竣工结算

27.1　结算方式：

27.2　乙方提交结算报告的时间：

27.3　甲方批准结算报告的时间：

27.4　甲方将拨款通知送达经办银行的时间：

27.5　甲方违约的责任：

第28条　保修

28.1　保修内容、范围：

28.2　保修期限：

28.3　保修金额和支付方法：

28.4　保修金利率：

第29条　争议

29.1　争议的解决程序：

29.2　争议的解决方式：

第30条　违约

30.1　违约的处理：

30.2　违约金的数额：

30.3　损失的计算方法：

30.4　甲方不按时付款的利率：

第 31 条　索赔

第 32 条　安全施工

第 33 条　工程分包

33.1　分包单位和分包工程内容：

33.2　分包工程价款的结算方法：

第 34 条　不可抗力

不可抗力的自然灾害认定标准：

第 35 条　保险

第 36 条　工程停建或缓建

第 37 条　合同生效与终止

第 38 条　合同份数

38.1　合同副本份数：

38.2　合同副本的分送责任：

38.3　合同书制定费用：

合同订立时间：	年　月　日
发包方（章）：	承包方（章）
地址：	地址：
法定代表人：	法定代表人：
委托代理人：	委托代理人：
电话：	电话：
开户银行：	开户银行：
账号：	账号：
邮政编码：	邮政编码：

鉴（公）证意见：

经办人：

鉴（公）证机关（章）

年　月　日

(5) 室内装饰设计委托合同　室内装饰设计委托合同是施工单

位与设计单位依据国家有关法规“自愿互利、委托服务”的原则，为明确双方的责任、权利和经济利益关系，协商议定的协议书。其格式如下：

室内装饰设计委托合同

单位：____________（以下称甲方）。

单位：____________（以下称乙方）。

兹为甲方委托乙方担任室内装饰设计工作，双方同意遵守下列条款：

1）室内装饰工程地点：____________，合计____________平方米。

2）甲方委托乙方承担的是室内装饰工程设计项目。

3）乙方接受委托书后，应随即进行现场勘测，并根据甲方提供资料办理下列事宜：

① 提出设计方案图（平面、立面、透视效果图）。

② 编制初步设计文件。

③ 在设计方案确定后，绘制施工图，并建议其所需购置的室内装饰用品、材料及色样等。

④ 编制工程概算及施工说明书。

⑤ 协助甲方招标及签订工程承包合同。

⑥ 与施工单位负责人商讨工程中的问题。

⑦ 供给工程需要的详图。

⑧ 监督指导工程施工。

⑨ 施工时，解释图样并协助解决技术上的疑难问题。

乙方提出的设计方案必须经甲方审核，参照甲方意见进行修改，以不违反合同规定为原则，在协商基础上达到双方满意。

4）总设计费计人民币____________元，依照工程概算造价的____%计算（其中设计费占____%）。

5）设计费付款方式：

① 签约时，付总设计费的20%。

② 交初步设计图时，付总设计费的30%。

③ 交施工图时付设计费的40%。

④ 完工时，付总工程设计费的10%。

以上每项款目都应一次性付清。

若施工设计图已完成，而工程因非设计原因未能进行时，则第3、4项甲方应一次付清。

若甲方提出特殊要求，而使乙方必须出差时，甲方应付出差费。

甲方无正当理由而不依约付款时，应支付给乙方迟付设计费，按每日付总设计费的千分之一计算滞纳金。

6）平面配置及初步设计图应于签订合同后____日交付，全部施工设计图应于签订合同后____日完成。

乙方有拖延以致影响甲方工程进度时，甲方有权自总设计费中按日扣除千分之一的违约金。乙方若超过约定交图期限____日以上或不能完成时，甲方可解除合同，并要求乙方退还已收的费用。

7）甲方有特殊情况必须终止设计进行时，应书面通知乙方，并应支付乙方接到通知时已完成部分的设计费用（按《全国室内装饰设计取费办法》的规定计算）。

8）乙方为本合同所设计的图样保有版权，只供甲方作为本合同书指定地点施工专用，不得转让出版或作其他用途。若乙方有本合同施工以外其他用途，应预先征得甲方同意。

9）除有第7条的情况发生外，甲方不得另行委托他人设计，否则乙方可凭证明文件通知甲方解除委托合同，没收已收的设计费用，甲方向乙方赔偿毁约的费用。

10）本合同书系指设计委托，如需施工应另行签订施工委托合同书。

11）甲方订立工程施工合同时，应约束承包方服从乙方监督指导工程的进行。若承包方与乙方有争议，甲方应出面协调，若责任在承包方而导致工程停顿时，与乙方无关。若因施工发生困难要求更改设计时，乙方应征得甲方同意修改设计图样，但甲方不得故意刁难和干预施工技术问题。

12）甲方在初步设计批准后，不得再以设计内容不满意为由而拒绝支付设计费，双方应以合作的态度协商解决。

13）本合同书为双方同意签订，双方不得以其他文件提出对本合同书作其他解释。本委托合同书中如某一项经双方协商同意无效时，不得影响其他条款的实施。

14）双方就本合同书约定的条款有所争议时，经双方同意可请所在地室内装饰行业主管部门调解。甲、乙双方均应服从所作的调解，切实执行，调解费用由双方分摊。

15）甲、乙双方任何通知文件应以下列通信地址传递：

甲方：______________

乙方：______________

若通信地址有变，应以书面通知对方。

16）甲、乙双方同意以______________经济法院为仲裁法院。

17）本合同书一式四份，由甲、乙双方及见证经济律师各执一份，均具同等法律效力。

甲方：	乙方：
地址：	地址：
代表人：	代表人：
电话：	电话：
见证经济律师：	见证经济律师：
开户行：	开户行：
账号：	账号：

年　月　日

复习思考题

1. 室内设计的基本理念是什么？
2. 什么是系统与整体的设计观？
3. 如何理解室内设计中的科学性和艺术性相结合的观点？
4. 室内设计的基本内容是什么？室内设计师的主要工作包含哪些方面？
5. 室内设计应如何进行？简述其程序并举例说明。
6. 简述室内设计的思考方法，并用图解解释思考过程。
7. 为什么在室内设计过程中要研究人的行为？它们之间的关系是什么？
8. 如何正确理解“以人为本”的设计原则？

第三章

室内装饰设计的准备工作

培训学习目标 了解室内设计中有关建筑技术如建筑测绘、建筑材料、建筑结构等方面的知识，并在掌握这些知识的基础上较为灵活地运用这些知识。

第一节 现场测绘

在建筑物的建造过程中，测绘工作是必不可少的。它包括对建筑物的勘察和测量、建筑物的放样、建筑物变形缝双测等方面的内容。在室内设计的过程中同样需要进行各方面的测绘工作，精确掌握建筑空间内的各类尺寸，才能进行科学有效的设计和施工。

一、测量工具及其使用

在进行工程测量时，设计人员应会使用各种测量工具，主要的测量工具有水准测量仪、水准尺、尺垫、光学经纬仪、量距工具、测距仪。

1. 水准测量仪

水准测量仪是测定地面点高程的一种主要的仪器，简称水准仪。水准仪有多种类型，有精密水准仪、自动安平水准仪、激光水准仪等。除此之外，每种类型的水准仪又有多种型号，以 DS3 型水准仪为例进行介绍，如图 3-1 所示。水准仪的测量原理是为建筑物建造或室内装修提供一个水平基准线（水平视线），并能照准水准尺进行读数。水准仪主要由望远镜、水准器及基座三部分构成。望远镜由物镜、目镜、调焦透镜和十字丝分划板组成，物镜和目镜多采用复合镜组，物镜的作用是和调焦透镜一起将远处的目标在十字丝分划板上缩小成明亮的实像，目镜的作用是将物镜所成的实像与十字丝一起放大成虚像，十字丝分划板是一块刻有分划线的透明薄平板玻璃片，分划上互相垂直的两条长丝，称为十字丝，纵丝亦可称为竖丝，横丝亦可称为中丝，上、下两条对称的短丝称为视距丝，用于测量距离，操作时利用十字丝交叉点和中丝瞄准目标并读取水准尺上的读数。水准器是操作人员判断水准仪安置是否正确的重要部件，水准仪通常装有圆水准器和管水准器，分别用来指示仪器竖轴是否竖直和视准轴是否水平。基座主要由轴套、脚螺旋、底板构成，其作用是支承仪器的上部，即将仪器的竖轴插入轴座内旋转，脚螺旋用于调整圆水准器气泡居中，底板通过连接螺旋与下部三脚架连接。

在测量前一定要调整圆水管和管水准器气泡居中。

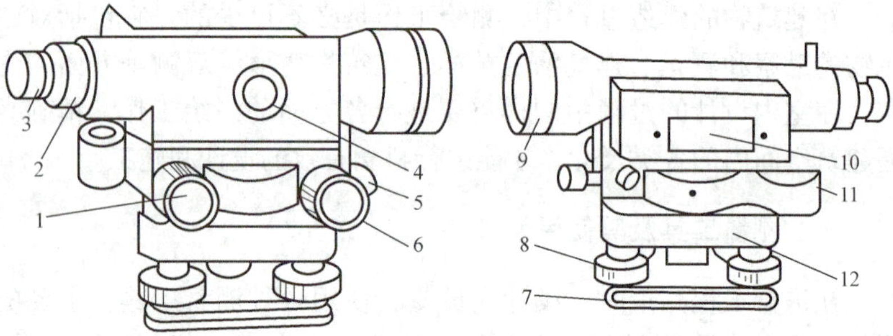

图 3-1　DS3 型水准仪

1—倾斜螺旋　2—目镜对光螺旋　3—目镜　4—物镜对光螺旋
5—制动螺旋　6—微动螺旋　7—底板　8—脚螺旋　9—望远镜
10—管水准器　11—圆水准器　12—基座

2. 水准尺

水准尺是水准测量时使用的标尺，常以干燥的优质木材、玻璃钢、铝合金等材料制成。水准尺有塔尺和双面水准尺两种，如图

3-2a、b 所示，其长度通常在 2～5m 之间。塔尺仅用于室外水准测量，可以伸缩，由两节或三节套接而成，尺底为零，尺上黑白格相间，每格宽度为 1cm，有的为 0.5cm，每米和每分米处皆标有数字，数字有正书和倒书。双面水准尺多用于三、四等水准测量，其长度为 3m；两根尺为一对，尺的两面均有刻划，一面为红白相间，称为红面尺，另一面为黑白相间，称为黑面尺，两面的刻划均为 1cm，并在分米处标注数字；两根尺的黑面底部均为零，而红面底部一根为 4.687m，另一根为 4.787m。

要把红面尺底部读数看清楚。

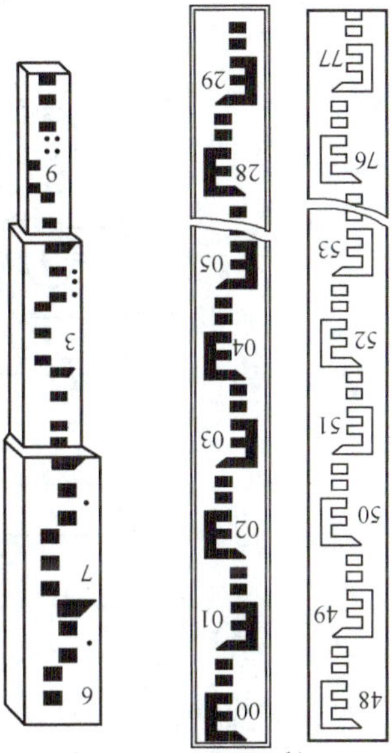

a)　　b)

图 3-2　水准尺

a）塔尺　b）双面水准尺

3. 尺垫

尺垫是用生铁铸成的，一般为三角形，中央凸起一个半球体，下部有三个支脚，如图 3-3 所示。当水准测量时，将支脚牢固地踩入地下，然后将水准尺立于半球顶上，用以保持尺底高度不变，通常尺垫仅在转点处竖立水准尺时使用，目的是为了防止观测过程中水准尺下沉或位置发生变化而影响读数。

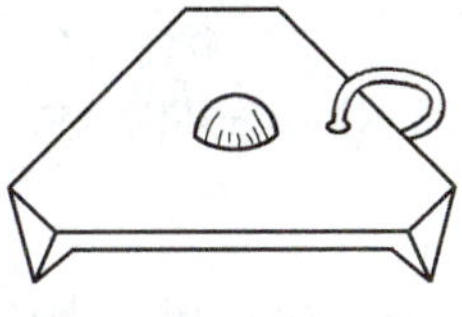

图 3-3　尺垫

4. 光学经纬仪

光学经纬仪是一种测量角度的仪器，按其精度分为 DJ07、DJ1、DJ2、DJ6 及 DJ15 等几种。经纬仪一般包括基座、水平度盘和照准部三大部分，由于各种型号不一样，其外型、螺旋的形状和位置各不相同。为了便于介绍，选择 DJ6 型光学经纬仪来说明其构造，如图 3-4 所示。

（1）基座部分　经纬仪基座与水准仪基座的构成及作用基本相同，包括轴座、脚螺旋、底板和三角压板四个部分。在经纬仪基座

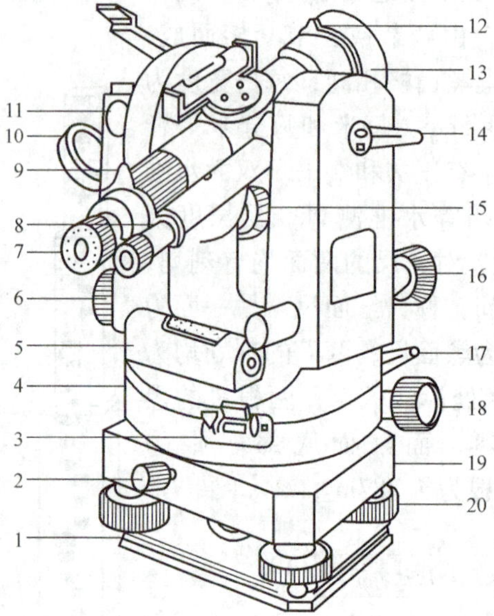

图 3-4　DJ6 型经纬仪

1—三角压板　2—轴套制动螺旋　3—复测扳手　4—水平度盘外罩　5—照准部水准管　6—测微轮　7—目镜对光螺旋　8—读数显微镜　9—物镜对光螺旋　10—反光镜　11—竖盘指标水准管　12—准星　13—物镜　14—望远镜制动螺旋　15—竖盘指标水准管微动螺旋　16—望远镜微动螺旋　17—水平方向制动螺旋　18—水平方向微动螺旋　19—基座　20—脚螺旋

上还有一轴座固定螺旋，主要作用是控制照准部和基座之间的衔接。在通常情况下，轴座固定螺旋必须是拧紧固定的。

（2）水平度盘部分　水平度盘是由光学玻璃制成的，装在仪器的竖轴上，套于度盘轴套内，其度盘边缘以顺时针方向刻有 0°～360°的等角距分划线，度盘不随照准部转动，对于方向经纬仪，它装有度盘变换手轮。在水平角测量中，若需要改变度盘的位置，可利用度盘变换手轮将度盘转到所需要的位置上。为了避免作业中碰动手轮，特设置一护盖，当调好度盘方向或角度后应及时盖好护盖。对于复测经纬仪，水平度盘与照准部之间的连接由复测器控制。

（3）照准部部分　照准部主要由望远镜、支架、旋转轴、竖直制动和微动螺旋、水平制动和微动螺旋、竖直度盘、读数设备、水准器和光学对点器等组成。望远镜的构造类似于水准仪，不同的是它们之间的十字丝分划板。望远镜是与横轴固定在一起置于支架上的，它可以绕仪器横轴转动、俯视或仰视。望远镜视准轴所扫过的面为平面，竖直制动螺旋和竖直微动螺旋可控制望远镜上下转动，竖直度盘固定在望远镜横轴的一端，能随望远镜一起转动。竖盘指标水准管用于安置竖盘读数指标的正确位置，并借助支架上的竖盘指标水准管微动螺旋来调节。读数设备包括读数显微镜、测微器、光路中的一系列光学棱镜和透镜。仪器的竖轴处在管状轴套内，可使整个照准部绕仪器竖轴作水平转动，照准部制动螺旋和微动螺旋控制照准部水平方向的移动。圆水准器用于粗略整平仪器；管水准器用于精确整平仪器。光学对点器用于调节仪器，使水平度盘中心与地面点处在同一铅垂线上。

经纬仪是否水平直接影响读数的正确性。

5. 量距工具

钢尺是直接量距法的主要工具，又称钢卷尺，长度有 20m、30m、50m 等，其基本单位有厘米和毫米两种，在每分米和每米的分划线处有相应的标记。由于尺上零点位置的不同，有端点尺和刻线尺之分。

量距的辅助工具有测钎、标杆和垂球架，如图 3-5a ~ c 所示。测钎是用粗钢丝制成的，作用是标志尺段端点位置。标杆是红白两色按 20mm 相间的木制圆杆，有两米杆和三米杆，主要用于标志点位与直线定线。垂球架由三根竹杆和一个垂球组成，是在倾斜地面量距的投点工具。

当地面两点之间距离大于钢卷尺长度，也就是用卷尺的长度一次不能量够距离时，应采用直线定线这一方法，也就是在两点连线上竖几根标杆作为分段点，通过目估或经纬仪定线来调整使各分段点在一直线上，确定后用测钎在分段点上作标记，然后进行分段测量，最后把各段的值相加得出要测量的两点值。图 3-6 所示为目估定线方法。

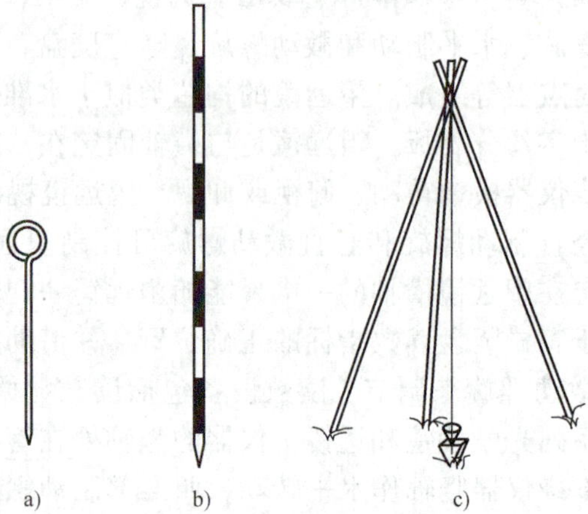

图 3-5　量距的辅助工具

a）测钎　b）标杆　c）垂球架

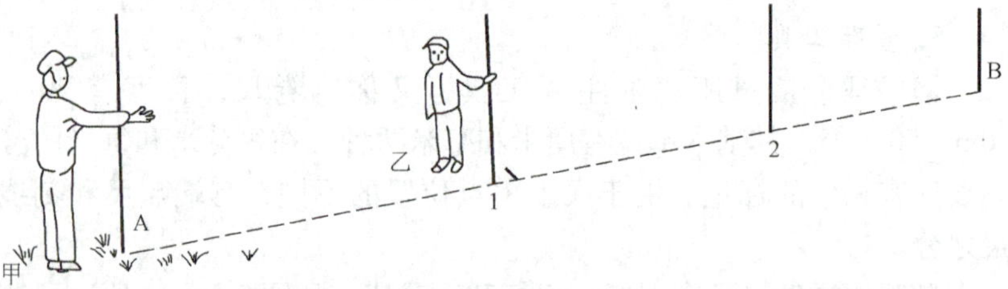

图 3-6　目估定线方法

6. 测距仪

按测定传播时间的方式不同，测距仪分为相位式测距仪和脉冲式测距仪两种；按测程的不同，测距仪又可分为远程、中程和短程测距仪三种。目前使用较多的是相位式短程光电测距仪，其构造如图 3-7 所示。短程光电测距仪的测程在 5km 以下，通常使用红外光源。在室内设计中常使用一种小型电子测距仪，多用于测量建筑的高度。因为室内设计的空间比较有限，很少达到 1km 以上，因此测距仪的用处不是太大，在此就不作详细讲解了。

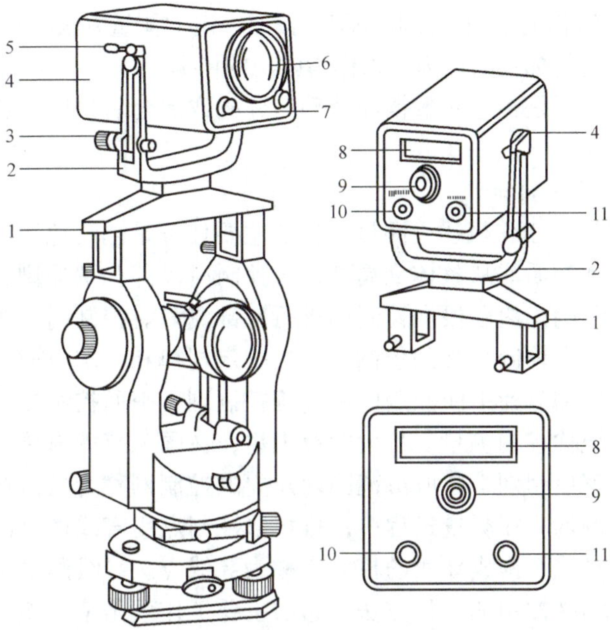

图 3-7　相位式短程光电测距仪

1—支架座　2—支架　3—竖直微动螺旋　4—主机　5—竖直制动螺旋
6—发射接收镜的物镜　7—电源电缆插座　8—显示器
9—发射接收镜的目镜　10—电源开关键　11—测量键

二、测绘基础知识

1. 测绘的定义

测绘是指对自然地理要素或者地表人工设施的形状、大小、空间位置及其属性等进行测定、采集、表述以及对获取的数据、信息、成果进行处理和提供的活动，它是测量和地图制图的简称。测量就是获取反映地球形状、地球重力场、地球上自然和社会要素的位置、形状、空间关系、区域空间结构的数据，主要指工程测量，包括测定和测设两部分。测定是指通过使用测量设备和工具，测量地球表面的地形（包括地物、地貌），得到相关数据结果，进而缩绘成地形图，以供进一步应用。测设即放样，是将设计图样上规划设计好的建（构）筑物的平面位置和高程，按照一定的测量方法和精度要求，在实地上进行标定的行为，以作为施工的依据。

地图制图是将这些数据经处理、分析或综合后加以表达和利用的一种形式。

2. 测量基础知识

（1）测量工作概述　测量工作的主要任务是测绘地形图和施工放样，必须遵循“从整体到局部，先控制后碎部”的原则，即首先要建立控制网，然后根据控制网进行碎部测量。控制网是指在测区内选择若干有控制意义的控制点，按一定规律和要求组成网状几何图形。控制网分为平面控制网和高程控制网，平面控制测量和高程控制测量统称控制测量。从大的范围讲，在国家范围内建立的控制网称为国家控制网，在城市范围内建立的控制网称为城市控制网或小地区控制网。在测量过程中，将相邻控制点用直线连接而构成的折线称为导线，构成导线的控制点称为导线点。导线测量是建立小区平面控制网常用的一种方法，它的主要工作就是依次测定各导线边的边长和各转折角，根据起算数据推算各边的坐标方位角，从而求出各导线点的坐标。如果用经纬仪测量转折角，用钢尺丈量导线边长的导线，则称为经纬仪导线；若用光电测距仪测定导线边长，则称为电磁波测距导线。导线测量是建立小地区平面控制网常用的一种方法，特别是地物或建筑物结构分布比较复杂、视线障碍较多的隐蔽区域，多采用此种方法。

在踏勘选点之前，应调查并收集被测区已有的资料，包括地形（地物、地貌）、标高点（高一级控制点），在测区原有地形图上拟定导线的布设方案，然后到现场踏勘、核对、修改、落实地点和建立标志点。如测区没有地形图资料，就需要了解测区现状，根据已知控制点的分布、测区的现状条件和工程要求等具体情况，合理地选择导线点位置。选点时应注意以下事项：

合理选择导线点有助于测量。

1）相邻点间应通视良好，较为平坦，便于测量。

2）点位应选在比较稳定坚实的地方，以便于安置仪器和保持标志点。

3）视野应开阔，便于测量碎部。

4）导线各边的长度应大致相等。

5）导线点应有足够的密度，分布较均匀，以便于控制整个测区。

当导线点选定后，应在点位上埋设标志，通常在点位上打一大木桩，在桩的周围用固定材料加以固定，桩顶钉一小钉；也可在水泥地面上用红漆画一圈，圈内点一小点，作为临时性标志，导线点应按顺序统一编号。为了便于寻找，应量出导线点与附近固定而明显的地物点的距离，画出草图。导线一般用钢卷尺直接测定距离，利用经纬仪根据测回法测量出角度，再利用导线连测，测出导线点的坐标值。

控制测量工作结束之后就可进行碎部测量。碎部测量根据控制点来测量控制点与碎部点的水平距离、高差，通过已知方向的角度来确定碎部点的位置。当在测区内测定一定数量的碎部点位置之后，按一定比例将这些碎部点位标绘在图样上，绘制成地形图。

施工放样（测设）的基本工作就是把设计图上的建筑物、构筑物位置在实地标定出来，作为施工的依据。在施工放样过程中，由各个控制点放样出的建（构）筑物各个点位位置必须联系为一个整体。

高程控制测量，除了在环境艺术设计中的大型景观工程中可能会用到之外，其他一般很少用到，因此在本教材中被简略了。

（2）测量的基本工作　综上所述，控制测量、碎部测量和施工放样等，其实质都是为了确定点的位置，而要确定地面点的位置离不开距离、角度和高差这三个基本观测量，因此距离测量、角度测量和水准测量是测量的三项基本工作。

1）距离测量。距离测量是指测量两标志点之间的水平直线长度，距离测量的方法可分为直接量距法、光学量距法和物理量距法。在这三种距离测量的方法中，使用较为广泛的是钢尺量距、视距测量和光电测距。

钢尺量距是工程测量中最常用的一种距离测量的方法，按精度要求不同分为一般方法和精密方法两种。一般方法采用钢尺和辅助工具（如测钎、标杆、垂球架）等，通过定点、定线、量距和计算等步骤得出两点距离，精度可达到1/1000～1/5000；精密方法则采用通过检定过的钢尺量距和经纬仪定线来测得，其精度可达到1/10000～1/40000。

视距测量是一种间接光学测距方法，多用于地形碎部测量。视距测量利用经纬仪、水准仪及大平板仪内视距丝装置，根据几何原理同时测定距离和高差，精度可达到1/200～1/300。

光电测量是一种物理测距方法，它通过光电测距仪来测出两点间距离，其优点为精度较高、测程较远、速度较快。

2）角度测量。角度测量是确定地面点位的基本测量工作之一。角度测量分为水平角测量和垂直角测量两种。水平角是指地面上某点到两目标的方向线在水平面上铅垂投影所形成的角度，用于求算地面点的平面坐标位置；竖直角是指地面一点至目标的方向线与水平视线间的夹角，用于求算两点间高差或将倾斜距离换算成水平距离。常用的角度测量仪器是光学经纬仪。

3）水准测量。水准测量是高程测量最常用的方法，它不是直接测定地面点的高程，而是测出两点间的高差。水准测量的原理是在两个点上分别竖立水准尺，利用水准仪来提供一条水平视线，在水准尺上分别读出两点的数据，两数据相减求得两点间的高差，从而由已知点高程推求未知点高程。

第二节　建筑装饰材料的选择

室内设计是通过对装饰材料的运用，营造出舒适、美观的室内空间。因此，装饰设计人员在进行方案设计时，对材料的把握和选择至关重要。在选择装饰材料时，应从建筑物的特征、材料的特性以及人们的审美要求这几个方面进行考虑。

一、建筑物的特征

1. 室内空间类别

在进行方案设计时，首先应根据装饰工程的类别及功能的不同，对装饰材料有一个大体的定位，例如，医院应给人以宁静、平静、心情放松的感觉，一般宜选用浅色调和花饰较小或素面的材料；幼儿园则宜选用色彩鲜艳的单色材料，如彩色乳胶漆、壁纸等，再配以新颖多样的儿童、动物、鲜花等图案；歌舞厅等娱乐场所应给人以前卫、热烈、奔放的感觉，宜采用玻璃、不锈钢、塑铝板、彩色乳胶漆等能营造空间氛围的材料。

2. 装饰部位

装饰部位不同，材料的选择也各不相同，如 KTV 包间要求具有良好的吸声和隔声效果，一般宜选用穿孔石膏板、珍珠岩装饰吸声板、壁纸壁布、软包等材料。住宅空间内不同的部位对装饰材料不同的要求见表 3-1。

熟练掌握住宅不同部位对装饰材料的不同要求。

表 3-1　住宅空间内不同的部位对装饰材料不同的要求

起居室	地面	多以地砖、木地板为主，辅以块毯、钢化玻璃等其他装饰材料
	墙面	常以乳胶漆、木饰面、壁纸为主要装饰材料
	顶棚	以石膏板造型顶为主，辅以灯片、木饰面、阴阳脚线等装饰，灯饰宜用庄重、明亮的吊灯或吸顶灯
卧室	地面	多使用地板、地毯等有弹性、触感较好的材料
	墙面	宜淡雅明亮，避免强烈反光，多以乳胶漆、壁纸壁布、木饰面为主
	顶棚	以石膏板造型顶为主，辅以灯片、木饰面、阴阳脚线等装饰，灯光不必太明亮强烈，只要舒适、静雅、富有情调即可，此外，还可选用一些壁灯装在床头，灯头可全方位转动，便于阅读
	软装饰	可选用厚实的窗帘，减弱室内光线，形成一个相对封闭的宁静舒适的空间
书房	地面	多使用地板、地毯等有弹性、触感较好的材料
	墙面	以乳胶漆、木饰面、壁纸为主，窗帘最好轻薄一些，使光线柔和又不暗淡
	顶棚	造型宜简洁，可不做吊顶或用石膏板造型吊顶

（续）

厨房 浴厕间	墙、地面	选择防水、防滑、防霉、易清洁的材料，例如常用的墙、地砖，局部可用马赛克、玻璃等装饰，如选用石膏板、木质材料，一定要经过防水处理，选用防水涂料，厨房的选材还要经过防火处理；地砖色彩切忌过于花哨，应同墙面色调相一致，同时比墙面明度低，使房间产生上轻下重的稳定感，也易保持地面清洁
	顶面	卫生间可选用防水性能好的吸顶灯或壁灯；厨房因水汽、尘、油较多，所以应采用外形简洁、容易清洗的灯具，一般以吸顶灯为宜

3. 空间大小

根据空间大小的不同，应选择与之搭配协调的装饰材料。空间宽大的商场、酒店、体育馆等，宜选择大线条的图案及尺寸较大的装饰材料；对于空间较小的家庭居室，其装饰可选择质感细腻、线型较细的材料。

4. 标准与功能

装饰材料的选择还应考虑相应建筑的标准与功能，如宾馆与饭店有三星级、四星级、五星级等不同级别，装饰材料的选择也应有所区分，以体现宾馆饭店的不同档次。地面装饰，高级的可选用优质大理石或花岗石、优质木地板或全毛地毯等，中级的可选用普通大理石或花岗石、普通木地板或化纤地毯等；墙面装饰，高档的可选用优质大理石和花岗石、优质木板、天然原料墙纸，普通的可选用普通大理石和花岗石、普通木地板、普通墙纸或喷涂等。

人流密集的公共场所地面，应采用耐磨性好、易清洁、防滑的材料。有空调的房间可采用泡沫型壁纸，玻璃采用绝热或调温玻璃等。总之，根据建筑物对隔声、隔热、防水、防潮、防火的不同要求，选择装饰材料应考虑具备相应的功能需要。

二、材料的特性

1. 材料外观

装饰材料的外观主要包括材料的色彩、纹理、质感和造型等，它是选择材料时应考虑的重要因素之一。

选用不同纹理的材料会有不同的装饰效果，在设计时应慎重考虑。

在选择墙纸时，要先选择墙纸的底色，然后选择花样图案，如传统的中式客厅，图案宜选择浅棕底、深棕花、银灰底或淡墨花，花样以松、竹、梅等中国花卉图案为宜；现代会客厅则宜用浅底色，花样图案应清新活泼。又如新房的花样宜选用红梅、孔雀等花样，以表现出欢快、喜庆的气氛；老年人卧室要求朴实、庄重，花样以淡墨松、竹等画为宜；儿童房应表现出欢乐活泼、富有朝气，可选择富有童趣的花样。

不同的材料质感给人的尺度感和冷暖感是不同的，如毛面石材粗犷大方，镜面石材细腻光亮，不锈钢机械冰冷，玻璃则光亮通透。

色彩对人的心理作用就更加明显了，如红色令人感觉温暖，绿色能消除紧张和视觉疲劳，紫罗兰有宁静安详的效果，白色则有纯洁、高雅、神圣的感觉。南方气候温和，宜选用浅色调，使人觉得清凉；北方气候寒冷，应选用深色调，给人以温暖的感觉。

一般来说，室内色彩的搭配一般要遵循“头”轻“脚”重的原则，即由顶棚、墙面到墙裙和地面的色彩一般为上明下暗，给人以稳定感。但在一些层高较高的大型公共空间，顶面有时也涂饰深色乳胶漆，使人们的视线忽略顶部的管线或为了达到一些特殊效果，这些都需要装饰设计员在长期的工作中进行积累。

2. 材料性能

装饰材料的性能是选择材料时必须要考虑的基本因素之一，它将直接影响到今后室内空间的维护和使用。材料的性能包括：

（1）力学性能　强度、弹性、塑性、粘接性、耐磨性以及可加工性等。

（2）物理性能　密度、吸水性、耐水性、抗渗性、抗冻性、耐热性、绝热性、吸声性、隔声性、光泽度、光吸收性及光反射性等。

如：大理石的主要成分为碱性物质，受到酸雨等酸性物质易被侵蚀，抗风化性较差，因此主要用于室内空间；与之相反，花岗石属酸性岩石，化学稳定性好，不易风化变质，耐腐蚀性强，多用于室外墙、地面的装修。

釉面砖（瓷砖）表面光滑、美观，色彩图案丰富，便于营造各种氛围，其表面的耐腐蚀性能较好；同质砖耐腐蚀性、耐磨性均优于釉面砖，其他如抗弯曲强度、耐急冷急热等性能也优于釉面砖，但相对而言，色彩较为单调。人造大理石具有天然大理石的特性，虽然色彩、图案不及天然大理石，但仍能显示出其稳重典雅的气质，且价格较为便宜。

壁纸、墙布的胶粘剂选用是否得当，直接影响到墙面装饰的质量。理想的胶粘剂除了与壁纸和墙布的品种相配外，还应具有防霉、耐久等性能，如墙面装饰有防火要求，则胶粘剂还应具有耐高温、不起层等性能。

3. 材料经济性

价格也是制约材料选择的一个很重要的因素之一。进行方案设计时就应将工程的设计效果与装饰投资综合起来考虑，尽可能不要超出装饰投资预算额，如石材价格比较高，可选用仿石材纹理的墙砖代替，既满足了装饰需要，又节约了成本；在做居室装饰设计时，有些业主资金有限，可用实木复合地板代替实木地板。除了考虑一次投资，也应考虑到维修费用，在关键材料上宁可加大投资，以延长使用年限，保证总体上的经济性。总之，要利用有限的资金获得最佳的使用和装饰效果。

三、人们的审美要求

装饰材料的选择搭配必须满足装饰美化的要求，符合人们的审美情趣。人们的年龄、性别、文化修养、经济水平不同，其个人爱好也不相同，对装饰材料的选择也相差甚远。如老年人喜欢古香古色的深色调，可选用胡桃木、柚木等深色木饰面，有一定文化修养的再配上一些名人字画，摆上几个青花瓷器，使屋里显得古韵十足；年轻人的房间宜选用色调明亮一些的装饰材料，与现代化的电器设备相配，显现出现代年轻人的追求与活力；儿童的房间颜色应清新活泼，充分体现儿童的心理特点。

除此之外，还应注意地方特色及民族风格。少数民族地区的装饰，在材料选择上应考虑传统的民族风格要求。

第三节　室内装饰设计中的建筑结构知识

作为室内设计人员，应了解建筑结构知识，包括建筑物的组成、结构的类型、荷载情况和结构受力特点等内容。在室内设计中应学会运用这些结构知识，才能进行合理的空间布局设计和安全施工。

一、建筑物的分类

建筑物按照使用性质的不同，一般可分为生产性建筑（包括工业建筑、农业建筑、军用和国防建筑）和非生产性建筑（民用建筑）两种，民用建筑又分居住建筑和公共建筑两大类。居住建筑一般有住宅、公寓、宿舍等；公共建筑就比较广泛，有公共服务性建筑、文教建筑、科研建筑、商业建筑、医疗建筑、写字楼、交通建筑、体育建筑、观演建筑、展览建筑、旅馆建筑、园林建筑、纪念性建筑等。在本章节中所提到的建筑皆是指民用建筑。

二、建筑物的组成及各部分的作用

民用建筑主要是由基础、墙、楼板层、地坪、楼梯、屋顶和门窗等部件构成的，如图 3-8 所示。

基础：建筑物最下部的承重构件，承受着建筑物的所有荷载，并将荷载传给地基。因此，基础要有足够的强度，能抵御地下因各种因素造成的侵蚀及一般性的地形变化。

墙：建筑物的承重构件或围护构件。有些墙作为承重构件，承受着建筑物上部传来的全部荷载和自重，并将其传给基础；有些墙则是作为围护构件，主要起着抵御自然界中各种因素对室内侵袭的作用；还有一些墙起着为建筑物功能分区的作用。因此，要求墙体能根据其使用功能的不同分别具有一定的强度，并具有保温、隔热、隔声、防水、防火等功能，同时还应具有一定的经济性和耐久性。

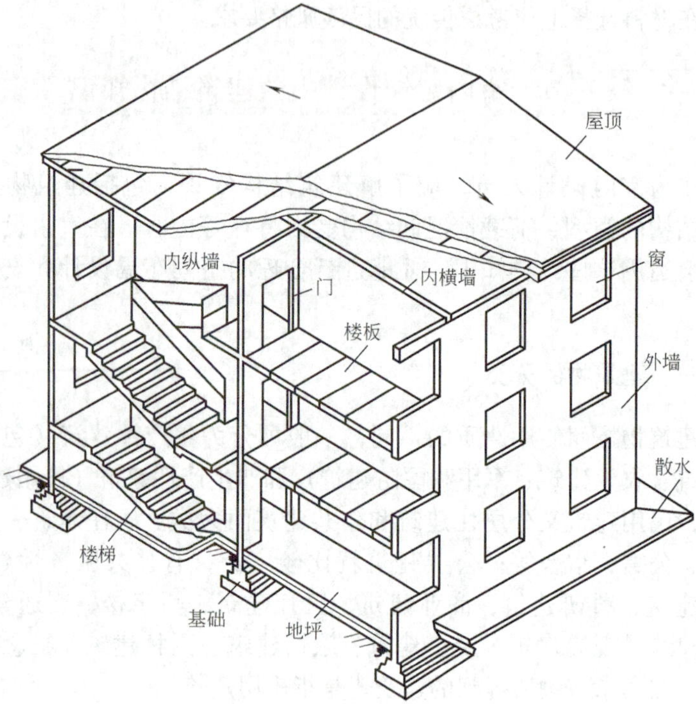

图 3-8　建筑物的基本组成

楼板层：分隔建筑中楼层空间的水平建筑构件，承受着自重和不同使用条件下作用其上的各种荷载，如家具、设备、人体以及其他一些物品的重量等，并将这些荷载传递给下部的结构，同时对建筑物起着水平支撑作用。楼板层要求有足够的抗弯强度和刚度，同时还应具有保温、隔声、防水、防火等功能。

地坪：建筑底层与地基相接的部分，承受室内全部的荷载，不同的地坪应具有不同的性能，如耐磨、防潮、防水等。

楼梯：建筑空间中的垂直交通设施，供人们上下楼层和紧急疏散之用。因此，要求楼梯具有足够的强度以及防水、防滑的功能，以保证人们正常的通行。

屋顶：建筑物顶部的外围护构件和承重构件，不仅抵御着自然界的雨、雪、太阳热辐射及其他侵蚀，还承受着建筑物顶部荷载和自重，并将其传递给下部垂直方向的承重构件。屋顶应具有足够的强度、刚度及防水、保温、隔热功能。

门窗：门主要供人们通行之用，窗则主要是采光和通风之用，同时它们也起着分隔和围护的作用。门和窗均不是承重构件。对有特殊要求的建筑空间，门窗应具有一定的保温、隔热、隔声、防火功能。

除了上述一些部件之外，不同的功能建筑，有着不同的构件和配件，如阳台、雨篷、烟囱等。

三、常见的建筑结构类型及受力分析

建筑物可以形成一定的空间及造型，并具有抵御人为和自然界施加于建筑物的各种作用力的能力。建筑物用以安全使用的骨架，即称为结构。各类建筑由于其使用功能、空间要求、选用材料的不同，由此产生了许多不同的结构体系。

建筑结构有多种分类方法，按组成建筑结构的主要建筑材料分，可分为钢筋混凝土结构、砌体结构（砖砌体、石砌体、小型砌块、大型砌块）、钢结构、木结构、塑料结构、薄膜充气结构等；按组成建筑结构的主体结构形式分，可分为砖混结构、框架结构、框架—剪力墙结构、筒体结构、桁架结构、拱型结构、网架结构、空间薄壁结构、钢索结构、薄膜结构等；按组成建筑结构的体形分，可分为单层结构、多层结构（2～6层）、高层结构（7层以上）、大跨度结构（跨度在40～50m以上）。

1. 混合结构（砖混结构）

混合结构是指建筑物中主要的承重构件采用多种材料制成，这些材料主要有砖与木、砖与钢筋混凝土、混凝土与钢等，目前多采用石、砖等承重墙体和钢筋混凝土梁、板等水平构件构成的混合结构，所以也称砖混结构。

混合结构的空间一般都比较小，适用于多层建筑（五、六层以下）。在建造此类建筑时，通常的混合结构体系布置方案有三种：

（1）横墙承重方案　由横墙直接承受来自屋顶和楼地面荷载的

结构布置方案。当建筑空间内的开间大部分相同且开间的尺寸符合钢筋混凝土板经济跨度时，常采用横墙承重的结构布置，多用于面积较小的宿舍和住宅建筑中。采用横墙承重的结构布置，房屋的横向刚度较好，各开间的隔声效果也好，但房间的面积大小受开间尺寸的限制，横墙中也不宜开设较大的门洞。

（2）纵墙承重方案　由纵墙直接承受来自屋顶和楼地面荷载的结构布置方案。当房间的进深基本相同且进深的尺寸符合钢筋混凝土板的经济跨度时，常采用纵墙承重的结构布置。这种布置方式适合于开间尺寸较为多样的空间形式，纵墙承重的主要特点是平面布置房间大小较为灵活。在使用过程中，可以根据实际使用需要改变横向隔断的位置。由于纵墙承重，房屋的横向刚度较差，因此，在平面布置时，应隔一定的间隔距离设置保证房屋横向刚度的刚性隔墙。

（3）纵横墙承重布置方案　由纵墙和横墙共同承受来自屋顶和楼地面荷载的结构布置方案。在房屋的平面组合中，当一部分房间的开间尺寸和另一部分房间的进深尺寸符合钢筋混凝土板的经济跨度时，房屋平面可采用纵横墙承重的结构布置。这种布置方法，平面中房间安排比较灵活，刚度相对也较好，有较强的抗风能力，但是由于楼板铺设的方向不同，平面形状常较为复杂，因此，施工时比上述两种布置方式麻烦。一些开间、进深较大的办公空间常采用有梁、板等水平构件的纵横墙承重的结构布置方案。

2. 框架结构

框架结构是由板柱或梁柱通过节点连接而组成的一种结构体系。根据所用材料的不同，可分为钢筋混凝土框架结构和钢框架结构两种类型。这种结构既承担竖向荷载又承担水平荷载，布置的特点是梁柱承重，墙体只起分隔和围护的作用。其优点为强度高，自重轻，整体性和抗震性好，房间平面布置比较灵活，门窗开置的大小、形状都比较自由，可以构成丰富多变的立面造型，但由于钢筋及水泥用量大，造价会比混合结构高。框架结构常用于大型公共建筑或多层、高层旅馆建筑的结构布置。框架结构的布置形式有三种，如图3-9a ~ c 所示。

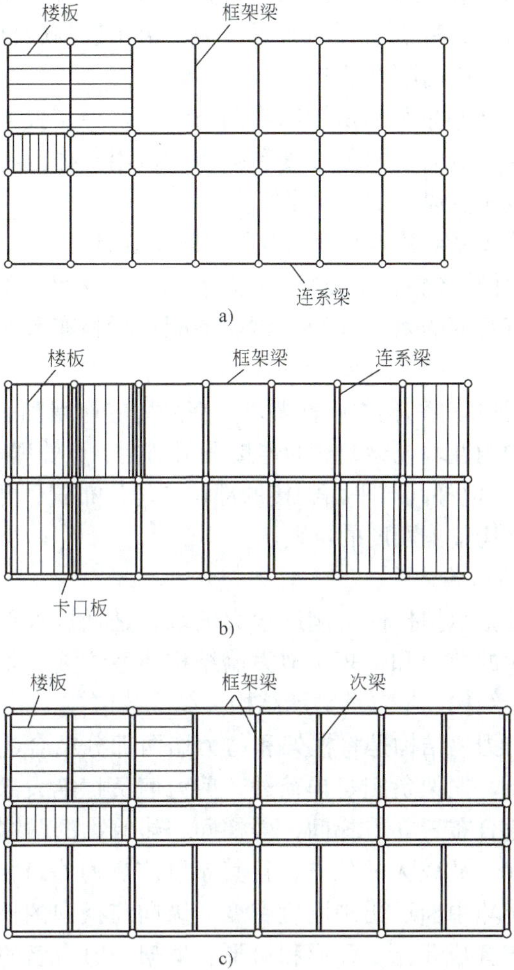

图 3-9　框架结构布置形式

a）横向框架承重　b）纵向框架承重　c）纵横向框架混合承重

（1）主要承重框架沿房屋横向布置　这种布置形式可有效地提高房屋沿横向抗侧力的强度和刚度，同时沿房屋纵向通过连系梁保证建筑在纵向有足够的刚度。其特点是外柱宽度可收小，以满足建筑立面要求；纵横墙开窗限制小，可满足室内采光要求。

（2）主要承重框架沿房屋纵向布置　这种布置常用于有集中通风要求的厂房，其特点是开间布置灵活，由于层高较低，相应降低了工程造价，但横向刚度较差。

（3）主要承重框架沿房屋纵横向布置　这种布置方式是纵横两个方向的框架均具有足够的强度和刚度，适用于楼面有较重设备的厂房，其特点是抗风、抗震性能好。

框架结构体系对建筑平面组合的要求主要有：

1）建筑体型齐整，平面组合应尽量符合柱网尺寸的规格、模数以及梁的经济跨度的要求（当以钢筋混凝土梁板布置时，通常柱网的经济尺寸为（6~8）m×（4~6）m。

2）为保证框架结构的刚性要求，在房屋的端墙和一定的间距内应设置必要的刚性墙或梁、柱的连接采用刚性节点处理。

3）楼梯、电梯间与平面相接的部位应均匀布置，并选择在有利于加强框架结构整体刚度的位置。

3. 剪力墙结构体系

剪力墙是指承担抗侧力刚度很大的墙，是抵抗水平力的主要构件，承受很大的剪力和弯矩。剪力墙结构体系主要有框架—剪力墙结构、剪力墙结构、框支剪力墙结构、筒式结构等。

框架—剪力墙结构是将框架和剪力墙两部分结合起来的一种半刚性结构体系。框架负担竖向荷载，剪力墙负担绝大部分的水平荷载。剪力墙适合布置在电梯间、楼梯间、建筑物的两端及建筑平面的复杂部位和恒载较大的位置，且其布置应贯通建筑物全高，避免沿高度方向突然中断而出现刚度突变。纵向与横向的剪力墙应互相交联，成组布置成T形、L形和口形。框架—剪力墙的特点是既能提供较大较灵活布置的建筑空间，又具有良好的抗震性能。当层数为25层以下时，选用框架—剪力墙结构比较经济。这种结构体系适用于公寓、旅馆、办公楼等建筑。

剪力墙结构是由剪力墙承重而不设框架的结构体系，整个结构全部由纵横墙体组成。其刚度比框架—剪力墙结构好，适合于25层以上的建筑，但剪力墙的存在在一定程度上限制了建筑平面设计的灵活性。

框支剪力墙结构是指在底层设框架剪力墙，上部布置剪力墙的结构体系。其特点是能满足现代建筑不同功能组合的需要，但房屋抗侧力刚度比剪力墙结构弱，抗震性能差，造价较高，应尽量避免采用。当设计中需要使用该结构时，应积极采取措施改善其抗震性能，尽可能减少材料的消耗，以降低工程造价。框支剪力墙结构适用于下部要求大开间、上部为住宅且房间内不能出现柱角的综合高层建筑。

筒体结构由框架—剪力墙结构与全剪力墙结构综合演变和发展而来的。筒体结构是将剪力墙或密柱框架集中到房屋的内部和外围而形成的空间封闭式的筒体，其特点是剪力墙集中，空间分割自由，平面设计灵活，刚度极大，抗震性能好，适用于30层以上的写字楼建筑。

4. 空间结构

空间结构是指结构的形体成三维空间状并具有三维受力特性，呈立体工作状态的结构。空间结构比平面结构的适用跨度要大得多，由于空间结构受力好、刚度大、本身质量轻，能解决平面结构不能解决的问题，因此是解决大跨度建筑的更好形式。现代常用的空间结构有网架结构、薄壳结构、膜体结构及悬索结构等。网架结构是大跨度结构最常见的结构形式，也可称为空间网架。薄壳结构常用的形状为圆顶、筒壳、折板、双曲扁壳和双曲抛物面壳等，是一种受力合理的结构形式。薄壳结构是曲面形的空间形式，主要是轴心受力，由于它的空间作用，结构的刚度很大。膜体结构主要分为两种：充气薄膜结构和应力膜皮结构。充气薄膜结构是在玻璃丝增强塑料薄膜或尼龙布罩内部充气形成一定的形状，作为建筑空间的覆盖物；应力膜皮结构一般是用钢质薄板做成很多块板片单元焊接而成的一种空间结构。悬索结构是以一系列受拉索作为主要承重构件，这些索按一定的规律组成各种不同形式的体系，并悬挂在相应的支撑结构上。空间结构适用于剧院、观众厅、体育馆等，图3-10a ~ d所示为各种空间结构形式。

当空间的跨度较小、平面呈矩形时，可以采用柱（或墙墩）和屋架组成的排架结构体系。

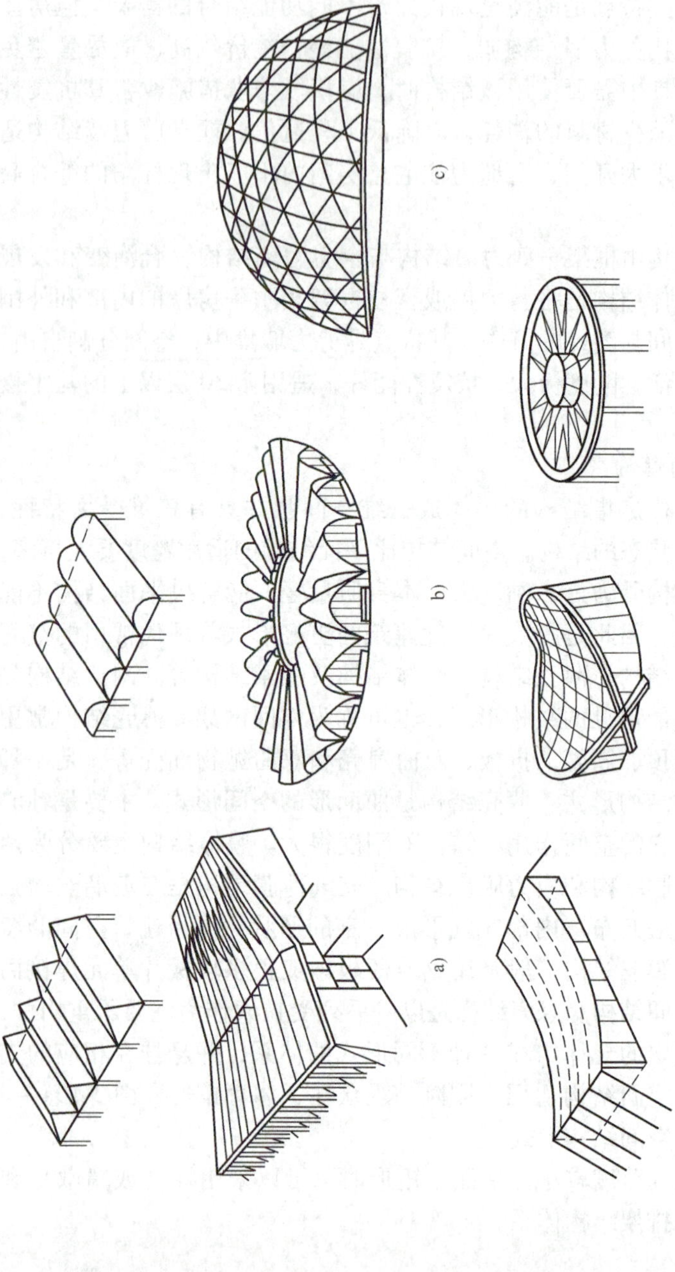

图 3-10 空间结构形式

a)折板结构 b)壳体结构 c)球形网架结构 d)悬索结构

当空间跨度较大、平面形状较为复杂时，可采用各种形式的空间结构。由于空间结构更好地发挥了材料的力学性能，因此常能取得较好的经济效果，并使建筑物的形象具有一定的表现力。

四、建筑结构的功能要求

装修设计必须满足结构的功能要求。

在室内设计中，必须遵循结构的功能要求，满足结构的可靠性，即能承受正常施工和使用时可能出现的各种作用力（例如拉力、压力、剪力等）、在正常使用时具有良好的工作性能（如不发生很大的侧向位移）、在正常维护下具有足够的耐久性能（如有抵抗酸类、碱类等物质的侵蚀能力）、在偶然事件（如撞击、地震）发生时能保持必需的稳定性。结构可靠性用可靠度来衡量，即结构在规定的条件下和规定的时间内，完成预定功能的概率。预定功能的具体要求有：

1. 安全性

结构安全性是指结构在规定的条件下，应能承受可能出现的各种作用力（包括荷载、外加变形、约束变形等），并在偶然荷载作用下或偶然事件（如地震、强风、爆炸等）发生时结构应能保持必要的整体性，不致倒塌。结构安全性是结构工程最重要的质量指标。

2. 适用性

结构在正常使用时应能满足预定的使用要求，具有良好的工作性能，其变形、裂缝或振动等均不能超过规定的限度。

3. 耐久性

结构在正常使用、正常维护的情况下应具有足够的耐久性能，不致因材料的性能变化或外界侵蚀而影响其预期的使用年限。

建筑物的功能要求、技术经济条件和美观要求三方面是辨证统一的，但又有主次之分。建筑空间的平面布置主要根据功能要求来考虑，但房屋结构造型的合理性、经济性也是影响平面布置的重要因素，房屋中的开间、进深和组合关系，也都需要根据结构布置的要求作出调整和修改。除此之外，影响建筑结构的因素还有许多，如外力作用的影响（动荷载、静荷载、风荷载以及地震力等）、自然气候的影响（气温、风、雨、雪等）以及人为因素的影响（机械振动、化学腐蚀、战争、爆炸、火灾、噪声等）。因此对结构的设计选择和改动的原则是必须有利于结构安全，满足功能要求，讲究建筑的综合经济效益并注意美观。

五、建筑结构的荷载

建筑结构在使用期间和施工过程中，要承受各种作用力。施加在结构上的集中力或分布力称为荷载。按规范规定的结构需要承受多大的荷载（即荷载标准值）是衡量结构构件安全水准的主要因素。

1. 建筑荷载分类

1）按作用时间可分为永久荷载、可变荷载和偶然荷载三类。永久荷载，指在结构使用期间内荷载变化幅度与平均值相比可以忽略不计的荷载，又称恒载，如结构自重、土压力、预加应力等；可变荷载，指在结构使用期间，其值随时间变化，且其变化幅度与平均值相比不可忽略的荷载，又称活载，如楼面活荷载、屋面活荷载、安装荷载、积灰荷载、吊车荷载、风荷载、雪荷载等；偶然荷载，指在结构使用期间不一定出现，但一旦出现，其数值较大且持续时间很短的荷载，如地震、爆炸力、撞击力等。

2）按荷载的作用范围可分为集中荷载和分布荷载。荷载的作用面积相对于总面积很小时，作用在这个面积上的荷载可以简化为集中荷载；分布作用在一定面积或长度上的荷载，可简化为分布荷载，如风、雪、自重等荷载。

3）按荷载空间位置的变化可分为固定荷载和可动荷载。在结构上作用位置固定不变的荷载为固定荷载，如固定设备和结构的自重等；可以在结构上自由移动、任意分布的荷载称为可动荷载，如吊车梁上的吊车荷载、楼面活荷载、公路桥梁上的汽车荷载。

4）按结构的反应可分为静态荷载和动态荷载。静态荷载指对结构或构件不引起加速度或加速度可以忽略不计的荷载，如结构自重、楼面活荷载、雪荷载等；动态荷载指可引起结构或构件不可忽略的加速度的荷载，如吊车荷载、设备振动荷载等。

2. 装饰装修过程中的荷载分析

在建筑物原有的楼面铺设木地板、地砖，墙面上铺贴墙砖、木板或在顶棚增设吊顶时，会在建筑物的梁板或墙体上增加一定的分布荷载，增加的分布荷载值采用装修面层材料的表观密度乘以面层材料的厚度而得。当在建筑物原有的楼面或屋面上增设各种墙体或用砖把阳台封闭时，都会使结构增加一定的线荷载；当在原有建筑物的楼面增设柱子、放置家具电器时，会使结构增加集中荷载；当在施工过程中对建筑的撞击或设备振动时，会使结构增加一定的施工荷载。

六、装修过程中的结构安全性知识

结构安全性知识要重视。

装修的目的是为了人们有更好的居住环境，但人们往往为了追求方便、美观等外在效果而忽略最为重要的安全问题。这一方面是因为人们普遍缺乏相应的结构安全性知识，不清楚哪些行为会有安全问题或哪些行为可能会留下结构上的安全隐患；另一方面是因为人们面对可能存在的隐患往往心存侥幸，对其严重性没有足够的认识。因此，掌握结构安全性知识是设计师的基本技能。结构的安全性是指结构防止破坏倒塌的能力，是结构工程最重要的质量指标。装饰装修中的结构工程的安全性主要决定于结构改动部分的结构设计与施工水准。房屋的结构承担着房屋的自重和来自其他各方面的荷载，它是房屋的骨架。在室内设计重新组织空间时通常会对原建筑进行一些拆除和添加的工作，如拆除墙体、墙体开洞、在楼板和屋顶上钻孔、增加墙体、增加楼层和扩建等，这些行为对结构的安全性和可靠性都会产生一定的影响。具体来说，以下都是需要予以关注的结构安全问题：

1）避免随意拆墙扩洞。拆墙扩洞造成的危害很多，主要有：

① 会削弱墙体的截面，降低墙体刚度，当房屋的刚度降低到一定程度时，结构将变为刚弹性方案或弹性方案，使墙体的承载力和抗震能力严重削弱。

② 减少或取消了过梁、圈梁或上部墙体的支撑，在水平荷载作用下，会造成墙体或楼板的层间位移和顶点总位移加大，使某部分墙体实际受力大于原设计受力，最终由于强度不足而造成破坏。

③ 结构经过拆墙扩洞后，墙柱的截面积减小，高厚比会相应提高，而高厚比是控制结构稳定性的指标。当墙柱的实际高厚比超过

允许高厚比限值时，结构的稳定性将得不到保证而产生失衡，出现质量问题。

④ 墙体是挑梁重要的抗倾覆力矩的荷载，当在挑梁压墙位置开洞时，墙体抵抗挑梁的倾覆力变小，可能造成挑梁倾覆。同样，雨篷梁上的墙体是雨篷梁的抗倾覆力矩的荷载，在雨篷梁上的墙体开洞，会造成雨篷的整体倾覆，如果是预制挑梁则危险性会更大。

⑤ 增大墙柱的应力会使砌体的强度受到影响。

承重墙、连系墙、外墙的窗下墙不能拆除。对于非承重墙，由于它是承重墙重要的支撑，承受墙体自重和抵抗地震力。一般来讲，拆除一段非承重墙是允许的，如果整幢房屋都随意将卧室、厨房的非承重墙体拆除，或将某非承重墙拆掉换成木制柜子，就会在很大程度上降低建筑物的抗震力。同样，连接阳台的砖或混凝土墙体也不能拆除，虽然它不算承重墙，但一般比较厚，对阳台也有一定的承重作用，所以最好也不要拆，特别是对旧房而言。所以，在结构改造过程中，一定要经过结构工程师的验算来确定是否能开洞以及开洞的大小、位置，并提供加强结构的方案措施。

2）不光拆除结构部分是危险的，有些自行添加的结构也会有安全隐患问题，如梁下加柱、梁上增设柱子或梁和柱子中部加梁等。

① 梁下加柱相当于在梁下增加了支撑点，看似提高了结构的强度，其实不然，因为它会改变梁的受力状态，在新增加柱的两侧，梁由承受正弯矩变为负弯矩，因此这种变动是危险的。

② 梁上增设柱子存在着两个问题，一是梁与柱子的连接不牢固，影响稳定性；二是新增设的柱将把它所承担的上部荷载以及自重传递给原有的梁。如果原有的梁在设计时未考虑这种荷载，就会因为负荷而遭到破坏，因此在未进行结构可靠度验算时不得随意加柱。

③ 柱子中部加梁也会改变柱子的受力状态、增加柱子的荷载，由此荷载引起的轴力、弯矩等内力会增加，如果不进行必要的结构验算并采用相应的结构措施，盲目地在柱子中部加梁将会引起严重的后果。

3）装修时，使原建筑空间的使用功能发生改变时也会造成隐患，如将没有防水要求的房间或者阳台改成卫生间、厨房间来使用，由于防水处理不好往往造成渗漏，破坏房屋质量。如将餐厅改造为游泳池，每平方米的固定荷载会大大增加；将办公室改造为舞厅时，每平方米的活荷载也会大大增加，这时应交给结构工程师重新计算荷载并提供加强结构的方案措施。

4）损坏房屋原有节能设施，如破坏外墙的保温隔热性能和门窗的通风、采光性能，损坏供冷和照明系统，都会降低节能效果。所以装饰装修要选择可行的技术方法和施工手段，节约能源，更好地创造适宜的室内热环境、光环境和声环境。

5）任意增加楼地面荷载对楼板结构性能的破坏主要表现在在原有的楼板上加设墙体以分隔空间；铺装较重的石材地板，还任意叠加粘接层（水泥砂浆），增加楼板的面层厚度；在铺设木地板时，在原楼板面上随意射钉、凿洞，破坏楼板结构；在钢筋混凝土顶棚上随意打洞凿钻，凿出板内钢筋来固定天棚、吊挂风扇和灯具等较重物品，甚至切断板内的受力钢筋。这些情况都会使楼面荷载增加，当其表面荷载增加到超过允许外加荷载量时，就会使板跨中的挠度和弯矩增加，楼板将因承载力不足出现开裂现象，钢筋变形甚至断裂，同时裂缝出现会造成钢筋锈蚀，降低结构的强度甚至影响结构的耐久性。如果在预应力板上加载，由于预应力钢筋延性差，脆性大，更容易造成楼板折断现象。

6）随意增加阳台荷载会对阳台结构产生破坏，如装修改造时在阳台栏杆或压顶上部用120mm厚的砖封闭阳台或在悬挑阳台上安装封闭的窗和墙，在阳台上堆放煤块、金属等重物，盲目加装阳台防盗窗等做法都会使阳台承载力超过其设计承载力。当原设计为漏空式栏杆时，三侧封闭后，挑梁支座处最大弯矩与原设计弯矩之比值约为2.15，剪力之比值为2.28；当原设计为实体栏杆时，封闭后挑梁支座处最大弯矩与原设计弯矩之比值为1.83，剪力之比值为1.74。可见封闭阳台会使阳台因受力超荷而造成断裂，甚至阳台坠落，同时后砌的阳台墙垛与外墙之间没有采取适当的连接措施，容易形成通缝，这是结构设计不允许的。

7）在重新装修卫生间或厨房地面时，施工处理不当也会有安全隐患。不当的施工会破坏原有楼地面的防水层，装修后会出现楼地面渗漏现象，甚至造成墙体内长期蓄水，室内潮湿，日久墙皮脱落，影响房屋使用寿命和室内环境质量。

8）在房屋增层、加建时也会发生事故，因为房屋增层会给原有结构带来根本性的变动，如果增层时未对旧房进行检测，不按设计图样进行结构受力特点分析、承载力验算，或者只加层不进行抗震加固，都会导致事故发生。所以增层设计方案应符合“安全可靠、经济合理、有利抗震、方便施工、切实可行”的原则，必须有明确的设计图样、计算简图、可靠的结构措施和齐全的审批手续。

七、室内装修结构安全问题防治

针对室内装修的安全问题，为了加强家庭装修行业的行政管理，规范装饰行业的市场行为，政府有关部门也出台了相应的管理条例及地方性的法律法规，如《建筑法》、《建筑装饰装修管理规定》、《家庭居室装饰装修管理试行办法》、《建设工程质量管理条例》等。作为室内设计人员，首先应了解和掌握相应的结构安全性知识，在进行室内重新组织空间设计时，要严格按照室内装饰管理条例，科学合理设计。在考虑到用户的年龄、职业、文化程度、艺术修养、心理特征、兴趣爱好、习惯、经济条件等因素的同时，应更多地考虑施工的可行性和客观存在的房间特点，如房间的长宽尺寸、净高、有无梁柱、有无水暖管道、供电线路走向及接线盒位置等。总之，设计应遵循以人为本、确保安全、满足功能、突出个性、经济美观的原则。

复习思考题

1. 室内设计的测量有哪些作用？
2. 简述水准测量仪的用法。
3. 如何理解测量中“从整体到局部、先控制后碎部”的原则？
4. 总结、归纳各类材料选择时应注意的事项。
5. 建筑物的结构形式有哪些？

6. 简述天然大理石和花岗石在使用中的区别。
7. 室内设计中可选用的地板材料有哪些类型?
8. 简述混合结构的几种布置形式。
9. 简述荷载在装修过程中的变化情况。
10. 简述装修过程中拆墙扩洞的危害。

第四章

室内装饰方案设计

培训学习目标 在室内方案设计中，必须了解室内装饰方案的制图要点、规范，熟悉室内各种空间造型的类别、空间的组合设计、各空间之间的分隔与联系等，并能够手工熟练绘制室内空间效果图。使室内设计员在方案深化设计过程中掌握装修工艺知识，了解有关色彩、陈设（家具、灯具以及环境绿化等）方面的知识。

第一节 室内装饰方案初步设计

一、室内装饰方案制图

1. 方案设计文件

1）设计说明书。

2）设计图样，包括设计招标或设计委托或设计合同中规定的平面图、立面图以及透视图等。

3）主要装饰材料表等。

4）业主要求提供的工程投资概算（估算）书。

2. 方案设计文件的编制顺序

1）封面，写明项目名称、编制单位（暗标例外）、编制年月。

2）扉页，较大规模的装饰装修工程设计项目应写明编制单位法定代表人、技术总负责人、项目总负责人的姓名，并经上述人员签署或授权盖章，但在投标（暗标）中应按标书要求对扉页中的有关内容密封或隐藏。

3）设计文件目录，应包括序号、文字文件和图样名称、文件号、图号、备注、编制日期等。

4）方案设计说明书。

5）方案设计图样，一般应包括平面图、顶棚平面图、主要立面图、设计效果图等。

6）装饰装修材料表（或附材料样板）。

7）投资概算（估算）书。

3. 方案设计说明书

方案设计说明书是方案设计文件的重要组成部分，是对建筑装饰装修工程在总体设计方面的文字叙述，宜简洁明了和重点突出。公共建筑的装饰装修说明一般应包括以下几个方面的内容：

1）对招标文件或设计委托书或设计合同书的响应。

2）设计的内容和范围。

3）工程的基本状况、规模和设计标准。

4）工程设计中存在的必须解决的关键问题。

5）设计所采用的主要法规和标准的说明。

6）主要技术经济指标，包括建筑面积、主要房间面积和数量等。

7）有关设计图样的说明。

8）方案设计的主要特点，包括设计理念和设计办法，装饰装修的特点及效果，关于设计所采用的新技术、新工艺、新设备和新材料的说明，关于防火、环保节能、生态利用以及可持续发展方面的说明等。

9）方案设计的具体说明：可根据实际情况进行说明，但一般应包括对建筑室内外空间关系的组织和处理，对主要房间使用功能的设计说明，关于建筑室内外环境的装饰风格及效果，关于建筑装饰装修材料的应用和陈设品等配置的分析说明，关于室内交通组织的分析说明，关于防火设计和安全疏散设计的说明，关于无障碍、节能和智能化设计方面的简要说明，对于建筑声学、热工、建筑防护、电磁波屏蔽以及人防地下室等方面有较高要求的建筑，应简要说明如何配合上述专业的技术。

家庭装饰装修设计方案的说明书，可根据业主要求和实际情况参照上述内容酌情表达。

4. 方案设计图样

方案设计图样是方案设计文件的主要内容。在通常情况下，图样应包括主要楼层和部位的平面图、顶棚（天花）平面图、主要立面图等，但也可根据业主的要求，调节出图的内容和深度。图样的具体要求如下：

（1）平面图　规模较大的建筑装饰装修工程设计的平面图宜完整详细，包括主要楼层的总平面图、各房间的平面布置图。平面图中应表示出以下内容：

1）标明原建筑图中柱网、承重墙以及需要装饰装修设计的非承重墙、建筑设施、设备。

2）标明轴线编号，轴线编号应与原建筑图一致，并标明轴线间尺寸及总尺寸。

3）标明装饰设计调整过后的所有室内外墙体、门窗、管井、电梯和自动扶梯、楼梯和疏散楼梯、平台和阳台等。

4）标明房间的名称和主要部位的尺寸，标明楼梯的上下方向。

5）标明固定的和可移动的装饰造型、隔断、构件、家具、卫生洁具、照明灯具、陈设以及其他装饰配置和饰品的名称和位置。

6）标明门窗、橱柜或其他构件的开启方向和方式。

7）标注装饰装修材料的品种和规格，标明装饰装修材料的拼接线和分界线等。

8）标注室内外地面设计标高和各楼层的地面设计标高，标注主要平台、台阶、固定台面等有高差处的设计标高。

9）标注索引符号、编号、指北针（画在首层总平面中）、图样名称和制图比例。

（2）顶棚（天花）平面图

1）一般应与平面图的形状、大小、尺寸等相对应。

2）标明柱网和承重墙、轴线和编号、轴线间尺寸和总尺寸。

3）标明装饰设计调整过后的所有室内外墙体、管井、电梯和自动扶梯、楼梯和疏散楼梯、雨篷和天窗等的位置，注明必要部位的名称，并标注主要尺寸。

4）标明照明灯具、防火卷帘、装饰造型以及顶棚（天花）上其他装饰配置和饰品的位置，并标注主要尺寸。

5）标明顶棚（天花）的主要装饰材料及材料的拼接线和分界线等。

6）标明顶棚（天花）各位置包括凹凸造型的设计标高。

7）标注索引符号、编号、图样名称和制图比例。

（3）立面图　方案设计图样应包括重要空间和主要方向的立面图，应比较准确地反映设计意图和效果。立面图中应表示出以下内容：

1）标明立面范围内的轴线和编号，标注立面两端轴线之间的尺寸。

2）绘制需要设计的立面，标明装饰完成面的地面线、装饰完成面的顶棚（天花）及其造型线，标注装饰完成面的净高和楼层的层高。

3）绘制墙面和柱面的装饰造型、固定隔断、固定家具、门窗、栏杆、台阶等立面形状和位置，标注主要部位的定位尺寸。

4）标注设计部分立面装饰装修材料的品种、规格，标明装饰装修材料的拼接线和分界线等。

5）标注索引符号、编号、图样名称和制图比例。

（4）设计效果图　设计效果图（表现图、渲染图）可与其他设计文件一起编制成册，也可单独装裱，其表现手法不限，内容应能表现建筑装饰装修设计的主要或特殊部位的空间形态和装饰效果，效果图必须注重真实性，要与设计图样表达的内容和意向保持一致，图面上一般应标注所表达的建筑空间名称等。

5. 装饰装修材料表

装饰装修材料表的内容一般应有材料名称、规格或根据招标文件、设计合同要求提供的内容。

二、空间造型设计

1. 空间的概念

空间是相对于实体而言存在的物质形态，它既是无限的，又是有限的。就宇宙而言，凡是实体以外的部分都是无限的空间；而就每一个具体的环境而言，空间是一种以界面或构件围合形成的三维领域。建筑空间是指由界面或构件围合而成的中空部分，其中地面、楼面等为底界面，墙与隔断等为侧界面，顶棚等为顶界面。人们常把有无顶界面作为区分内、外空间的依据，即有顶界面的称为内部空间，无顶界面的称为外部空间。室内空间是指被底界面、侧界面、顶界面或其他构件围合而成的建筑内部空间。

人的行为是在室内的空间中进行的，老子在《道德经》中曾经这样阐述过："埴为器，当其无，有器之用，凿户牖以为室，当其无，有室之用……"其意说明了就建筑而言，人们围合、构建建筑空间的目的在于利用其空间本身。从室内设计的构成内容上分析，室内空间的设计是整个室内设计的核心内容，因此空间的设计应注意保障安全，有利于人们身心健康和便于人们的生活、工作，注重为"人"而设计，为"人"的生活而设计的观念，真正做到以人为本。

2. 空间的类别

空间的类别可以根据构成空间所具有的性质特点来加以区分。

（1）固定空间和可变空间　从内部空间形成的过程来看，内部空间可分为固定空间和可变空间两大类。用地面、楼面、墙面和顶棚围合成的空间是固定的，因为在一般情况下，很难随意改变楼板和墙体的位置，固定空间常常是一种经过深思熟虑的，功能明确、位置固定的空间。在固定空间内，用隔墙、隔断、家具、设备等对空间进行再划分，可以形成许多新空间。由于隔墙、隔断、家具、设备等的位置是可以改变的，所以这些新空间称为灵活可变的空间，简称可变空间。固定空间大多是在建造主体工程的时候形成的，常称为第一次空间；可变空间是在固定空间形成后用其他方法构成的，又叫第二次空间，简称次空间。

（2）实体空间和虚拟空间　实体空间的特点是各空间之间有确定的界限，空间范围明确，私密性强，如用实墙、隔墙做侧界面的围合空间就属于这一类。虚拟空间的特征是在其范围内没有很明确的隔离形态，并缺乏较强的限定度，是只靠部分形体的启示，依靠联想和“视觉完形性”来划分的空间，所以又称“心理空间”。室内的虚拟空间处于实体空间内，故又称为“空间里的空间”，实体空间内采用不到顶的隔断围合的部分就属于这一类。虚拟空间之所以被称为“虚拟”，是因为它处于实体空间内，与实体空间相贯通；之所以被称为“空间”，是因为它有相对的独立性，能够为人们所感觉。虚拟空间种类繁多，可以丰富空间层次，使整个环境活泼而有变化，因此，往往能体现出实体空间无法体现的气氛和意境。虚拟空间的构成方法多种多样，如可以改变地面标高、顶棚高度，或借助家具与陈设、绿化及隔断来分割空间，或利用镜面、水体形成的倒影和影视效果。

（3）开敞空间和封闭空间　空间又可分为开敞空间和封闭空间，空间的开敞程度取决于有无侧界面和侧界面的围合程度以及开洞的大小等。开敞空间具有限定度小和私密性弱，环境的渗透性强，讲究对景、借景等外向性特征。用限定性比较高的维护实体（承重墙、轻体隔墙等）围合起来的，无论是视觉、听觉还是小气候等都有很强的隔离性的空间称为封闭空间，它具有领域感、安全感和私密性强的特点。大多数开敞空间和封闭空间在形态上既有联系又有区别，故常称为半开敞和半开放空间。空间开敞和封闭程度的确定，取决于房间的功能性质和周围环境的关系，以及视觉上和心理上的需要。在空间的使用上，开敞空间灵活性较大，便于经常改变室内布置；而封闭空间则提供了更多的墙面，便于家具的布置，但空间变化受到限制，同时，与大小相仿的开敞空间相比会显得较小。在心理效果上，开敞空间常表现出开朗、活泼的个性；封闭空间常表现出严肃、安静或沉闷的特性，但富于安全感。因此，开敞空间的特征更具公共性和社会性，而封闭空间更具私密性和个体性。

（4）静态空间和动态空间　空间的感觉有静态和动态之分。静态空间的限定度比较强，趋于封闭型，形式稳定，构成单一，因而整个空间形态常给人以清晰明确、一目了然之感，视线转换平和，不需要强制性引导视线的因素。静态空间或为尽端空间，序列至此结束；或为对称空间，除了向心、离心以外，较少有其他的倾向。动态空间，或称为流动空间，往往具有空间的开敞性、视觉的导向性、界面组织的连续性等特点，其空间形式富有变化性和多样性，能引导人们从运动的角度观察周围事物，把人们带到一个由空间和时间相结合的“第四空间”，如利用机械设备如电梯、自动扶梯等加上人的各种活动，形成丰富的动势；又如引进自然景物，如瀑布、花木、小溪、阳光乃至禽鸟，使整个空间充满生机勃勃的动态效果。合理利用开敞空间连续贯通的特点，可以有效地引导视觉的流通。

(5) 肯定性空间和不定性空间　界面清晰、范围明确、具有领域感的空间，称为肯定空间，一般私密性较强的封闭空间常属于此类。由于人的意识与行为常处于模棱两可的状态，“是”与“不是”的界限不完全是以“两极”的形式出现，于是反映在空间中，就出现了一种超越绝对界限的（功能的或形式的）、具有多种功能含义的、充满了复杂与矛盾的中性空间，称为不定空间。在功能性质上，不定空间常介于两种不同类别的空间之间，如室外与室内、开敞与封闭等；在空间位置上，不定空间常处于两部分空间之间，亦此亦彼，而难于界定其所归属的空间，由此而形成了空间的模糊性、不定性、多义性、灰色性……从而使空间的感觉富于委婉含蓄和耐人寻味。这类空间形式多被应用于空间的联系、过渡、引申之中，如实际生活中许多采用套间式的房间，空间的界限就不是非常明确。

(6) 规则空间和不规则空间　空间的规则与否不仅仅反映在平面的造型上，还表现在立面的设计上，比如错层和跃层的居住空间便会由立面构成各种不规则的空间形态。细分规则空间和不规则空间，又可有以下几种类型：

1) 凹入空间和外凸空间。凹入空间即在室内某一墙面或角落凹入的空间，凹入空间通常只有一面或两面开敞，所以受干扰较少，其领域感与私密性随凹入的增深而加强。凹入空间根据凹入的场所、面积和形态，可分别作为休憩、交谈、进餐、睡眠等不同用途的空间，如在饭店等公共场合，可布置雅座、服务台等，而凹入式墙面则可作为壁龛，设置各种立体状装饰物。

当凹入空间的垂直界面是外墙，并且设有较大的窗洞时，便成为外凸式空间。外凸空间是指室内凸向室外的空间，它与室外空间有较紧密的联系，其视野较开阔。当外凸空间为玻璃顶盖时，与室外空间有很大程度的沟通，具有日光室的功能。宽阔的外凸空间，收纳了外界的无限风光，而对于室内，它又有一定的独立性，可以说是具有双重个性的中性空间。这种空间对于室内外来说都可以丰富空间造型，增加很多情趣。

2）下沉空间和抬升空间。室内地面局部下沉，并限定其空间范围，即可称为下沉空间。这种空间的底面标高较周围低，有较强的围护感，性格是内向的。下沉空间的深度，要根据环境条件和使用要求来确定。为了加强围护感和美化环境，在高差边界处可布置座位、柜架、绿化、围栏和陈设等。在层间楼板层，受到结构的限制，下沉空间往往靠抬高周围的地面来实现。

室内地面局部抬升，并以抬升面的界面限定出的空间称为抬升空间，由于其地坪的标高比周围高，具有收纳性和展示性。处于抬升面的人们，有一种居高临下的优越的方位感。直接把台面当座席、床位或在台上陈物，台下储藏并安置各种设备，是把家具、设备与地面结合，充分利用空间，创造新颖空间效果的良好办法。

3）交错空间。现代的室内空间设计，已不满足于封闭规整的六面体以及简单的层次划分和静止的空间形态，而是将室外的城市立交模式引进室内，在水平方向往往采用垂直围护面的交错配置，形成空间在水平方向的穿插交错，左右逢源；在垂直方向则打破上下对位而创造上下交错覆盖、俯仰相望的生动场景，特别是交通面积的相互穿插交错，颇像城市中的立体交通。在大的公共空间中，可便于组织和疏散人流；在住宅一类的小空间中也可增加很多情趣。

在交错空间中，往往也形成不同空间之间的交融渗透，因而在一定程度上也带有流动空间与不定空间的特点。

3. 空间序列的处理

人的行为总是在一定时空中体现出一系列的过程，这种行为过程有一定的规律可循，这种规律称为行为模式，行为模式正是空间序列设计的客观依据。人们对于建筑空间的审美体验，往往产生于行进之中，随着活动时间的先后顺序而逐层逐次展开空间，对于空间的感受就在这种行为的过程中有规律地形成。由此而形成的空间感受的序列特征在建筑的三维关系中引进了新的时间维，因此又有人将建筑空间的构成称为“四度空间的艺术”。

空间序列设计虽然应以活动过程为依据，但如果只是满足人的行为活动的物质需要是不够的，还应该以建筑空间形态的特征和艺术魅力感染人们，以便更深刻、更全面、更充分地发挥建筑空间形态对人心理上、精神上的影响。

空间的连续性和时间性是空间序列的必要条件，人在空间内活动感受到的精神状态是空间序列考虑的基本因素；空间的艺术章法，包括空间的层次感、主次感、呼应感、整体感、开张闭合的规律等都是空间序列设计主要的研究对象，也是对空间序列全过程构思的结果。

了解空间艺术章法的内容，并在设计中遵循。

(1) 序列的全过程　序列的全过程一般可以分为以下几个阶段：

1）起始阶段。这个阶段是序列的开端，其第一印象在任何时间艺术中无不予以充分重视，因为它与将要展开的心理推测有着习惯性的联系。这一阶段所展示的是一种开启关系或者说是抑扬关系，一般来说，运用各种手段产生足够的吸引力是起始阶段考虑的主要核心，以达到引人入胜之目的。

2）过渡阶段。这个阶段既是起始后的承接阶段，又是出现高潮阶段的前奏，在序列中往往起到承前启后、继往开来的作用，它是序列中关键的一个环节。特别是在长序列中，过渡阶段通常表现出较丰富的空间层次和细微的变化，由于它是高潮的前奏，因此对最终高潮的来临具有引导、启示、酝酿和期待的效果。

3）高潮阶段。高潮阶段是全序列的中心，从某种意义上讲，其他各个阶段都是为高潮的出现所服务并作铺垫，因此序列中的高潮通常是空间形态的精华和空间意向。高潮阶段的设计宗旨是充分考虑人们在空间行为中期待心理满足和情绪宣泄达到顶峰的需要。

4）终结阶段。由高潮的波澜回复到平静，以恢复正常状态是终结阶段的主要任务，它虽然没有高潮阶段的显要，但也是必不可少的组成部分，良好的结束仿佛余音绕梁，有利于对高潮的追思和联想，耐人寻味。

（2）空间序列的设计方法　良好的空间序列设计，宛如一部悠扬的乐章、一首动人的诗篇，给人以强烈的印象和艺术美的享受；而良好的序列章法的设计则要通过每个局部空间的恰当组合，通过色彩、陈设、照明等一系列艺术的处理来实现，因此，研究与序列有关的空间构图对空间设计尤为重要。在空间序列设计中一般应注意以下几个方面的问题：

1）空间的导向性。引导人们行动方向的空间形态，称为空间的导向性。空间的导向性需要以建筑本身所特有的语言传递出良好的交通路线设计信息，不需要借助路标和指示标识等就能达到人与建筑的沟通与对话，如许多连续排列的列柱、灯具、柜台、装饰画以及绿化组合等，都容易吸引人们的视线，使人们的视线不由自主地随之移动；又如带有方向性的色彩、造型、线条，结合地面和顶棚等装饰处理，可对人们起到暗示、强调行动路线或提高注意力的作用。因此，在室内设计时，空间中的各种韵律构图和象征方向的形象性构图，可称为构成空间导向性的元素。

2）视觉中心。空间中，通常还需依靠在特定部位设置可强烈吸引人们注意的物体以及装饰来引起人们的注意，成为空间中的亮点，也即空间中的视觉中心。视觉中心的设置一般是以具有强烈装饰趣味的物件表示，如独具匠心的雕塑、精美的绘画与壁饰、造型各异的古玩、色彩艳丽的花卉等。视觉中心大多设在空间的入口处、空间的转折处、人们视线的交汇处、平面构图的中心、界面的凹凸处等关键部位。在视觉中心处通常借助灯光照明进一步强调，使其在空间中更加凸显。

3）空间构图的对比和统一。空间序列的过程，即是一系列相互联系、相互区别的空间的过渡与连接。不同的空间序列阶段的处理手法可以形成不同的空间气氛，但各序列阶段彼此之间又有着一定的联系，前呼后应，构成一个统一的整体。空间之间的对比可以通过形状、体量、色彩、虚实、明暗等来体现，如可用矮小的空间来反衬高大的空间、用黯淡的空间反衬明亮的空间、用封闭的空间来反衬开敞的空间等。当空间对比过强、可能失去统一性时，可强化各空间具有的某些共同或相通的因素，如形状不同而色彩相同、大小不同而细部相同等。具体来说，在服从大局的前提下，前一空间应为后继空间的出现做铺垫，通常在空间高潮出现以前的一切空间，其形式虽有区别，但在空间特征上应趋于一致，以强调共性为主，手法上则倾向于“统一”；但作为紧接高潮而又为高潮的出现做准备的过渡阶段，通常采用“对比”的方法来预示、强调与突出高潮阶段的来临，譬如空间感的先抑后扬、先收后放、欲明先暗等。

4. 空间的组合

空间的组合就是根据一定的空间性质、功能要求、体量大小、变通路线等因素将空间与空间进行有序的排列，组织好空间之间的衔接和过渡，并使空间关系符合构图的原则。空间组合首先应该根据物质和精神功能的要求进行合理的设计，一个优秀的方案总是根据原建筑空间的特点、功能要求、总体风格进行整体规划设计，注意分清主次矛盾，抓住问题的关键，内外兼顾，注意从单一空间的设计到群体空间的序列组织，从一个空间到另一个空间的反复推敲，使内部空间组织达到艺术性与科学性、功能性与经济性、理性与感性的完美结合，创造出别具一格的空间组合。

（1）空间的组合方式　空间的组合方式主要有集中式组合、线形组合、辐射式组合、组团式组合和流动式组合。

1）集中式组合。这是一种具有稳定感的向心式构图，它由一个占主导地位的中心空间与一定数量的次要空间构成。中心空间要具备足够大的尺度，才能将次要空间集中在其周围；次要空间的形式和尺度可以相同也可以不同，譬如中庭空间和围绕它的小空间便属于后者的组合形式。

2）线形组合。线形组合是指将空间体量或功能性质相同或相近的空间按照线形的方式排列在一起，这实质上是一种空间的序列。这些空间既可以相互沟通，进行串联，也可以采用单独的线形空间关系来进行联系，如走道联系的办公空间或教学空间就属于线形组合。线形组合空间最大的特点就是具有一定的长度，因此它代表一定的方向感，具有延伸、运动和增长的特性。为了使延伸感得到限制，通常在其延伸的尽端设计不同形式的终止空间，如门厅、楼梯或电梯间等。

3）辐射式组合。这种组合兼顾了集中式组合和线形式组合的要素，它由一个主导中央空间和一些向外辐射扩展的线形组合空间所构成，其特点是线形组合部分具有向外的扩展性，它的几个线形部分可以相同，也可以不同。

4）组团式组合。这是一种各个空间之间相互联系紧密的空间组合方式。这种组合方式的空间没有明显的主从关系，可以灵活变化，随时可增加或减少空间的数量。住宅、餐饮等空间的组合往往就属于这类组合，尽管空间有大小之分，却没有主次之别，它们各个空间完全可以根据需要自由排列布置，具有相当大的自由度。

5）网格式组合。这种组合是指所有的空间均通过一个三维的网格来确定其位置和相互关系，具有极强的规则性。这种网格可以是方形网格，也可以是三角形网格或六边形网格。

在室内空间中，梁柱等结构体系最容易构成网格。在网格范围内，一个空间可以占据一个格或占据多个格。无论这些空间在网格中如何布置，都会留下一些“负”空间。网格也可以变形，部分网格可通过改变角度来产生网格的规则性中的灵活性，就好像平面构成图形中的“突变”，即在统一中求变化。

6）流动式组合。流动式组合具有众多空间相互穿插和交接部分的空间限定模糊不清的特点，呈现出“你中有我、我中有你”的状态，各个空间之间既分又合，其空间形态具有流动特性。在具体应用时，往往是将两空间交接部分的限定减小，甚至取消这部分的限定。

（2）空间组合设计的注意事项　以上是空间组合方式的几种类别，在实际运用中，应注意空间之间的衔接和过渡要自然流畅、富于变化，并注意功能和技术上的合理性。大空间之间可以用小空间来衔接，如候车室与广厅之间的过厅高度可稍低一些，这样的过渡空间，从功能上看可作为两个大空间之间的缓冲带，从心理上看又可突出显示大空间的高大和开敞。过渡空间的形式和装饰要有别于大空间，用以展现主要空间的作用和地位。同时，几个空间组合时还要注意空间的统一与变化，因为人们连续通过若干空间时，不仅对单个的空间有印象，还会对空间的关系产生总的概念，这一点对于商业建筑、展览建筑等尤为重要。适当地运用对比与统一的手法，可使整个空间组合有主有次，既不杂乱无章，又富有层次和变化。

5. 空间的分隔与联系（空间的围合）

空间的分隔与联系是空间设计的重要内容，它是根据不同的使用目的，对空间在垂直和水平方向进行各种各样的划分，从而围合成新的空间，使空间隔而不断、畅通连贯、一气呵成。其任务就是处理好建筑物中各使用空间之间的关系，为人们提供良好的空间环境，满足不同的活动需要，并使其达到物质功能与精神功能上的和谐统一。空间的分隔与联系不仅是一个技术问题、功能问题，而且也是一个关乎艺术形式的问题，因此对于形式美中有关韵律、节奏、尺度、虚实、对比、主次、统一等造型因素，都需要认真地考虑，以充分反映出设计的风格与特色，表现出空间的形式美。分隔与围合得当可以达到主次分明、虚实得宜、构成有序的效果，恰当的空间分隔与联系，既可以有效地体现空间的使用功能要求，同时还可以表现良好的空间构图形式。

（1）空间分隔的空间关系和分隔层次　对于空间的分隔，应处理好不同的空间关系和分隔层次：

1）室内外空间的分隔，如天井、入口、庭院等，都和室外有着紧密的联系，体现内外结合以及室内空间和自然空间的交流。

2）内部空间之间的关系，主要体现在封闭和开敞、静态和动态、实体和虚体以及空间序列的组织关系上，表现空间的开放性与私密性的关系以及空间的性格关系等。

3）空间内部进行装饰、布置家具和陈设，是对空间的再次分隔。

上述这三个分隔层次都应该在整个设计中获得高度的统一。

（2）空间分隔的分类　在室内设计中水平要素主要指地面、顶棚、各种升起的“台”和下沉的“地”，以水平要素限定的空间，其垂直边缘是提示性的；垂直要素主要指墙面、柱身，以垂直要素限定的空间具有直接感觉的效应，因为人的视线大多为平视，在平视状况下，相同大小的垂直物体与水平物体相比，看起来垂直物体要大一些。利用水平要素和垂直要素在空间中进行合理的划分、有效的组合，可以起到良好的分隔与围合效果。

从分隔的效果来划分，内部空间的分隔方式有以下四种：

1）绝对分隔。用承重墙或到顶的轻质隔墙等分隔限定度（隔离视线、声音、温湿度等的程度）高的实体界面分隔空间，称为绝对分隔。

2）局部分隔。用片段的面（屏风、挂落、博古架、橱、柜等家具以及不到顶的隔墙等）划分空间，称为局部分隔。它具有隔而不断的效果，在空间分隔中常采用，特点介于绝对分隔与象征性分隔之间。

3）象征性分隔。用罩、栏杆、花格、构架、玻璃等通透的建筑或装饰构件和绿化、水体、色彩、材质、光线、高差、悬垂物等视觉因素分隔空间，属于象征性分隔。

4）弹性分隔。用可以拼装、升降、滑动、折叠的帘幕、家具、陈设等分隔空间，并根据使用要求而随时启闭或移动，空间也随之或大或小，或分或合，此分隔形式属弹性分隔。

（3）空间围合的分类　通过各种手段分隔后的空间，可构成新的围合关系，形成新的围合空间，而这个被围合的空间因围合的因素不同，会给人以不同的围合感。影响围合感的因素有两种，一是围合的高度，二是围合的材料。

1）根据围合的高度不同，可划分为以下三种情况：

① 强围合感。隔断物的高度在1.8m以上，高于一般人的视线高度。这种高度的隔断所形成的空间，其封闭性好，给人的围合感强，常用的形式有到顶的轻质隔墙、隔断、高柜（如书柜、衣柜）等。

② 较强围合感。隔断物的高度介于1.4~1.8m之间。此类分隔一般对于坐着的人的围合感较强，而人站起来之后又可以有较开阔的视域。办公空间中用矮隔断、高背沙发或座椅等围合空间的方式就属于此类。

③ 较弱围合感。隔断物的高度低于0.6m。这种分隔对人的视线不构成阻碍，有利于丰富室内的空间层次，又使得整个空间开敞贯通。往往可采用矮柜、低矮的绿篱、陈设品等来达到这种效果。

围合感的强弱一方面应根据功能的需要来确定，不同的功能要求需要不同的围合形式；另一方面，围合感的强弱与人们在空间中的行为方式有关，同样高度的围合，对站、坐、卧的人所产生的围合感是不同的。

2）隔断的围合强度除了与高度有关外，还与隔断材料的透明度和隔断面层通透性有关。

① 材料的通透性：材料的透明度越高，形成的围合感就越弱；反之，材料的透明度越低，所形成的围合感就越强。仅以玻璃为例，用清玻做成的隔断使空间与空间的交流和联系较为紧密，开敞感较强，围合感很弱；而换以磨砂玻璃、夹丝玻璃、彩绘玻璃、玻璃砖等透明度较低的材质作隔断，空间之间的开敞与贯通感明显减弱，随之围合感加强。

② 材料的通透性：材料的通透性越强，形成的围合感就越弱；材料的通透性越弱，所形成的围合感就越强。材料的通透性又与应用面积的大小、材料组织的疏密等因素有关。通透性较好的隔断主要是透空式隔断，如隔扇、罩以及用木、竹、金属、玻璃和水泥制品做成的各种花格式隔断（如博古架）。用这种隔断划分空间，可以增加空间的层次和深度，创造一种似隔非隔、似断非断、虚虚实实的环境，装饰性很强，但围合感较弱。比如，中国古代建筑中的一种附着于柱间和梁下的室内空间的分隔物——罩，两侧落地的称为“落地罩”，两侧不落地的称为“飞罩”，与落地罩相比，飞罩显得更加灵活轻巧、自由活泼，但对于空间围合感的形成而言，飞罩的围合感明显弱于落地罩。通透性欠佳的隔断，如屏风式隔断的围合感较强。古代建筑中的屏风多数采用木骨架，裱糊书法或绘画，有些屏风则用木板实拼，附有花鸟山水等雕刻，用其来分隔内部空间灵活方便，而且通过屏风的造型或图案可烘托环境气氛，形成一定的领域，具有较强的围合感。

（4）空间分隔的形式　从分隔的形式上区分，空间的分隔又可以分为界面分隔与元素分隔两类。界面分隔指用实体的、片段的、通透的或活动的界面进行分隔，如用承重墙、轻质隔断、较为高大的家具、屏风、博古架、帷幕等分隔都属于这一类。元素分隔是指以体积较小的众多的单个物体进行有规则的组织设置，并最终构成具有分隔空间的视觉效果，如运用成组的小件家具、陈设品、建筑构件、装饰构件等作空间的分隔与组合。

空间分隔的具体形式有：

1）利用建筑结构进行分隔。

2）利用色彩、材质进行分隔。

3）利用水平面高差进行分隔。

4）利用家具进行分隔。

5）利用装饰构件进行分隔。

6）利用水体、绿化进行分隔。

7）利用照明进行分隔。

8）利用陈设及装饰造型进行分隔。

9）利用综合手法进行分隔。

6. 空间的渗透

空间之间的渗透，尤其是内空间与外空间的互相渗透，可以减弱空间的围合度，使人在视觉上感受到空间的延伸，在心理上获得开敞的效果。可以说，围合是空间的本质，而渗透是丰富空间的手段。

空间的渗透从空间形态上来分类，有以下两种类型：

（1）敞开空间的渗透　敞开空间的渗透主要是指开敞空间以及“灰色空间”等不定空间中室内外之间的融合与渗透。比如，被广泛地运用在现代住宅设计中的廊道空间，即住宅的外廊、风雨廊、顶层或底层的绿化布道、楼与楼之间的连廊等，其边界对于水平方向是确定的，垂直方向是不确定的，因此其空间感觉是内外渗透，并由内向外延伸。

（2）咬合空间的渗透　咬合空间的渗透是指呈穿插、咬合关系所形成的空间与空间之间的渗透关系，组合形成多种空间，经常出现在室内各空间以及室内与室外空间之间。

密斯的巴塞罗那博览会德国馆是其建筑创作水平登峰造极的典型，在这里形成了一些既分隔又连通的半封闭半敞开的空间，室内和室内之间、室内与室外之间互相渗透、互相穿插，没有明确的分界，这也是现代建筑中常用的流动空间的一个范例。在稍后于德国馆的图根德哈特住宅中，开敞的大空间，客厅与书房之间以精美的条纹玛瑙石板墙分隔，餐室部分以乌檀木做成弧形墙，于是，书房、客厅、餐室、门厅作为起居的四个部分被划分为互相渗透、互相联系的空间，内部流通的空间同时又被玻璃幕墙引向花园，室内向室外延伸，室外向室内渗透，空间的渗透再次在这里得到完美诠释。

7. 空间的改善

体量与形状是室内空间形式的重要标志，然而体量与形状完全相同的室内空间由于通透程度不同，色彩处理不同，灯光、家具、设备配置不同，给人的感受也是截然不同的。运用多种方法，改善空间形态的视觉效果，可以使空间的感觉达到较理想的状态。

一般来说，空间改善的目的有两个，即改善后的空间应满足功能上和视觉审美上的双重要求。

虽然空间形态变化万千，各不相同，但将需进行改善的空间概括起来，不外乎两类：一类是空间本身的形态完好，但由于空间功能的变化而需要进行改造；另一类是空间本身的形态存在缺陷，需要通过改善空间形态以弥补不足。在实际工程中，第二类情况比比皆是，是需要着重讨论的问题。

改善空间效果主要是指改善空间的比例、尺度、虚实、主次以及材料的色彩和质感。一般来说，常用的手段有以下几种：

（1）利用划分的作用　水平划分可以使空间向水平方向“延伸”，降低空间的高度感；垂直划分可以增强空间的高耸感。若层高过低，使用垂直向的线条可增加其高度感，减少空间的压抑感；反之，若层高过高，多使用横向的线条以使空间显得更加亲切。

另外，如果空间形态过长，宜采用垂直向线条来组织段落处理，如此设计除给人以韵律与节奏感的享受外，还可起到“缩短”空间形态的效果。特别是对于过长距离的空间，其间适宜设置一些富于起伏变化的造型，如地面、顶棚的局部抬高或下沉，墙面、隔断的局部凹入或突出等，以形成节点，创造出极具节奏感的空间形态，为单调乏味的空间注入一丝生机和活力。

（2）利用色彩的物理效果　冷暖色彩具有一定的进退感，近感色如暖色能使界面“向前提”，使人感到靠近和向前；远感色如冷色则能使界面“向后退”，使人感觉退远。所以，暖色调使空间看起来有缩小感，而冷色调的空间看起来较原来稍大。

色彩的轻重感对空间的改善也有着不可忽视的重要意义。一般人的心理都有默认的稳定原则，即上轻下重。色彩明度越高（即浅色）给人感觉越轻，明度越低（即深色）给人感觉越重。但现在已有越来越多的反其道而行之的做法，比如室内采用深色的顶棚，可以降低空间的高度感，看上去更加宜人，在许多开敞式的办公空间中已经广泛运用这种处理手法。对于层高较低的室内则应慎重行事，处理不好会产生压抑感，而采用浅色的顶棚则可以提高空间的高度感。

（3）利用造型、图景的心理效果　花饰较大的图案可以使界面扩张，减小空间的高大空旷感；而花饰较小的图案可以使界面收缩，扩大空间感。如要改变狭小的空间感觉，可选用花饰较小的图案，扩大空间感；反之，对于较为开阔的大空间，为了使空间看起来更亲切，可选择花饰较大的图案。

（4）利用材料的质感　在室内空间中，材质与色彩一样对空间的大小以及视觉效果都会产生影响。材质有细腻与粗糙、光亮与灰暗、松软与紧密之分。表面粗糙的界面会使人有往前靠近的感觉；质地光滑的界面给人以远离的感觉。材质的纹理越细，表面越光洁，越有扩大空间之感；反之，纹理越大，表面越粗糙，则越有缩小空间的感觉。一般来说，小空间应选择具有扩大空间感的细密、平整光滑的材质；大空间则可适当选择纹理较粗的材质。在特殊情况下，小空间中为了取得特殊的效果，也可以选用一些比较粗糙的材料，但要适当控制其应用面积，如用透明材料制成的家具可以使空间显得开阔，用一块长毛地毯可以大大缓和空间中的生硬感和光滑感。

（5）利用灯具　吸顶灯和嵌入式灯具能提升空间的高度感；吊灯，特别是体型较大的枝形吊灯则会降低空间的高度感。

（6）利用照明　一般情况下，整体照明可使窄小的空间显得较为宽阔，局部照明可使空间的感觉主次分明；直接照明能使较大的空间感觉紧凑，间接照明能使窄小的空间扩大。

(7) 利用绘画、壁画等　绘画和壁画的色彩及景深与空间效果的关系也很大。色彩淡雅、层次丰富、透视感强的绘画和壁画，能够增加空间的进深；色彩浓重、画幅巨大、层次单一的画面，可以使所在墙面“往前推进”，使本来显得空旷的空间“缩小”。

(8) 利用错觉调节　巧妙地利用人们视觉上的错觉，可以起到改善空间形态的作用，如用镜面玻璃不但能扩大空间感，还能产生一种虚幻的对称效果；将粗大的柱子用镜面玻璃包裹起来，可以在视觉上使之趋于消失。

(9) 利用开洞调节　自然采光对室内空间会产生两个影响：一是自然光对空间气氛的影响；二是采光一定会在墙面或顶面开窗，洞口的尺寸和位置对空间的封闭性与开敞性会产生重要影响。

在空间界面上开洞除了要考虑光线的要求外，还必须考虑到洞口外的景观，因为空间中的洞口可以成为室外景观的取景框，成为对室外景观借景和对景的载体。在空间界面上，洞口的尺寸和形状决定了取景的多少和外框形式。同时，空间围合的程度是由洞口的位置和大小所决定的，它对空间的总体感知，即封闭或开敞的程度具有举足轻重的作用。洞口全部布置在空间的围护面以内，而围护面的端部开阔，空间的形式基本不变，则能够保持原空间感的相对完整性；洞口开在空间围护面的端部或转角处，将从视觉上削弱空间转角处的边界，这些洞口会削弱空间的总体形式，同时也会加强室内空间与围合面以外的空间的视觉感的连续性。空间围护面之间的洞口，将从视觉上减弱这些面，增加它们的互相独立性。随着洞口和尺寸的增加，空间便失去了它原来的封闭感，变得向外扩散，并与围护面以外的空间进一步结合，形成渗透的内外流动性空间。

在隔墙上开洞，背后发光，可以丰富空间的层次；而在封闭的空间中设一灯窗，可减弱封闭感。

(10) 利用斜线构图　在通常情况下，家具和设备都是与垂直界面平行布置的。但是某些情况下，家具和设备却不妨与垂直界面构成一定的角度，也就是采用所谓的斜线构图的方法。斜线构图的做法主要有两种：一种是把锐角三角形的斜边做成欣赏景物的窗口，优点是能够扩大视野，收容更多的景物；另一种是把锐角三角形的斜边作为观察的对象，优点是可以扩大景深，增加空间的深远感。

采用斜线构图要特别注意两个问题：一是要解决好家具、设备与建筑实体之间的关系，例如，断面为方形的柱子就很难与斜着摆放的家具、设备相协调，如果把柱子的断面改为圆形或八角形，情况就会改善很多，更利于布置；二是要解决好空间的利用问题，斜线构图的空间内，有很多边边角角是很难加以利用的，因此一定要精心做好细部的处理，既要保证主要空间的完整与完美，又要使边边角角得到充分的利用。

（11）特殊处理手法　对过于零碎的空间形态，应以一个规整的较大的形体来统帅整个空间形态，从而使空间趋于整体与统一，其中圆形最能起到向心和统领的作用。

对于异形空间的处理，如楼梯底部、顶楼夹层等，要结合使用要求，使得改造后的空间形态能满足使用与观赏的需求。在现代居室中，常把楼梯底部处理成储藏柜，或者置山石、栽翠竹等形成精巧别致的景观；而顶楼的夹层则可结合功能要求做出各种造型奇特、形式新颖的装饰形态。

贯穿空间中通常需要设置一定的装饰构件，以满足人们视觉上和使用功能上的需要。有的宛然一个生机盎然的温室花园，采光良好，亭阁、绿化、流水、山石……甚至可以引进大自然的景色，使人置身中庭犹如在湖畔山川之间；有的在中庭中设置冷热饮、咖啡座或者开辟出独具风味的快餐广场、休闲茶座甚至特色餐馆，尽量给顾客提供方便；有的通过色彩纷呈的广告、店面和独具特色的采光顶棚处理，营造出丰富、繁华的商业气氛，形成一种全天候立体化商业街式的中庭。

在目前的设计实践中，改善空间形态效果、改变空间感觉的新理论、新方法、新经验层出不穷，一批批具有崭新面貌的赏心悦目的空间形态时有涌现。

三、徒手绘制效果图

作为设计人员，要想将自己的设计意图充分地表达给业主或其他人员，必须掌握各种表现方法，其中最重要的就是效果图表现技法。对于设计人员来说，效果图的绘制应该是设计的一种手段而非最终目的，当然在某种意义上它也可以作为一幅艺术作品。表现技法是将设计人员的设计或计划如实地预先展现于画面上，因此，它与绘画作品是不同的，绘画有无数的流派和风格，有些甚至可以进行抽象表现，绘画只表现画家自身的感受，不用关心别人是否理解，但表现技法一定是采用写实手法。

室内设计表现是一种技法性较强的对室内空间形态进行反映和表达的过程，是建立在客观的物质基础和绘画者的主观创造性之上的。它一方面需要表现者熟悉各种经常使用到的工具与材料，并熟练掌握它们的性能，在使用中运用自如；另一方面要求表现者不断充实自身的素质和修养，提高审美情趣，掌握室内表现图的有关基本训练要领以及各种表现技法的绘制流程。

1. 工具与材料

在绘制室内设计表现图的过程中，需使用许许多多的工具与材料，如图 4-1 所示，其中一部分会经常用到，有少部分则是绘制表现图的专用工具，这些工具将在下面的基本训练中作专门介绍。

（1）工具　绘制室内设计表现图用到的工具有铅笔（6H ~ 6B）、彩色铅笔（24 色或 36 色）、钢笔（普通钢笔、弯头钢笔、针管笔等）、马克笔（包括各种毡头笔）、水粉笔（包括化妆笔等）、水彩笔、毛笔（大小狼毫、羊毫等），底纹笔、板刷（棕毛、羊毛）、气泵与喷笔（包括遮盖膜）、界尺、美工刀等。

（2）材料　绘制室内设计表现图用到的材料有描图纸、白卡纸、黑卡纸、色卡纸、水彩纸、水粉颜料、水彩颜料、透明水色、胶水、双面胶、不干胶等。

在具体绘制一幅室内设计表现图的过程中，可能会选用其中一部分工具和材料；但在综合运用各类技法时，就会交替使用各类工具，并选择适当的材料。经过一段时间的具体练习，每个人都会有自己的体会和感受，这时，可根据每个人不同的情况去选用最适合自己的工具与材料，而大可不必去遵循一些技法书上所说的某种技法只能选用某些工具与材料的教条式的说法。总之，一切为了效果，一切从实际出发，从需要出发。

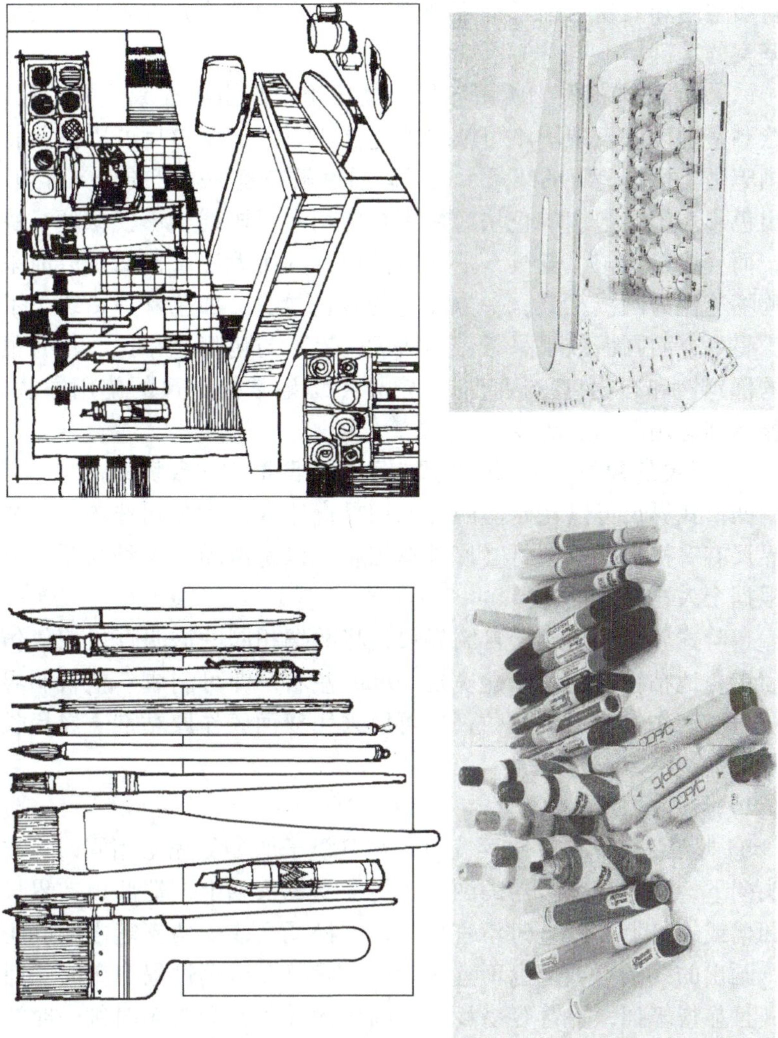

图 4-1 工具与材料

2. 基本训练与表现

界尺与喷笔是绘制室内设计表现图的重要工具，应熟练掌握其使用方法，同时还应进行与室内设计表现相关的各种基本训练，掌握材质空间和人物与配景的表现方法，为后面掌握各类表现技法打下坚实的基础。

（1）界尺的训练　所谓界尺，是指用来画出界面或边界的尺，是绘制室内设计表现图不可缺少的重要工具。运用界尺可以使柔软的画笔画出挺拔笔直的线条，还可以通过扁平笔头画笔的整齐排列，画出色彩均匀、饱和的色块。特别是使用界尺画线，不仅方便、快捷，而且线条均匀、挺拔，是其他任何工具所无法取代的。以前采用鸭嘴笔作为画线工具，一方面它的含色量少，加色麻烦，线条不畅，另一方面画面效果呆板，不活泼，界尺与鸭嘴笔相比，具有很大的优越性和自由度。因此，一定要熟练地掌握界尺的使用方法，并能达到运用自如的地步。

1）界尺的种类。常用的界尺有两种：凹槽式和台阶式。

凹槽式界尺可以在专门的美术用品商店或艺术公司选购。凹槽式界尺有有机板和铝型材（底部有黑毡，以防滑动）两种材质，可以根据个人喜好进行选择。

台阶式界尺一般属于自制界尺，将两把相同的透明直尺用氯仿前后错叠地粘在一起，错叠宽度 10mm 左右，即可制成一把自制界尺。若在制作中找不到氯仿，也可以采用双面胶作胶粘剂。界尺长度一般为 40 ~ 50cm。

2）界尺的使用要领

① 握笔姿势：右手握两支笔，与拿筷子的姿势完全相同，一支笔头向下，蘸上绘图所需的颜料；另一支笔头朝上，端部顶在界尺的凹槽或缺口上。握笔时不宜太松，太松了会改变两支笔之间的距离，画出的线条不直；也不宜太紧，太紧了在运笔过程中会时快时慢，且显得笨拙，手臂容易疲劳，画出的线条也会时粗时细、时浓时淡。握笔的松紧程度要根据自己的体会和感受去掌握。

② 运笔方法：左手按住界尺，不让界尺移动；右手拇指、食指和中指控制画笔，含有颜料的笔在距界尺 5 ~ 10mm 处落笔到纸上，

然后用手指握笔保持两支笔之间的距离，在滑槽（或台阶）上由左向右或由下向上匀速沿界尺移动，即可画出粗细均匀的笔直线条。

（2）喷笔的训练　喷笔是以气泵产生空气压力，使喷笔颜料斗里的水质颜料呈雾状喷射到纸面上，再加上特别的遮盖薄膜（有黏性的透明薄膜）的运用，可以画出细腻、逼真的光影以及质感变化，是绘制仿真室内表现图所必不可少的重要工具。

喷笔的握笔姿势可以根据自己的喜好来选择，只要保持颜料斗朝上，喷笔与纸面呈45°左右的夹角运笔即可。

喷笔喷射出的雾状颜料有一定的透明性，所以在运笔过程中要掌握好轻重缓急。运笔快的地方颜料较薄，运笔慢的地方颜料较厚；喷笔离纸近的地方颜料较厚，且范围较小，喷笔离纸远的地方颜料较薄，且范围较大。此外，通过调节喷笔后部的螺钉还可以控制颜料颗粒的粗细。

另外，若想运用喷笔画出色彩均匀、饱和的大面积色块，特别是明度较低的色彩（如在透视稿中顶棚、地面等的上色），需反复好几次，花费不少的时间方能画出，所以可以采用底色法将要画的地方先涂上相同的颜色（涂得不均匀也没关系），再在上面运用喷笔，这样效果又快又好。用于刷底色的颜料可以是水粉（含水量稍多），也可以是水彩或透明水色。水粉底色画面厚重，水彩和透明水色作底色则画面较轻快，有一定的透明感。

（3）裱纸的训练　室内设计表现技法中的绝大多数均采用水质颜料的表现技法，这种方法要求将图纸裱糊在图板上，若只用胶带粘在图板上，则图纸遇水膨胀，变得凹凸不平，使绘制过程以及最后效果均受影响。

1）湿画裱纸法。这种裱纸方法适用于用水量较大的表现技法，如水彩或透明水色渲染技法等。具体操作可按以下四步进行：

第一步：用板刷将纸的正反两面湿润，让其正面向上，等待纸张充分吸水达5min以上。

第二步：用板刷将纸张下面的空气赶出。

第三步：将湿毛巾平铺在纸张的正面，把纸的四边折起（2cm以内），用干毛巾吸干折起部分的水分，涂上糨糊（或乳胶）。

第四步：用湿毛巾将折起部分压紧，同时再向外用力，以达到将纸绷紧的目的，待纸干后，即可使用。

2）干画裱纸法。这种裱纸法适用于用水较少的表现技法，如水粉或喷笔等表现技法。操作时，可按以下四步进行：

第一步：先将纸的四边折起，再用板刷将纸的正面湿润。

第二步：将折起的四边涂上糨糊。

第三步：用湿毛巾将四边压紧。

第四步：用电吹风将纸张吹干或让其自然干燥。

湿画裱纸法虽比干画裱纸法麻烦，所花的时间也较长，但它比干画裱纸法吸收的水分更多，能使裱出的纸保持平整。

（4）渲染的训练　渲染是表现技法中最基本、最传统的方法，是透明水质颜料表现的基本技法，它是将水和水彩颜料（或透明水色）调和均匀后，在图纸上逐层染色，通过渲染色彩的层次浓淡、深浅来表达空间的层次。

1）渲染的要求：渲染所用的工具主要有大小不等的毛笔和水罐、碟子等，材料主要是水质颜料和水彩纸。先用碟子调好颜料，让其自然沉淀10min以上，以备渲染之用。在渲染前应将裱好水彩纸的图板略微倾斜。在渲染完后，应用干笔吸掉多余的颜料和水分。

2）渲染运笔法：渲染运笔有水平运笔、竖直运笔和弧线运笔三种。

水平运笔——速度快，但色彩由于纸张吸水的多少不同而呈现条状的浓淡变化。

竖直运笔——速度较快，纸面上有较弱的竖向运笔印迹。

弧线运笔——速度虽慢，但能使纸张均匀吸水。采取这种运笔方法，能取得最均匀的渲染效果。

3）渲染的方法：渲染的方法有平涂法、退晕法和分格叠加法三种。

平涂法——用调好的一种颜料均匀地渲染整个想要表达的部分。

退晕法——用调好的浓淡不同的三种以上的颜料由浅入深地渲染，趁其未干时让色彩自然过渡。

分格叠加法——先用铅笔打好需要退晕的级数格子，然后用一种调好的颜料一次一次地往上叠加渲染，由浅到深渲染的次数分别为一次、二次、三次……在分格叠加中一定要待前一次渲染的颜色干了之后再进行下一次渲染。

（5）铅笔线条的表现　铅笔是作画最基本的工具之一，它易于表现出深、浅、粗、细等不同类别的线条以及由这些线条所组成的画面，因而成为速写、写生和素描的重要工具。由于铅笔画比较容易掌握，画起来快、方便，而且还可以作适当地涂改，所以设计工作人员多用它来作草图和推敲研究设计方案。

铅笔可以分为普通铅笔、特种铅笔和绘图铅笔三类。普通铅笔的使用范围很广，绘图铅笔主要供制图绘画之用。为了适应不同的需要，绘图铅笔又有硬、软之分，并分别用“H”和“B”等字样标于铅笔的一端。国产铅笔以 6H 为最硬，依次为 5H、4H、3H、2H、H 等；以 6B 为最软，依次为 5B、4B、3B、2B、B 等；HB 则介于硬软之间。硬铅笔主要是供工程制图之用，软铅笔则比较适合于绘画。软硬程度不同的铅笔除铅芯的成分不同外，其粗细也不同，越软的铅笔，铅芯越粗，画出的线条越黑、越宽。在建筑绘画中，采用哪一种铅笔为宜，往往因每个人的习惯不同而定，一般多采用 3B、4B 铅笔。

一般来讲，光滑的纸面比较适合于使用较软一点的铅笔来作画；粗糙的纸面比较适合于使用较硬一点的铅笔来作画。在选择画纸的时候，还要考虑到纸的质地要耐擦，因为作画的时候总难免有局部的错误，这就要用橡皮擦掉重画，如果纸的质地太松软，用橡皮擦了以后就会起毛，影响画面质量。

设计人员在用铅笔推敲研究设计方案时，主要使用的是草图纸，这是一种半透明的薄纸，有正、反两面，正面比较光滑，不适合于画图，反面比较粗糙，一般画草图是用这一面。描图纸是一种半透明的纸，表面较光滑，不适合于绘画，而主要用于绘制工程图的底图，并用它来晒制工程蓝图。但是，当需要复印的时候，可以用这种纸来作铅笔草图，以利于晒图。

在绘制过程中，为了保证形象准确，在勾画轮廓时，通常是用较细的线条来完成的，有些图甚至完全用线描的方法也可以取得良好的效果。此外，巧妙地组织线条，用画线成面的方法也可以很好地表现出建筑物的光影明暗和建筑材料的质感。综上所述，用铅笔表现建筑的最基本的技法，就在于如何用笔和怎样用画线成面的方法来表现不同的色调和不同建筑材料的质感。

较软的铅笔，铅芯很粗，质地很软（如 5B、6B 铅笔），如果把它削成尖锥体，只要画几笔铅芯就会很快变秃。但是软铅笔也有它的特点，即可以用它来画宽线条，这是硬铅笔所无能为力的。用软铅笔画宽线条，通常是把铅笔削成斜面（约 45°）。

从用笔的技法上讲，画粗线条的难度要大一些，这是因为铅笔和纸的接触不是一个点，而是一个面，如果释笔的角度掌握不好或是用笔的轻重不等，画出的线条就不均匀，甚至连宽窄都不一样。但是，通过反复练习，一经掌握了这种技法之后，却又可以利用握笔的角度变化或用力的轻重不同而画出许多富有变化的线条来。

对铅笔有了初步了解后，可以进一步用铅笔来画建筑局部，通过画建筑局部可以达到以下三个目的：了解和掌握各种线条的实际应用；了解和掌握建筑材料质感的表现方法；了解和掌握有关组织线条和画线成面的技巧。

在组织线条问题上，既要求服从于质感的表现，又要求有装饰性，还要求有变化，以打破重复和单调，例如在画屋面时，如果全部都用横向的线条，就会显得单调，为了打破这种单调，往往在局部的横向线条上，加上一些斜线条与其交错；又如在画大面积的乱石墙面时，插进一些斜向的线条或加上一些斑点，也可以避免重复和单调，如图 4-2 所示。

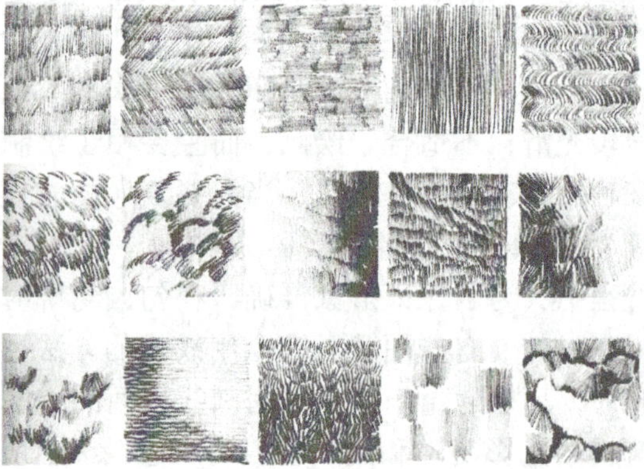

图 4-2　线条的组织

(6) 钢笔线条的表现　钢笔线条经常被应用到透明水质颜料的室内设计表现技法中，通过线条自身的组合与叠加也可以构成单独的钢笔表现技法。可依靠相同或不同长短、种类的钢笔线条相互重叠来产生不同的艺术效果。钢笔线条在组合与叠加时方向、曲直、长短以及疏密不同，由线条限定出来的不同的小块白斑可以给人留下丰富的视觉感受，具有自身特有的表现力。若将钢笔线条与水质颜料相结合，则钢笔线条宜用白描来表现，因为组合和叠加的线条上色后会有画面较脏的感觉，应尽量避免。

(7) 材质的表现　室内设计表现中的所有物体以及各个面均由特定的材料构成，在表现过程中一定要注意表达材料的质感。材料的质感纹理可以丰富画面，同时更重要的是可以达到“材质说明”的目的，使业主和有关人员一目了然，便于对设计用材作出评价。

1）材质的纹理：材料自身都有固有的纹理，如木材的纹理曲线柔和、疏密相同，有的有木节等；而大理石由于种类品种不同，有的纹路粗细变化，转折呈折线，有的呈大小不等的鹅卵石等。在绘制室内设计表现图的过程中应熟悉所选用材料的纹理。

2）材质的光亮度：材质的光亮度就是材料表面处理的光亮程度。光亮度随着反射光的多少分为反光面（镜面反射）、亚光面（漫射反光）和毛面。反光面的材质有玻璃、不锈钢、抛光铜、花岗石和大理石等；亚光面的材质有亚光铝板、皮革、油漆面等；毛面的材质有毛面花岗石、地毯和纺织品等。

在进行材质训练和表现时，一般先要分析是否为反光面以及光源方向。若是反光面的材质，则在表现时应尽可能地表现它所反射的内容，就像水面倒影一样，只不过应根据反光面的光亮程度来决定反射内容的对比强弱。光亮度越高，对比越强（但无论如何，也不能超过反映内容本身的对比度）；反之，则应减弱对比。另外，在对光亮材质进行表现时一般都是将该材质的纹理与光亮度两方面结合起来进行，如表现大理石材质时，既要表现其自身的纹理，也要表现其光亮度，一般在最光亮处主要表现反光，在较暗处则主要侧重于表现材质的纹理。

(8) 空间感的表现　在中国传统绘画中讲究疏密关系，在西洋绘画中讲求空间感，而在室内设计表现中则特别注重空间感，是否具有空间感是决定室内设计表现图成败的关键。所谓空间感就是室内设计表现图中的前后层次，在绘制过程中要尽可能地避免室内空间平面化，以丰富画面的前后层次。除了靠透视中的前后关系之外，还要靠在表现过程中运用色彩的对比、光影的强弱变化、笔触的粗细大小等来体现室内空间的"空"的含义。

1）色彩的对比：色彩由明到暗、由冷到暖、由浓到淡的退晕过渡可以体现室内空间的前后以及远近关系，色彩的对比是体现空间进深的有效手段。另外，在空间的近处或远处同样存在着色彩的对比。若想着重强调近处，则加大近处的色彩对比；若想重点突出远处（一般为视觉中心），则加大远处的色彩对比。当然，色彩的对比还要与光影强弱对比协调一致。

色彩的对比在众多影响室内空间感的因素中起着至关重要的作用，它在总体关系上对进深感的影响最大。

2）光影的对比：光影的强弱对比同样可以表达室内空间的前后和远近关系，如近处光影对比强烈，远处光影对比减弱，减弱的程度视空间的深度而定。当然，这都不是教条的定论，有时也可灵活运用，如为了使画面的视觉中心集中，也可以处理成远处光影对比强烈，而近处光影对比减弱。总之，光影对比的强烈程度会产生远近不同、前后不同的效果。

3）笔触的粗细对比：若在表现中采用全部手绘的笔触法，那么，在画面中心区（一般为远处）采用较细腻的笔触，而近处则采用较宽的粗笔触，同样可以反映出一定的空间感。

另外，材质纹理的大小变化同样可以看作是笔触的粗细对比，也可以达到相同的表现空间感的目的。

(9) 人与室内陈设的表现　人与室内陈设是表现图中经常应用的室内配景，虽不是表现的主体，但却可以起到丰富画面效果、提高画面表现力的作用。

1）人的表现：任何室内空间都离不开人的活动，但在室内设计表现中对人的表现应宁缺勿滥，没有人并不影响室内设计的表现，若在人的大小、动态和服饰上与画面的空间性质不相宜，则会对画面造成一定的破坏作用。若处理得当，则可以使画面感觉更加生动、活泼，有利于提高画面的表现力。对人的表现应本着以下原则进行：

① 对人的表现应有利于对空间尺度的表达。

② 时刻把握人在空间中的透视关系。

③ 人的服饰、动态与空间的环境气氛协调一致。

④ 人的数量、大小适宜，不能喧宾夺主，影响表现空间设计的信息传播。

2）室内陈设的表现：室内陈设对烘托室内气氛、补充照明空间性质起着一定的作用。室内陈设包括绿化、挂饰、绘画、书法、雕塑、陶瓷以及众多的工艺品等，这些内容虽不是室内设计表现的主体，但对最终的表现效果影响很大，如在相当一部分的室内表现图中，常在画面的一侧（有的两侧）加上近处较大的绿色植物，以丰富画面效果。

绿化属于最常见的室内陈设，在表现中应用最为广泛；而有的陈设如工艺品等则一定要符合空间的性质，不能随意盲目乱加。

3. 室内设计表现技法

从理论上讲，任何一种绘图和作画的方法均可成为室内设计表现的技法，所以室内设计表现技法有很多种。

（1）水粉表现技法（见图 4-3）　水粉表现力强，色彩饱和厚重，不透明，有较强的覆盖性，用色的干湿厚薄不同，产生的艺术效果也不同。使用水粉进行表现应注意湿时颜色饱和、明度较低，而干后色彩不饱和、明度升高的变化。对暗部和重色进行表现，要少用白粉，以避免画面“粉”气太重。该技法中，水粉的绘画技巧占有较大的比重，因此，应加强平时水粉写生默写等练习，以便熟练、透彻地掌握水粉的性能。

水粉表现技法的适用面较广，适用于表现各种不同的空间和环境，既是主要的表现技法之一，也是喷绘技法的基础。

（2）钢笔水彩表现技法（见图 4-4）　水彩的明度范围小，用于室内设计表现空间感较弱，画面不够醒目，但它的色彩淡雅细腻，

图 4-3 水粉表现技法

轻松透明，加上利用钢笔勾画出空间结构，二者结合，相得益彰。水彩的覆盖性较差，作图前应先打小稿，确定色彩调子和关系。钢笔线应在画完水彩颜料后再上，以避免线条因水彩颜料堆积而变得模糊不清。

图 4-4 钢笔水彩表现技法

钢笔水彩技法适用于空间结构较复杂、面面转折较多的空间和形体。这种技法步骤性强，绘画技巧较弱，容易掌握，初学者可从这一技法学起。

(3) 铅笔透明水色表现技法　透明水色颜色明快鲜艳，比水彩颜色更加透明，渗透力更强。因此，叠加层数不宜过多，也不易修改，对纸面的要求比较苛刻。起铅笔稿时，不宜使用橡皮，线条也应准确精炼，最好先画好透视图，再利用拷贝的方法来获得准确的铅笔稿。

铅笔透明水色表现技法多用于快速表现或与其他技法合用，如钢笔淡彩（或重彩）法、作水粉或喷笔画的底色等，也可与马克笔合用。

(4) 马克笔表现技法（见图 4-5）　马克笔分油性和水性两种：油性渗透力强，色彩鲜艳；水性色彩淡雅，较易与其他技法合用，应用广泛。马克笔色彩透明，主要通过粗细线条的排列和叠加来取得丰富的色彩变化效果，一般按先浅后深的步骤作图。另外，马克笔的笔头是毡制的，具有独特的笔触效果，绘图时应充分加以利用。

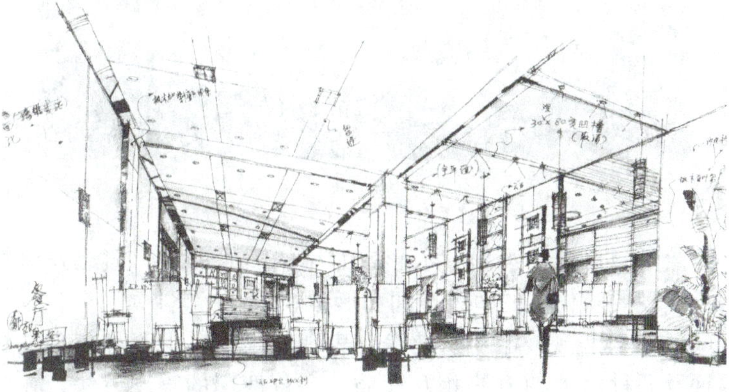

图 4-5　马克笔表现技法

马克笔具有快干、不需用水调和、着色方便和表现速度快的特点。用它绘图，能使画面轻松豪放，是一种与现代高效率、快节奏相适应的快速表现技法，同时也可与透明水色和钢笔线描等结合。

(5) 喷绘表现技法（见图 4-6） 喷绘表现技法是室内设计的主要表现方法，它的画面细腻逼真，近似于用照相机在真实空间拍摄的照片，几乎可以乱真。它以气泵产生空气压力，由喷笔喷射出细小的雾状色彩颗粒，通过特别的遮盖膜（有黏性的透明薄膜，美术用品商店有售）对部分画面的遮挡，画出大面积的色彩关系和光影变化，最后再通过小笔的勾勒和点画，表现出细部和质感。喷笔离纸面的远近、色彩颗粒的粗细不同，产生的艺术效果也不同，应充分利用。

图 4-6 喷绘表现技法

喷绘颜料可以是水粉、水彩或专用的喷绘颜料，喷绘技法特别适用于表现要求仿真的室内空间和形体。

(6) 综合表现技法 所谓综合表现就是将以上五种表现技法中的两种及两种以上的方法相互穿插、交替使用的表现方法，在实际运用中大都采取这样的表现方式，如在一幅效果图中，在铅笔稿的基础上，先用水彩或透明水色作底色，再采用喷笔表现，最后用马克笔和水粉画线、勾边，表现人物以及室内陈设等。综合表现细腻、丰富、真实感强，具有较强的表现力，需要作画者在熟练掌握各种表现技法的基础上灵活运用。

4. 效果图绘图步骤

不同的室内设计表现技法，虽然选用的材料和工具不尽相同，但它们的绘制步骤却大同小异，均以大关系、大调子入手，步步深入。只要熟练掌握一种表现技法的步骤，其他技法也就会触类旁通了。在这里，选择一、二层贯通的门厅室内空间，以最具代表性、应用最广泛的喷绘表现技法为例来详细说明室内效果图的绘制步骤。

第一步：选择合适的透视画法，确定视点、视高和视角，画出能较全面反映该室内空间的透视图，本例选用成微角二点透视作图法。

第二步：分析确定整个画面的光彩变化和色调关系，做到胸有成竹。先用水粉颜料画出门套、地面拼花图案、背景等色彩厚重的部分；然后，使用喷笔区分出顶棚、墙地面等大关系，不要平均对待，并在地面画出墙面重色的倒影，以表现材料的光亮度和灯光效果。

第三步：深入调整各部分的明暗色彩关系，画出门套的暗部和受光面，背景屏风的灯光效果，电梯门、暗光槽以及地面灯光倒影等，并在此基础上调整其部位的关系。

第四步：描绘细部，逐步深入，画出墙面色带、地面大理石纹理和分格，详细刻画门套、电梯门、背景屏风等线角和高光，画出筒灯和中央灯具。

第五步：进一步描绘前景，刻画细部，画出钛合金扶手和铸铁花栏杆，完成栏板的受光部位，进一步提高暗关槽，背景屏风写上铜字，完成大厅中央的汉白玉花台和插花。以上步骤中要特别注意对金属材质提出高光的表达，没有高光便不能反映抛光材质的光亮度。

第六步：丰富画面，局部调整。为了丰富画面，可以画出绿化、人和墙面的黄铜浮雕，这样，整个画面不显生硬，可起到柔化和丰富空间的作用；最后再从总体上分析，作适当的局部调整。至此，整个大厅表现完毕。

第二节 室内装饰方案深化设计

一、装修工艺知识

1. 内墙面瓷砖粘贴

瓷砖具有表面光滑、亮洁美观、吸水率低、抗腐蚀性能好和污染后易擦洗等优点，广泛地用于室内需经常擦洗的墙面装饰，如实验室、浴室、厕所、卫生间和厨房等。

（1）基层处理　认真清理基层，对凹凸不平的墙面要高凿低补，使其达到基本平整。混凝土墙面若表面有油污，用碱溶液清洗，然后用清水冲洗，用1:1 的聚合物水泥砂浆甩成小拉毛；砖墙面浇水湿润后可直接抹1:3 的水泥砂浆底灰，厚度为7~12mm，用木杠刮平，木抹子搓毛，养护2d 以后抹结合层；砌块墙体表面要先清扫后湿润，然后用掺有树脂胶的水泥素浆拉毛，养护2d 以后抹1:3 水泥砂浆底灰。

底灰和贴砖时的粘贴层之间应抹结合层作为过渡层，在结合层上再抹1:(1.2~2) 的水泥砂浆，厚度5~7mm，用木抹子搓平、搓毛。

（2）弹线分格　计算墙面粘贴面砖的纵横皮数，画出皮数杆，在墙面上弹出粘贴瓷砖的水平和垂直控制线，每隔1.5m 左右在墙面上粘贴废瓷砖片作为标志块，在门洞口和阳角处应双面挂垂线。如果整个墙面贴砖，则砖的粘贴高度应与顶棚的标高一致，从上到下按皮数计算，非整块应留到最下一层。

（3）贴砖　贴砖前，先加工好木托条，木托条表面要求平整，全长顺直，木托条浸水后用素水泥浆粘贴在墙面第一排砖粘贴的弹线位置上，以支撑瓷砖，防止瓷砖在粘贴层未硬化前由于自重而造成下坠，第一排瓷砖的下口就作在木托条上。

贴砖所用的粘贴材料为903 或瓷砖胶，但更多的是掺有聚醋酸乙烯的水泥浆，也可以用1:1 的水泥细砂浆。在瓷砖的背面抹2~3mm 厚，要抹均匀，四边要刮成斜面，左手拿着有灰浆的瓷砖，以弹线位置为准，贴在未完成终凝的结合层上；砖就位后要用手按压，并用小灰铲的木柄轻轻敲击砖面，使灰浆挤满砖面及其四周，若抹灰不满，应取下瓷砖抹满重贴，不准在灰浆不满的砖口处用小铲往里塞灰，以免产生空鼓。

每贴好一皮砖，都要用直尺检查砖面的平整度，如果不平整，应用木柄敲击至平整，然后再依次往上粘贴。当瓷砖贴到墙面一定高度后，最上面的一皮砖应成一条直线，若上口不再贴砖，可以用单圆釉面配件砖封顶。墙最下皮的非整砖在拆除托砖条之后再进行粘贴。

一般墙面，大面粘贴完后再粘贴阴阳角和凹槽等难度大、费工又费时间的部位。当粘贴到有管线、镜框等的墙面部位时，应以管线或镜框为中心向两侧进行粘贴。

高级建筑内墙瓷砖的粘贴，常采取分格粘贴法，即将所有的门窗、管线及设备等按照瓷砖的模数进行粘贴。贴砖时，门窗周围不得使用异形砖，分格时要以门窗为中心向两侧展开，且瓷砖的竖缝必须与设备的宽度相吻合，横缝与设备的高度相一致；室内的管线必须位于四块砖的十字交缝上或处于瓷砖的中心。

墙面因使用要求排砖，纵、横方向达不到整块时，非整块砖要赶到阴角处，但不准小于半块砖，若不到半块砖，可以用抹灰的办法来解决，浴池、小便槽、厨房和洗碗池等处粘贴瓷砖前，应按设计要求的规格尺寸先核对，检查有无破损和渗漏等问题，如发现问题必须在贴砖前处理好，贴砖时，要先贴池壁，后贴池底，再贴阴阳角处。凡池槽与墙体的衔接处，应按照墙面砖的排列，待池槽砖贴完后，再贴池槽周边墙上的瓷砖。

边条等配件砖，一般先从一侧墙面开始粘贴，再粘贴阴（阳）角三角条，然后再粘贴另一侧墙面的瓷砖，以确保阴（阳）三角条与墙面吻合。

瓷砖粘贴完毕，应即进行质量检查，并用湿布擦去砖面上的水泥浆和污垢等。

（4）擦缝　瓷砖粘贴完毕，清洁表面后即进行封缝工作。一般是用白色硅酸盐水泥拌成素浆，在砖面上满刮一层，稍后，即用干净的湿布在各接缝处反复搓擦，直至封平缝隙为止。

擦缝完毕后应将砖面擦干净，若有擦不掉的污斑等，可以用棉丝蘸稀盐酸溶液擦拭除污，最后再用清水冲净、擦干。

2. 陶瓷锦砖镶贴

陶瓷锦砖的镶贴程序是基层处理→底、中层抹灰→弹线分格→抹粘贴层→贴砖→揭纸→拨缝→擦缝→清洁，其中，基层处理和底、中层抹灰的做法与要求基本同内墙面瓷砖粘贴，此外不再重复。

（1）抹粘贴层　先洒水湿润基层，接着刮一道素水泥浆，然后抹1:1.5的聚合物水泥砂浆（在水泥砂浆中掺入占水泥质量5%~10%的聚醋酸乙烯胶），厚度为3~4mm，随抹随用刮尺刮平，准备贴砖。

（2）贴砖　贴砖一般自上而下进行，用双手拿住锦砖，根据弹好的分格线和施工详图对号贴砖。贴砖一般为三个人同时操作，一人在前面洒水湿润墙面，随即抹出粘贴层，另一个人将锦砖铺在木托盘上，麻面（粘贴面）朝上，在锦砖缝隙内灌注1:1的水泥石灰浆，再抹上一层薄灰浆，然后递给第三个人，将四边灰浆刮掉，按上述方法和要求贴砖，并随手刮去锦砖边缘缝隙透出的灰浆。

（3）揭纸　锦砖贴在墙面后，待粘贴层的水泥浆完成初凝，即可用喷雾器分次喷水湿润护面纸或用软毛刷刷水湿润护面纸，经过20~30min，护面纸吸水泡开后即可揭纸。

揭纸时要用双手按平行墙面的方向顺序缓慢地将纸揭下，不准垂直硬扯。揭纸时，若遇有个别小块锦砖被随纸带下来，要立即重新补上；如果带下的锦砖较多，表明护面纸尚未泡开，粘纸的胶层未溶解，此时应该用抹子将锦砖重新压紧，继续喷水或刷水湿润面纸，直至揭纸时无掉块为止。

（4）调整　揭纸后要认真检查锦砖的缝隙是否整齐一致，如果发现宽窄不一致，应立即用拨缝工具进行调整。拨缝的方法是将拨缝工具放在锦砖的缝隙处，用抹子轻轻敲击拨缝工具，顺一侧拨正、拨实，然后先横后竖贯通拨直，使锦砖的边口以开刀为准排齐。拨缝后再用橡胶锤敲击木拍板，将锦砖重新压实一遍，以提高锦砖与墙面的粘接力。

（5）擦缝　粘贴层的水泥浆完成终凝而且有强度后，用水泥浆满刮锦砖表面，将锦砖间的缝隙抹满、嵌实，不留缝隙。水泥浆满刮后即可用棉丝或湿布擦拭锦砖表面直至干净，使锦砖本色清晰地显露出来。擦缝的水泥品种可根据锦砖的颜色选定，一般浅色的锦砖使用白水泥即可。擦拭后的锦砖表面隔夜要进行喷水养护，以保证锦砖与墙面的粘接强度。

3. 内墙涂料涂饰

涂料装饰是建筑物内墙装饰中应用最为广泛的装饰方法之一，施工方法有刷涂、喷涂和辊涂。内墙涂料分无机涂料和有机高分子涂料两大类，无机涂料主要是指石灰浆、大白浆等；有机高分子涂料指聚乙烯醇类、聚乙烯类和乳胶类涂料等。

内墙涂料装饰对涂料的主要要求是色彩丰富、质感细腻，具有一定的透气性、耐水性、耐碱性和耐粉化性，同时施工应方便、整修容易。

（1）大白浆涂饰　内墙涂饰大白粉浆是一种传统的涂饰工艺，大白粉浆中可以掺入适量的胶结材料调配成大白浆。

大白浆饰面具有工艺简单、造价低、饰面层光洁、明亮、简洁、流畅、装饰效果较好的特点。

1）施工准备：大白浆可以刷涂、喷涂，若用手压式喷浆泵或喷浆机喷涂，需将大白粉和胶凝材料过 50 ~ 60 目的筛子，以免造成喷涂时喷嘴堵塞。大白浆施工前应按要求的配合比调制，并准备好排笔、扁刷、手压式喷涂泵、电动喷浆机等。

① 基层处理。用铲刀和钢丝刷清除基层表面的残灰、残渣、脱皮、起砂、剥落和粉化等，用钢丝刷刷除浮尘，并用清水冲洗干净；基层表面的油渍需用强碱水溶液冲刷干净后，再用清水冲净；对基层表面的裂缝、蜂窝、孔洞及损坏部位要进行修补；对较宽的缝隙和孔洞较大部位应分两次修补，直至基层平整为止；对凹凸不平的表面可以用聚醋酸乙烯乳胶腻子刮平；对基层表面的预埋件或其他金属构件，在涂饰前要做防腐处理。

② 刮腻子。基层清理完后，要满刮 1 ~ 2 遍腻子，每遍腻子干后都要用砂纸打磨，以确保有更好地粘接性能，不出现空鼓、开裂等

现象。

2）喷（刷）浆：喷浆或刷浆都是自上而下一次做完，不留接槎。喷浆的稠度可适当大些；刷浆时，第一遍稠度要小，以易于操作。

第一遍料浆上墙后，要认真检查饰面层，对较大的凹入部位，应复补腻子，并要刮平、打磨。

第二遍、第三遍料浆要掌握好间隔时间，墙面过湿时不要进行下一遍料浆的喷（刷）涂，以免发生流坠现象。

（2）有机高分子涂料辊涂

1）基层处理：有机高分子涂料装饰的基层处理方法与要求同前述大白浆涂饰的基层处理。

2）辊涂：辊涂是将涂料采用刷或喷的方法先涂抹在墙面上，然后使用辊涂专用工具压出凹凸的花纹，表面再罩一层面漆的涂料装饰做法。这种涂饰层可以形成明晰的图案和花色纹理，具有良好的装饰效果。

辊涂所用的工具是压花辊筒。有的辊筒表面粘贴有合成纤维长毛绒，毛绒长 10～20mm；有的辊筒表面粘贴的是橡胶，称为橡胶压辊，常用的规格直径为 40～50mm，长度为 180～240mm。辊涂小面积的阴阳角时，用长度为 120mm 的短辊。当绒面压花辊筒或橡胶压花压辊表面为凸出的图案时，则可在涂层上辊出相应的花纹。

涂料辊涂的施工要点如下：

① 调配好涂料的流平性能，是辊涂施工的技术关键。辊涂饰面操作时容易出现拉毛现象，不易做到像刷涂那样饰面层平整、光滑。所以，在辊涂前，应根据基层的干湿程度和吸水率的大小来调整好涂料的流平性能。调整的方法是在涂料中掺入适量的羧甲基纤维素溶液和乙二醇等。

② 辊涂用的涂料、填充料的比例不能太大，胶黏度不能太高，以免饰面层出现皱纹而影响饰面层的平整度。

③ 辊花涂饰时，应将涂料稠度调至适宜并且均匀，先在底色浆的小样板上辊花，经甲方和设计部门认为满意后，再在底色浆的基层上辊花。

④ 辊涂的腻子层要干燥、坚硬，粘接强度高。

⑤ 辊花时应从上到下、从左到右进行操作，不够一个辊筒长度的要留到最后处理，待涂墙面的花纹干燥后，再以遮盖的办法去补辊。

⑥ 辊涂过程中若出现气泡，解决的办法是用稀浆料调整或待涂料层稍微收水后，再用蘸浆较少的辊筒复压一次，消除气泡。

（3）彩色涂料弹涂　弹涂是先在墙面上刷一道底漆，再用弹涂器分几次将不同颜色的涂料弹在底漆上而形成 2～5mm 大小不等的扁圆形色点。

1）基层处理：彩色弹涂基层处理方法与刷浆、喷浆前的基层处理一样。

2）刷底色浆：底色浆应刷两遍，第一遍色浆干后用砂纸打磨表面，然后再刷第二遍。

3）配制弹涂色料：按不同的涂料进行配制，如厚质涂料可以直接加入颜料调配出弹涂需要的色料。

4）弹涂：弹涂时，先用塑料或胶合板等遮挡门窗，使其不受污染，然后手托弹涂器，出口对准墙面并保持一定姿势，将涂料均匀地弹洒在墙面上。

弹点应分层进行，一般要求主色点要多弹，但不要一次弹成，以免湿点重叠下流。饰面层设计需几种色点时，应待头遍色点半干后，再按顺序弹另一种色点，两种色点相隔弹点时间不能太短，以防出现混色现象。

5）刷罩面材料：饰面层色点干燥后喷或刷罩面材料，对饰面起保护作用，同时也不易挂尘。

（4）乳液型内墙涂料喷涂　乳液型内墙涂料多借助于喷涂的方法将涂料涂敷在混凝土、水泥砂浆、纸面石膏板及石棉水泥板的基层上。喷涂前要做好基层处理，它要求基层有足够的强度，无粉化、掉皮和起砂的现象。

喷涂所用空气压缩机的压力应控制在 0.4～0.5MPa 之间，喷涂时手握喷斗要稳，出料口与墙面应垂直，距墙面 500mm 左右。喷涂时先喷门窗口，然后横向来回旋转喷墙面，墙面一般要喷涂两遍，中间间隔时间 2h 左右，喷斗行走路线为“s”形，注意防止漏喷和流淌，保证饰面层的质量。

4. 内墙墙面裱糊

（1）塑料壁纸裱糊

1）弹线分格。为确保裱糊的质量并便于施工操作，裱糊前应按壁纸的幅宽弹出分格线。分格线一般从阴角做取线位置，先用粉线在墙面上弹出垂直线，两垂直线的宽度应小于壁纸幅宽 10～20mm。每面墙面的第一幅壁纸的位置都要再挂垂线找直，作为裱糊时的准线，以确保第一幅壁纸垂直粘贴。

为了使壁纸上面的花纹、图案衔接对称，有窗口的墙面要在窗口处弹出中线，然后由中线按壁纸的幅宽往两侧分格；如果窗口不在墙面的中间，为保证窗间墙的阳角花纹、图案对称，要弹出窗间墙的中心线，再往其两侧弹出分格线。

壁纸粘贴之前，应按弹线的位置预拼、试贴，检查一下排缝的效果，以便能够准确决定裁纸的边缘尺寸及花纹、图案的拼接。预拼、试贴墙面的大面不准出现窄条壁纸，窄条壁纸要留在阴角处。

2）测量、裁纸与浸水。测量出顶棚下皮标高至踢脚板的距离后，定出每格壁纸所需要的长度。使壁纸的一端对齐墙面的顶部，定出壁纸的上端位置，并做出标记，然后，将壁纸放在裁纸台上，从标记点往下量出顶棚至踢脚板的距离，另加上 50mm 的修边余量，接着裁割；随即将另一幅壁纸放在这幅壁纸的旁边进行对花。若为斜向排列的图案，第二幅壁纸沿第一幅壁纸上下移动，使花纹和图案拼对至理想的位置，对齐裁割；若壁纸为横向排列的图案，可沿第一幅壁纸的幅宽排列。其他幅壁纸均可按第一幅壁纸的长度，同时留出对花所需要的长度进行裁割。

裁纸下刀前，要再认真复核一下所测量的尺寸，确认无误后，用尺子压紧不再移动，刀刃要紧贴尺子边一刀裁成，中间不准停顿或变换持刀的角度，手劲要均匀，以保证裁割的质量。

裁下的壁纸不要立即上墙粘贴，壁纸遇到水或胶液后，即会开始自由膨胀，5～10min 后胀完，干后又自由收缩，自由胀缩的壁纸，其横向膨胀率为 0.5%～1.2%，收缩率为 0.2%～0.8%，掌握壁纸的这个性质是保证裱糊质量的关键。所以，要先将裁下的壁纸置于水槽中浸泡几分钟，或在壁纸背面满刷一遍清水，静置至壁纸充分胀开；也可以将壁纸刷胶后叠起来静置10min，让壁纸自身湿润，否则必然会在墙面上出现大量的气泡、褶皱而达不到裱糊的质量要求。闷水后的壁纸在裱糊后，随着水分的挥发而收缩、绷紧，因而不会出现裱糊质量问题。

塑料壁纸裱糊前必须浸水。

3）刷胶粘剂。将浸过水的壁纸取出并擦掉纸面上的附着水，在工作台上先铺一层干净纸，以防壁纸的正面被污染，并且便于消除溅滴的胶液，然后将壁纸的正面朝下放在工作台上并超过台面60～120mm，以防刷胶粘剂时胶液溅到台面上，然后涂刷胶粘剂。

涂刷胶粘剂应从壁纸的上半段开始，涂好后将这半段翻叠过来，使胶面对着胶面，但不准将壁纸折出印痕。按上述同样的方法涂刷壁纸的下半段并翻叠，然后静置10min左右，让胶液浸透壁纸的各部分，壁纸变得更加柔顺了即可以上墙裱糊。

基层表面同样要刷胶，不仅要涂刷得均匀一致，且涂刷的宽度要比壁纸宽20～30mm。

4）裱糊。壁纸上墙裱糊的顺序是从上到下，先将翻叠的壁纸打开，然后上墙裱糊。

用壁纸刷固定壁纸条幅时，应先固定条幅的上部、中部，再由条幅中间向四周边缘刷，使壁纸的上部与墙面顶端粘贴牢，并固定好条幅的底部，然后再从上向下垂直刷一遍，赶出壁纸与墙面之间夹着的空气，以避免出现空鼓。用壁纸刷固定墙角处的壁纸时，用力要大一些，以确保壁纸与墙角粘牢。

墙角部位裱糊要比墙面裱糊困难。在裱糊阳角时，与墙面相接的那幅壁纸要绕过阳角20mm。裱糊阴角时，与墙角相连的最后一幅壁纸宜绕过阴角20mm，裁割后贴在阴角处，然后再粘贴另一面壁纸。

5）修整。壁纸裱糊完毕后，应立即进行质量检查，发现不符合质量要求的问题，要采取相应的补救措施予以解决。

壁纸卷边，即出现张嘴的现象，要翻起卷边的壁纸，查明原因。

若因基层有污物而导致粘接不牢，应立即将基层清理干净后，再补刷胶粘剂重新贴牢；若是因胶粘剂的粘贴力不够，则应更换粘贴力大的胶粘剂粘贴。

墙面壁纸局部出现皱纹或死褶时，应趁壁纸未完全干涸，以湿毛巾轻轻擦拭褶皱部位，使纸面湿润，然后用手或辊筒辊压平整；若壁纸确已干涸，无法舒平褶皱部位，则要坚决地将壁纸揭下来，重新清理基层，重新粘贴。

壁纸的花纹、图案未对接好，接缝也不垂直时，要撕下壁纸，重新裱糊。

壁纸面层局部出现气泡，解决的办法是用注射针管将空气抽出来，再注射胶液并贴平、贴牢。属于鼓包并不是气泡，且包内是胶粘剂集聚时，则要切开鼓包后，用小刀刮去多余的胶粘剂贴实即可。

（2）墙布与锦缎裱糊　墙布包括玻璃纤维贴墙布、无纺贴墙布和纯棉织物布等。锦缎系丝绸织物，属于高级建筑的内墙裱糊材料，具有高雅、豪华的装饰效果，缺点是造价高、污染后不易擦洗和不耐光，所以，不是特殊的高级建筑内墙裱糊，应尽量不要选用。

1）基层处理。墙布与锦缎裱糊前基层处理的方法与要求基本与裱糊壁纸前基层处理的方法与要求相同，只是因为墙布与锦缎的遮盖力差，对基层颜色的要求较高，如基层的颜色较深，应满刮一道石膏腻子，或者在胶粘剂中掺入适量的与墙布颜色相当的涂料。

锦缎裱糊对基层的要求，除了颜色之外，尚要求基层光滑平整，彻底干燥，否则，裱糊后易造成锦缎发霉。

2）裁割。裁料前，先在处理好的基层上弹线、找规矩，然后测量好墙面需要粘贴的长度，再加上100～150mm的裱糊余量，计算出墙布的总需要量。墙布的选用应符合设计要求，为便于墙布花型和图案的拼接，裁布时应按其整倍数进行。

3）刷胶。玻璃纤维贴墙和无纺贴墙布的基材分别是玻璃纤维和合成纤维，不存在吸水膨胀的性质，故无须先浸水，可以直接往基层表面刷胶，而墙布的背面不用刷胶。

裱糊墙布所用的胶粘剂，应随用随配制，以当天施工为限。胶液要在基层表面满刷、满刮，厚薄要均匀一致，且不准漏刷。

由于锦缎质地柔软，变形量大，挺括性差，不便于裱糊，故可以先在锦缎的背面加衬，糊上一层宣纸，使它变得挺括，即可便于操作。锦缎裱糊时所用的胶粘剂为聚醋酸乙烯乳液或墙布裱糊胶粉，其他要求同前所述。

4）裱糊。基层刷胶后，即可将裁好成卷的墙布分幅自上而下严格按对花的要求慢慢放下，确认粘贴位置准确后，用湿毛巾抹平并压实墙布，然后再用刀割去上下多余的墙布。

阴阳角、线角及偏斜过多的部位裱糊时，对花的要求可以适当放宽，一般采取开裁拼接的方法，也可以进行叠接。

裱糊时，仍按事先弹出的准线或吊线方法保证第一幅墙布的垂直度，切不可以某墙角为准，因为墙角并不能保证与地面垂直。

其他裱糊操作要求及注意事项与裱糊塑料壁纸相同。

二、家具与灯具设计

1. 家具设计

家具是人们日常生活中使用的器具，它起源于生活，又促进生活。在室内环境中，家具是室内设计的重要组成要素。它是实用的艺术品，与室内其他的装饰物共同构成了室内陈设设计的内容。家具有其自身的构成规律及设计原则，设计人员应掌握有关家具的专业理论知识。

家具在满足人们生活、学习等使用要求的同时，还要满足人们一定的审美需求。家具的使用功能、物质技术条件和造型共同构成了家具设计的三个基本要素。三者之间，功能是前提和目的；物质技术条件是基础；造型是手段。设计人员应正确处理三要素之间的关系。

（1）家具的分类　家具的种类可以根据使用功能、使用材料、体型形式及结构形式的不同进行划分。

1）按使用功能来分，可分为卧室家具、会客室家具、书房家具、餐厅家具及办公家具等。

2）按使用材料来分，可分为木家具、金属家具、钢木家具、塑料家具、竹藤家具、漆工艺家具、玻璃家具等。

3）按体型形式来分，可分为单体家具和组合家具两种。

4）按结构形式来分，可分为框架家具、板式拆装家具及弯曲木家具等。

（2）家具在室内环境中的作用　家具是室内环境的重要组成部分，在室内环境中，家具的作用主要表现在以下四个方面：

1）组织并划分室内空间。在室内空间中，通常以墙体和各种材质的隔断来分隔空间，但这种分隔方式不仅缺少灵活性，而且利用率低。用家具布置来组织并划分空间，可以更为合理和有效地利用室内的有限空间。

2）体现风格。家具的造型、材料及技术可表现出不同时期、不同国家、不同民族及不同地区的特殊风格特征，如明代家具精于选材，在重视木材自然的纹理和色泽美的同时，采用榫卯结构，其雕刻、线脚及金属配件的处理较为考究。

3）调节室内环境的色彩。主体色是指在背景色的衬托下，在室内占有统治地位的家具的色彩，它起到调节室内环境色彩的作用。在进行室内家具设计时，应处理好主体色与室内空间的背景色和强调色之间的关系。

4）陶冶人们的审美情操。家具是实用的工艺品，其造型、材料及技术都反映出各种流派与风格的特征。人们在与具有特定风格的家具接触的过程中，会受到一定的审美情操的熏陶。

（3）家具的布置及设计原则　在室内家具设计中，应符合以下布置及设计原则：

1）应满足室内空间的功能使用要求。对于有着不同使用功能要求的空间，其家具布置的要求也是不同的，如客厅的家具应强调舒适性和亲切感，以沙发为主，并配以茶几；书房的家具主要是贮存图书资料的书橱（架）和用于书写阅读的写字台，此外电脑桌也是必不可少的，当空间宽裕时还可设置沙发、茶几或坐卧两用的折叠沙发床。

2）应考虑人体尺度的要求。家具设计应符合人们的生理机能并满足人们的心理需求。在家具设计中，应根据人体的各项尺度及使用要求，力求使技术与艺术达到统一。

我国不同地区人体各部分的平均尺寸见表4-1。

表 4-1　我国不同地区人体各部分的平均尺寸

（单位：mm）

编　号	部　位	较高人体地区		中等人体地区		较矮人体地区	
		男	女	男	女	男	女
A	人体高度	1690	1580	1670	1560	1630	1530
B	肩峰至头顶高度	293	285	291	282	285	269
C	正立时眼的高度	1573	1447	1547	1443	1512	1420
D	正坐时眼的高度	1203	1140	1181	1110	1144	1078
E	手长度	196	184	192	178	190	178
F	肩峰高度	1397	1295	1379	1278	1345	1261
G	上身高度	600	561	586	546	565	524
H	肚脐高度	992	948	983	925	980	920
I	指尖至地面高度	633	612	616	590	606	575
J	上腿高度	415	395	409	379	403	378
K	下腿高度	397	373	392	369	391	365
L	脚高度	68	63	68	67	67	65
M	坐高	893	846	877	825	850	793
N	腓骨头的高度	414	390	407	382	402	382
O	大腿水平长度	450	435	445	425	443	422
P	肘至臀部高度	243	240	239	230	220	216

坐具的基本尺寸：一般常用的座椅高度为 420mm；坐深在 380～420mm之间；坐宽通常不小于460mm。

卧具的基本尺寸：一般常用的单人床宽度在 700～1300mm 之间；床长为 1920mm；床高在 400～500mm 之间。

凭倚类家具的基本尺寸：一般常用的单柜写字桌宽度在 900～580mm 之间，深度在 500～600mm 之间；双柜写字桌宽度在 1200～1400mm 之间，深度在 600～750mm 之间。

3）应适应室内空间形态的要求。对于有着不同室内空间形态的空间，其家具布置的要求也是不同的，如根据客厅的不同空间形态，客厅的沙发可采取直线、U 形或 L 形的组合排列方式，其中最常用的是U形排列，这种方式便于人们相互接近，谈话交流易有亲切感；根据厨房的不同空间形态，厨房家具通常采取一字形、L形、U形、半岛形及岛形布置。

4）应符合室内空间的整体风格。任何一个不和谐的因素放在空间里都会破坏空间的整体性，家具作为室内陈设一部分，其装饰作用与整个室内空间所呈现出来的氛围是密切相关的。只有当整体达到和谐统一时，才能真正体现出装饰的美感。因此，家具的造型、色彩、材料与风格等因素应与整个室内环境的风格协调一致。通常现代风格的室内空间应配置造型简练的现代家具；中式仿古风格的室内空间匹配具有古典风格的中式木材家具才能相得益彰；若在现代风格的室内空间内放置中西合璧式的家具，只要设计合理也不失为一种好的布置形式。

2. 灯具设计

灯具是电光源、灯体、灯罩及其他附件的总称。灯具是生活、工作、休闲的必需品，也可以作为美化室内空间的陈设品，它以适当的光照为人们提供正常生活的必要条件，同时又能以优美的造型和不同的照明形式满足人们的审美需求。

（1）灯具的种类　灯具的种类可以根据安装与使用方式、光线分配情况以及外观的艺术风格等进行划分。

1）按安装与使用方法划分，可分为嵌入灯、吸顶灯、吊灯、槽灯、壁灯、台灯、落地灯、投射灯、轨道灯以及用于公共空间的多种专用灯具。嵌入灯是安装在顶棚内的灯具；吸顶灯是安装在顶棚表面的灯具；吊灯是悬挂于空中的灯具；槽灯是安装在顶棚或墙面内的灯具；壁灯是安装在墙面或柱面上的灯具；台灯是放在台面、桌面、茶几面上的可移动灯具；落地灯又称立灯，是放在地面上的可移动的灯具；投射灯是装在顶棚或墙面上的光束集中的灯具；轨道灯是可沿轨道移动且可调节照射角度的灯具；专用灯具是指常用于剧场、舞台、舞厅等公共场所的各种专业灯具。

2）按光线分配情况划分，可分为直接照明、间接照明、半直接照明、半间接照明及漫射式照明。间接照明是指将光源进行局部遮蔽，把90%～100%的光射向室内的其他界面，再由界面反射到室内空间的照明方式，如图 4-7 所示。这种照明方式会使室内空间的亮度较为柔和，与其他照明方式相结合，会产生较高的空间照明质量。

图 4-7　间接照明

半间接照明是将 60%～90% 的光通过界面反射，而将 10%～40% 的光直接照于工作面的照明方式，如图 4-8 所示。这种具有漫射性质的半间接照明，对阅读、工作和学习都是一种较为理想的照明方式。

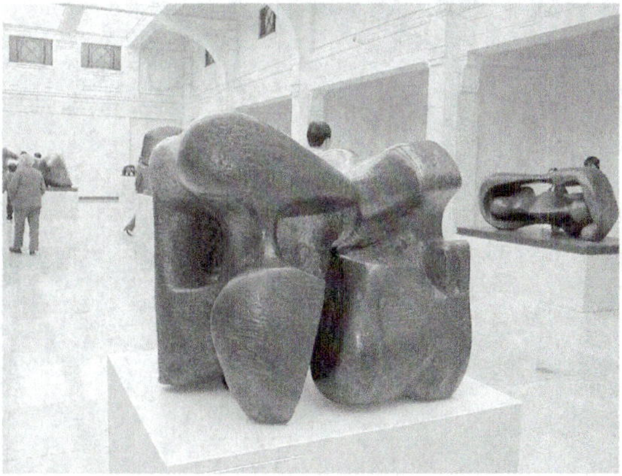

图 4-8　半间接照明

直接照明具有强烈的明暗对比，可以造成明显的阴影，如图 4-9

所示。这种光照直接用于商品陈列的设计，会使陈列的商品更加突出，给人以强烈的视觉冲击效果。

图 4-9　直接照明

半直接照明将 60% ~90% 的光线直射到工作或学习的台面上，其余的 10% ~40% 的光线则向其他地方照射，这样的照明使阴影弱化，增加了空间光照柔和的效果，如图 4-10 所示。

图 4-10　半直接照明

漫射式照明是指为了控制暖光的刺激，在灯的周围用有一定折光性能的材料将光源围蔽起来，使光呈“雾”状散射在空间中的照明方式，漫射式照明充满着浪漫情调，如图 4-11 所示。

图 4-11　漫射式照明

在一个室内空间中，为了获得良好的照明和装饰效果，通常都是几种灯具、几种照明方式配合使用。

3）按外观的艺术风格划分，可分为中国式、东方式、西方式、中西合璧式、现代式等。

（2）灯具在室内环境中的作用　灯具在室内环境中除了提供照明外，还可发挥下列作用：

1）划分区域。一个室内空间有时需要分出两个以上不同的功能区，利用灯具的布置和灯光的处理是划分区域的有效手段之一，如在某一局部空间的上方，通过灯具、灯光的围合或覆盖，可以形成相对独立的区域。这种区域的界限是朦胧的，它在心理上和视觉上都是一种提示，但它在空间的围合形式上是独特的，它的围合感较弱，仍保留着原空间的整体性。

2）强化重点。室内空间常有许多需要构成视觉中心的区域和物体，如宾馆的总服务台、商店的陈列室、客厅的会客区以及墙上的装饰画、壁龛内的雕塑等，它们都需要强化其在空间的感知度。灯具可以利用本身造型的提示作用和光线强化作用，来达到构筑视觉中心的目的。

3）渲染气氛。灯具的造型、照度、光色可以渲染环境气氛，例如巨大的水晶吊灯加上明亮的照度可以增加空间环境的豪华氛围；小巧素雅的灯具配上柔和的灯光可以营造环境的宁静气氛；暖色调的光照易使人感到温暖和欢快，冷色调的光照易使人感到凉爽和安静。此外，灯具形成的光影对比、光色对比、强弱对比等，可形成空间的多层次或物件的立体形象，增加视觉上的丰富感。

4）表现风格。灯具的外观可表现不同国家、民族、地区的特殊风格，如中国的宫灯，在室内空间中与其他的中式陈设相配合，可使中国的传统风格表现得淋漓尽致；精致豪华的欧洲皇家灯具则可有效地表现出欧洲皇家室内装饰的富丽堂皇。

（3）布置灯具时应注意的问题

1）要满足室内空间照度的需要。照明是灯具的基本功能，因此保证空间的适当照度是选择与布置灯饰的前提条件。所谓照度（或光照度）是指从光源照射到被照物体单位面积上的光通密度（能量密度）。照度越大，人的视觉感觉越高。

各类房间工作面上的平均照度参考值见表4-2。

表4-2　各类房间工作面上的平均照度参考值

房间名称	照度/lx	房间名称	照度/lx
居室	75～150	营业厅	150～300
幼儿活动室	150	餐厅	100～300
教室	150	舞厅	50～100
办公室	100～150	计算机房	200
阅览室	150～200		

照度的适当与否，对于保护人的视觉健康、提高工作与学习效率以及方便生活有直接的影响，必须充分注意。

2）要考虑空间功能的要求。不同功能的空间对灯具和照明有不同的要求。因此，选择合适的灯具和照明可以使空间功能得到充分发挥，如选择不当，功能的作用就会受损，甚至出现适得其反的结果，如黄色灯光用于餐区会使菜肴看上去更诱人，如用蓝紫色的灯光照射则会使人觉得菜肴变质难以下咽。办公室、医院等地方采用柔和的冷色光源，可营造宁静的气氛，有利于提高工作效率和治疗效果；剧场、舞厅等娱乐场所采用强烈的暖色光源，可营造欢乐、热烈、激昂的气氛，激发人们投入的激情。

3）要适应空间的形态。空间的大小、高度和形状都是选择和布置灯具时必须考虑的因素，只有当灯具和这些因素相协调时才能做到适得其所、相得益彰。在较小的空间内，应尽量选择小巧的嵌入式或吸顶式的冷色光源的灯具，以减少或避免空间的压抑感；在较大的空间内，应尽量采用大型的有层次的暖色光源的吊灯来改善空间的空旷感，来达到视觉上的平衡。

4）要符合空间的总体风格。室内陈设是整体的，任何一个不和谐的因素放在空间里都会破坏空间的整体性。灯具作为室内陈设的一部分，其装饰作用不是孤立的，而是密切相关的，只有当整体达到和谐统一时，才能真正体现出装饰的美感。因此，灯具的造型风格必须与环境的风格协调一致，通常现代风格的室内空间应配置造型简练的现代灯具；中式仿古风格的室内空间匹配具有中国古典风格的灯具才能相得益彰；若在现代风格的室内空间内放置中西合璧式的灯具，只要设计合理也不失为一种好的布置形式。

三、室内色彩与照明设计

1. 色彩设计

色彩是室内设计中最重要的元素之一，一个成功的室内设计总是有着令人满意而又印象深刻的色彩效果。因此，有经验的室内设计师对色彩在室内空间中的运用十分注重，他们会根据色彩对人们的心理、物理、生理产生的作用及由此引起的联想、情绪、刺激等反应类别来创造富有性格、层次、秩序与情调的美的环境。系统的色彩知识是建立在光与色的科学原理基础之上的，这些知识都是设计人员应掌握的专业理论知识。

（1）色彩的基本概念

1）原色：指颜色中不能被分解的基本色，也称三原色，即红、黄、蓝，如图 4-12 所示。

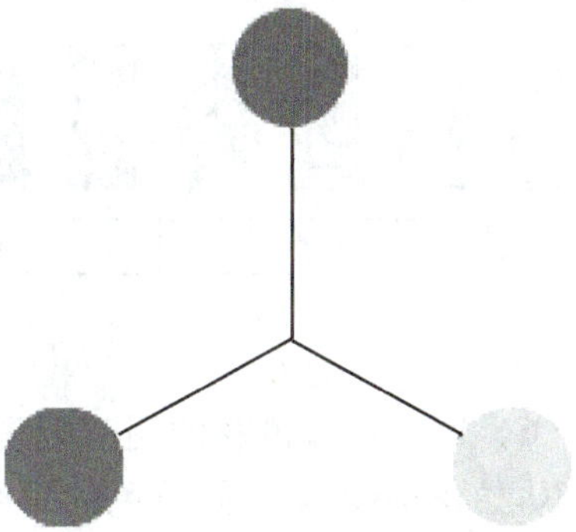

图 4-12　三原色

2）间色：指由两种原色混

合而成的色彩，又称二次色，即橙、绿、紫。

3）复色：指由两种间色或一种原色及其对应的间色相混合而得的色彩，如紫与橙、绿与紫或红与绿、黄与橙的混合色。

4）色相：指色彩所呈现出的相貌，借以区分色彩的品种和类别。色相通常以循环的色相环来表示，它是色彩的一种最基本的感觉属性，这种属性可以将光谱上的不同部分区别开来。十色相环的顺时针排序为红、橙、黄、黄绿、绿、青绿、蓝、蓝紫、紫、紫红，如图 4-13 所示。色相将外界引起的色感觉分成两大体系，即有彩色系与非彩色系。

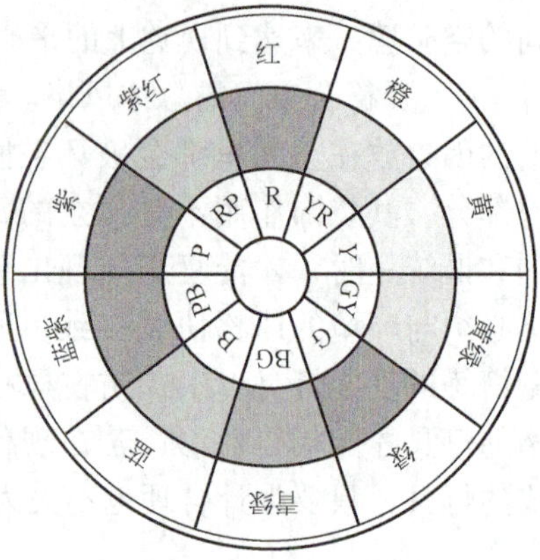

图 4-13　十色相环

5）纯度：指色彩的强弱程度，它取决于物体含有的光波波长是单一性还是复合性，又称彩度、饱和度或鲜明度。纯度是使人们对有色相属性的视觉在色彩鲜艳程度上做出评判的视觉属性。有彩色系的色彩，其鲜艳程度与饱和度成正比，如图 4-14 所示。

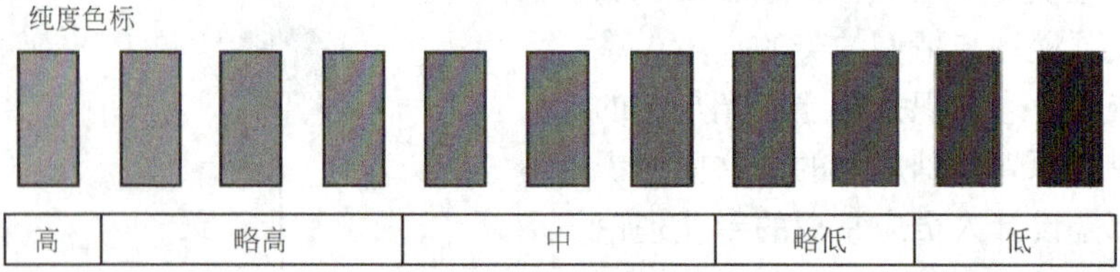

图 4-14　纯度色标

6）明度：即色彩的明暗程度，如图 4-15 所示。不同的色相具有不同的明暗程度，如黄色的明度最高，紫色的明度最低。明度是可以使人们区分出明暗层次的非彩色觉的视觉属性，这种明暗层次决定于亮度的强弱，即光刺激能量水平的高低。

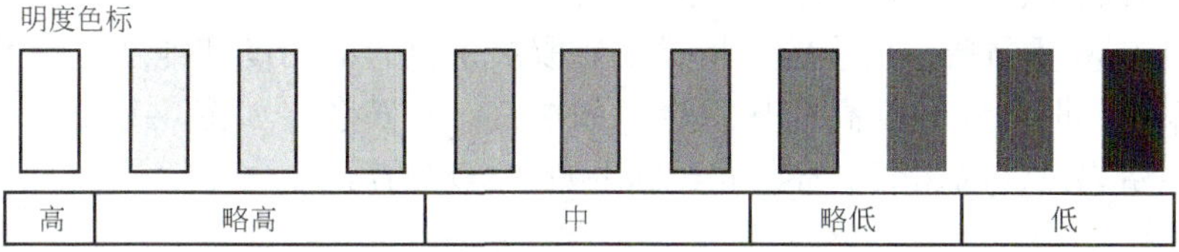

图 4-15　明度色标

7）补色：指色彩的互补关系，它是指三原色中任一原色与其他两种原色调和而成的间色之间的关系，如黄色与红、蓝色调和而成的紫色之间的关系称作互为补色。

（2）色彩的物理、生理与心理效应

1）色彩的物理效应：色彩对人引起的视觉效果反映在物理性质方面，有冷暖、远近、轻重、大小等，这不仅是物体本身对光的吸收和反射不同所造成的结果，而且还存在着物体间相互作用的关系所形成的错觉。

① 温度感。在色彩学中，一般将红紫、红、橙、黄至黄绿色称为暖色，以橙色为最暖；从青紫、青至青绿色称冷色，以青色为最冷；紫色是红色与青色调和而成，绿色是黄色与青色调和而成，因此属于温色，如图 4-16 所示。

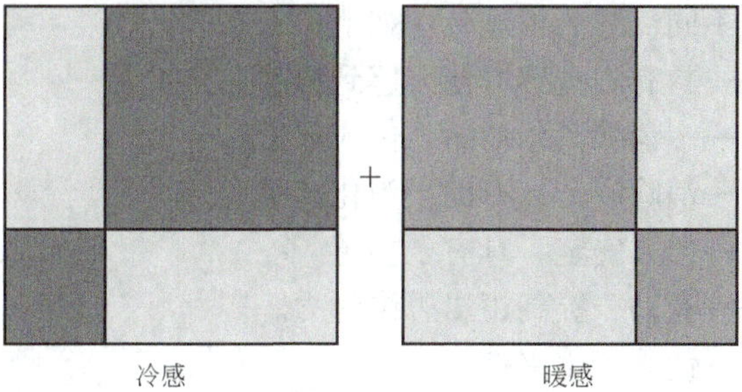

图 4-16　色彩的冷暖度

② 距离感。不同色彩给人进退、凹凸、远近的感觉是不同的，一般暖色系和明度较高的色彩具有前进、凸出、接近的效果，而冷色系和明度较低的色彩则具有后退、凹进、远离的效果，室内设计

中常利用色彩的这些特点去改变空间的大小和高低。

③ 重量感。色彩的重量感主要取决于色彩的明度和纯度，一般来说，明度和纯度高的显得轻，如桃红、浅黄色，如图 4-17 所示，在室内设计的构图中常以此达到平衡和稳定的需要。

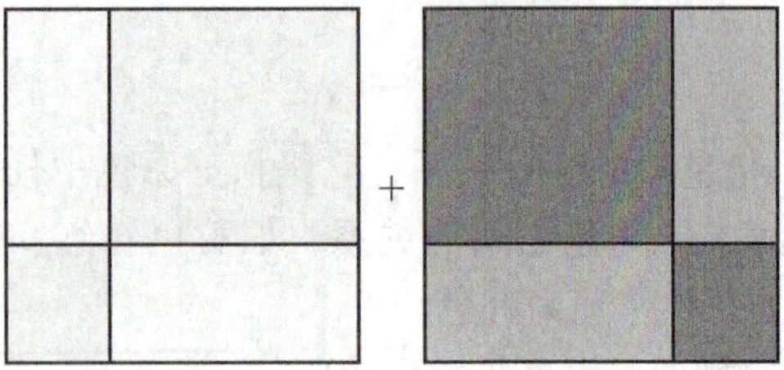

图 4-17　色彩的重量感

④ 尺度感。色彩对物体大小的作用，包括色相和明度两个因素。暖色和明度较高的色彩具有扩散作用，因此物体显得大；而冷色和明度较低的色彩则具有内聚作用，因此物体显得小。不同的明度和冷暖有时也通过对比作用显示出来，室内不同家具、物体的大小和整个室内空间的色彩处理有密切的关系。

2）色彩的生理效应：色彩的生理效应主要表现在色彩对视觉自身的影响，不同色彩的生理效应如下：

紫色——具有安全感，使人感到镇静。

橙蓝色——消除紧张情绪，使人放松。

绿色——消除疲劳，有助于消化和镇定。

蓝色——使人安定，具有宁静感。

黄色——有助于提高逻辑思维能力。

橙色——使人产生兴奋。

红色——加速血液流动速度，刺激脉搏加速跳动。

色适应是指由色彩的刺激而引起的视觉变化，在室内色彩设计时，应巧妙地运用色适应的原理进行色彩设计，以减轻眼部疲劳度，提高工作效率。

3）色彩的心理效应：不同的色彩给人的心理效应也是不同的。

色彩的心理效应主要表现在它可以使人产生联想，即能够使人联想以往的经历感受，特定的人群有着特定的联想结果，具有象征作用。不同色彩的心理效应如下：

红色——热烈、激情、积极、喜悦、愤怒、焦虑。

橙色——欢喜、活泼、明快、温和、丰收。

黄色——愉快、健康、光明。

黄绿色——青春、安慰、休息。

绿色——安静、安全、和平、活力。

蓝绿色——深远、平静、忧虑。

蓝色——冷静、孤独、空旷。

蓝紫色——神秘、冷傲、孤独。

紫色——庄严、神秘、高贵、不安。

白色——纯洁、朴素、冷酷。

灰色——抑郁、沉着、平凡、中性。

黑色——黑暗、肃穆、忧郁、不安、压迫。

（3）室内色彩的设计原则　在进行室内色彩设计时，应注意以下几点设计原则：

1）应符合室内空间的使用功能的要求。对于有着不同使用功能要求的空间，色彩设计所要表达的氛围也有所不同，如在百货商场的色彩设计中，应考虑到商品是展示的主体，背景色彩宜选用淡雅的色调，以缓解五颜六色的商品对顾客造成的视觉疲劳感。

2）应考虑空间使用者的类别、特征及其对色彩的喜好。根据使用者的性别、年龄、职业、审美情趣的不同，针对不同使用者的色彩设计也不同，如使用者为老人，宜采用稳重素雅的色调；如使用者为女人，宜采用柔和温情的色调。在满足室内空间使用功能的前提下，应合理考虑使用者对色彩的喜好，以满足使用者的心理要求。

3）应考虑周围环境对色彩设计的影响。室外空间的色彩反射可以影响到室内空间的颜色，设计师在进行室内色彩设计的过程中，引入室外景色的同时，应有意识地将室外空间的色彩引入室内空间中。

4）应符合室内色彩的构图法则。在室内色彩设计中，应正确处理好协调与比例、基调与点缀、主景与背景、统一与变化等关系。首先，应确定统一的色彩基调，按色彩的冷暖关系可分为暖调子、冷调子和温调子；按色彩的明暗关系可分为明调子、暗调子和灰调子；按色相可分为红调子、黄调子和蓝调子等。其次，应处理好色彩之间统一与对比的关系，使色彩的构成主次分明、层次清晰。再次，应处理好稳定感与平衡感之间的关系，如地面的色彩最重，墙面的色彩次之，顶棚的色彩最亮。最后，在室内色彩设计中，应处理好由色彩的色相、明度、彩度、面积等的变化而形成的韵律感和节奏感。

（4）室内色彩的设计方法　在室内色彩设计中，应正确处理室内空间中各种色彩之间的关系。设计者应掌握一定的室内色彩的设计方法，创造性、科学性地进行色彩设计，塑造出具有强烈个性特征的室内空间形象。

1）室内色彩设计的关键在于处理好室内空间中各种色彩的协调与对比关系。色彩设计的指导性原则是“大面积的协调、小面积的对比”，即大面积的色块协调统一，以小面积的对比色块来活跃气氛。

2）应处理好背景色、主题色和强调色三者之间的关系。背景色是指室内空间大面积的并对室内其他物件起衬托作用的色彩；主题色是指在背景色的衬托下，在室内占有统治地位的家具的色彩；强调色是指室内重点装饰的色彩，其点缀的面积小却较为突出。处理三者关系的方法主要有：

① 色彩的重复或呼应。将同一色彩用到关键性的几个部位上去，从而使其成为控制整个室内色彩的关键色，如用相同色彩的家具、窗帘、地毯，使其他色彩居于次要的、不明显的地位。同时，使色彩之间相互联系，形成一个多样统一的整体，取得彼此呼应的关系，才能取得视觉上的联系并唤起视觉的运动，例如白色的墙面衬托出红色的沙发，而红色的沙发又衬托出白色的靠垫，这种在色彩上图底的互换性，既是简化色彩的手段，也是活跃图底色彩关系的一种方法。

② 布置成有节奏的连续。色彩的规律布置，又称色彩的韵律

感，容易引起视觉上的运动。色彩韵律感不一定用于大面积的部位，也可用于位置接近的物体上，如在一组沙发、一块地毯、一个靠垫、一幅画或一簇花上都有相同的色块就能取得联系。墙上的组画、椅子的坐垫、瓶中的花等均可作为布置韵律的地方。

③ 用强烈对比。色彩由于相互对比而得到加强，视觉会很快集中于对比色上。通过对比，各自的色彩更加鲜明，从而加强了色彩的表现力。提到色彩对比，不仅有红与绿、黄与紫等色相上的对比，还有彩度对比、明度对比、冷暖对比等。不论采取何种加强色彩的方法，其目的都是为了达到室内的统一和协调。

2. 室内照明设计

室内照明主要来自于自然采光和人工照明。自然采光主要依靠日光，人工照明主要依靠各种电光源。自然采光在时间和强度上往往受到限制，且难以控制，完全采用自然采光已经不能符合工作和生活的需要；而人工光源则由于其高效、易控、可靠等特性，被广泛地使用。在许多空间中，人工光源已成为照明的主流，它在室内设计中能有效地起到烘托环境和气氛的作用，因此室内照明设计显得尤为重要，设计人员应掌握有关室内照明的知识。

（1）基本概念

1）光通量：指由光源向各个方向射出的光功率，即光源在单位时间内射出的光能量，以 φ 表示，单位为流明（lumen，简称 lm）。

2）电光源：指将电能转化为光能的物体，人工照明所用的光源一般分为热辐射光源、气体放电光源、场致发光光源等。

3）照度：指从光源照射到被照物体单位面积上的光通量，以 E 表示，照度的单位为勒克斯（Lux，简称 lx）或流明每平方米（lm/m^2）。夏季阳光强烈的中午地面照度约 5000lx，冬天晴天时地面照度约 2000lx，晴朗的月夜地面照度约 0.2lx。

4）亮度：指从某一方向看到物体反射光线的强度，即被照物体单位面积对某一方向反射的光之强度。亮度的符号是 L，公制单位是坎德拉每平方米（cd/m^2），也称尼特（Nit）。照度表示单位面积内入射光的量，亮度则表示眼睛从某一方向所看到物体的反射光的强度。亮度的大小取决于物体面层材料的反光性能以及照射在物体表面的照度大小。

5）眩光：指光源亮度过大或与人眼睛距离过近时，刺目的光线使人的眼睛产生不适或降低可见度的现象。当视野内亮度分布不适当、亮度的变化幅度过大或由于亮度在空间或时间上存在极端的对比时，同样也能引起眩光。眩光分为直射眩光和反射眩光两种形式。引起视觉不舒适的又称为不舒适眩光，降低眼睛观察物体能力的称为失能眩光，这两种眩光可同时存在。防止眩光的方法有两种，一是降低背景与所视物之间的亮度差，二是控制光源。控制光源包括降低光源的亮度、调整光源的照射角度以及采取措施对可能引起眩光的光源方向做一定遮挡（比如展厅内的高窗处理，就是利用窗下墙阻挡可引起眩光的光线）。

（2）人工照明光源的类型　在室内人工照明设计中，应根据室内空间具体环境的客观条件进行光源设置，在满足照明功能要求的前提下，还应考虑其艺术效果。室内人工照明光源主要有以下几种：

1）白炽灯：指用电流加热灯丝至白炽状态而发出可见光的光源。白炽灯分为真空白炽灯和充气白炽灯，由灯丝、支架、引线、玻壳、灯头等部分组成。白炽灯无需点燃附件，使用方便，显色性好（平均显色指数 Ra 在 95 以上），但发光效率低，约为 10 ~ 14lm/W。白炽灯成本低，易于大批量生产，是使用广泛的光源，多用于较为耗电及开关频繁的建筑空间内。

2）卤钨灯：指利用卤钨循环作用的原理制成的一种白炽灯。卤钨灯的玻壳采用耐高温石英玻璃制造；灯体仅为同功率普通白炽灯的 0.5% ~3%；灯内有卤钨再生循环，可延长灯泡的寿命；灯丝工作温度和发光效率均比普通白炽灯高，可达 20lm/W 左右。卤钨灯一般有管形灯、单端灯、带反光镜的灯三种类型，它体积小，质量轻，使用安全方便（无需附件），显色性好，广泛用于室内外照明、汽车照明、舞台照明和电化教育照明。

3）荧光灯：指主要利用灯管内汞蒸气原子放电时激发出的紫外线照射到灯内壁的荧光粉而发出可见光的低气压灯，发光效率为 50lm/W 左右。荧光灯由灯管、电极、荧光粉、汞和惰性气体、灯头等组成，灯管可制成直管形、环形、U 形等。对荧光灯寿命有很大影响的因素有温度过高或过低、湿度过大、起动电流太大、电源电压过高或过低、开关次数频繁等。荧光灯多用于使用时间较长及开关不频繁的建筑空间内。

4）气体放电光源：指在电场作用下，气体、金属蒸气或两者的混合物放电而发光所形成的光源。按发光物质的不同，可分为金属类、惰性气体类、金属卤化物类。按气体放电形式的不同，可分为弧光放电和辉光放电两类。荧光灯和低气压灯是低压弧光放电灯；荧光高压汞灯、高压钠灯、金属卤化物灯是高压弧光放电灯。

（3）照明在室内环境中的作用

1）渲染室内空间的气氛。在室内环境中，照明可以起到强化室内空间的表现力、渲染室内空间气氛及增强室内空间艺术效果的作用。在具有不同使用功能要求的空间中，应采用不同的照明方式及灯具造型，以获得丰富多彩的室内环境，还可利用光和影的艺术形成光影变幻的丰富气氛。

2）划分空间。同一个室内空间有时需要分出两个以上不同的功能区，利用室内照明设计及灯具的布置是划分区域的有效手段之一，利用室内照明可以形成相对独立的区域。

3）灯具的装饰艺术。现代灯具不仅在室内环境中起着照明的作用，同时也起着装饰及渲染室内环境气氛的作用，如图 4-18 所示。由于灯具的材料、色彩、造型、风格等因素的不同，创造出的室内环境艺术效果也是不同的，如采用玻璃、透明塑料的灯具可以形成较为现代的晶莹剔透的华丽氛围；采用陶瓷、竹藤作为材料的灯具常给人朴素的亲近感。

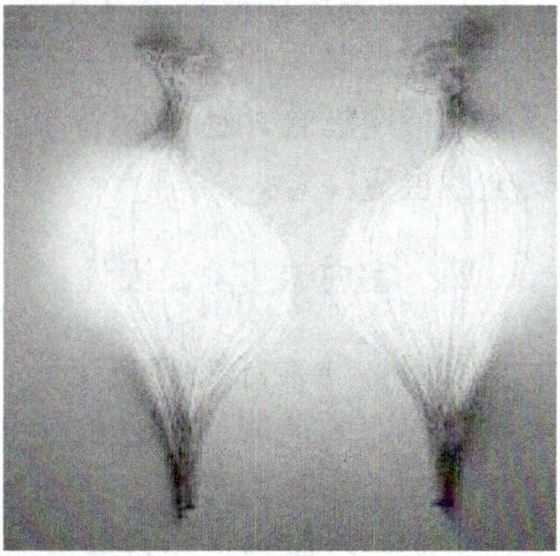

图 4-18　灯具的装饰艺术

（4）室内照明的设计原则

室内照明设计原则是室内照明的保障。

1）满足功能要求，提供良好的照明质量。室内照明设计应满足具有不同功能空间的使用要求。良好的照明质量能最大限度地保护视力，提高工效，防止生产事故和差错。因此，在照明设计中应处理好以下几个影响照明质量的主要因素。

① 照度稳定。照度稳定是提高工作效率、保护视力的重要因素之一，为了保证照度稳定，应使工作面的照明电压稳定，这就要求照明线路和动力线路分开。

② 照度均匀。这主要是针对工作照明而言的，照度均匀可使眼睛不易疲劳。因此，进行照明设计时，必须采用合适的灯具布置，使工作面上最大和最小照度之差不大于平均照度的六分之一。

③ 适当的亮度分布。视野内存在明显不同的亮度，会迫使眼睛为了去适应它而很快疲劳，因此，室内照明的亮度分布要均匀。为此，除了应有合理的灯具布置外，还要采用必要的灯具保护角以及降低灯具表面亮度等措施。

④ 限制眩光和减弱阴影。眩光刺眼妨碍视觉，阴影则遮蔽细部不利于观察。因此，除了选择合理的灯具、确定适当的悬挂高度外，还要使光线的投射方向较为合理。

2）强调照明的艺术性，创造良好的空间气氛。室内照明不仅包含功能性和技术性，同时也具有艺术性。因此，一个好的设计师也应从艺术的角度来研究室内照明的问题，力求增强室内空间设计的感染力，营造理想的环境氛围，使之与室内整体环境造型要求和风格相一致。

3）加强照明设计的安全性。在采用火炉、蜡烛等人工光源照明时，应注意照明的安全性，以避免意外事故的突发。在对照度要求较高的特定场合，还应配备事故照明。除此之外，照明器具本身的安全性也应注意。

四、室内绿化陈设设计

人们喜爱大自然中的花草、树木、山石、流水等一切美景，欣赏它们丰富的色彩、蓬勃的生机及不经雕琢的自然形态，人们更渴望在生活中接触自然、亲近自然，利用自然来改善和提高生活的环境质量。绿化陈设不仅能美化环境，表现室内环境的文化艺术内涵，还能极大地改善和提高室内的环境质量，因此，室内绿化陈设设计已经被人们视为现代室内设计中一种必不可少的内容，同时也是设计人员应掌握的知识之一。

室内绿化陈设，从种类上讲，主要可分为盆栽、盆景、插花及观赏石四种；从观赏角度讲，可分为观叶、观花、观果三种。

1. 盆栽

（1）常用盆栽植物的特点及种植要求　在室内空间中，经常选用盆栽作为室内陈设。盆栽品种多样，表4-3列举了常用盆栽植物的特点及种植要求，以供应用中参考。

表4-3　常用盆栽植物的特点及种植要求

名　称	特　点	种植要求
南洋杉	常绿乔木，盆栽高度一般为1～2m；幼树树冠呈塔形，大枝平展或斜展，侧生小枝下垂；叶片长达7～20mm，呈钻形、针形或三角形，为亮绿色	性喜温暖湿润，不耐寒冷和干旱；夏季要经常洒水；冬季移入温室越冬，温度不低于7℃
苏铁	又名铁树、凤尾蕉，为常绿乔木；体型优美，叶集生于干顶，羽状深裂，长0.5～2m，裂片条形，革质坚硬，边缘反卷，深绿色有光泽；雌雄异株，其叶片是极佳的插花材料	性喜温暖湿润，畏浓霜寒风而耐干旱；冬季移入室内越冬；夏季要避免烈日曝晒
彩叶凤梨	常绿附生草本；叶丛呈莲座状，基部成筒形，常贮水于其中；叶片革质，边缘有细刺，亮绿色；开花前中心的叶片变成红色或淡紫色，因此又名红心凤梨	喜温暖湿润半阴环境，有一定的耐旱力；生长适温为20～25℃；冬季需要10℃以上的气温
花叶万年青	直立草本；茎粗壮，叶多集生于茎顶，叶片呈宽椭圆形，叶面为绿色杂以白色或金黄色不规则斑点和斑块，株形挺拔，洒脱高雅，质朴自然；其他栽培品种有大王万年青、乳斑万年青、黛粉叶等	喜高温多湿半阴环境；夏秋季应避免强烈的直射阳光；冬季以保持土壤湿润为度，越冬温度不可低于15℃
银边鸢尾	多年生常绿草本；根状茎匍匐多节，节间短，叶剑形，挺拔，淡绿色，内向一侧边缘有银白色条纹；其株形挺拔，叶色青秀，四时可观	耐寒，喜湿润半阴环境，盆土宜用疏松肥沃的腐殖土；生长适温为15～25℃，但在露地-9℃低温下无冻害

（续）

名　称	特　点	种植要求
兰花	多年生常绿草本，优美而素雅，清香而幽娴，素有“天下第一香”、“香祖”之美称；其种类繁多，主要有气生兰和地生兰两大类；气生兰又称热带兰或洋兰，色彩艳丽，无香气；地生兰主要生长在我国，有春兰、蕙兰、建兰、报岁兰等品种，其中春兰香气最醇	喜排水良好、富有腐殖质的肥沃酸性土壤，喜半阴、凉爽、湿润、无烟尘的环境，虽耐寒，但一般最好在0℃以上的室内越冬
君子兰	花朵向上形似火炬，花色橙红，端庄大方；叶片宽阔呈带形，叶色苍翠有光泽，质地硬而厚实，并有脉纹；根乳白色，粗壮，有肉质感；栽培品种有垂笑君子兰和大花君子兰等	喜半阴，气温以10～25℃最宜，适宜在疏松肥沃的微酸性有机质土壤内生长
水仙花	多年生球根花卉；叶变态呈鳞片与芽组合成鳞茎，叶芽与花芽均长于同一横线上，叶芽有2～4枚叶，花芽有4～8枚叶；高温休眠期形成花芽，花葶出自叶片中心，有花3～10朵	水养期间光照必须充足，叶色才能浓、阔而且短；水温不应超过20℃，否则开花提前，叶片徒长有损美观
杜鹃花	常绿、半常绿或落叶类灌木或小乔木；叶片为纸质或草质，有光泽；花朵顶生，呈漏斗状或筒状，多数单瓣，少有套瓣；其种类很多，有春鹃、夏鹃、春夏鹃、毛白杜鹃、西洋鹃和东鹃等	性喜半阴、温暖，畏炎暑；适于排水良好、湿润的酸性土壤，一般在盆面稍发白时浇水
四季秋海棠	多年生常绿肉质草本；花朵簇生于叶腋，雌雄异花，雄花大；果实呈三棱形；园艺品种甚多，株形有高种和矮种，叶色有纯绿、红绿、紫红、深褐，花有单瓣和重瓣，花色有白、粉红、深红及中间类型；花期四季，但以春秋二季最盛	喜温暖湿润的半阴环境，既怕干燥又忌积水；以肥沃、排水良好并含有机质的微酸性土为宜；生长适温18～20℃，冬季不低于0～5℃便能安全越冬
山茶花	常绿灌木或小乔木，品种繁多；花色有白、桃红、朱红、玫瑰红及红白相间色等；花形有多种，有排列整齐的喇叭筒状花朵，有单瓣花朵，有状似松树果的花朵，还有的像荷花、月季、芙蓉的花形等	喜温暖的湿润环境，忌烈日，宜半阴的散射光照；适于肥沃和排水良好的微酸性沙质土壤；能耐0℃的低温，但花蕾易遭冻害

（续）

名　称	特　点	种植要求
小茶梅	又称茶玫、红茶梅，是茶花的一个品种，属常绿小灌木；株高不足1m，枝多横向生长，叶片小，浓绿色，花大多重瓣，一般呈玫瑰红色，也有单瓣和重瓣，其颜色呈白色、红色	喜温暖湿润，忌炎热；盆土宜用微酸性有机质含量高、排水好的沙质土
郁金香	多年生球茎，叶宽如剑，有3～5枚；花单朵，顶生于花茎；株形、花形、花期、瓣形、花色等种类繁多，园艺品种已达一万左右；花色中缺少白、绿、蓝三色，花朵昼开夜合	性喜温暖湿润、光照充足，但亦耐干旱和严寒；喜排水良好、含腐殖质的沙砾土，以微酸性偏中为好，忌连作及碱性土
大岩桐	多年生草本；扁圆形块茎上长出极短的茎；叶片肥厚而大，对生，叶色翠绿，全株密披白色绒毛；花梗粗壮，抽自叶腋间，顶生一花，花大，如钟形，花色有深红、玫瑰红、洋红、紫蓝、白等色，还有镶白边的	喜温暖湿润的半阴环境，喜肥沃土壤，生长适温为10～22℃，喷水、施肥切忌污染叶片，以防腐烂

（2）盆栽植物对室内环境的影响

1）净化空气、调节气候。植物是大自然生态环境的主体，它能通过自身的生态特点起到净化空气、调节气候条件的作用。盆栽植物在室内空间的气体交换中，可以除去空气中的一些粉尘及气态污染物，限制它们的散布，降低污染程度；同时盆栽植物能调节气温，增加室内空间的空气湿度，改善室内小气候。此外，盆栽植物还具有良好的隔声和吸声作用。

2）组织空间，丰富空间层次。盆栽植物在组织空间、丰富空间层次方面起着不可忽视的作用，主要表现在对室内空间的分隔与限定、空间的过渡与延伸、空间的填充和引用及空间的柔化和强调等方面，如图4-19所示。

（3）布置盆栽植物的基本形式及需要注意的问题　在室内空间中布置盆栽植物，可采用点式、对称式、线式、平面式、隔断式、壁挂式、吊挂式等基本形式。

盆栽植物的选择应考虑以下三个问题：

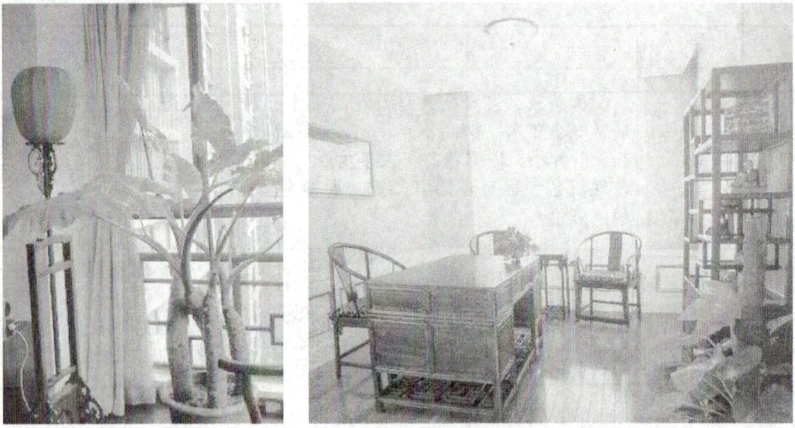

图 4-19　盆栽植物丰富空间层次

一是从盆栽植物自身的生态特性上考虑，应选择有利于人体健康的植物。

二是从盆栽植物生长的物质条件上考虑，包括光照、土壤、空气、水、温度等，应选择适合于室内环境的植物。

三是从盆栽植物的观赏特性上加以选择。植物的观赏特性主要表现在两个方面，首先是植物的自然特性，如植物特有的形状、色彩、质感、大小等，它们直观的外在表现给人以感染；其次是植物的感性特征，如植物的季节性、象征性等，它们是人们长期以来的总结和概括。在选择室内盆栽植物时，需要对这两方面因素综合加以考虑和处理。

2. 盆景

盆景是运用不同的植物、石块、水等作为基本素材，模仿大自然的千姿百态，经过艺术加工，将宏观景色寓于微观之中。它是我国传统的优秀艺术珍品，也是室内装饰的佳品。

（1）盆景的分类　盆景主要有川派、徽派、岭南派、苏派和扬派五大流派，其特点详见表4-4。各种流派的盆景都具有自身的风格特点，反映了不同地域的审美倾向，而这些不同的审美倾向又受当地文化、艺术思想的影响。

表 4-4　盆景各大流派的主要特点

流　派	特　点	地　点
川派盆景	川派盆景以雍容典雅、婀娜多姿见长，成都的山水盆景以表现秀丽、险峻的自然山水为主；树桩盆景以老干新杆表现古树山珍著称。川东盆景注重写实，质朴敦厚；川西盆景力求写意，清丽隽秀。川派盆景中竹类盆景占有较大比重	成都为中心，辐射温江、郫县、重庆、新都等地，另有川东、川西两处
徽派盆景	徽派盆景的艺术风格受新安画派的影响。树木的造型有规则型，也有自然型，其选材以梅花、黄山松、松柏等为主	绩溪、休宁、黟县等地
岭南派盆景	岭南派盆景采用“蓄枝截干”的方法修剪，形式多样，盆景的造型具有岭南画派的神韵；盆景树木以木本植物为主，如榔榆、雀梅、九里香、福建茶等	广东、广西
苏派盆景	强调盆景造型的构思、构图、立意，深受诗词、书画以及园林艺术的影响，力求在咫尺之间表现大自然的无限风光，其造型灵动清秀，并富有诗情画意；苏派盆景注重对盆和架的选择，讲究盆、架与景的搭配	苏州、上海、无锡
扬派盆景	树木盆景以观叶类的松、柏、瓜子黄杨等为盆景树木，并自幼苗时采取人工剪扎的方法塑造成形，并形成各种具有陈式化的造型；山水盆景以水旱结合的形式著称，造型古朴、野逸；扬派盆景受中国理论的影响颇深	以扬州为中心，影响了泰州、泰兴、东台、高邮等地

（2）盆景布置应注意的问题

1）应选择适合室内环境气氛的盆景。不同的室内具有不同的环境气氛，不同的盆景又有不同的内容和形式，在室内布置盆景时应认真挑选合适的盆景去适应室内环境的气氛，如对于庄严肃穆的大会场，就应选择气势磅礴的松石盆景，而优雅宁静的书房则可布置端庄秀丽的树桩盆景。

2）选择合适的高度和位置放置盆景。大多数盆景应摆放在人站立时的视平线高度处，但放在桌、博古架、柜顶的盆景，并不是在这个高度上，如悬崖式盆景就应该放在高于视平线的橱、柜等物件之上，体量不大的平展式、斜干式、卧干式盆景可摆放在视线低的茶几上，博古架上微型盆景的高度更是不求统一。通常盆景放置的位置都在人的视线焦点位置或者是必须强调的视觉中心位置。

3）选择合适的背景。盆景在室内空间作为点缀环境的陈设，需要强化它的视觉感知度。因为盆景大多为深色，所以盆景的背景应是淡色调，而且不应有任何复杂的物象或图案，以此突出盆景的视觉感受。有时为了烘托盆景的气氛，在背景上挂置了书法，这是很好的构思，但应注意书法作品的内容应与盆景的立意一致，但最好不要与盆景重叠，做到既是一个整体，但又互不影响。

3. 插花

插花是以切取植物可供观赏的枝、花、叶、果、根等部分，插入容器中经过一定的技术和艺术加工，组合成精美的、富有诗情画意的花卉装饰品。插花是极富装饰感的室内陈设品，它既可装饰室内环境，给人带来美的享受，又可表达特定的文化传统，提高人的艺术品位。

（1）插花的分类

1）根据插花的用途，可分为礼仪插花和艺术插花两类。

礼仪插花中有花篮、花束、桌花、圣诞节插花、新娘捧花等。花篮的尺寸可大可小，造型上有单面观和四面观两种，多用于喜庆、婚丧、会议、开业、迎宾等场所；花束不需容器，携带方便，造型上也有单面观和四面观两种，常用专用的包装纸、纱及丝带包扎及装饰，多用于迎宾、祭奠或各种私人社交场合。

艺术插花有瓶花、盆花等。瓶花是东方传统插花的典型形式，其技术关键是花枝的固定；盆花作品大多要表达一种意境，意境的创造在某种程度上类似于盆景，但在用材、表现手段上比盆景更为灵活和丰富。

2）根据插花的艺术风格，可分为东、西方插花和现代自由式插花。东、西方插花艺术特点的对比见表4-5。

表 4-5　东、西方插花艺术特点的对比

	东方式插花	西方式插花
立意	重视意境和思想内涵的表达，体现东方民族中的情趣	注重装饰效果，不过分强调思想内涵
造型	充分利用植物材料的自然姿态，因材取势，抒发情感，表达意境，并强调造型中线条的美感	讲究几何造型，追求色彩、质感、比例、尺度等整体的、和谐的视觉效果，与西式传统建筑艺术的造型要素有相似之处
构图	在构图上崇尚自然，采用不对称式构图法则，讲究画意，布局上要求主次分明，虚实相间，俯仰相应，顾盼相呼	大多采用对称或均衡的方法，体现构图的稳定感和人为的力量美
选材	注重花材的人格化意义，赋予作品以深刻的思想内涵，用自然材料来表达作者的精神境界，所以非常重视花的表象及文化内涵	将花材作为装饰造型的色彩、形状等造型因素，注重花材组合后的视觉效果，不赋予花材任何人格化意义
色彩	以典雅、庄重为主，提倡轻描淡写，注重华丽的插花一般用于喜庆场合和热闹的公共场所	花材种类多，追求丰富、艳丽的色彩，着意渲染浓郁的气氛
表现方法	多以数个主枝作为骨架，高、低、俯、仰构成各种程式化的构图形式，如直立、倾斜、下垂等	注重花材和花器的协调、作品与环境场合的协调，常使用多种花材进行色块组合

从表 4-5 中可以看出，东、西方插花艺术的特点与东、西方哲学思想、文化传统，特别是艺术特点是一脉相承的，因此，可以说任何一件优秀的插花作品都是一种思想观念、文化传统和审美意识的完整体现。

3）根据所用花材不同，插花可分为鲜花插花、干花插花、人造花插花和混合式插花四种。

（2）插花的方法

1）造型原则：插花造型的一般原则是应根据花材的形状特点来进行插花。花材的形状大致可以分为五类：一是线状花材，其枝、叶或花序的形状直立修长或呈流线形，叶、芽及花沿茎杆或花葶分布，如银芽柳、迎春、龙爪柳、龙舌兰等，这类花材可以确立作品的外形轮廓、大小比例；二是块状花材，其花形或叶形固定而厚实，形成一个个独立的色块效果，如牡丹、菊花、月季等，这类花材在插花作品中常被用在构图的主要位置，它们是作品的主体花材，对作品的重心及均衡起着重要作用；三是特形花材，具有独特的形状，如鹤望兰、红掌、蛇鞭菊等，这类花材本身就具有独特的吸引力，所以常被用在作品构图的焦点位置；四是填充花材，其枝茎多而纤细，花叶或细碎或疏朗，如满天星、霞草、白孔雀等，这类花材起到填充以及遮挡花泥、花茎杆的作用，作为“焦点花”和主体花材的衬托；五是叶片，它是衬托花卉和丰富构图不可缺少的材料，常用的有龟背竹、肾蕨、文竹等。

2）插花的造型设计：插花构图的类型，从外形上分主要有对称式和不对称式两种。其中较为常用的是对称式构图，其外形轮廓整齐，呈各种规则的几何图形，如三角形、椭圆形、圆形、半球形、扇形、锥形等，此类构图的插花要求花材多，且花、枝、叶的形状整齐、构图丰满、大小适中，多用于餐厅、会议室、客厅、书房之中，表现华丽端庄的风格，烘托喜悦欢庆的气氛。

3）插花的色彩配景：插花作品除了要设计出优美、生动的造型外，还应配置好花卉之间的颜色。插花色彩配置的方法主要有同种色的配置、同类色的配置、近似色的配置及对比色的配置四类。

4. 观赏石

观赏石也称“奇石”、“怪石”、“雅石”等，是指具有观赏价值的石质陈设品，它是一种缩景陈设，造型奇特，色彩、花纹、质地天然成趣，是陈设或收藏之上品。观赏石在应用上可分为两类：一类是造园中用于堆山叠石、散石点缀的奇石，形体较大；另一类为室内陈设用的奇石，形体较小，玲珑剔透，与盆架座的衬托物相配，构成室内景观。

（1）观赏石的分类

1）按观赏石的地域，可分为山石、平原石、溪河石、海石四大类。

2）按观赏石的物质构成，可分为矿物类观赏石、岩石类观赏石和古生物类观赏石三大类。其中岩石类的观赏石按欣赏的角度，又可分为祟形石和祟意石两种。祟形即以欣赏形体为目的，重视岩石的形态和品位；祟意则重视岩石形态、色彩、纹理所产生的意境和想象。

（2）观赏石的特点

1）奇特的外形。由于观赏石是自然形成的，故大多具有鬼斧神工的造型。

2）自然的色泽。大多数观赏石或色彩天然，或光泽透明。

3）纹理生动。许多观赏石具有粗细各异、曲折回旋、疏密有致的纹理，这些纹理仿佛是对自然景观的描绘。

4）质地坚韧。多数观赏石能经受一定程度的外力敲击而不破损。

（3）观赏石布置中需要注意的问题

1）布置观赏石可以显示出室内环境的自然情趣和中国传统文化的儒雅气息，故在表现现代风格的室内空间中一般不宜布置大中型的观赏石。

2）观赏石的形体有大有小，大者多作室外景观，小者可在股掌把玩，一般大小者多置于景盘几架之上。

3）室内空间中的观赏石大多以墙面作背景布置，少数大体量的观赏石可布置在大厅的中部。

4）观赏石的景盘造型样式与盆景的景盆造型样式相似，材质主要有陶、紫砂、大理石、水磨石。对景盘的选择一是考虑与观赏石体量的关系，二是注意与观赏石风格的协调。至于景盘的材质，可根据观赏石的价值高低决定材质的档次。

5）应注意选择合适的几架。观赏石的几架有用木质的，也有用竹子和树根的。不同材质的几架也有不同的视觉效果，木质几架古朴儒雅，竹子几架轻盈清新，树根几架质朴自然。

五、室内装饰方案设计实例

实例1　江南某餐厅小门厅的装饰方案设计

图4-20～图4-27所示为江南某餐厅小门厅的装饰方案设计图样，其中包括平面图、顶面图、主要立面图以及重点部位的节点大样图，该工程实例可使读者了解装饰方案设计图样的基本内容和深度。

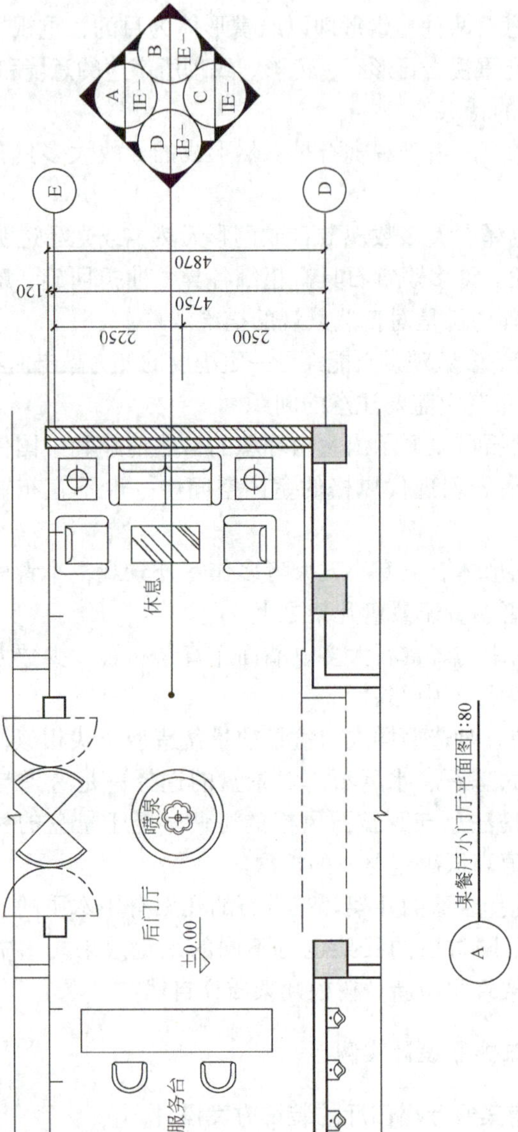

图 4-20　江南某餐厅小门厅平面图

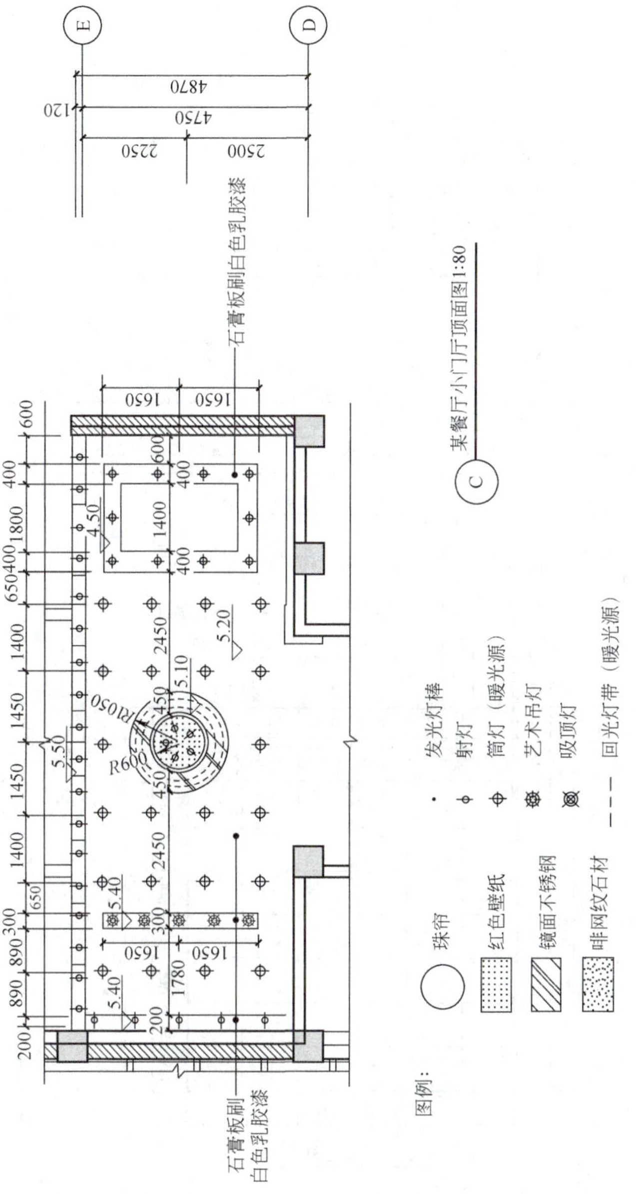

图 4-21　江南某餐厅小门厅顶面图

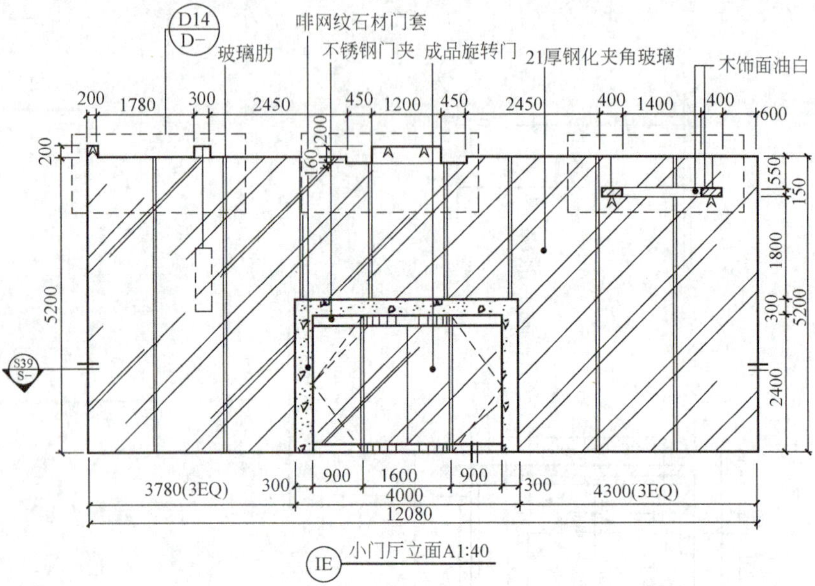

图 4-22 江南某餐厅小门厅立面图 A

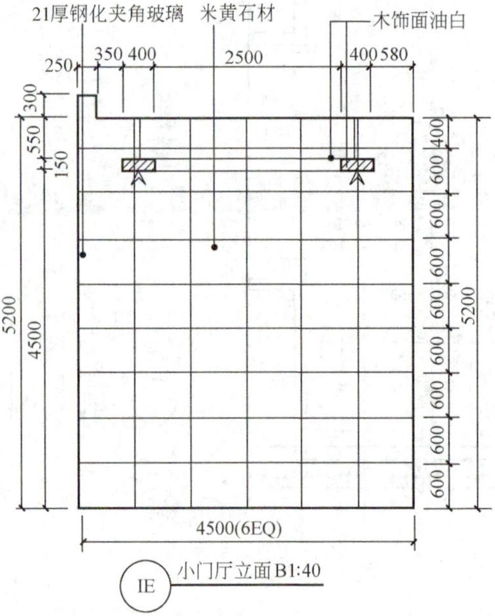

图 4-23 江南某餐厅小门厅立面图 B

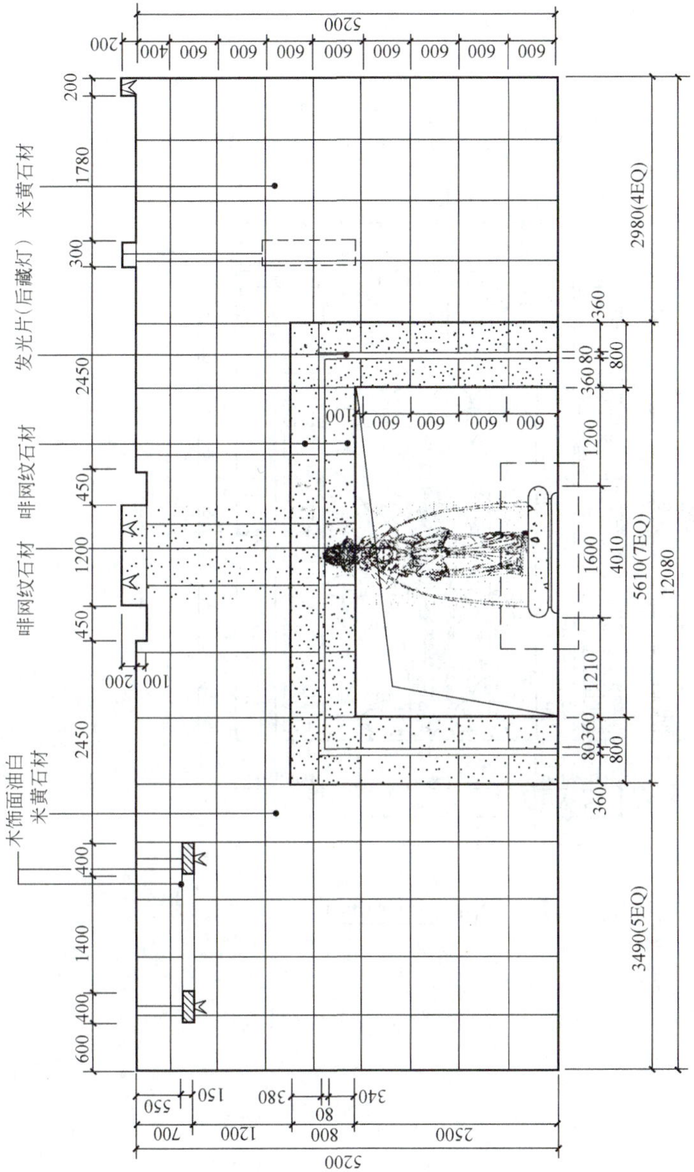

IE 小门厅立面C1:40

图 4-24　江南某餐厅小门厅立面图 C

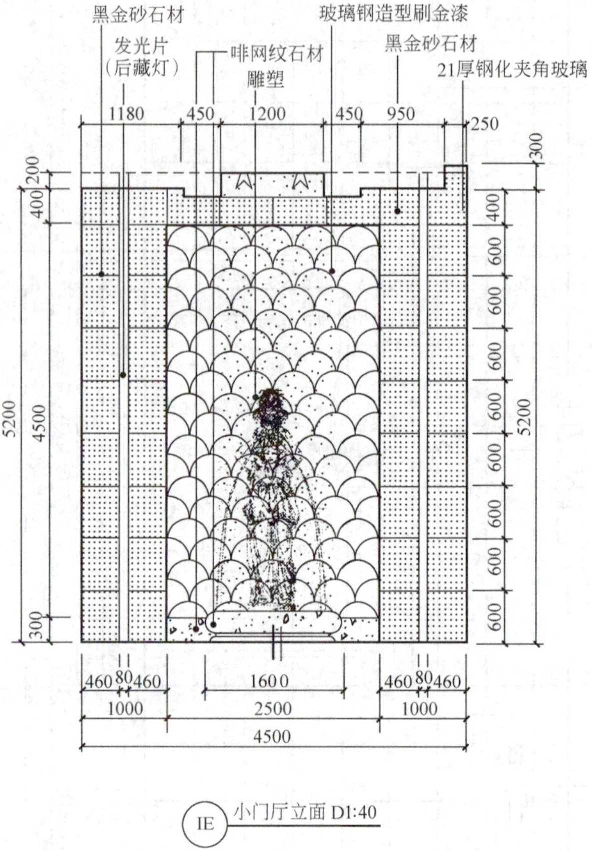

图 4-25　江南某餐厅小门厅立面图 D

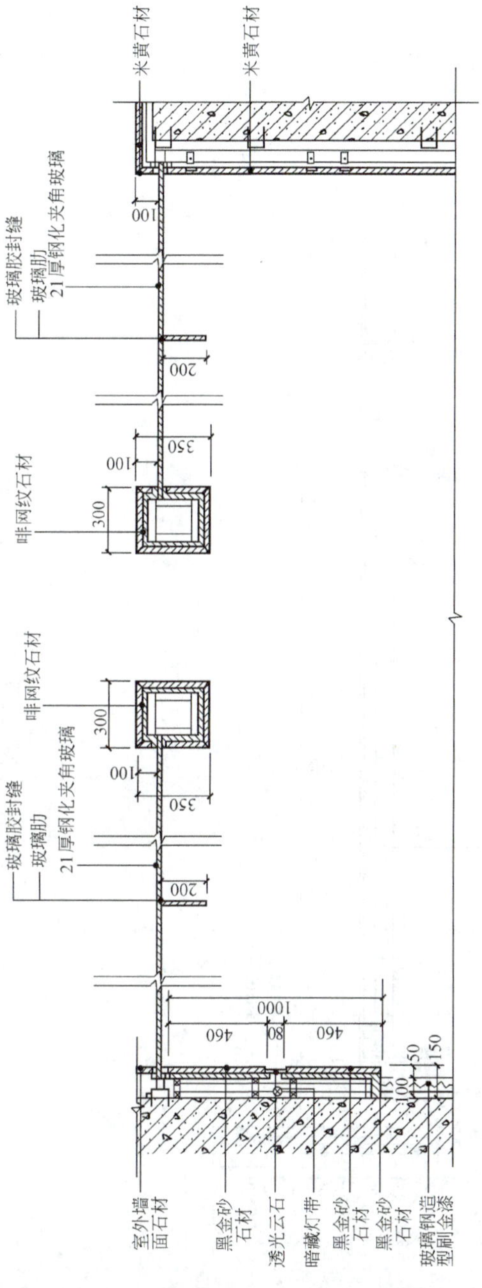

图 4-26　江南某餐厅小门厅剖面图

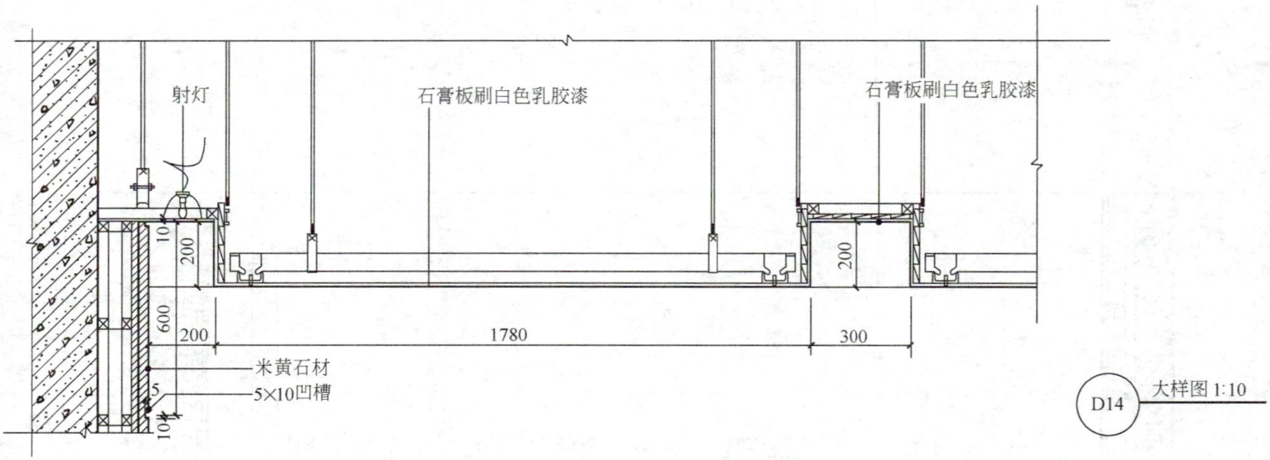

图 4-27　江南某餐厅小门厅大样图

实例 2　某图书馆期刊阅览室的装饰方案设计

图 4-28 ~ 图 4-33 所示图为某图书馆期刊阅览室的装饰方案设计图样，其中包括平面图、顶面图、主要立面图，该工程实例可使读者了解装饰方案设计图样的基本内容和深度。

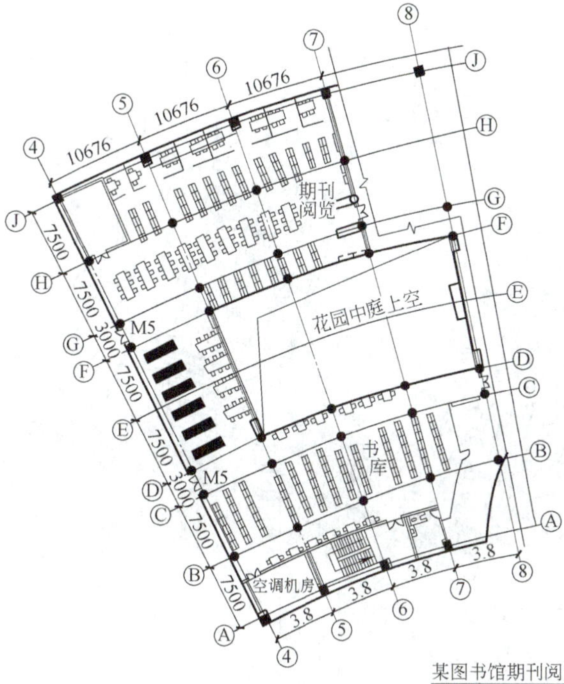

某图书馆期刊阅览室平面图 SCALE1:200

图 4-28　某图书馆期刊阅览室平面图

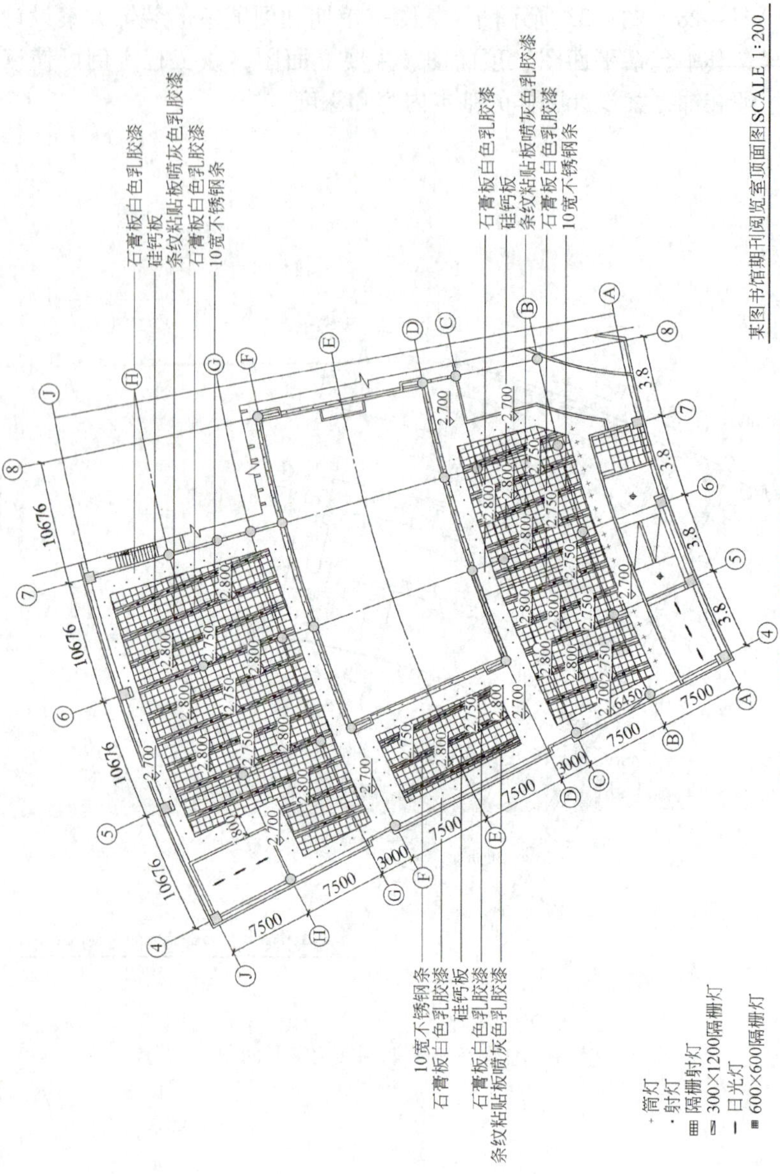

图 4-29　某图书馆期刊阅览室顶面图

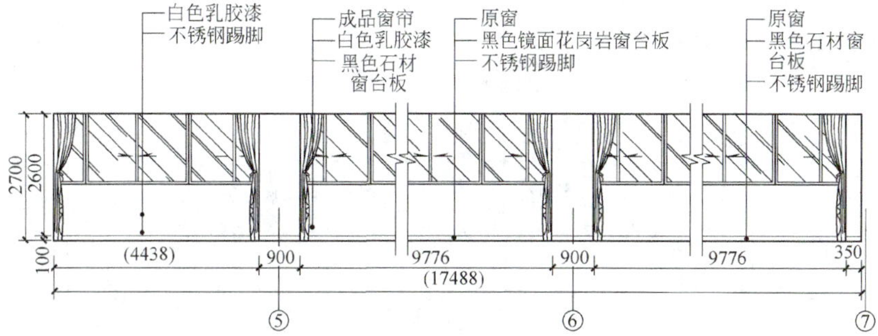

某图书馆期阅览室立面图A　SCALE 1:50

图 4-30　某图书馆期刊阅览室立面图 A

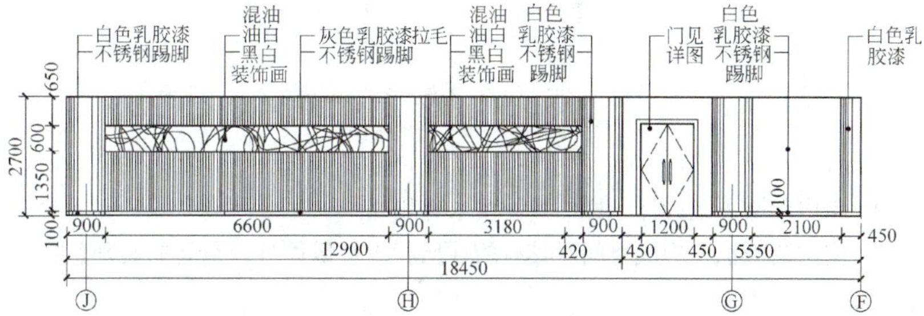

某图书馆期刊阅览室立面图B　SCALE 1:50

图 4-31　某图书馆期刊阅览室立面图 B

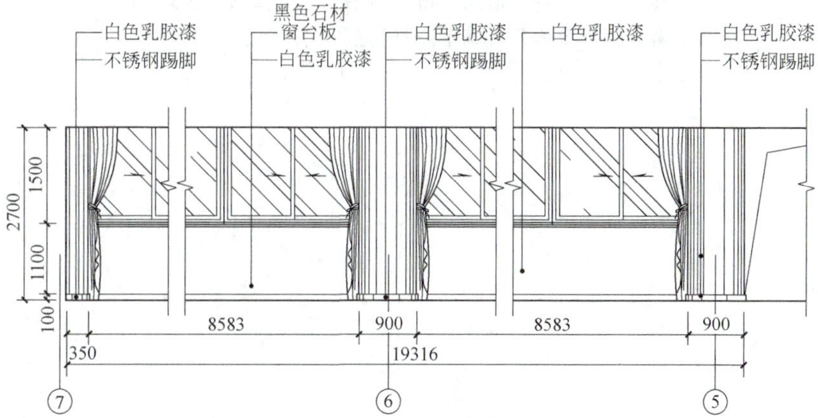

某图书馆期刊阅览室立面图C　SCALE 1:50

图 4-32　某图书馆期刊阅览室立面图 C

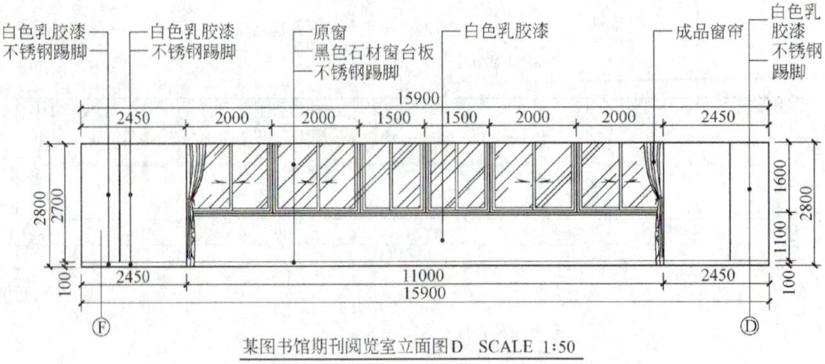

图 4-33 某图书馆期刊阅览室立面图 D

复习思考题

1. 室内装饰方案设计图样的具体要求有哪些?

2. 室内装饰根据构成空间所具有的性质特点加以区分,空间的类别包括哪些?

3. 室内装饰在室内表现技法中,有哪几种常见的表现技法?

4. 室内装饰内墙瓷砖粘贴时的施工过程有哪几步?

5. 简述家具设计中功能、造型、材料与结构三大要素的关系?

6. 建筑室内空间中有哪几种基本家具类型?

第五章

室内装饰施工图设计

培训学习目标 了解装饰工程的基本知识、室内装饰的构造与做法及建筑设备的基本知识，并掌握绘制施工图的知识，能熟练绘制施工图。

第一节 装饰构造的基本知识

方案设计经过反复的修改之后将会进入深化设计阶段，这时需要设计人员更深入地了解装饰装修方面的知识，特别是装饰构造知识及施工要求方面的知识，并将这些知识运用到实际设计中去。装饰构造解决的是实施装饰工程的具体做法，装饰构造设计涉及到装饰效果、工程造价以及结构安全等问题。因此，设计者及装饰工程的相关人员都应熟练掌握装饰构造的知识。

装饰构造的基本类型可分为两种：一是饰面构造（或称覆盖式构造），它是通过覆盖物在建筑构件的表面起保护及美化作用的构造形式；二是配件构造（或称装配式构造），它是通过组装构成各种制品或设备，使之兼有使用功能和装饰作用的构造形式。

构造的基本做法，一般有现场制作方法、粘贴方法、装配方法及综合技法四种。现场制作方法，是在现场制作具有成形面层效果的整体式装饰做法，如各种装饰饰面、装饰块等；粘贴方法，是将工厂预制的具有面层装饰效果的成品或半成品材料，用适合的胶粘材料附加于建筑构件之上，适于这一方法的主要有壁纸、面砖、马赛克、微薄木以及部分石材和木质饰面等；装配方法，是装饰面与建筑构件之间采用柔性或刚性连接方式，饰面大多数是可拆卸的，适于这种方法的材料有金属板材、玻璃板材、异形塑料墙板、石膏板、矿棉板以及部分石材饰面和木质饰面材料、幕墙单元体，这些材料大多可用钉接的方法进行装配；综合技法，是指两种或两种以上不同类型的方法混合在一起使用，以期得到某种特定的效果，这种方法虽然在材料和加工工艺方面变换无定规，但能解决施工中的实际问题。

一、顶棚

顶棚又称天花、天棚，是室内空间的顶界面。顶棚在人的视野中占有相当大的视域，其装饰处理对整个室内装饰效果具有举足轻重的影响。同时，顶棚对于改善室内的光环境、热工环境、声环境以及提高室内环境的美观性、舒适性和安全性具有很大的作用，对于装饰工程的造价有较大的影响。因此，顶棚的装饰构造设计是现代室内装饰设计非常重要的组成部分。

1. 顶棚装饰构造设计原则与类型

（1）顶棚装饰构造设计原则　顶棚的构造、用料、色彩和造型在满足功能要求的前提下应与空间的气氛和风格协调；设计时应解决好顶棚上方的管线、风口、电器等设备的配合及隐蔽问题；应充分考虑卫生、安全、防火等要求，在构造上采取相应的措施。

（2）顶棚装饰的类型　按装饰面与基层的关系可分为直接式顶棚和悬吊式顶棚两种；按饰面材料与龙骨的关系可分为活动装配式顶棚和固定式顶棚两种；按外观可分为平面式顶棚、井格式顶棚、分层式顶棚、构架式顶棚以及发光顶棚；按装饰面材可分为石膏板顶棚、矿棉板顶棚、金属板顶棚、木质顶棚以及玻璃顶棚等；按承载能力可分为上人顶棚和不上人顶棚。

这里是重点，要清楚顶棚装饰各种形式的分类。

2. 顶棚的构造与做法

（1）直接式顶棚的构造与做法　直接式顶棚是在屋面板或楼板等底面上直接进行装饰加工的，一般构造较为简单，厚度小，因而室内空间可以得到充分利用。同时，相对而言其材料用量少，施工方便，工程造价较低，但这类顶棚没有供管线等设备、设施隐藏的内部空间。

（2）悬吊式顶棚的构造与做法 悬吊式顶棚一般由预埋件及吊筋、基层、面层三个基本部分构成。

1）顶棚的预埋件及吊筋：顶棚的预埋件是屋面板或楼板与吊筋之间的连接件，主要起连接和固定的作用。顶棚的吊筋主要用于传递顶棚的荷载，即将顶棚的荷载通过吊筋传递到屋面板或楼板等部位。吊筋可采用钢筋、型钢、镀锌铁丝、方木等材料制成。钢筋吊筋用于一般顶棚，应不小于 ϕ6mm，与龙骨之间可采用螺栓连接；型钢吊筋用于重型顶棚或整体刚度要求很高的顶棚；方木吊筋一般用于木质基层的顶棚，常采用铁制连接件加固。另外，金属吊筋和预埋件都必须进行防锈处理。

2）顶棚的基层：顶棚的基层即骨架层，包括由主龙骨、次龙骨（或称主格栅、次格栅）所形成的网格骨架体系。其作用主要是形成结构体系，确保面层铺设，承担顶棚荷载，并将其荷载通过吊筋传递给屋面板或楼板的承重结构。

常用的顶棚基层有木质基层和金属基层两大类。

① 木质基层。木质基层由主龙骨、次龙骨、横撑龙骨三部分组成。其中，主龙骨通常为 50mm × 70mm 方木，钉接或栓接在吊筋上，间距一般为 1.2 ~ 1.5m；次龙骨通常为 50mm × 50mm 方木，钉接或栓接在主龙骨的底部，并用 8 号镀锌铁丝绑扎，其间距抹灰面层一般为 400mm，板材面层应根据饰面板材的规格及其缝隙大小确定，一般不大于 600mm。

固定板材的次龙骨通常双向布置，其中一个方向的次龙骨为 50mm × 50mm 方木，另一个方向的次龙骨一般为 30mm × 50mm 方木，可直接钉在 50mm × 50mm 的次龙骨上。

木质基层应采取相应的防火措施及防腐措施，多用于造型较复杂的顶棚。

② 金属基层。常见的金属基层材料有轻钢和铝合金两种。

轻钢基层龙骨是由薄壁镀锌钢带制成的型材，主要有 U 形、T 形和 C 形，其中在顶棚装饰中最常用的为 U 形龙骨。

U 形龙骨的尺寸、规格已形成了一定的系列。U 形龙骨由主龙骨、次龙骨、间距龙骨、横撑龙骨及各种连接件组成。主龙骨按其承载能力划分，主要有 38、50、60 三个系列，其中 38 系列龙骨适用于吊杆间距不大于 1.2m 的不上人顶棚；50 系列龙骨适用于吊杆间距不大于 1.2m 的上人顶棚，主龙骨可承受 80kg 的检修荷载；60 系列龙骨适用于吊杆间距不大于 1.2m 的上人顶棚，可承受 100kg 的检修荷载。龙骨的承载能力还与型材的厚度有关，当所承受的荷载较大时，应选用厚型材料，重型灯具、电扇及其他重型设备严禁安装在顶棚龙骨上。

铝合金龙骨是当前顶棚中用得最多的一种基层材料，常用的有 T 形、U 形、LT 形以及采用嵌条式构造的多种特制龙骨，其中最常见的是 LT 形龙骨。LT 形龙骨主要由主龙骨、次龙骨、间距龙骨、边龙骨及各种连接件组成。主龙骨按承载能力可分为轻型、中型、重型三个系列，轻型系列龙骨高有 30mm 和 38mm 两种，中型系列龙骨高有 45mm 和 50mm 两种，重型系列龙骨高一般为 60mm。中部中龙骨的截面为倒 T 形，边部中龙骨的截面为 L 形，中龙骨的截面高度为 32mm 和 35mm；小龙骨的截面为倒 T 形，截面高度为 22mm 和 23mm。

当顶棚需承受较大荷载或悬吊点间距较大，或者在其他特殊情况下，应采用角钢、槽钢、工字钢等普通型钢做顶棚基层。当吊杆长度大于 1.5m 时，应设置反支撑；当吊杆与设备相遇时，应调整并增设吊杆。

3）顶棚的面层：顶棚的面层的主要作用是装饰室内空间，同时还兼有吸声、反射、保温等功能。面层所用材料多种多样，一般可分为抹灰类、龙骨类和板材类三种，其中最常用的是板材类。

① 纸面石膏板顶棚。纸面石膏板的特点是轻质、隔声、隔热、防火、抗震性能好，可调节室内湿度，而且板材体块大、表面平，安装简便，是目前使用最为广泛的顶棚板材。通常可分为普通纸面石膏板、耐火纸面石膏板和装饰吸声纸面石膏板三种。常用的饰面做法有抹灰并涂乳胶漆、喷涂、裱糊壁纸等。纸面石膏板的安装固定一般采用钉接、粘贴和插接三种方法，普通纸面石膏板和防火纸面石膏板作为基层板，目前在实际施工中多采用螺钉固定。纸面石膏板吊顶节点构造如图 5-1 所示。

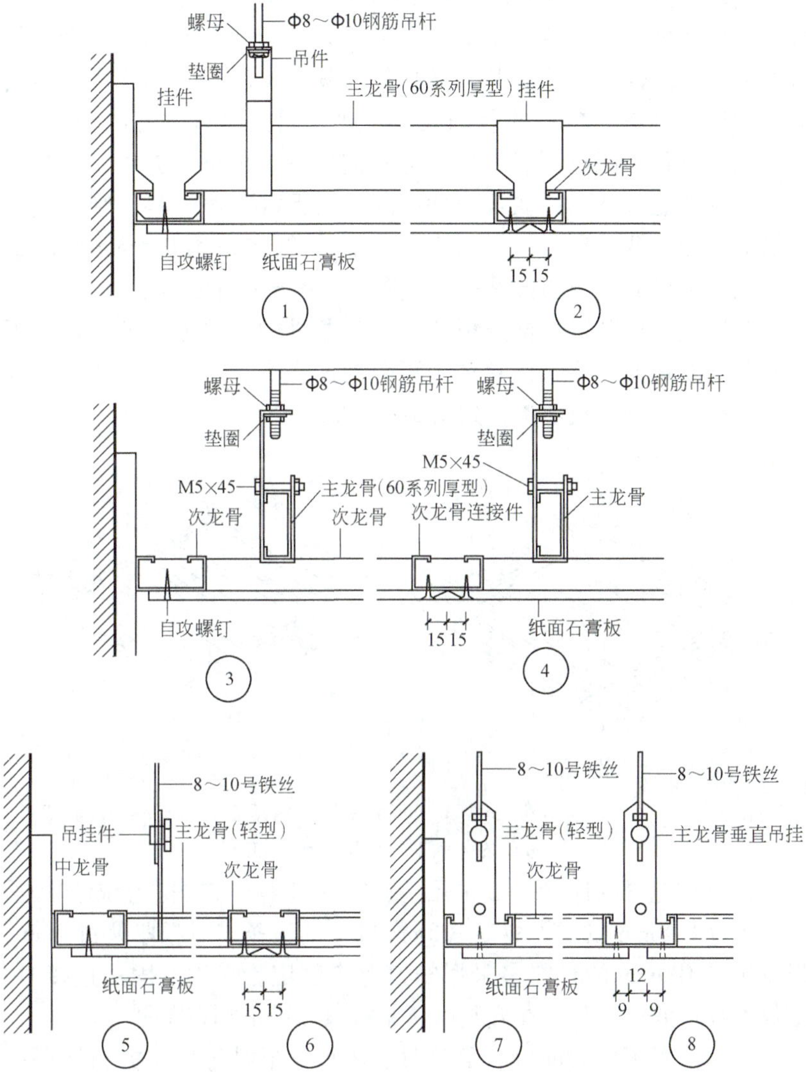

图 5-1　纸面石膏板吊顶节点构造

节点构造图中各种龙骨之间的关系要搞清楚，并应学会画吊顶节点构造图。

② 金属板顶棚。用作顶棚材料的金属板有铝合金板、不锈钢板、彩色钢板及复合装饰板等，其形式有方形和条形两种。金属板有许多突出的优点：一是装饰效果好，其特有的质感和光泽，经表面处理后，可得到独特的装饰效果，此外因其具有良好的延展性，便于加工成各种凹凸形状，以适应不同环境、风格的要求；二是防火、防潮性能优越，如在金属背面附一层保温吸声材料，则可使顶棚增加保温、吸声性能；三是质量轻，一般多采用 0.5mm 厚的板材，从而可降低顶棚的自重；四是施工检修方便且较为耐用。

金属条板顶棚，根据条板的形状和龙骨的布置方法的不同，可以有各种变化的效果，但总体上可分为两大类，一是开放型条板顶棚，二是封闭型条板顶棚，如图 5-2a、b 所示。

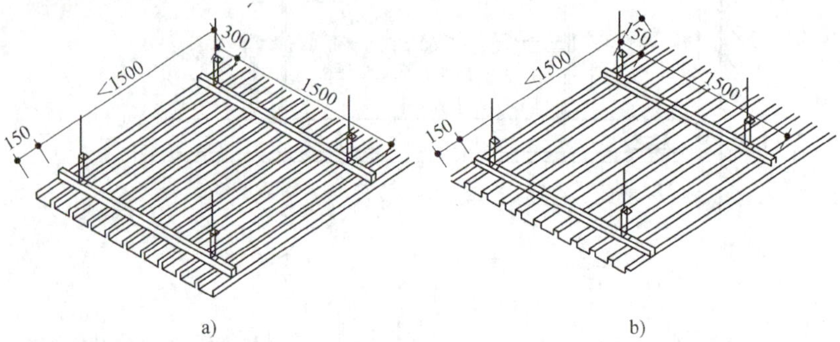

图 5-2　金属条板顶棚安装结构示意

a）开放型条板顶棚　b）封闭型条板顶棚

条板与龙骨的连接一般采用卡固方法和钉接方法。卡固方法适用于板厚 0.8mm 以下、板宽 100mm 以下的板条，对板厚超过 1mm、板宽超过 100mm 的材料多采用螺钉等来固定。采用卡固法连接时，龙骨本身可兼作卡具，在安装时压紧板条即可卡扣在龙骨上。

金属方板顶棚表面设置的灯具、风口、喇叭等应与方板协调一致，另外顶棚与柱、墙边的处理应方便合理。铝合金方板有穿孔型和非穿孔型两种，前者用于吸声顶棚，铝合金方板顶棚安装结构示意如图 5-3 所示。

金属方板顶棚与墙体、柱面等部位的连接节点如图 5-4 所示。

当墙的四周边缘部分不符合方板的模数时，靠墙部分可用金属条板或纸面石膏板等进行局部处理，其结合部的处理方法如图 5-5 所示。

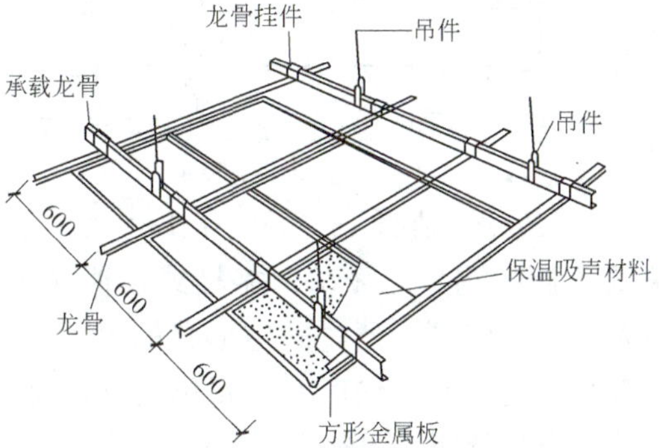

图 5-3　铝合金方板顶棚安装结构示意

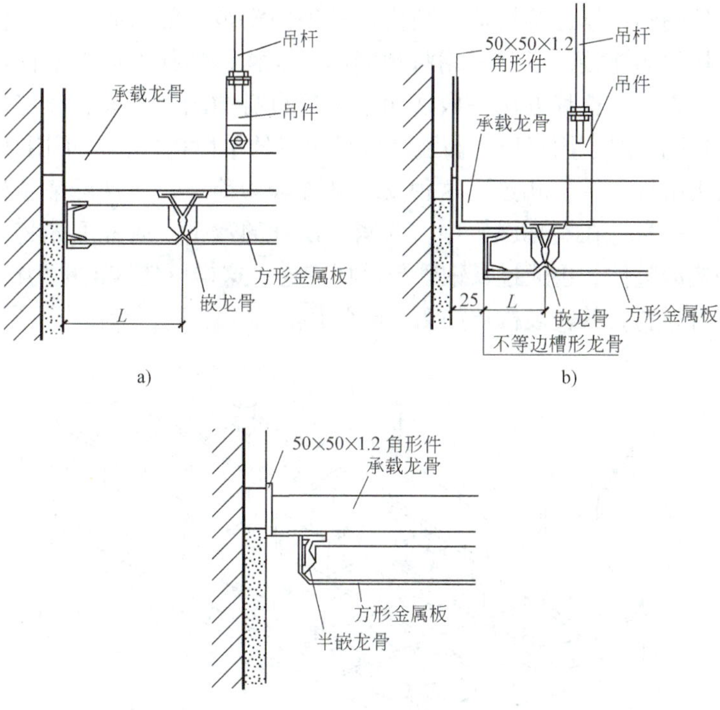

图 5-4　方板与墙、柱连接节点

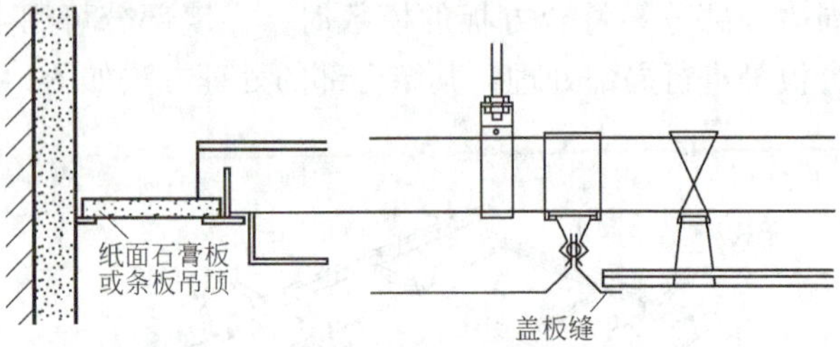

图 5-5　端部结合部节点构造示意

（3）格栅式顶棚的构造与做法　格栅式顶棚又称开敞式顶棚，它以顶棚的饰面敞开为特征，通过一定形状的单元体有规律的排列组合，产生富有节奏的美感，同时具有很强的通透感。格栅式顶棚与照明布置的关系极为密切，通常将其构件与灯具的布置结合起来，以此加强顶棚造型的装饰美。

顶棚的单体连接构造，是格栅式顶棚安装中的重要问题。标准单体构件的连接，通常采用将预制的单体构件插接、挂接或榫接在一起的方法，这种方法一般适用于构件自身的刚度不大、稳定性较差的情况。对于用轻质、高强度材料制成的单体构件，可不用骨架，直接用吊杆与结构相连，这种安装结构较为简单，而且可集结构和装饰于一身。在实际施工中，为减少吊杆的数量，通常可先将单体构件连成整体，再通过长钢管与吊杆相连，这样可使施工更为简便，且节省材料，其安装构造如图 5-6 所示。

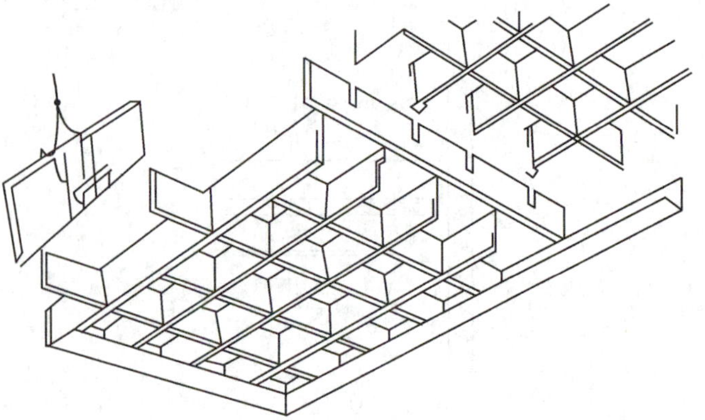

图 5-6　格栅式顶棚安装构造示意

（4）顶棚与其他界面及特殊部位的连接构造

1）顶棚与墙的固定及端部处理：顶棚端部的装饰处理如图 5-7 所示，其中①、②、④三种使顶棚边缘凹入或凸出的做法不需再做其他的处理，而图③所示的做法，交接处的边缘应另做木质或金属压条处理。压条可与龙骨相连，也可与墙内预埋件相连，压条构造处理如图 5-8 所示。

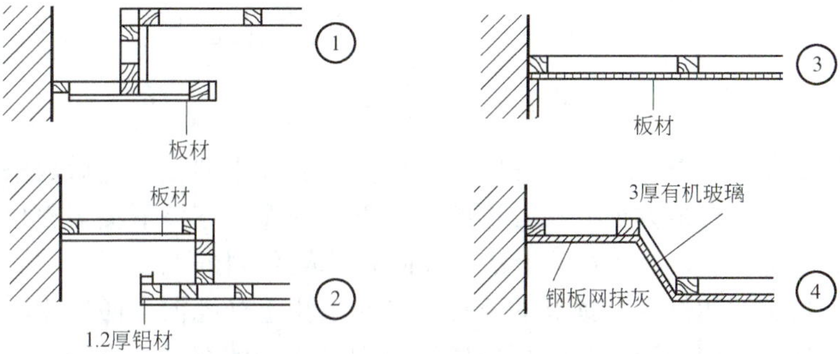

图 5-7　顶棚端部的装饰处理

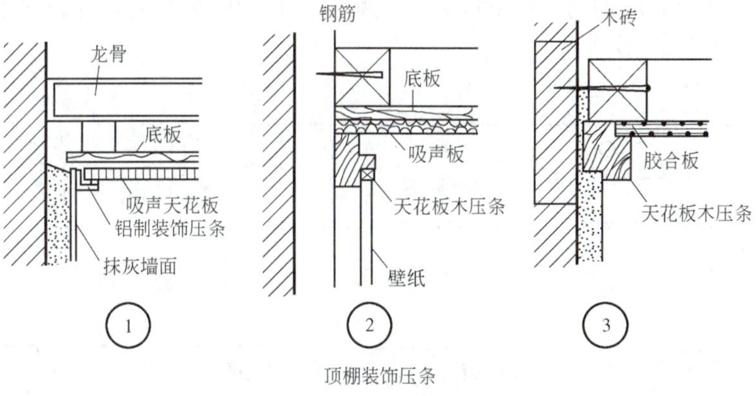

图 5-8　顶棚装饰压条的构造处理

2）顶棚叠落处的构造处理：有叠落的顶棚是较为常见的装饰形式。图 5-9 所示为典型的高低差顶棚的构造处理。

3）灯具与顶棚连接的构造处理：顶棚面层灯具的安装形式有嵌入式、吸顶式、吊挂式等。灯具可单组布置，也可成片布置。灯口

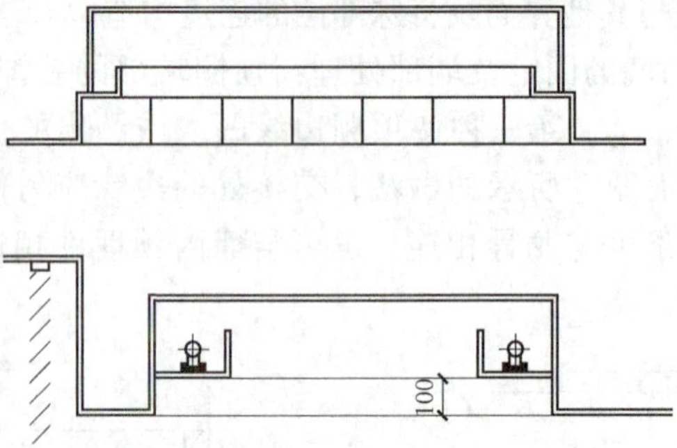

图 5-9　顶棚高低差构造处理

可做成圆形、方形、长方形等，也可由许多灯排列在一起做成条形光带，或组合成方形、长方形的成片发光顶棚，灯口下覆盖整块透明或半透明玻璃，也可装上塑料或铝板制成的格栅片。

这类照明灯具与顶棚的连接，是在顶棚上开孔洞，四周用小格栅支托开孔洞的边框，边框内侧钉板围合成安装灯具的盒子，盒子两侧隔一定距离留一出气孔和检修口。为便于更换、修理灯具和散热，并使照度均匀，灯盒间距、光源与盒顶的距离均有一定的要求，如图 5-10a、b 所示。

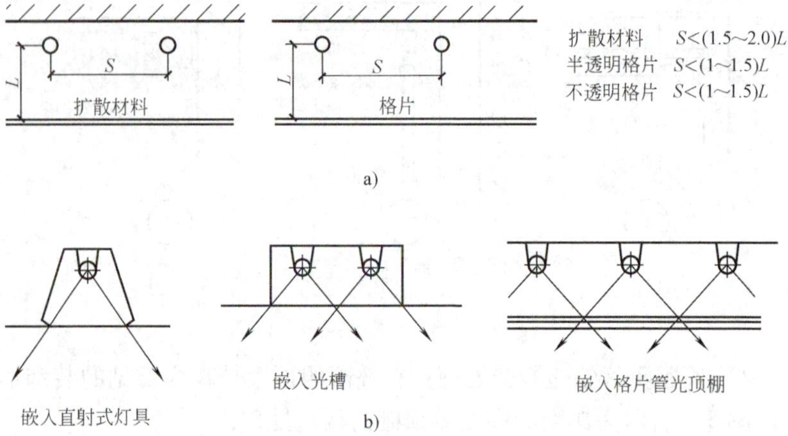

图 5-10　顶棚灯具构造示意和安装类型

a）顶棚灯具装置的一般构造　b）顶棚灯具安装类型

在有叠落的顶棚中，各层周边与顶棚相交处经常做灯槽，借顶棚或墙面来反射光线，其一般构造形式如图 5-11 所示。

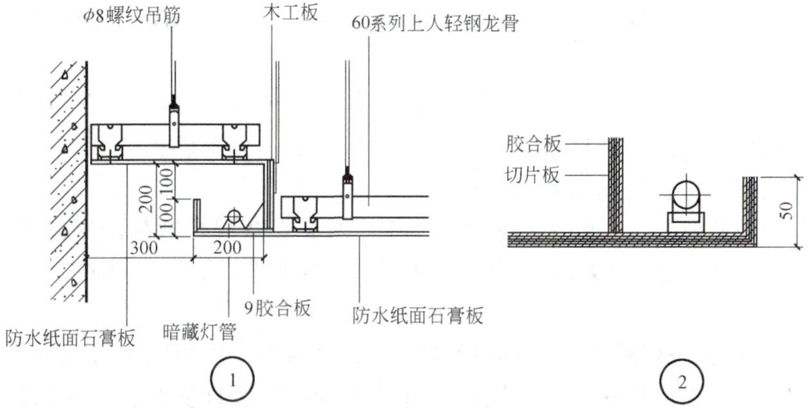

图 5-11　灯槽构造节点

4）顶棚通风口及扬声器的连接构造：通风口与顶棚的连接构造如图 5-12 所示，扬声器与顶棚的连接与其类似。

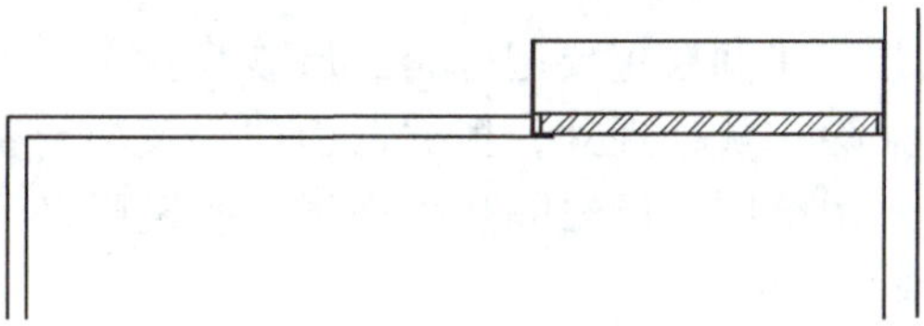

图 5-12　通风口与顶棚的连接构造

另外，在顶棚的构造设计中还应考虑对隔声和防火要求的处理、对荷载传递或温度变化产生开裂现象的处理以及顶棚内设备管线的安装等问题。

二、墙面

1. 概述

墙面是室内空间三大界面之一，墙面的装饰装修是室内设计中非常重要的内容。墙面装饰装修不仅对室内起美化作用，还有保护墙体、保证室内使用条件等功能，如防潮、防污、防撞击和声光反射、吸声、保温、隔热等。

墙体饰面的构造层次，一般包括抹灰底层、中间层和饰面层三部分。

（1）抹灰底层　抹灰底层是对墙体基层的表面处理，其作用是对墙体找平并保证墙体与饰面层的连接牢固。抹灰底层的处理方法因墙体基层材料的不同而不同。

对砖墙体，一般采用水泥或1:1:6水泥石灰混合砂浆刮糙处理，厚度一般控制在10mm左右，当抹灰总厚度大于或等于35mm时，应采取加强措施。

对轻质砌块墙体，一般用建筑胶满涂墙面，以封闭砌块表面空隙，然后做底层抹灰。不同材料基体交接处的表面抹灰，应采取防止开裂的加强措施，当采用加强网时，加强网与各基体的搭接宽度不应小于100mm。

对混凝土墙体，因其表面光滑甚至有脱模油迹残留，所以必须进行一定的处理，以保证抹灰有足够的粘接力，常用的处理方法有除油垢、凿毛、甩浆、划纹等。

（2）中间层　中间层主要起弥补底层砂浆找平的不足和填补干缩裂缝等作用，除抹灰处理外，根据饰面位置及功能要求，往往还要增加防潮层、防腐层、保温隔热隔声层、通风层以及装饰软包面的基层、固定饰面的骨架等。

（3）饰面层　饰面层的作用是满足装饰与其他使用功能的要求，饰面层可采用各类抹灰、卷材、块材、罩面板、油漆涂料等材料。

墙体饰面的分类，主要是按照材料和工艺构造方式进行的，通常有抹灰类、板材类、玻璃类、石材类、涂料类、陶瓷类、卷材类、罩面板类、清水墙面类和幕墙类等。

2. 石材类墙体饰面

（1）构造与做法分类　墙体饰面的石材，有花岗石、大理石、青石等天然石材和人造石材，石材板面属高、中档装饰，饰面材料具有质量大、质地硬的特点，因此在构造上有相应的要求。其构造与做法主要有以下几种：

1）聚酯砂浆固定法，适用于小规格的板材及小面积的饰面。

2）树脂胶粘贴法，适用于小规格的板材及小面积的饰面，如图 5-13 所示。

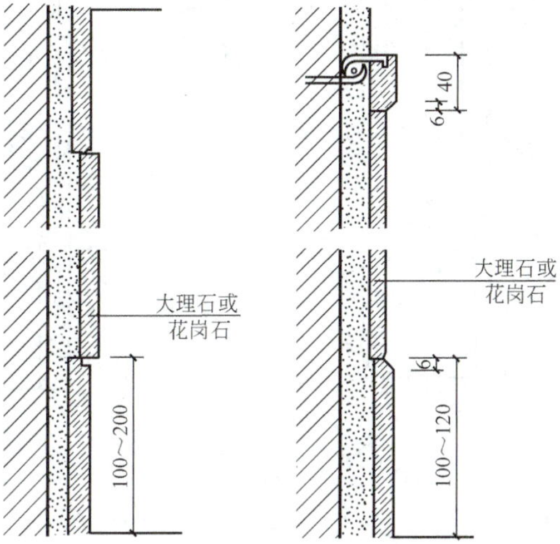

图 5-13　石材粘贴法示意

3）灌挂固定法，一种“双保险”的做法，在饰面安装时，既用水泥砂浆等灌注固定，又通过各种铁件或配用的钢筋网在板材与墙体之间、板材与板材之间进行加强连接固定，如图 5-14 所示。

干挂法是石材饰面中的重点做法。

4）干挂法，又称螺栓和卡具固定法，在基层的适当部位预留金属焊板，在饰面石材的底侧面上钻孔，然后用膨胀螺栓和定型干挂件固定，另外也可用金属型材卡紧固定，最后进行勾缝和压缝处理，如图 5-15 所示。

（2）石材拼缝与灰缝形式　常见的石材拼缝形式有平接、对接、搭接、L 形错缝搭接和 V 形缝对接等；石材类饰面通常留有较宽的灰缝，其形式有凸形、凹形、圆弧形等；此外，饰面石材本身也常在石材拼缝处做出各种凹缝线，如图 5-16a ~ c 所示。

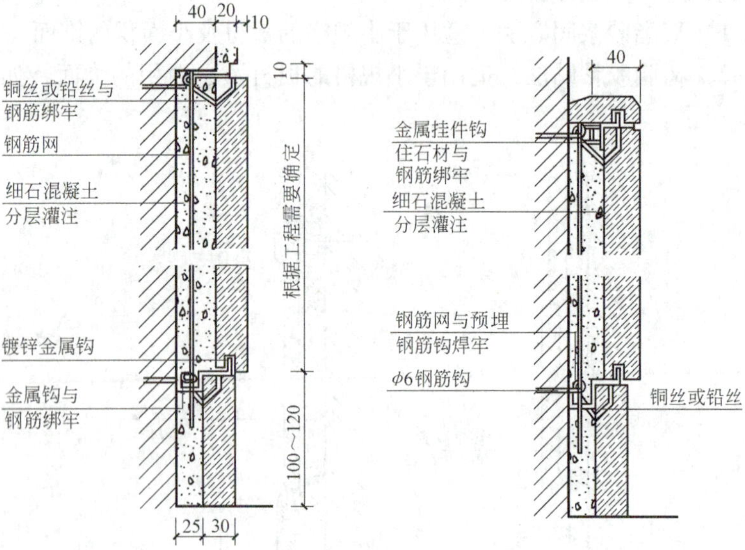

图 5-14　灌挂固定法示意

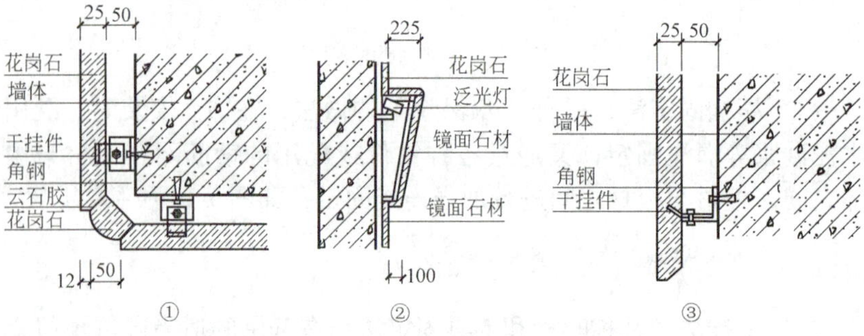

图 5-15　干挂法示意

（3）阴阳角处理　安装饰面板时，对阴阳角的细部处理应特别重视，其常用做法如图 5-17 所示。

（4）墙面与地面的交接构造　墙与地面通常用踢脚板连接，如图 5-18a、b 所示。墙的饰面板与踢脚板的交接一般有两种做法：一是墙面凸出踢脚板；二是踢脚板凸出墙面 10mm 左右。

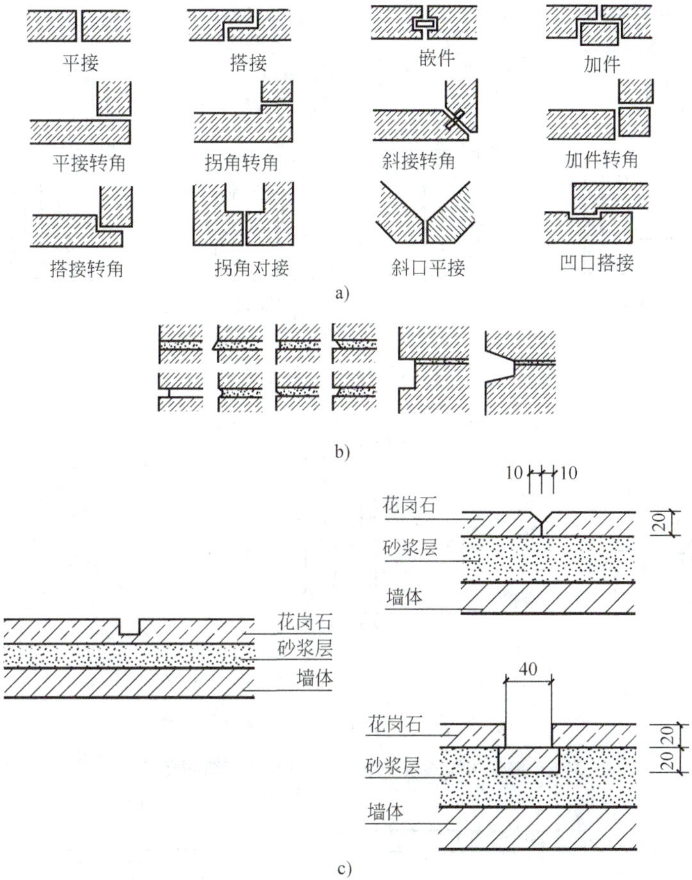

图 5-16　石材拼缝、灰缝形式与拼缝节点

a）石材拼缝形式　b）石材灰缝形式　c）石材饰面拼缝节点

（5）墙面与顶棚的交接构造　墙面与顶棚的交接，通常是在石材与顶棚之间留出一小段空间做其他饰面的装饰处理，如用装饰线角抹灰处理、粘贴较薄的石板、石膏线角或面砖等，如图 5-19 所示。

3. 罩面板类墙体饰面

罩面板类墙体饰面具有安装简便、使用耐久、装饰性强以及施工中避免大量湿法作业等优点，广泛应用于室内墙面装饰。

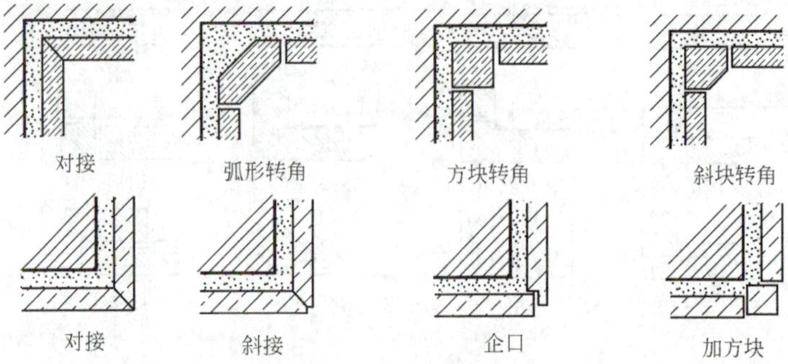

图 5-17　阴阳角处理

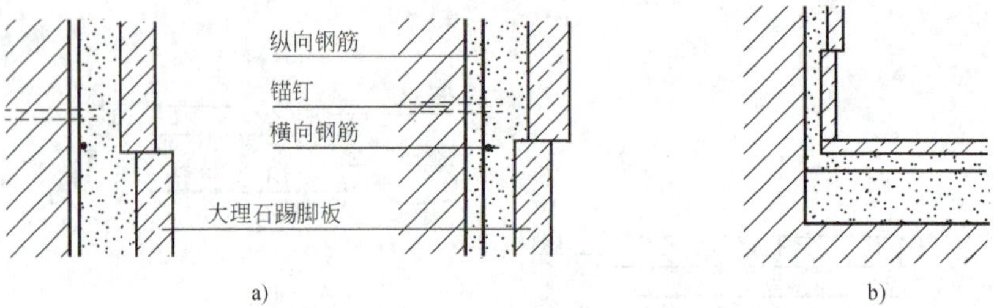

图 5-18　墙面与地面的交接构造

a）墙面与踢脚板交接　b）踢脚板与地面交接

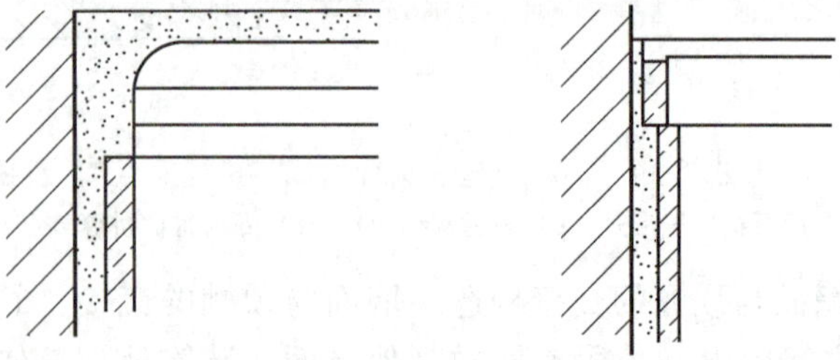

图 5-19　墙面与顶棚的交接构造

罩面板材料的种类很多，除传统的木质板材外，还有不锈钢板、钛金板、搪瓷板、铝合金板、铜合金板、塑铝板、塑料板、镜面玻璃等，其中最常用的是木质板材和铝合金板。

（1）木质板材饰面　木质板材有实木板材和人造板材两种，可做成护墙板和墙裙，两者的构造做法基本相同，一般是先在墙上设立强筋（木龙骨），然后铺设板材。木龙骨的断面一般为（20～35）mm×（30～45）mm，间距为300～600mm。

胶合板等人造板与木龙骨以及人造板与人造板之间的连接，可采用粘贴、钉、上螺钉等方法。木质构造应采取防潮措施，通常做法是先做防潮砂浆抹灰粉刷，干燥后刷冷底子油，并贴上油毡防潮层，必要时还应在护墙板的上下留通气孔。胶合板饰面基本构造如图5-20所示。

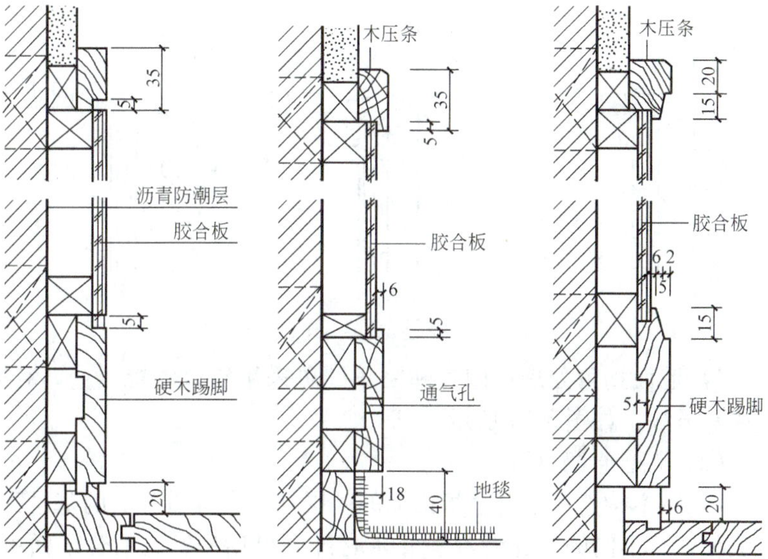

图5-20　胶合板饰面基本构造

1）板材的拼接：板与板之间的拼缝处理，一般有斜接、平接、压条盖接等方法，如图5-21a～c所示。

2）板材与踢脚板的连接：板材与踢脚板的连接主要有外凸式与内凹式两种，后者适用于护墙板与墙面之间距离较大的情况。

3）饰面板上口的压顶处理：护墙板和墙裙的上口一般均作压顶或压条处理，如图5-22所示。

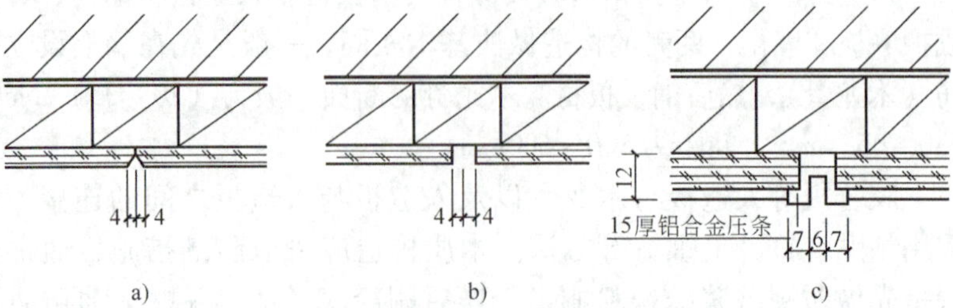

图 5-21　板与板之间的拼缝处理

a）斜接密封　b）平接留缝　c）压条盖缝

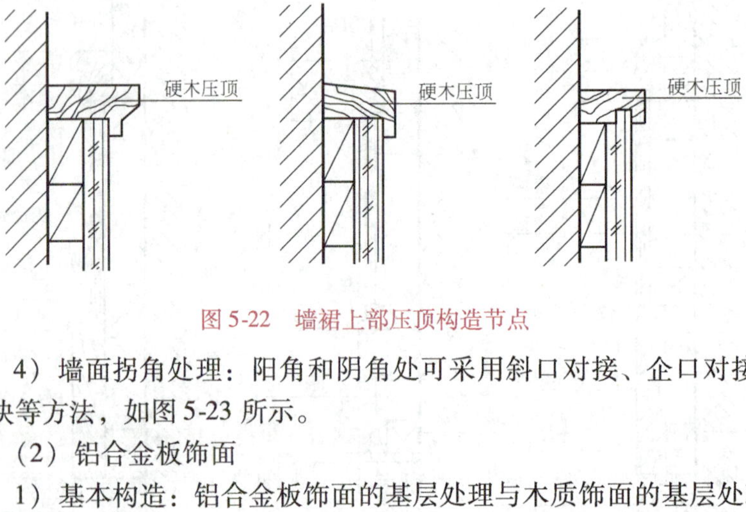

图 5-22　墙裙上部压顶构造节点

4）墙面拐角处理：阳角和阴角处可采用斜口对接、企口对接、填块等方法，如图 5-23 所示。

（2）铝合金板饰面

1）基本构造：铝合金板饰面的基层处理与木质饰面的基层处理方法相似，不同的是龙骨材料除木材外还可用型钢。铝合金面板的固定方法主要有两种：一是将板条或方板用螺钉等紧固件固定在型钢或木龙骨上，称为插接式构造，多用于室外墙面；二是用特制龙骨将板条卡接固定，称为嵌条式构造，它仅适用于固定较薄的条板，多用于室内墙面。嵌条式构造又分开放型和封闭型两类，封闭型多用插缝条或其他方法对板的接缝进行处理。

2）细部构造处理：对各个细部的处理，除直接用上述板材过渡外，更多的是用特制的铝合金成形板来进行处理。

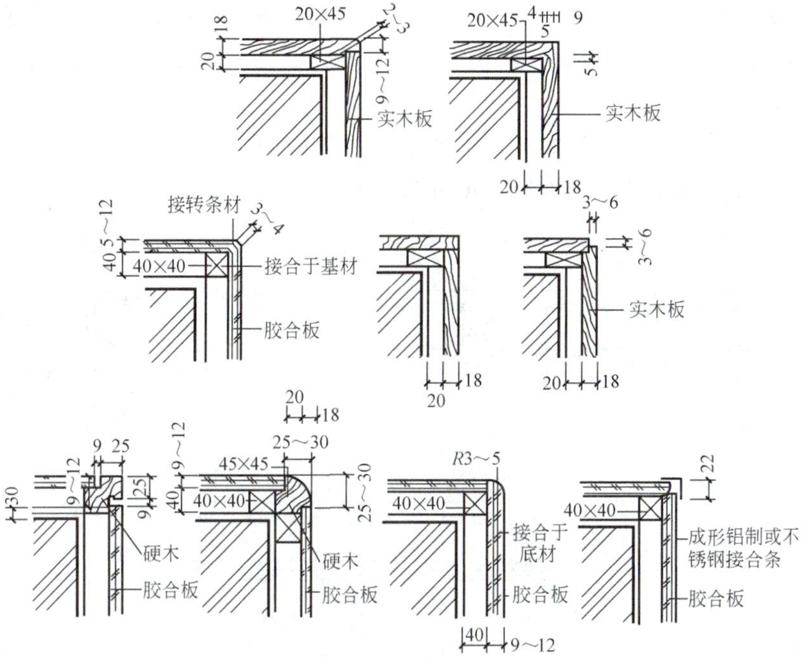

图 5-23　墙面拐角构造节点

4. 玻璃类墙体饰面

玻璃类墙体饰面的基本构造和做法是，先在墙基层上做防潮层，再立木龙骨并按玻璃的尺寸做成格栅，然后在龙骨上钉上胶合板或纤维板并贴上一层油毡，最后将玻璃固定。

固定玻璃的方法主要有三种：一是木框固定；二是用金属框固定；三是在玻璃上钻孔，用圆头泡钉固定四边。另外也有采用与贴面砖一样的方法，即用玻璃胶将玻璃直接贴在基层上，但这一方法只适用于小块玻璃的固定。

5. 卷材类墙体饰面

卷材类材料有塑料墙纸、玻璃纤维布和无纺布、丝绒和锦缎、皮革和人造革以及微薄木等，通常是用裱糊方法将其铺设在内墙面上。这类饰面有以下三个明显的优点：一是装饰性能好，在色彩、花纹和图案上有很大的选择性；二是施工方便，因为它是一种柔性材料，故对一些曲面、弯曲、转折及线脚等部位，可卷曲后连续裱糊，减少了拼接，整体性好；三是造价较低，与石材、金属材料等相比，较为经济合理。

皮革与人造革饰面一般做成软包墙体饰面，如图 5-24 所示。软包墙除用皮革、人造革外，也可用丝绒和锦缎饰面。

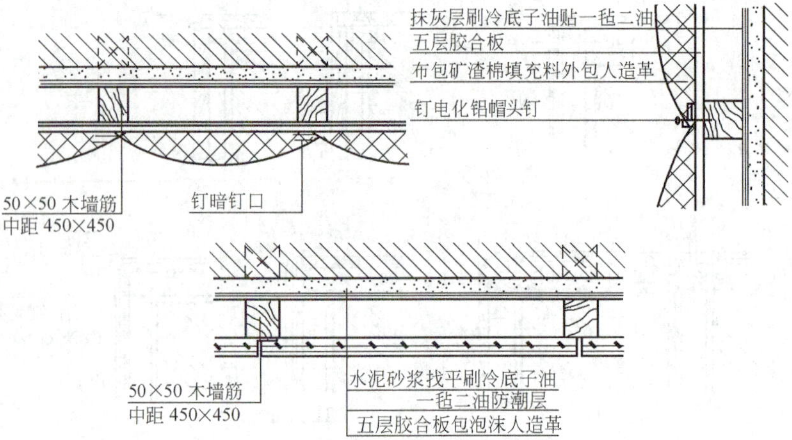

图 5-24　皮革和人造革饰面构造示意

三、楼地面

楼地面是建筑室内的水平界面，是人们在室内活动中直接接触最多、使用最频繁的部位，因而楼地面装饰是室内装饰的重要组成部分。

楼地面的构造有三层：一是基层，它是楼地面的承重层，其中包括楼面结构层或地面垫层以及找平层、防水层等构造层；二是中间层，其中包括整体面层、隔声或线管敷设层等；三是面层，包括饰面和结合层等。楼地面的构造示意如图 5-25a、b 所示。

楼地面装饰的作用主要是保护基层，满足使用要求和美化室内环境。因此，饰面要有足够的强度和耐腐蚀性能，按不同要求应具有耐磨、防水、防潮、防滑及易于清扫的特点，在具有特殊要求的场合还应有隔声、吸声、弹性、保温和阻燃等特性。同时，在综合

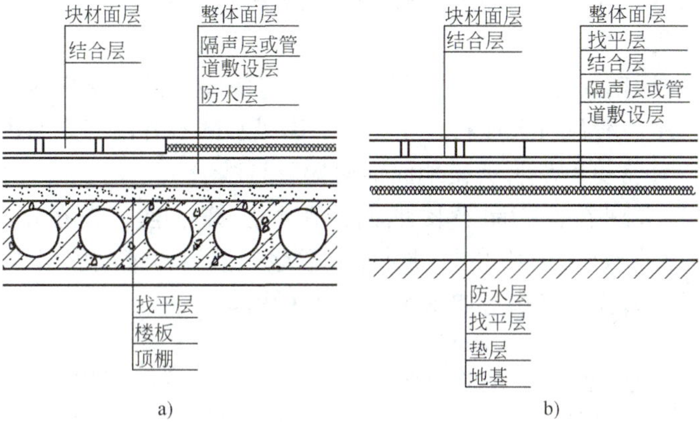

图 5-25 楼地面的构造示意

a）楼面构造 b）地面构造

考虑室内诸多环境因素的前提下，应正确选择饰面材料的品种、质感和色彩，处理好楼地面装饰效果和使用功能的关系。

楼地面的种类很多，本书从装饰因素考虑，主要介绍块材楼地面、木质楼地面和地毯的构造与做法。

1. 块材楼地面

块材楼地面是指以大理石板、花岗石板、预制水磨石板以及陶瓷锦砖、瓷砖、缸砖、水泥砖等材料铺砌的地面。这类楼地面具有耐磨损、易清洁、强度高、刚性大等优点，其中天然大理石和花岗石属高档的地面装饰材料。块材类饰面适宜铺砌在整体性与刚性较好的细石混凝土或混凝土预制板基层上。

（1）块材楼地面装饰做法

1）基层处理：清洁灰尘和杂物，然后刷一道素水泥浆结合层，常用的水灰比（体积比）为1:(0.4~0.5)。

2）找平层厚度控制及砂浆的选择：块材与基层之间的垫层应平整，宜采用干硬性水泥砂浆，其体积配比为1:3，沉入度为2.5~3.5cm。干硬性水泥砂浆应虚铺至该层构造设计标高。

3）面层铺贴：铺贴前应先进行试铺，目的是检查板面的厚度、尺寸、色彩、纹理的差别及铺垫砂浆的平整度，发现问题后应及时调整，然后进行正式铺贴。铺贴前在找平层上应浇一层 0.5mm 厚的素水泥浆。

4）后期处理：包括板缝的修饰、与踢脚板的衔接以及打蜡等。打蜡工序一般只对大理石、花岗石、高级水磨石等高档饰面进行。

（2）常见的块材类楼地面饰面构造与做法

1）大理石、花岗石楼地面：在面层铺贴前，先在基层上铺 30mm 厚体积比为 1:3 的干硬性水泥砂浆，然后再铺贴面层，最后用纯水泥浆填缝，其构造如图 5-26a、b 所示。

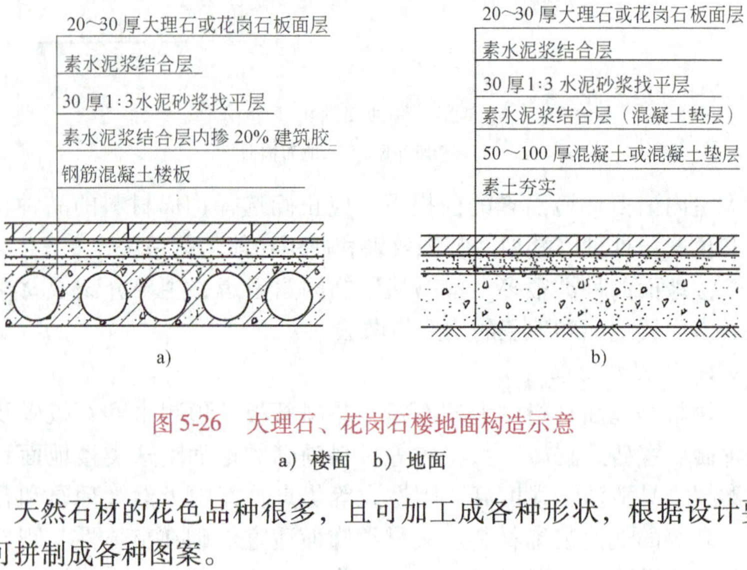

图 5-26　大理石、花岗石楼地面构造示意

a）楼面　b）地面

天然石材的花色品种很多，且可加工成各种形状，根据设计要求可拼制成各种图案。

2）地砖楼地面：铺贴地砖的方法与铺贴大理石、花岗石的方法类似，需要注意的是，铺贴时应在地砖背面另刮素水泥浆，然后粘贴结实，其构造如图 5-27a、b 所示。

3）陶瓷锦砖（即马赛克）楼地面：陶瓷锦砖块材整张铺贴后，用辊筒压平，待砂浆凝固后用草酸洗去牛皮纸，然后用白水泥擦缝。其构造如图 5-28a、b 所示。

2. 木质楼地面

木质楼地面，俗称楼地板，其主要优点是自重小、有弹性、不

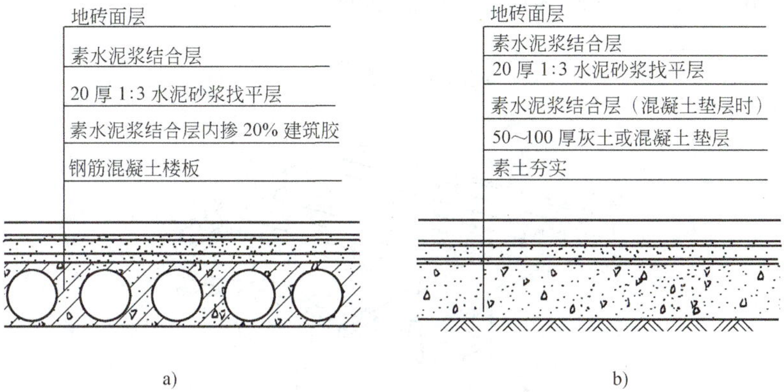

图 5-27　地砖楼地面构造示意

a）楼面　b）地面

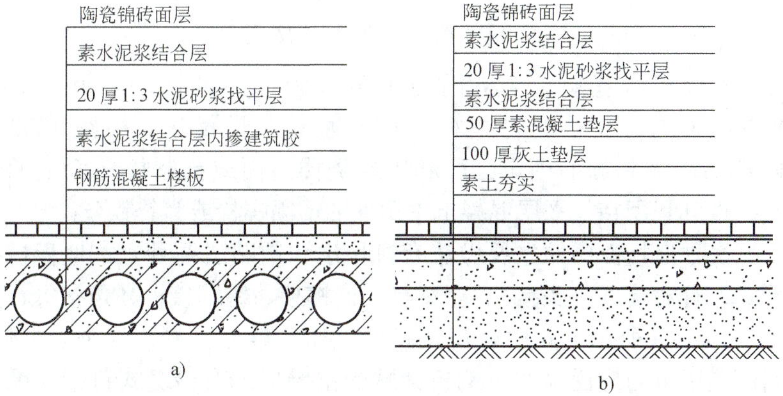

图 5-28　陶瓷锦砖楼地面构造示意

a）楼面　b）地面

起灰、易涂饰、易清洁、不反潮、保温隔热性能好，而且通常会带有优美的纹理和色泽，是一种理想的室内装饰材料，被广泛运用于家居空间和办公空间中。

各类地板装饰构造与做法的不同点，主要反映在对基层的处理上，如水泥砂浆基层、实铺式木基层、架空式木基层等，本书主要介绍实铺式木基层的构造与做法，如图 5-29 所示。

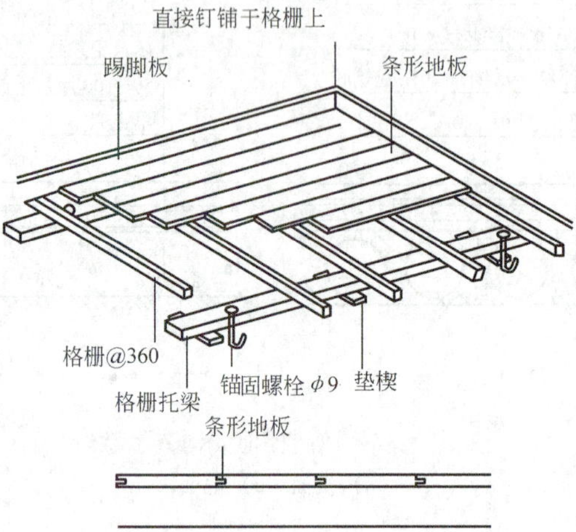

图 5-29　实铺式木基层的构造与做法

实铺式木基层，木格栅的木条多为梯形截面，间距一般在 400mm 左右，在格栅与格栅之间，通常应设横撑，中距 1200 ~ 1500mm。木格栅的固定，可利用现浇楼地面或预制楼地面上的垫块，也可利用在找平层混凝土中预埋的锚固螺栓或镀锌铁丝。

实木地板面层的主要做法有拼接法和铺贴法两种。木地板拼接形式，有对接（平头接）、企口接、嵌榫接、错缝接、嵌条接等，如图 5-30a ~ e 所示。其中企口接拼缝严密、整体性好，且拼装方便，因而应用最为广泛。实木地板铺贴的主要形式有错缝式钉铺、无规则式钉铺等。

3. 地毯楼地面

地毯地面具有行走舒适、吸声、防滑、保温、隔热等性能，是一种广受欢迎的中高档室内地面装饰。

地毯的铺设方法，有活动式和固定式两类。

（1）活动式铺设　活动式铺设是指将地毯浮搁在基层上的方法，其特点为铺设简单、更换容易，适用于铺设装饰性的工艺地毯及小块地毯。

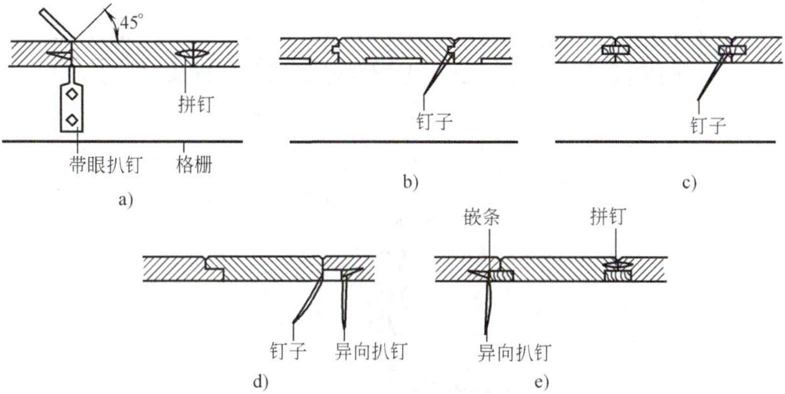

图 5-30　实木地板的拼接形式

a）对接　b）企口接　c）嵌榫接　d）错缝接　e）嵌条接

（2）固定式铺设　为保证地毯展平后不因受外力而变形，多数情况下需加以固定。固定的方法有两种，一是用挂毯条固定；二是粘接固定。

用挂毯条固定，一般在地毯下要加设垫层，垫层有海绵垫和地毯胶垫两种。常用的挂毯条由铝合金制成，它既可用来固定地毯，又可用于地毯与不同材质地面相接处起收口作用。

地毯的铺设有两种情况，一种是满铺，另一种是局部铺设，两种铺设的做法稍有不同，如图 5-31a、b 所示。满铺地毯的固定可用挂毯条，这时应在墙体四周边缘、地毯接缝、地面高低转折处布置挂毯条并固定在水泥地面上。满铺地毯也可用粘贴方法固定，这时需要有密实的基层，常用的做法是在绒毛的背部粘上一层 2mm 左右的胶，如蜂胶、塑料等。

局部铺设地毯的固定法一般有两种：一是粘贴法，即将地毯的四周用胶粘剂与地面粘贴；另一种是将地毯的四周用铜钉与地面固定。

地毯铺贴收口构造如图 5-31c 所示。

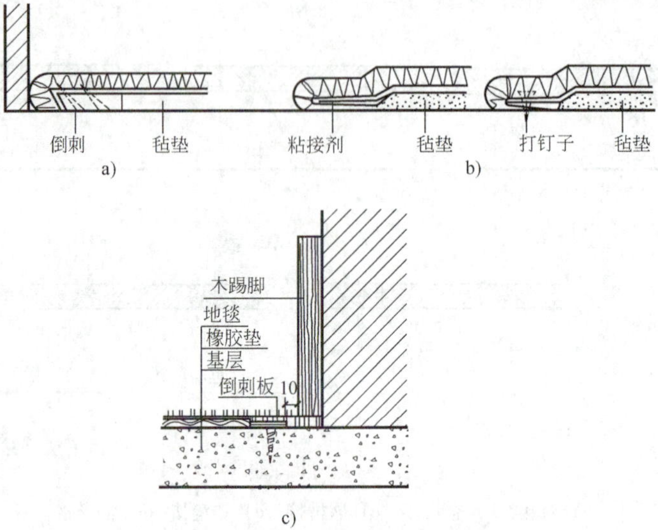

图 5-31　地毯铺设方法及铺贴收口构造

a）地毯满铺　b）地毯局部铺设　c）地毯铺贴收口构造

四、柱

1. 木材包柱

木材包柱的主要施工步骤包括木龙骨的拼装、基层板的固定、饰面板的安装，其构造如图 5-32 所示。

（1）木龙骨的拼装　根据柱子的高度和大小钉木龙骨架，基层木龙骨通常采用 25mm × 30mm、30mm × 30mm 截面的龙骨。龙骨须按分档尺寸开出凹槽后进行整片或分片拼装，拼装后直接钉固在水泥柱上。

（2）基层板的固定　一般选用 5 ~ 9mm 厚的木夹板作为基层板，在固定好的木龙骨架上钉牢。若柱面有造型需要，则需选用木工板作基层板。

（3）饰面板的安装　安装前应先选择好合适的饰面板，并将色泽、木纹相近或一致的板材拼装在一起，因为木纹对接是否协调、自然，会直接影响整个木质柱面的装饰效果。

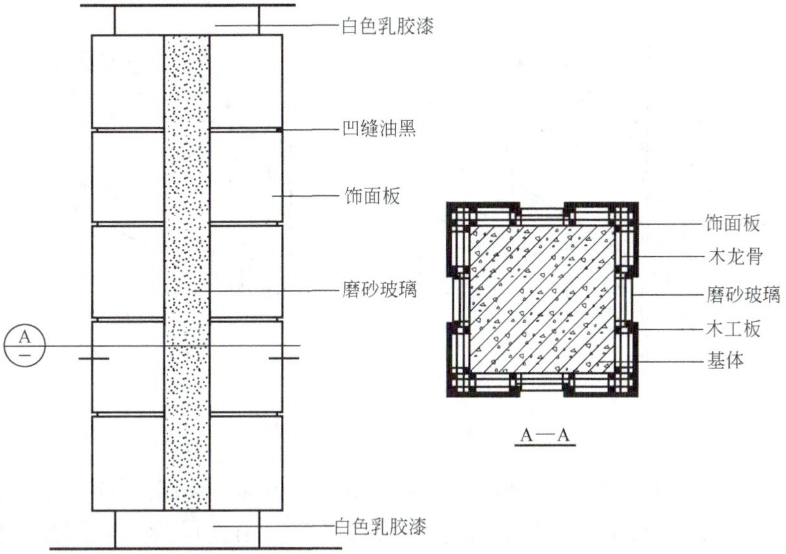

图 5-32 木材包柱的构造

封钉木质板材可选用枪钉或圆钉，方法类似木质墙面的拼装。封钉前应调整好每块板的拼缝，不同厚度的板材要选择不同型号的钉子。

2. 石材包柱

石材包柱做法有钢筋网绑扎法、干挂法、粘贴法三种，其中钢筋网绑扎法加工较为简便，但接缝处易产生泛碱问题；干挂法可以解决泛碱问题，但成形后的体量较大；粘贴法则只适用于面积较小、厚度在 20mm 以下的板材和高度不高的基体上，且要求基体固定。

（1）钢筋网绑扎法　施工工序大体如下：设置钢筋网→试拼编号→板材背面开槽→绑扎板材→找平吊直并临时固定→灌浆→养护→嵌缝。钢筋网绑扎法构造如图 5-33 所示。

1）设置钢筋网。当柱面上没有预埋件时，应用钢丝或不锈钢丝按施工图大样将钢筋制成钢筋骨架，固定于基体上；用电锤在柱面上钻孔，并于孔内安放膨胀螺栓，再用电焊将钢筋与螺栓焊牢。

2）绑扎板材。用切割机在板材背面四角分别开槽，穿插和固定好铜丝或不锈钢丝。

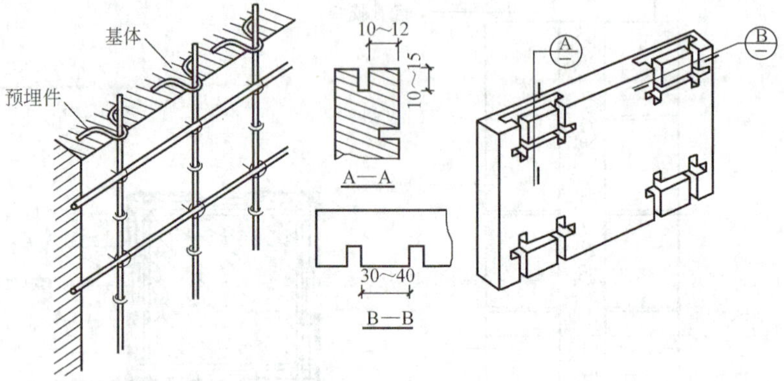

图 5-33　钢筋网绑扎法构造

3）安装板材。安装时可按顺时针，从正面开始由下向上逐层安装，并用靠尺板找垂直，用水平尺找平整，用方尺找好阴阳角，紧固钢（铜）丝。板缝用石膏填塞，以防止板材移位和砂浆发生泌浆。灌浆时应根据板材颜色调制水泥砂浆，如浅色石材灌浆时应采用白水泥，以使板材底色不受影响。

4）嵌缝。板材安装完毕后，应清除板缝间多余的石膏，用与板材底色相近的水泥浆嵌缝。对于镜面石材，如面层光泽受到影响，应重新打蜡上光。

（2）干挂法　干挂法就是用特制的不锈钢挂件将石材固定在基体上的一种施工方法。这种方法不需要水泥砂浆灌注或水泥镶贴，直接在石板上打孔开槽，然后用不锈钢连接件与预埋在柱体内的膨胀螺栓直接相连而成，方便简捷。干挂法构造如图 5-34 所示。

（3）粘贴法　粘贴法就是将板材用聚合物水泥砂浆或胶粘剂粘贴到基体表面的一种施工方法。施工时用水泥砂浆在柱体上抹灰找平，用聚合物水泥砂浆或胶粘剂在找平层表面和板材的背面铺摊饱满，并用临时工具进行顶卡固定。粘贴法构造如图 5-35 所示。

3. 金属包柱

金属包柱由骨架、基层板和饰面板三部分组成。

（1）骨架的做法　骨架有木结构和钢结构两种。木结构骨架采

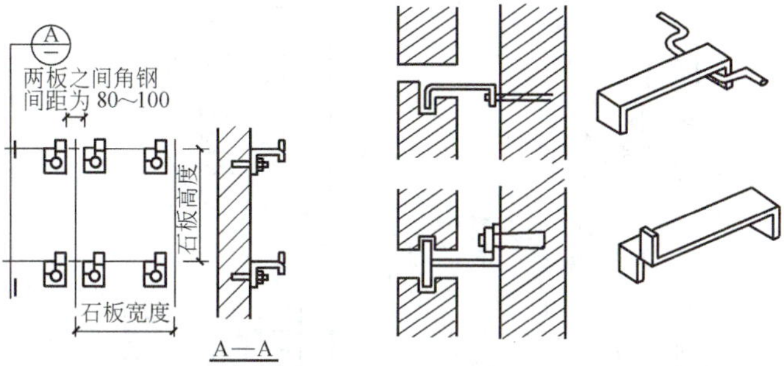

图 5-34　干挂法构造

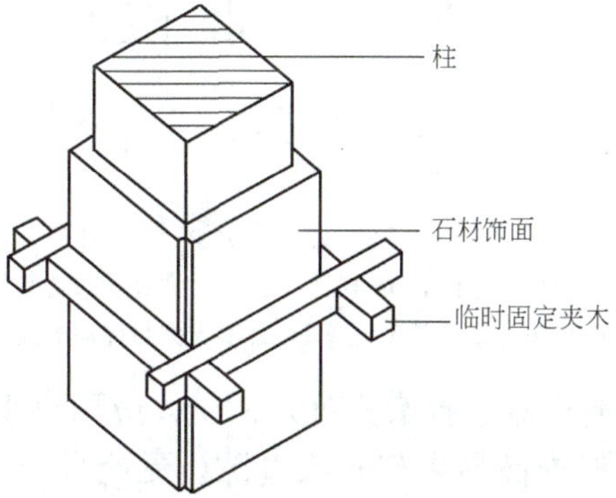

图 5-35　粘贴法构造

用方木制作，主要用于贴不锈钢板、钛合金板、铜合金板等饰面材料；钢结构骨架由角钢焊接或螺栓连接而成，主要用于卡铝合金板饰面。

图 5-36a ~ d 所示为将混凝土方柱包成圆柱的做法。

（2）基层板的固定　基层板的作用是增加柱体骨架的刚度，便于铺贴饰面板。基层板一般由胶合板、木工板或密度板制成，直接用铁钉或螺钉固定在骨架上。基层板必须有平滑的表面和较高的尺寸准确度，以保证饰面的安装质量。

（3）饰面板的安装　金属饰面的安装固定可采用胶粘、焊接和钉接三种方式，其中胶粘法操作简便，因而应用最为广泛；焊接法

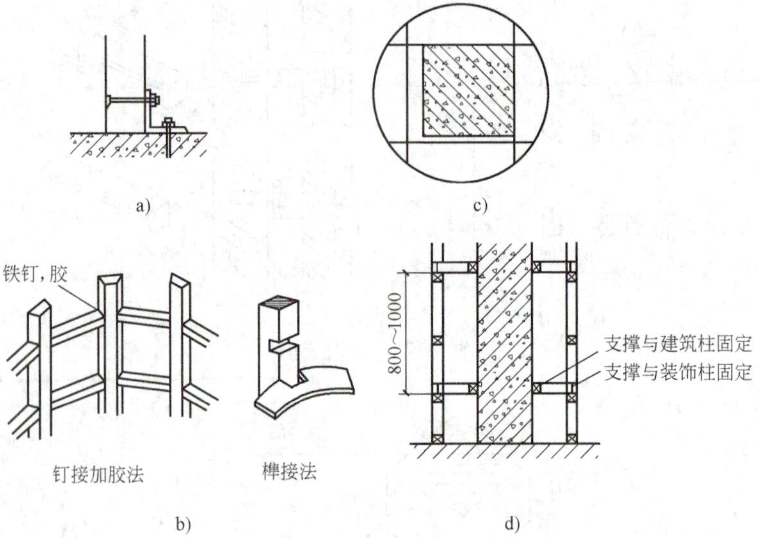

图 5-36 将混凝土方柱包成圆柱的做法

a）通过预埋件对竖向骨架进行定位 b）横竖骨架之间的连接
c）圆形包柱直径的确定 d）骨架支撑与柱体的固定

技术要求高，后期还需进行磨光处理，所以应用较少；钉接法安装方便而且牢固，但饰面易出现较大缝隙。无论采取何种安装方式，都应按实际需要准确切割饰面板。

4. 玻璃包柱

玻璃包柱由预埋件及紧固件、骨架、装饰玻璃和连接件等部分组成。

（1）预埋件及紧固件　预埋件及紧固件的型号和规格必须符合设计要求，且要有相应产品的合格证和性能检测报告，在安装预埋件时应对预埋件的偏差进行检验，超过偏差的预埋件要进行适当的纠偏和处理方可进行下一步的施工。预埋件的安装一定要牢固，并作防锈处理。

（2）骨架　骨架主要分木结构骨架和金属结构骨架两种，在符合设计要求的基础上骨架的制作与安装要有足够的承载能力和刚度。木结构骨架要作防腐、防火处理，钢结构骨架要作防锈处理。骨架和预埋件的连接方式应符合设计要求，骨架在安装与连接时应进行调整和及时的固定，安装误差不得累积。玻璃包柱中常有暗藏的照明灯具，故在安装骨架时要充分考虑与电器设备的配合，以达到安全和设计效果的要求。玻璃包柱骨架构造的标准是用材合理、结构牢固、尺寸准确。

（3）面层装饰玻璃　面层装饰玻璃应采用安全玻璃或有机玻璃，每片玻璃的花纹、图案要符合设计要求，每块玻璃的加工尺寸要力求精确。玻璃安装固定可采用胶粘、钉接和卡接三种方式，其中钉接和卡接应用最广泛。玻璃面板之间如没有卡条分格，应采用密封胶打实，密封胶质量必须符合规范要求，胶封外观应均匀、美观、顺直。

五、楼梯

楼梯和电梯是建筑物中楼层间的垂直交通枢纽，同时也是人流疏散的通道。在现代建筑室内空间中，楼梯和电梯是室内装饰的一个重点。

楼梯的形式很多，比较常见的有直跑楼梯、转折楼梯、回旋楼梯、螺旋楼梯以及转折与回转组合的楼梯。

楼梯按材料的构成，可分为钢筋混凝土楼梯、木制楼梯和钢制楼梯三种类型。

楼梯由梯段、楼梯平台和中间平台三大部分组成，其中梯段由结构支撑体、踏步和栏杆（或栏板）构成。楼梯的装饰构造主要是集中在踏步、栏杆和扶手上。

1. 楼梯栏杆与栏板

楼梯栏杆与栏板是起安全护围和装饰作用的整体护栏，制成栏杆与栏板的材料有木材、金属、玻璃以及石材等。

（1）木栏杆　木栏杆由扶手、立柱、梯帮三部分组成。立柱的上端用木方中榫与扶手连接，下端用木方中榫与梯帮结合。木扶手转角木（弯头）的做法依据转向角度和栏杆间的距离确定：栏杆为直角转向时，可采用整体转角木；栏杆为180°转向且栏杆之间距离大于200mm时，一般采用断开的转角木进行分段连接。

（2）金属栏杆　金属栏杆有全金属栏杆，也有金属立柱加木扶手或塑料扶手栏杆。全金属栏杆按装饰效果分，有普通栏杆和艺术装饰性栏杆两种。普通栏杆常用管材或线材制作，用于立柱的一般有 $\phi12\sim\phi18$mm 的圆钢和 $\phi15\sim\phi25$mm 的圆钢管、16mm × 16mm ~ 35mm × 35mm 的方钢管以及不同直径的不锈钢管、铜管、铝合金管等；用于扶手的金属管材主要有 $\phi16\sim\phi100$mm 的普通钢管、不锈钢管、铜管、镀铜管等；艺术装饰性栏杆多为铸铁结构。

（3）玻璃栏板　玻璃栏板的构造有两种类型，一种是全玻璃型，即用厚平板玻璃或钢化玻璃代替立柱；另一种是分段设金属立柱，而将玻璃装嵌在金属立柱之间。全玻璃栏板应采用厚 10mm 以上的平板玻璃、钢化玻璃或夹丝玻璃，金属立柱的玻璃栏板可使用 6 ~ 10mm 厚的普通平板玻璃。

2. 楼梯扶手

（1）木扶手　木扶手应用最为广泛，可用多种树种制作，高档的常用水曲柳、柞木、榉木、柚木等，普通档次的一般采用白松、红松、杉木等，制作木扶手的木料要经严格挑选。木扶手与金属立柱的连接多采用扶手底部的通长扁钢和木螺钉固定。

木扶手末端的固定一般有两种情况：一是与建筑墙体之间的连接，方法是将扶手底部扁钢与墙内预埋铁件焊牢，或将通长扁钢插入墙体预留孔洞内，再用水泥砂浆或细石混凝土填筑密实，将其固定牢固；二是木扶手与起步和转角处的立柱头之间的连接，方法是在规定高度上于柱头上开斜角暗榫，在扶手末端做榫头，然后插榫固定。

（2）金属管扶手　金属管扶手可用普通焊管、无缝钢管、铝合金管、铜管和不锈钢管等材料制成，转角弯头、装饰件、法兰等一般为工厂生产的成品。

（3）石材板扶手　石板材扶手主要用大理石、花岗石等按设计要求在工厂加工制作。

六、隔断

建筑物的内部空间需要进行不同功能的空间分隔，通常使用隔断来实现。隔断是指用来限定和划分建筑空间的垂直构件。对隔断的要求是自重小、厚度薄，还必须具有一定的刚度与隔声功能。

在室内装饰工程中，隔断在形式上可分为活动式隔断和固定式隔断两种，各具有不同的装饰效果与安装施工方法。

1. 活动式隔断

所谓活动式隔断，就是将空间按照不同的使用功能进行可变的空间分隔，或把单一功能的空间划分出具有多种不同功能的空间，又称“移动式隔断”或“灵活隔断”，通常可分为以下五种类型：

（1）家具隔断　利用家具橱柜将室内空间分隔为多个功能的小空间，它们之间有分有合，给人以隔而不围、不闭塞的感觉。这种形式多用于开放式的办公空间中。

（2）立板隔断　在一个较大的室内空间中，有时需要界定出非包围形式的功能性区域，此时就可以用不同造型的立板分隔出功能性区域。这种形式多用于客厅与玄关的过渡空间、会客与餐厅的过渡空间中。

（3）软隔断　根据空间内设计所要求的风格倾向，选择合适的布料织物（如幕帐垂地、帘布张拉等），以活动隔断的形式将室内分隔成多个区域空间。这种形式充满了轻盈与动感的气氛，多用于娱乐空间中。

（4）推拉式隔断　推拉式隔断根据室内空间实际的使用要求，将空间划分为若干个小空间。它通常由专业厂家专门订做，以便于人们轻松地移动及操作。推拉式隔断适用于多功能厅、宴会厅及展厅等场合。

（5）多功能活动半隔断　这是一种专业厂家提供的设施，它可以将大空间灵活地分隔成若干小空间。多功能活动半隔断的优点在于结构新颖、式样美观、组装模数化且防火隔声，适用于大型开敞式的办公空间、展厅、计算机房等。

2. 固定隔断

所谓固定隔断，通常是指不承重的内隔墙。对固定隔断的基本要求是自重小（以减轻对地面及楼板的荷载）、厚度薄（以增加室内有效面积的使用），并能根据使用者的要求，达到隔声、防水、耐火等功能。由于对室内空间的分隔是随着使用要求的变化而不断变化的，因此隔墙应便于拆装。

室内装饰中的隔墙工程是根据业主对功能的要求，对原有结构作不影响承重与构造的分隔，因此设计中大多使用轻质隔墙的形式。在实际工程中使用最广泛的是以轻钢龙骨和木龙骨作为支撑，表面覆纸面石膏板或其他木质板材的隔墙，其共同的特点是质量轻、强度高、隔声好、加工安装方便。

（1）轻钢龙骨隔墙　隔墙用轻钢龙骨是以镀锌钢板为原料，采用冷弯工艺生产的薄壁型钢，用作隔墙内纸面石膏板的支撑（俗称轻钢龙骨），钢板（带）的厚度为0.5～1.5mm。

薄壁轻钢龙骨与轻质板材组合即可组成隔断墙体。由于取代了木材、水泥、砖，从而使传统的湿作业演变成了干作业，极大地减轻了劳动强度和地面及楼板的荷载。此类隔墙设置灵活，拆卸方便，具有质量轻、钢度大、强度高、能防震、防火、隔热、隔声等多种特点，且装饰效果好，安装方便，适用于高层建筑、宾馆、办公空间等，如图5-37、图5-38所示。

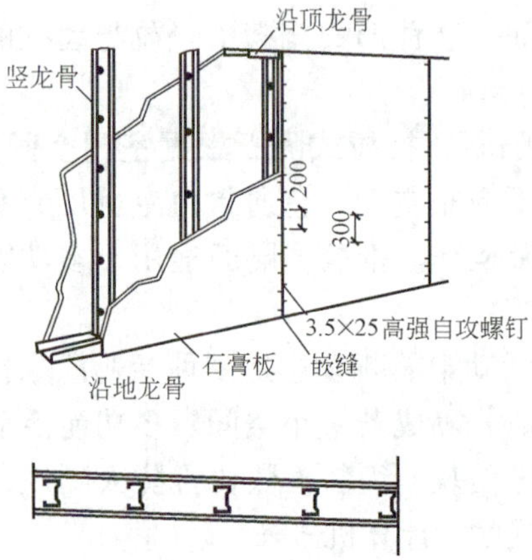

图5-37　薄壁轻钢龙骨与轻质板材组合

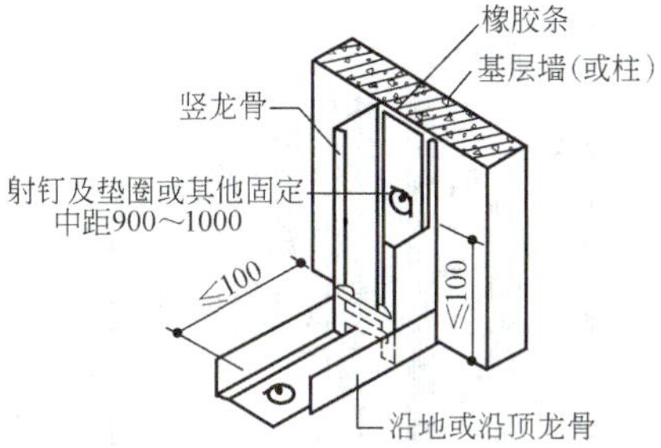

图 5-38 固定于楼板及楼顶板的龙骨

常用于建筑室内装饰的轻钢龙骨隔墙的规格有 50 系列、75 系列、100 系列和 150 系列等，应根据设计的具体要求，如竖龙骨的规格和间距、覆面纸面石膏板的厚薄、性能与层数以及隔墙内填充物的种类和厚度等来确定隔墙的厚度、自重、最大高度、防火极限、隔声量及其他指标。在隔墙中，可根据设计要求和功能要求填充其他物质（如岩棉、玻纤棉等），以起到隔声或保温的作用，如图 5-39 所示。

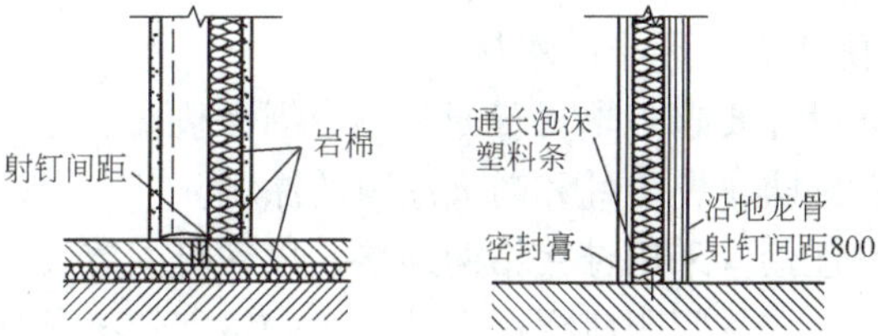

图 5-39 在隔墙中填充其他物质

一般室内装饰中使用的轻钢龙骨纸面石膏板每平方米质量仅有 20～40kg，隔墙的用钢量每平方米仅为 5kg 左右。通常，在室内装饰中，50 系列的轻钢龙骨上附双面单层纸面石膏板，竖龙骨间距 600mm 时的最大高度应控制在 3m 以下；75 系列的轻钢龙骨上附双面单层纸面石膏板，竖龙骨间距 600mm 时的最大高度应控制在 4m 以下；100 系列的轻钢龙骨上附双面单层纸面石膏板，竖龙骨间距 600mm 时的最大高度应控制在 5m 以下。隔墙设计时要按照国家规范要求，并对照现场尺寸确定竖龙骨数量，如图 5-40 所示。

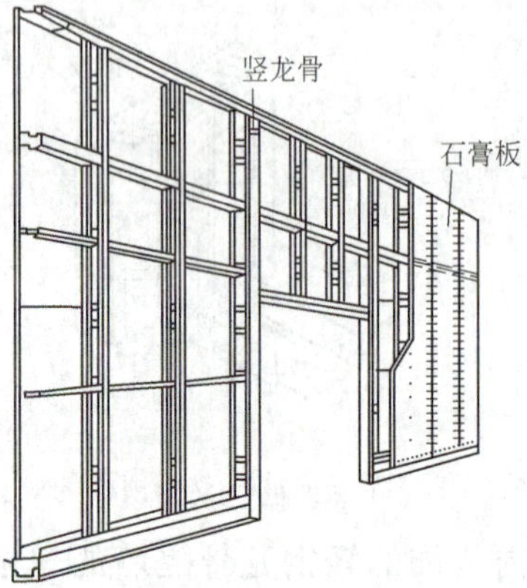

图 5-40　隔墙竖龙骨数量的确定

（2）木龙骨隔断　木龙骨隔断是指以木质材料作为龙骨支撑的隔断。由于木材的可塑性较强，故木龙骨隔断的造型较为丰富，其原理与方法基本上与轻钢龙骨一致，但在此基础上应做到：

1）用作龙骨的木质材料必须是符合国家现行标准、含水率低于12%的坚实木材，无蛀、无开裂、无翘曲、无开裂节疤，宜选用杉木、松木、柳桉等变形小的木材。

2）根据设计要求，木材覆面一侧应刨平整。

3）应做好防腐、防蛀和防火涂料的涂刷。

4）龙骨连接应采用榫接结构连接，以铁钉固定。

5）木质竖龙骨间距应根据设计要求确定，但必须保证隔断的平整度和牢固性，如图 5-41 所示。

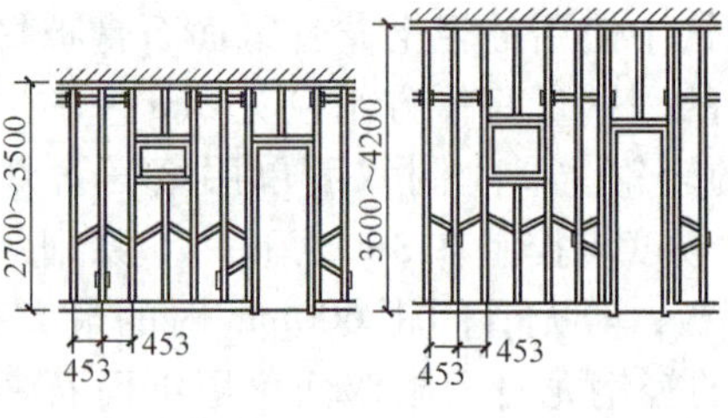

图 5-41　木质竖龙骨间距的确定

（3）纸面石膏板面层隔断　纸面石膏板是以建筑石膏为主要原料，掺入纤维和外加剂等原料制成芯材，并与护面纸牢固地结合在一起的建筑板材。石膏板护面纸具有防火、防潮等性能，从而形成了不同性质的纸面石膏板。它具有质轻、抗弯、保温、防火、吸声、收缩率小等性能，可随意锯、钉、粘，并可用钉子、螺栓和以石膏为基材的胶粘剂或者其他胶粘剂粘接。目前，纸面石膏板隔断已广泛运用于室内设计中。普通纸面石膏板隔断仅适用于干燥的环境，对于厨房、卫生间、机房间等空气相对湿度大于70%的潮湿环境和有特殊防火要求的空间，应选用不同规格系列的防潮、防火纸面石膏板隔断，防火纸面石膏板隔断如图5-42所示。

（4）木质面层隔断　木质面层隔断一般采用木龙骨、木拼板、木板条、胶合板、纤维板及各类木质饰面板作罩面板，不仅可以代替抹灰、刷涂等湿作业施工，同时也可以减轻建筑物的自身承重量，增加保温、隔热、隔声的效果。木质面层隔断的造型与视觉效果较为丰富，是室内装饰中常用的装饰手段，如图5-43所示。

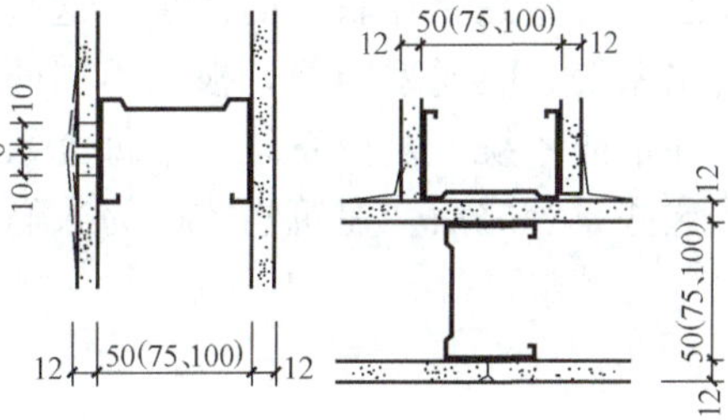

图5-42　防火纸面石膏板隔断

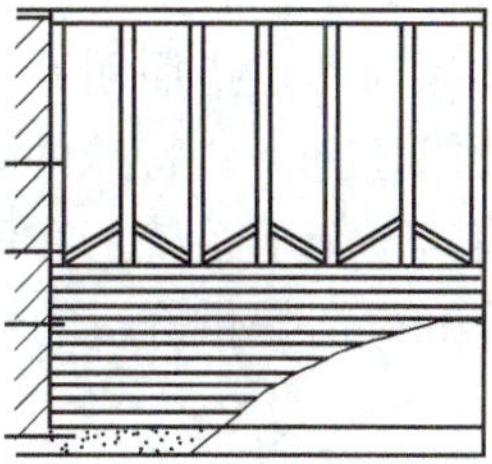
图5-43　木质面层隔断

（5）玻璃隔断　玻璃隔断在室内装饰中运用较为广泛，可用于办公空间、娱乐空间、餐饮空间、展示空间等。玻璃隔断按形式可分为纯玻璃隔断、半玻璃隔断、玻璃砖隔断等；按其不同用途，可分为钢化玻璃隔断、防弹玻璃隔断、普通玻璃隔断以及具有特殊效果的真空镀膜玻璃隔断、压花玻璃隔断、喷花玻璃隔断、刺花玻璃隔断等。玻璃隔断丰富了现代室内建筑的空间分隔，体现了材质的时代感，以其透明、光亮、洁净的特点让使用者有自然和开敞的感觉。

(6) 其他轻质隔墙　室内装饰中除常用的轻钢龙骨隔墙、纸面石膏板隔墙、木质隔墙与玻璃板隔墙外，近几年各类轻型建筑材料的开发与运用，丰富和拓展了建筑物内部非承重隔墙的品种与质量。在室内装饰隔墙中具有代表性的轻质隔墙板是GRC空心轻质隔墙板。GRC板以玻璃纤维增强水泥作为结构材料，近年来得到了很快的发展，作为建筑物的外墙板得到了广泛的应用。为了满足日益增长的对内隔墙板的社会需求，建材界开发了GRC空心轻质隔墙板(简称GRC板)，它具有质量轻、强度高、防潮、不燃、隔声等性能，价格适中且施工简便，加工性能良好，广泛应用于各类民用和工业建筑中，是室内装饰隔墙，尤其是湿作业的理想材料。

第二节　建筑设备基本知识

一座建筑要被人们使用，除了建筑物本身之外还必须具有相应的设备，这些设备是为人们可以方便舒适地使用建筑物而设置的。这些设备中，有些是独立的体系，有些是相互联系的体系。这些设备体系通常是指照明系统、给水系统、暖通系统等，根据不同的功能要求还有一些特殊的体系，如消防系统、监控系统等，每个系统又有若干个子系统。在配备了这些系统之后，建筑物才能为人们的工作和生活提供舒适的环境。

一、采暖系统

1. 基本概念

采暖是指用人工方式使室内获得热量并保持一定的温度，以达到适宜人们生活和工作条件的一门工程技术，也称供暖。采暖系统则是为使建筑物达到采暖目的，由热源或供热装置、散热设备和管道等设施组成的设备体系。

(1) 热源　将天然的或人造的能源形态转化为符合采暖要求的热能装置。

(2) 管网　将热源输送并分配热媒至热用户、散热冷却后返回热源的循环管道系统。

（3）散热器　以对流和辐射方式向采暖房间发散热量的设备。

2. 采暖方式

（1）集中采暖　热源设备和散热设备分别设置，由热源通过管道向各个房间或各个建筑物供给热量的采暖方式。

（2）分散采暖　热源、散热设备和热媒管道三者合为一体的就地产生热量、就地散发热量的采暖方式。

（3）全面采暖　为使整个采暖房间保持一定的温度要求而设置的采暖方式。

（4）局部采暖　为使室内局部区域或局部工作地点保持一定的温度而设置的采暖方式。

（5）连续采暖　对于全天使用的建筑物，使其室内平均温度全天均能达到设定温度的采暖方式。

（6）间歇采暖　对于非全天使用的建筑物，仅在其使用时间内使室内平均温度达到设定温度而在非使用时间内可自动降温的采暖方式。

（7）值班采暖　对于在非工作时间或中断供暖的时间内，为使建筑物保持最低室温要求而设置的采暖方式。

采暖设计室内空气计算温度 t_n 按表 5-1 选取。

表 5-1　采暖设计室内空气计算温度　　（单位：℃）

建筑类型	房间名称	室内温度		建筑类型	房间名称	室内温度
居住建筑	饭店、宾馆的卧室	18～22		影剧院	观众厅	14～18
	住宅、宿舍的卧室	16～22			舞台、化妆室	16～18
	厨房	5～15			布景、道具室	16～18
	浴室	21～25			吸烟室	14～16
医疗建筑	病房	18～22		文体公共建筑	比赛大厅	14～20
	手术室、产房	22～26			游泳馆（室内）	25～28
	治疗室	18～22			休息厅	16～20
	诊室	18～20			阅览室	16～20
	儿童病房	18～20			候车大厅	14～18

二、空气调节系统

空气调节是指用人工的方法使房间或封闭空间内的空气温度、

湿度、洁净度、气流速度、新鲜度和压力等参数达到给定要求的一门工程技术，简称空调。通常是利用空调设备对空气进行热湿交换、过滤净化等处理。

空调系统通常包括空气处理设备、输送空气的管道和空气分配装置三部分。

空调设备主要包括冷（热）源、进风、过滤、空气处理、风机、消声、防排烟及自动控制等装置。

空调系统的分类见表5-2。

表5-2 空调系统的分类

空调系统	系统特性	系统应用	适用条件	安装特点
集中式	系统有集中的冷热源设备和空气处理机组，空调用冷冻水、热水、蒸汽等集中制备，对室内的空气进行集中的处理、输送和分配	单风管系统 双风管系统 变风量系统 带风道的空调机组系统	1. 各种工业、民用及公共建筑中的高大空间 2. 室内温湿度、洁净度、噪声等要求高 3. 新风量变化大	空调送、回风管系统复杂、布置困难，并要求梁下至吊顶有一定的高度以满足安装风管的要求，需一定的空调机房
半集中式	系统有集中的冷热源设备和空气处理机组（通常为新风处理机），空调用冷冻水、热水、蒸汽等集中制备，各房间热湿负荷的处理分别由设置在各房间内的末端装置完成	全空气诱导器系统 风机盘管＋新风系统 空气—水诱导器系统 冷、热辐射板＋新风系统	1. 一般舒适性空调要求 2. 房间面积大，层高较低，风管不宜布置 3. 多层多室，热湿负荷不一致及室内参数要求不同 4. 各室的使用时间不同	需设置独立的新风管道系统及新风机房，机房面积和管道较小，末端装置设在空调房间内
全分散式	每个房间的空气处理分别由各自的单元式空调机组承担	窗式空调器 分体式空调器 VRV系统 水源热泵系统	1. 房间面积不大，各室使用时间不一致 2. 空调房间布置较为分散 3. 各室的空调环境要求不同 4. 窗式及分体式空调器仅适用于对空调环境要求不高的房间	1. 不需专用机房，设备布置简便 2. 室外机可布置在房间侧墙、阳台或屋顶上 3. 对建筑立面效果有影响 4. 热泵机组及VRV室内机安装灵活，易与装饰配合

空调房间的布置应考虑空调系统的技术、节能和经济要求，通常应符合下列条件：

1）建筑的形体应力求简单方正，减少与室外空气毗邻的暴露面，尽量降低窗墙比。

2）空调房间应集中布置，室内温湿度基数及使用要求相近的房间宜相邻布置。层高相同的空调房间，应集中布置在同一层。

3）空调房间宜布置在非空调房间内部，室内温湿度基数及波动范围要求高的房间宜布置在要求低的房间中间。

4）空调房间应优先选择南北朝南。

5）对振动和噪声有严格要求的空调房间，应远离振源和声源。

6）空调机房应尽量布置在空调房间附近，且空调系统的作用半径不宜过大，一般为30～40m，且一个系统的服务面积不宜超过500m^2。

三、给水系统

1. 给水系统的分类

（1）生活给水系统　供给民用建筑和工业建筑内用于饮用、烹调、盥洗、洗涤、清扫等生活用水的给水系统，其水质必须符合国家规定的饮用水水质标准。

（2）生产给水系统　供给各类生产设备及生产工艺用水的给水系统。生产用水主要用于以下几方面：生产设备的冷却、原料和产品的洗涤、锅炉给水及某些工业原料用水等。由于生产设备及生产工艺不同，对水质、水量、水压的要求也各不相同。

（3）消防给水系统　供给各类建筑内设置的消防设备（按消防规范规定需设置消防给水系统）用水的给水系统。消防给水的水量、水压应满足消防规范的要求，对水质则要求不高。

2. 给水系统的选择

1）高层建筑生活给水系统与消防给水系统宜分开设置，但可共用水箱和储水池。

2）水量较大的用水设备，如空调冷冻设备、喷水池、游泳池等，应尽量采用循环或重复利用的给水系统。

3）建筑物内给水系统应尽量利用室外城市自来水管网压力直接

给水，如不能满足个别用水点所需水压，应采用局部加压给水装置。

4）室外管网压力周期性不足时，应采用设置调节水箱的给水系统；经常性不足时，应采用加压给水系统。

5）采用竖向分区给水时，住宅、旅馆和医院供水压力为0.3～0.35MPa，办公楼、教学楼、商业楼供水压力为0.35～0.45MPa，生活给水系统中卫生器具给水配件处静水压不大于0.6MPa。

6）消火栓给水系统最低消火栓处静水压应不大于0.8MPa，自动喷水灭火系统管网工作压力应不大于1.2MPa。

3. 建筑内部热水系统

建筑内部热水系统的热水加热方式根据使用特点、耗热量、热源情况、燃料种类等确定，主要可分为直接加热和间接加热两种类型。常用加热方式有下面几种：

（1）热水锅炉直接加热　锅炉内应采取消声除尘措施并符合排放标准，锅炉结构须符合有关标准，多用于水量均匀、耗热量不大的场所，如浴室、饮食店、理发馆等。其特点为：

1）设备系统简单，投资少，一次换热效率较高。

2）运营及卫生条件较差。

3）水温波动大。

（2）煤气加热器加热（煤气热水器）　使用煤气加热器加热时，要注意通风，以保证使用的安全，多用于单个淋浴器（耗热量小于16kW）及住宅内，工厂、车间、旅馆、幼儿园等单间浴室及疗养院、休养所、学校浴室不能采用。其特点为：

1）设备、管道简单，使用方便。

2）卫生，热效率高。

3）水质硬度高时易结垢。

4）住宅安装时，厨房、卫生间距离不宜太远。

（3）电加热器加热（电热水器）　其他热源供应困难且电力充裕时，可采用电加热器供应热水。电加热器应采取安全措施及功率与温度调节装置，其中大功率容积式电加热器具有一定的热水蓄水容积，也可作局部备用热源。其特点为：

1）使用方便卫生。

2）无二次污染。

3）耗电量大，成本高。

（4）太阳能热水器加热　太阳能热水器通常由集热器、蓄热水箱组成，其中集热器是太阳能热水器的关键部分，管式集热器热效率高，绝缘性能好，寿命长，结构较为简单；蓄热水箱便于自然循环，稳定水压，构造与热水系统的热水箱相同，多用于我国西北、华北地区。

（5）水汽混合加热　多用于有蒸汽来源（耗热量一般小于760kW）且对噪声要求不高的公共浴室、洗衣房、工矿企业等。蒸汽质量应满足使用要求，并采取消声隔振措施。采用闭式水罐加热时冷水须经冷水箱补给，蒸汽压力应保证大于罐内水压。其特点是：

1）设备系统简单。

2）热效率较高。

3）噪声大。

4）凝结水不能回收，锅炉给水费用高。

（6）容积式换热器间接加热　多可于以城市热网为热媒的集中制备热水的用户，包括要求供水稳定安全、噪声低的旅馆、医院、公寓、住宅、办公楼等。耗热量大的用户，应设有质量好的温度调节阀。由于设备内储存一定容积的热水，所以供水稳定。其特点为安全可靠，设备简单，加热效果好，要求机房净高不小于4m。

（7）快速加热器间接加热　多用于耗热量大、冷水硬度低的场所，如果给水硬度高需作软化处理。其特点是：

1）换热效果好，供水安全。

2）给水硬度高时结垢严重，水头损失与温度波动较大。

（8）容积式换热器与快速加热器串联加热　以75℃左右低温热水为热媒时，冷水经快速加热器后再进入容积式加热器，热水先进容积式加热器再进入加速加热器，系统设备较为复杂且占地面积较大。

4. 消防给水

（1）多层建筑室内消防给水　多层建筑是指9层及9层以下的住宅和建筑高度不超过24m的其他民用建筑，以及高度不超过24m的单层公共建筑。其室内消防给水管道及消火栓的布置应符合下列要求：

1）室内消火栓超过10个，且室外消防用水量大于15L/h时，室内消防给水管道应设两条进水管并成环状管网，一条进水管发生故障时，另一条应能通过全部水量。

2）超过6层的塔式（采用双口双阀消火栓除外）和通廊式住宅、超过5层或体积超过1000m^2 的其他民用建筑、超过4层的厂房和库房的室内消防竖管应成环状；高层工业建筑室内消防竖管应成环状且管道直径不应小于100mm。

3）超过4层的厂房和库房、高层工业建筑、设有消防管网的住宅、超过5层的其他民用建筑的室内消防管网应设消防水泵接合器。

4）室内消防给水管道应用阀门分成若干独立段，故障时停用的消火栓在一层中不能超过5个；高层工业建筑消防给水管道阀门的布置，一般应保证检修管道时关闭停用的竖管不超过1条，超过3条竖管时，可关闭2条，阀门经常开启时，应有明显启闭标志；消防给水竖管布置应保证同层相邻两个消火栓水柱能同时到达任何部位。

5）消火栓给水管网与自动喷水灭火系统管网宜分开设置，如分开设置有困难应在报警阀前分开。

6）消防用水与其他用水合并的室内管道，当其他用水达最大秒流量时应该仍能供应全部消防用水量；淋浴用水可按15％计算；生产生活用水量达到最大且市政给水管仍能满足室内外消防用水量时，消防水泵可直接从市政管道取水。

7）设置临时高压给水系统时应设消防水箱，水箱设于建筑物的最高部位；发生火灾时消防水泵供给的消防水不能进入水箱。

（2）高层建筑室内消防给水　高层建筑是指高度为10层及10层以上的住宅建筑和建筑高度在24m以上的其他民用和工业建筑。

1）一般规定：

① 高层民用建筑必须设置室内、外消火栓给水系统，建筑物的各层（无可燃物的设备层除外）均应设消火栓。

② 高层建筑的消防用水总量应按室内、外消防总用水量计算，但计算室内消防管网时不考虑室外消防用水量。

③ 室内消防给水应采用高压或临时高压给水系统，当室内消防用水量达到最大时其水压应满足室内最不利点灭火设施的要求。

2）消防给水系统的分类：

① 按管网的服务范围划分，可分为独立的室内消火栓给水系统和区域集中的室内消防给水系统。

独立的室内消火栓给水系统，即每栋高层建筑设置一个单独加压的室内消防给水系统。

区域集中的室内消防给水系统，即数幢或数十幢高层建筑共用一个加压泵房的消防给水系统。

② 按建筑高度划分，可分为不分区的室内消防给水系统和分区的室内消火栓给水系统。

建筑高度不超过50m的工业与民用建筑可以采用不分区的室内消防给水系统，静水压不超过80m时也可不分区。

建筑高度超过50m的室内消火栓给水系统难以得到消防车的供水支援，为加强安全，保证火场灭火用水，须采用分区的室内消火栓给水系统。

四、照明系统

对设计师来说，良好的光环境在建筑功能设计和艺术设计中都是十分重要的。从功能上看，人们在进行生产、工作和学习时，建筑物良好的采光和理想的照明光环境，可提高人们的工作效率及产品质量。从艺术上看，光是表现建筑空间和建筑造型的重要手段。设计师若能合理而巧妙地运用建筑光学的基本知识，可在装饰设计中创作出具有非凡意境的作品。

1. 天然采光

天然采光主要利用采光窗来实现，采光窗有侧窗和天窗两种。

(1) 侧窗　侧窗构造简单，布置方便，造价低，光线的方向性好，适合观看立体感强的物体，在民用建筑和工业建筑中得到了广泛的应用。侧窗的主要缺点是照明分布不均匀，近窗处照度高，往里走，水平照度下降速度很快，离内墙1m处照度最低。侧窗采光房间进深不能超过窗口上沿高度的两倍，否则需要补充人工照明。

侧窗分单侧窗、双侧窗和高侧窗三种，其中高侧窗主要用于仓库和博览建筑。

（2）天窗　当建筑物室内面积较大时，只用侧窗不能完全满足采光的要求，这时需要设计天窗。天窗可分为以下几种类型：

1）矩形天窗：这种天窗的突出特点是采光比侧窗均匀，即工作面照度比较均匀，天窗位置较高，不易形成眩光，在大量的工业建筑如需要通风的热加工车间和机加工车间应用普遍。为了避免直射阳光射入室内，天窗的玻璃最好朝向南北，这样阳光射入的时间少，也易于遮挡。天窗宽度一般为跨度的一半左右，天窗下沿至工作面的高度为跨度的0.35~0.7倍。

2）横向天窗（横向矩形天窗）：这种天窗具有采光面大、效率高、光线均匀、造价低等优点。

3）锯齿形天窗：这种天窗有倾斜的顶棚作反射面，增加了反射光分量，采光效率比矩形天窗高。窗口一般朝北，可防止阳光直射进入室内且不影响室内温度和湿度的调节，光线均匀，方向性强。锯齿形天窗多用于轻工业厂房、超级市场、体育馆等。

4）平天窗：这种天窗的特点是采光效率高，是矩形天窗的2~3倍。平天窗采光均匀性好，布置灵活，不需要天窗架，能降低建筑高度，在大面积车间和中庭常使用平天窗。设计时应注意采取防止污染、防直射阳光影响和防止结露的措施。

5）井式天窗：采光系数较小，多用于通风兼采光，适用于热处理车间。

在实际设计时，可单独使用以上某一种采光窗，也可同时使用几种窗，即采用混合采光方式。

2. 人工照明

（1）照明方式

1）一般照明：多用于对光的投射方向没有特殊要求的建筑空间，如候车室、教室、超级市场营业厅、仓库等。

2）分区一般照明：指同一房间照度水平同样的一般照明，多用于车间的工作区、过道、半成品区、敞开式办公室的办公区和休息区等。

3）局部照明：多用于对照度和光线方向性要求高的建筑空间，通常局部照明不单独使用。

4）混合照明：不仅设有满足工作面高照度和光线方向的要求所

用的一般照明，而且设有局部照明，多用于阅览室。

（2）照明设计标准

1）照度标准值是指工作或生活的建筑空间内参考平面（又叫工作面）或指定表面上的维持平均照度值，它是照明设计的一个重要标准。

2）作业面外0.5m范围的邻近周围的照度比作业面照度低一个等级，作业面照度不大于200lx时，邻近周围照度与作业面照度相同。

3）室内外灯具每年至少擦洗2次，室内污染严重的灯具每年至少擦洗3次。

4）设计照度与照度标准值可有±10%的误差。

（3）照明设计中应注意的问题

1）应急照明的照度：

① 疏散通道疏散照明的照度值不宜低于0.5lx。

② 安全照明的照度值不得低于该场所一般照明照度值得5%。

③ 备用照明的照度值不宜低于该场所一般照明照度值的10%。

2）光源与灯具的选择：

① 应选择光效高的光源和灯具。

② 要求瞬间启动和连续调光的建筑空间，宜采用白炽灯或卤钨灯。

③ 高大的空间如体育馆、中庭等，应选用高强度气体放电灯，如金属卤化物灯、高显色性高压钠灯、细管径荧光灯等。

3）不同用途的室内空间在照明设计中应注意的问题：

① 图书馆书库，特别是存放珍贵资料处的照明，应采用隔紫灯具或无紫光源。

② 住宅中卧室和餐厅的照明宜选用低色温光源。

③ 教室照明设计时应将荧光灯管的长轴垂直于黑板布置，这样引起的直接眩光较小。

④ 游泳比赛和训练场地照明灯具宜设置于游泳池长边的两侧。

五、消防系统

消防系统在现代建筑装饰装修工程设计中也是相当重要的，尤其是在公共建筑装饰装修工程中，消防系统涉及的面比较大，且专业性较强，通常需有专业资质的单位设计与施工。消防系统主要包括消防给水系统和消防报警系统，消防给水系统有消火栓系统和自动喷水灭火系统；消防报警系统是通过烟传感器，将火灾的情况及时报告给中央控制室，然后启动补救措施的系统。

六、智能系统

随着社会、经济、技术的快速发展，人们对环境的要求越来越高，除了舒适之外，还要便捷，智能系统就是在这种情况下诞生的。智能系统是一个综合性很强的系统，它包含通信网络、计算机网络、有线电视网络、监控系统等。

第三节　施工图绘制的要求

一、室内装饰施工图的内容和特点

1. 室内装饰施工图的内容

室内装饰施工图主要包括图样目录、设计说明、材料及做法等。装饰设计的基本图样有室内平面图、顶棚平面图、全部立面图、剖面图、详图、透视效果图以及各专业配合的图样。在整套施工图样中要求反映图样目录、设计说明、材料和做法等内容，作为施工的依据。

2. 室内装饰施工图的特点

1）在绘图中可以省略原有的建筑材料和构造的绘制。

2）室内装饰平面图、立面图中可以加画阴影和配景。

3）图样尺寸相对灵活，可只标注影响施工的控制尺寸且允许施工人员在施工中按图样比例量取或依据现场情况确定。

4）装饰施工图中图示内容（如家具、电器、装饰品等）只提供大致构想，具体实施由房主根据自己喜好来选择。

二、装饰设计制图的有关标准

1. 图纸幅面及图框尺寸

图纸的幅面（简称图幅）是指图纸的尺寸大小，以 A0、A1、

A2、A3、A4 区分。图框是指界定图纸内容的线框。图幅及图框尺寸应符合表 5-3 的规定及图 5-44a、b 所示横式幅面、图 5-45a、b 所示立式幅面的格式。

表 5-3　图幅及图框尺寸

幅面代号 / 尺寸代号	A0	A1	A2	A3	A4
$\frac{b}{mm}\times\frac{l}{mm}$	841×1189	594×841	420×594	297×420	210×297
c/mm	10			5	
a/mm	25				

注：表中 b、l、c、a 的含义如图 5-44a 所示。

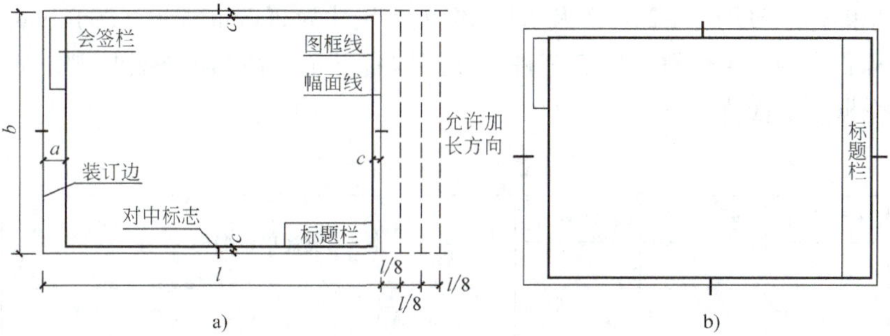

图 5-44　横式幅面

图纸的短边一般不应加长，长边可加长，加长部分的尺寸应为长边的 1/8 及其倍数。

2. 标题栏与会签栏

标题栏是设计图样中表示设计情况的栏目。标题栏的内容包括设计单位名称、工程名称、图样内容、工程负责人、设计总负责人、设计、制图、校对、审核、审定、项目编号、图号、比例、日期等。标题栏又称图标，图标通常分为大图标和小图标，见表 5-4、表 5-5。大图标一般用于 A0、A1 及 A2 图纸上，其尺寸为 240mm×40（30）mm；

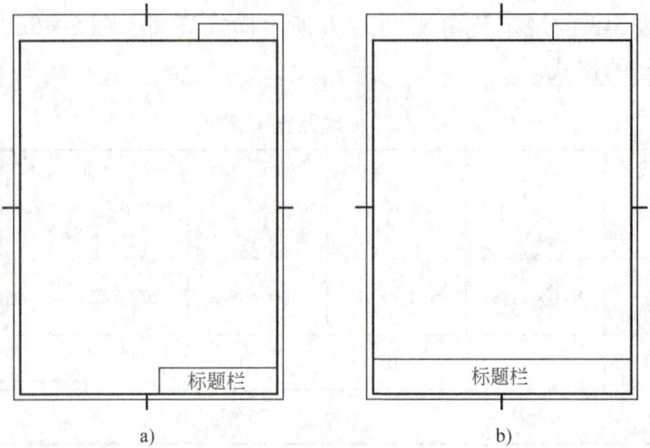

图 5-45　立式幅面

小图标一般用于 A2、A3 及 A4 图纸上，尺寸为 200mm ×40（30）mm。标题栏的放置位置主要有三种：在图框右下角、在图框右侧竖排、在图框下部横排。

表 5-4　大图标

<table>
<tr><td>工作内容</td><td>姓　　名</td><td>签字月日</td><td colspan="4" rowspan="2">设计单位名称</td></tr>
<tr><td></td><td></td><td></td></tr>
<tr><td></td><td></td><td></td><td rowspan="2">工程总称</td><td colspan="3" rowspan="2"></td></tr>
<tr><td></td><td></td><td></td></tr>
<tr><td></td><td></td><td></td><td>项目</td><td colspan="3"></td></tr>
<tr><td></td><td></td><td></td><td colspan="2" rowspan="4">图样名称</td><td>设计号</td><td></td></tr>
<tr><td></td><td></td><td></td><td>图别</td><td></td></tr>
<tr><td></td><td></td><td></td><td>图号</td><td></td></tr>
<tr><td></td><td></td><td></td><td>日期</td><td></td></tr>
</table>

表 5-5　小图标

图样名称		设计单位名称			
工程总称		设计		图别	
项目		绘图		图号	
		校对		比例	
		审核		日期	

会签栏是供签字用的表格，放在图纸左面图框线外的上端，其尺寸为 100mm×20mm。会签栏内应填写会签人员所代表的专业、姓名、日期（年、月、日），一个会签栏不够时，可另加一个，两个会签栏应并列，不需会签的图样可不设会签栏，如图 5-46 所示。

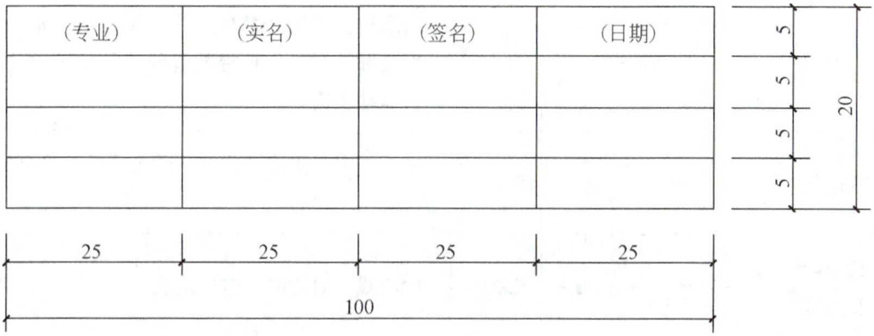

图 5-46　会签栏

图线是制图最基本、最重要的知识。

3. 图线

图线指制图中用以表示工程设计内容的规范线条，它由线型和线宽两个基础元素组成。线型有实线、虚线、单点长画线、双点长画线、折断线、波浪线等。图线的宽度设为 b，通常为 0.18mm、0.25mm、0.35mm、0.5mm、0.7mm、1.0mm、1.4mm、2.0mm。在建筑工程制图中，图线的选用可参见表 5-6。

表5-6 图线

名称	线 型	线宽	适用范围
粗实线		b	平、剖面图中被剖切的主要建筑构造和装饰构造的轮廓线；室内装饰立面图的外轮廓线；建筑装饰装修构造详图中被剖切的主要部分的轮廓线；建筑装饰装修详图中的外轮廓线；剖切符号。地坪线可用线宽1.5b，图名线线宽可用2b
中实线		0.5b	平面图、剖面图中除被剖切轮廓外的可见物体轮廓线
细实线		0.25b	图形和图例的填充线、尺寸线、尺寸界线、索引符号、标高符号、引出线等
中虚线		0.5b	表示被遮挡部分的轮廓线；平面中上部的图形装饰轮廓线；预想放置的建筑或装饰构件；运动轨迹
细虚线		0.25b	表示内容与中虚线相同，适合小于0.5b的不可见轮廓线
细单点长画线		0.25b	中心线、对称线、定位轴线
折断线		0.25b	不需要画全的断开界线
波浪线		0.25b	不需要画全的断开界线；构造层次的断开界线

4. 比例

图样的比例是指图形与实物相对应的线性尺寸之比。比例的大小是指其比值的大小，如1:50大于1:100；比例应以阿拉伯数字表示，如1:2、1:5等。比例宜注写在图名的右侧，与字的基准线齐平；比例的字高宜比图名的字高小一号或二号，如图5-47所示。

建筑设计、规划设计的图样比例可确定为1:200以上，而装饰设计的图样比例大多数都在1:200以下，见表5-7。

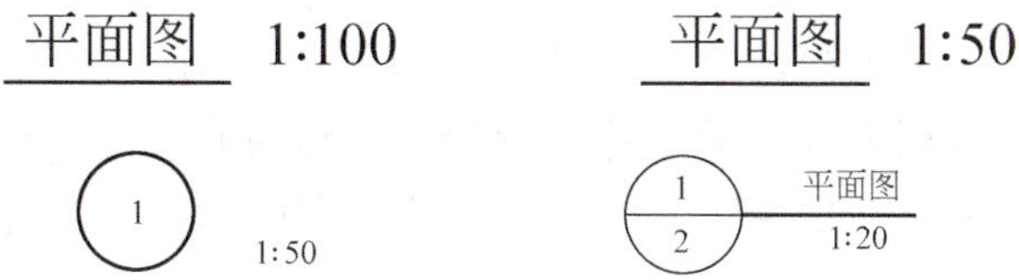

图 5-47　比例的注写

表 5-7　装饰设计图样常用比例

常用比例	1:1	1:2	1:5	1:10	1:20	1:50	1:100	1:200
可用比例	1:3	1:15	1:25	1:30	1:40	1:60	1:150	

根据建筑装饰装修工程的不同阶段及施工图的内容不同，绘制比例常用设置见表 5-8。

表 5-8　建筑装饰装修工程施工图的绘制比例

1:200 1:150 1:50	方案阶段的总平面图	平面布置 顶棚平面布置
1:60 1:50 1:30	局部平面施工图 局部平面施工图 居室平面施工图	平面布置 顶棚平面布置
1:50 1:30 1:20	一般的立面施工图 较复杂的立面施工图 特别复杂的立面施工图	剖面 立面
1:10 1:5 1:4 1:2 1:1	2m 左右的剖面（如从顶到地的剖面、大型橱柜剖面等） 1m 左右的剖面（如吧台、矮隔断、酒水柜等剖立面） 50～60cm 左右的剖面（如大型门套的剖面造型） 18cm 左右的剖面（如踢脚、顶角线等线脚大样） 8cm 左右的剖面（如凹槽、勾缝、线脚等大样节点）	节点大样

在一套图样中，图幅的比例应尽量统一，且种类以少为好。一般情况下一个图样应选用一种比例，特殊情况下可以自选比例，也可绘制出相应的比例尺。

5. 字体

图样上所要书写的文字、数字或符号等，均应符合笔画清晰、字体端正、排列整齐、标点符号清楚、正确的要求。图样及说明中的汉字，可采用长仿宋体、宋体等字体，图样封面、大标题也可用其他字体，但应易于辨认。

文字的字高应从如下系列中选用：3.5mm、5mm、7mm、10mm、14mm、20mm。如需书写更大的字，其高度应按$\sqrt{2}$的比值递增。拉丁字母、阿拉伯数字和罗马数字的字高，应不小于2.5mm。

表示数量的数字，应用阿拉伯数字书写。图样中出现的数字及字母的字号要比图样的详细标注文字小一号，图样的详细标注文字无论在字号的大小还是字体上都应区别于图名的标注文字。

各种计量单位凡前面有量值的，均应采用国家颁布的单位符号注写，单位符号应采用正体字母。分数、百分数和比例数的注写，应采用阿拉伯数字和数学符号，如四分之二、百分之二十五和一比五十应分别写成2/4、25%和1:50。当注写的数字小于1时，必须写出个位的“0”，小数点应采用圆点，齐基准线书写，如0.2。

6. 定位轴线

定位轴线是表示柱网、墙体位置的符号，用细点画线绘制，并有编号。编号应注写在轴线端部的圆内，定位轴线圆的直径为8~10mm，用细实线绘制，圆心应在定位轴线的延长线或延长线的折线上。平面上定位轴线的编号宜标注在图样的下方或左侧。水平方向的定位轴线编号用阿拉伯数字由左向右编写，垂直方向则采用拉丁字母由下向上注写，如图5-48所示。编号中I、O、Z三个字母不得使用，以避免与数字产生混淆。若字母不够使用，可增用双字母或单字母加数字注脚，如A_A、B_A、C_A或A_1、B_1。

附加定位轴线的编号应以分数形式表示，两根轴线间的附加轴线，以分母表示前一轴线的编号，分子表示附加轴线的编号，附加轴线编号宜用阿拉伯数字顺序编写，如表示2号轴线之后附加的第一根轴线；表示A号轴线之后附加的第一根轴线。

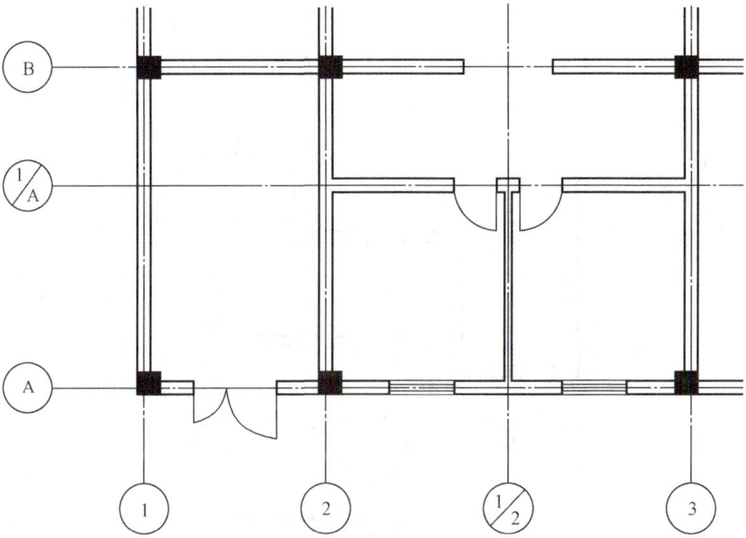

图 5-48　定位轴线标注

1 号或 A 号轴线之前的附加轴线的分母应以 01 或 0A 表示，如 $\frac{1}{01}$ 表示 1 号轴线之前附加的第一根轴线；$\frac{1}{0A}$ 表示 A 号轴线之前附加的第一根轴线。

圆形平面图中定位轴线的编号宜用阿拉伯数字表示，从左下角开始，按逆时针顺序编写；圆周轴线宜用大写拉丁字母表示，从外向内顺序编写，如图 5-49 所示。

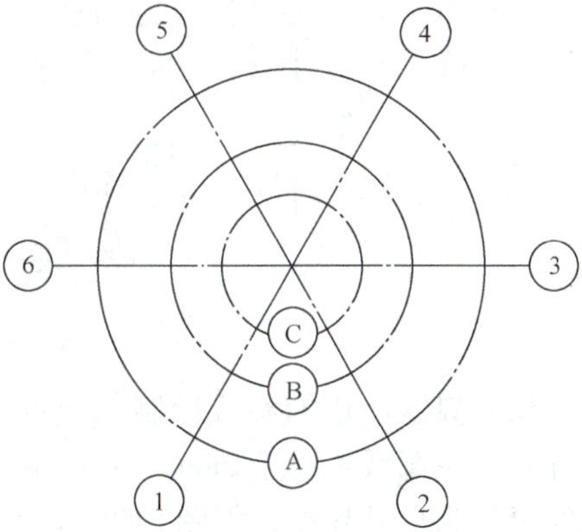

图 5-49　圆形平面定位轴线编号

组合较复杂的平面图中定位轴线编号可采用分区式编写，编号的注写形式应为“分区号—该分区编号”，分区号采用阿拉伯数字或大写拉丁字母表示，如图 5-50 所示。

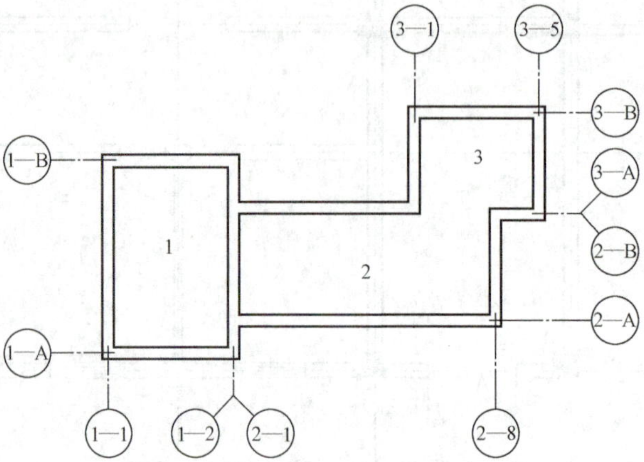

图 5-50　定位轴线的分区编号

7. 尺寸标注

（1）尺寸界线、尺寸线、尺寸起止符号和尺寸数字　尺寸是图样的一个重要组成部分，它是说明工程技术问题的重要依据。在图样中，尺寸的标注包括尺寸界线、尺寸线、尺寸起止符号和尺寸数字，如图 5-51 所示。

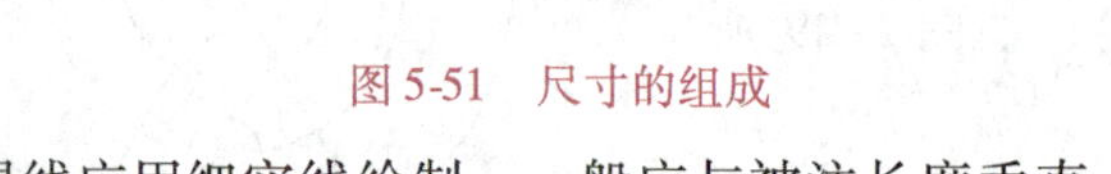

图 5-51　尺寸的组成

尺寸界线应用细实线绘制，一般应与被注长度垂直，其一端应离开图样轮廓线不小于2mm，另一端宜超出尺寸线2～3mm。图样轮廓线可作为尺寸界线，如图 5-52 所示。

尺寸线用细实线绘制，应与被注长度平行。

尺寸起止符号一般用中粗斜短线绘制，其倾斜方向应与尺寸界线成顺时针 45°角，长度宜为 2 ~ 3mm，如图 5-53 所示。尺寸起止符号也可用圆点绘制，半径、直径、角度及弧长的尺寸起止符号宜用箭头表示。

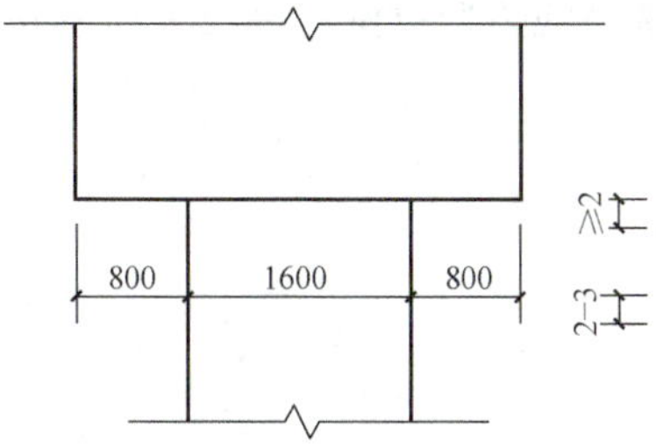

图 5-52　尺寸界线

尺寸数字为物体实际尺寸，不得从图上直接量取。尺寸数字应注写在尺寸界线中部的尺寸线上方。相邻尺寸数字如注写位置不够，可错开或引出注写。当轮廓线不是水平或垂直时，可将尺寸线与轮廓线平行，或将尺寸线折成水平和垂直方向，如图 5-54 所示。对于一些曲线图形的尺寸线，可用尺寸网格表示。

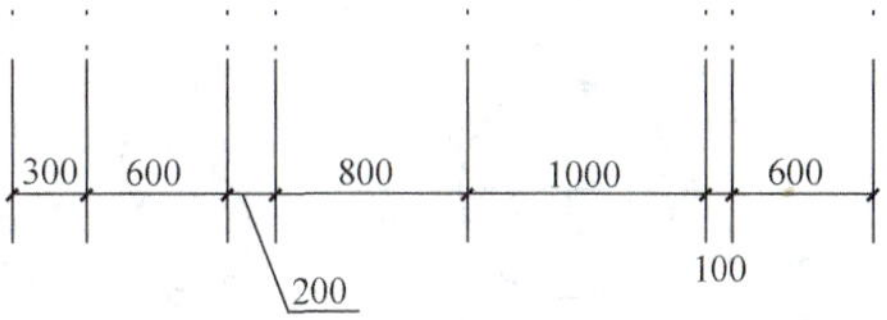

图 5-53　尺寸起止符号

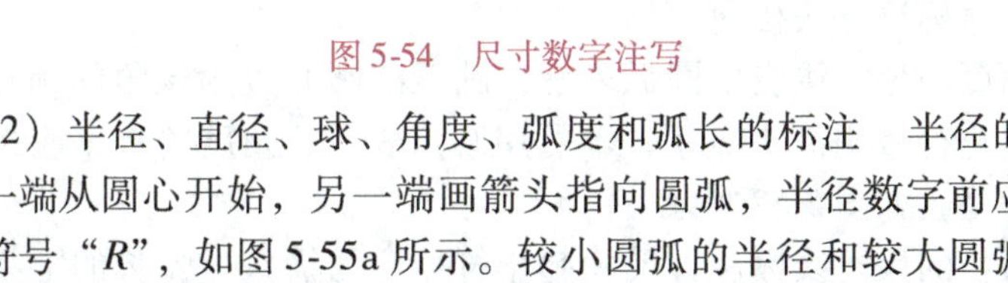

图 5-54　尺寸数字注写

（2）半径、直径、球、角度、弧度和弧长的标注　半径的尺寸线应一端从圆心开始，另一端画箭头指向圆弧，半径数字前应加注半径符号“R”，如图 5-55a 所示。较小圆弧的半径和较大圆弧半径可按图 5-55b、c 所示标注。

标注圆的直径尺寸时，直径数字前应加直径符号“ϕ”，尺寸线应在圆内通过圆心，两端画箭头指至圆弧，较小圆的尺寸线可注在圆外或将通过圆心的尺寸线延长引出到圆外，如图 5-56 所示。

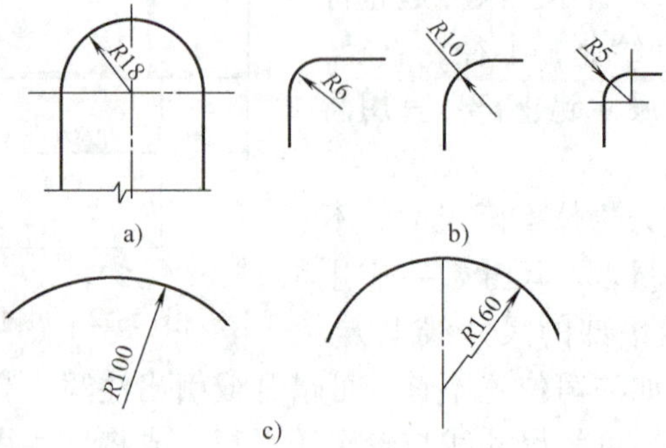

图 5-55　半径标注

a）半径标注方法　b）较小圆弧的半径标注方法　c）较大圆弧的半径标注方法

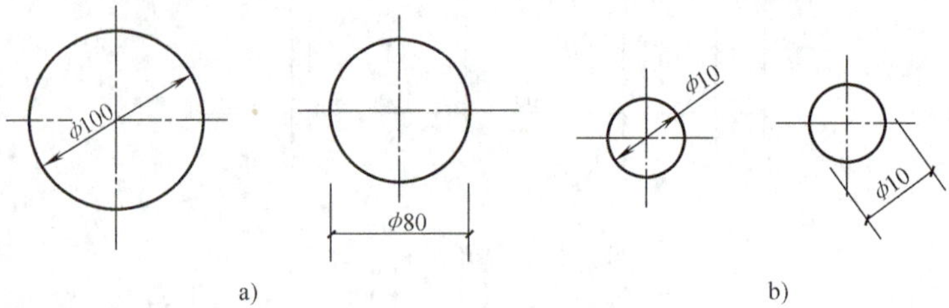

图 5-56　圆的直径标注

a）圆的直径标注方法　b）小圆的直径标注方法

标注球的尺寸时，应在球半径尺寸前加注符号“*SR*”，球直径尺寸前加注符号“*Sϕ*”，其注写方法和尺寸线画法与圆半径和圆直径的尺寸标注方法相同。

角度的尺寸线应以圆弧表示，圆弧的圆心应为该角的顶点，角度的起止符号用箭头表示，也可用圆点表示，角度的数字应按水平方向注写，如图 5-57 所示。

弧长的尺寸线标注，尺寸起止符号应为箭头，弧长的上方加注圆弧符号，如图 5-58 所示。

标注圆弧的弦长时，尺寸线应平行于该弧的直线，起止符号以中粗斜短线或圆点表示，如图 5-59 所示。

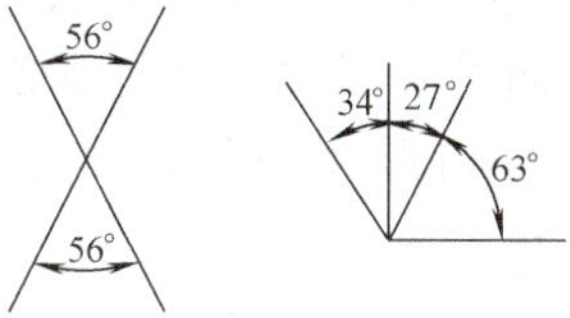

图 5-57　角度标注

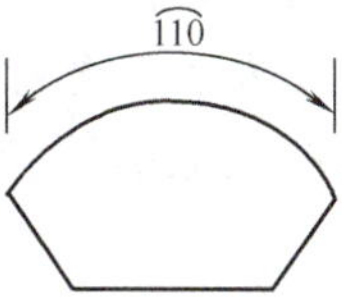

图 5-58　弧长标注

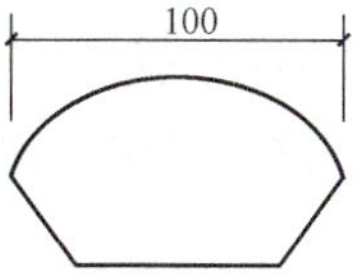

图 5-59　弦长标注

8. 符号

（1）剖切符号　剖切符号分有剖面剖切符号和断面剖切符号两种。剖面剖切符号由剖切位置线与剖视方向线组成，且相互垂直，以粗实线绘制；剖切位置线长 6 ~ 10mm，剖视方向线长 4 ~ 6mm（剖切位置线大于剖视方向线）；剖切符号不宜与图面上的图线相接触；剖切符号中的编号，应用阿拉伯数字注写在剖视方向线的端部，按从左至右、由上至下的顺序编排，如图 5-60a 所示。断面剖切符号与剖面剖切符号有一定的共性，主要区别是它只用剖切位置线表示，它的编号应注写在剖切位置线的一侧，编号所在一侧为该断面的剖视方向，如图 5-60b 所示。

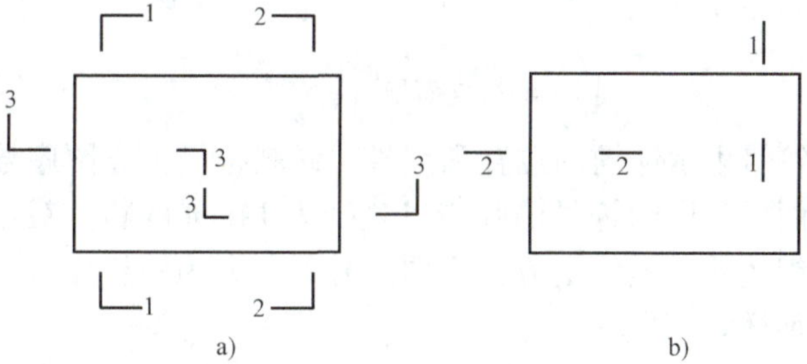

图 5-60　剖切符号

a）剖面剖切符号　b）断面剖切符号

（2）索引符号和详图符号　索引符号是指当图形细部比较复杂，无法在原图中表示清楚时，将其细部引出的指示符号，它由直径为 10mm 的圆和水平直径组成，圆和水平直径均用细实线绘制，如图 5-61 所示。索引符号用于索引剖视详图时，应在被剖切的部位绘制剖切位置线，并应以引出线引出剖切符号，引出线所在的一侧应为投射方向，如图 5-62 所示。索引符号如用于索引立面图，立面图投视方向应用三角形所指方向表示，三角形方向随立面投视方向而变。在装饰设计平面图中的立面指向索引符号形式如图 5-63 所示。

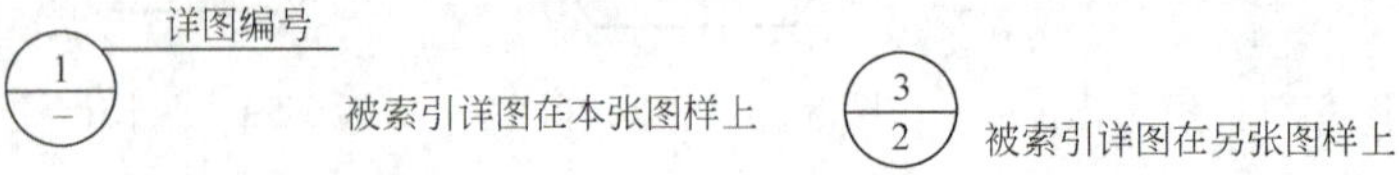

图 5-61　索引符号

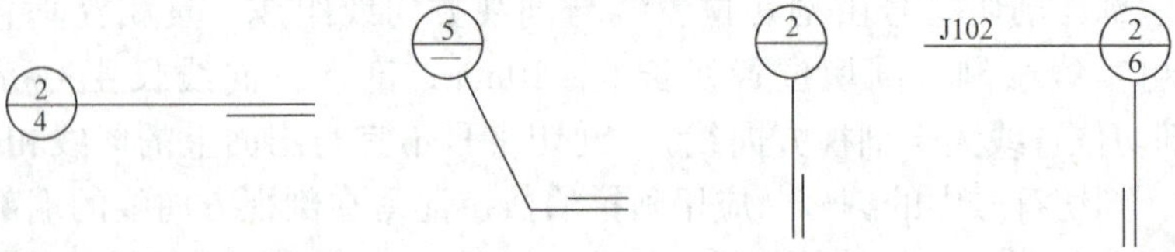

图 5-62　用于索引剖视详图的索引符号

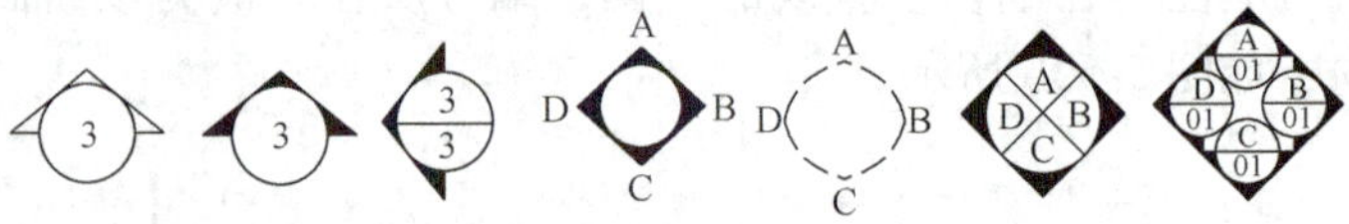

图 5-63　立面指向索引符号

详图符号表示详图的位置和编号。详图符号由详图序号和图样序号组合而成。详图符号的圆应以直径为 14mm 的粗实线绘制，圆内横线为细实线，横线上方为详图序号，下方为图样序号。图 5-64 所示为几种详图符号。

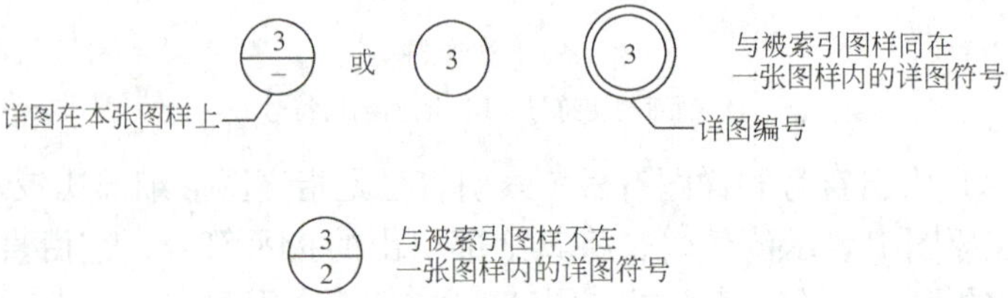

图 5-64　详图符号

（3）引出线　引出线应以细实线绘制，宜采用水平方向的直线或与水平方向成30°、45°、60°、90°的直线，或经上述角度再折成水平线。文字说明宜注写在横线的上方、上下方或横线的端部，如图5-65所示。

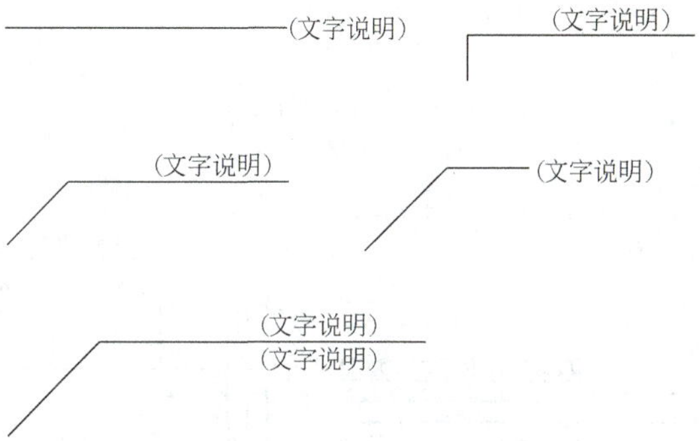

图5-65　引出线

索引详图的引出线应对准索引符号的圆心，如图5-66所示。

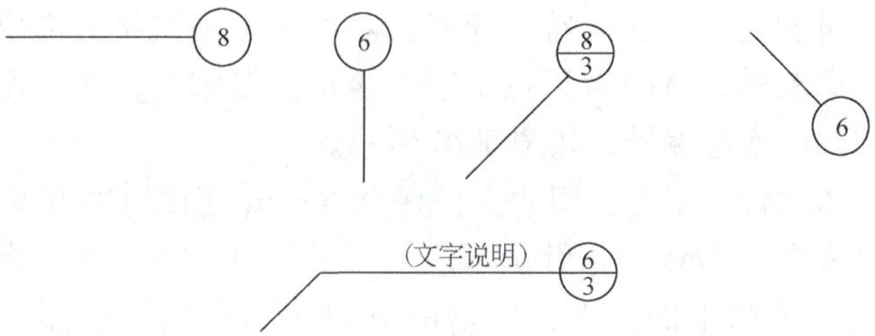

图5-66　索引详图的引出线

同时引出几个相同内容的引出线可相互平行，也可画成集中于一点的放射线，如图5-67所示。

对于剖面图中多层构造可采用集中引出线。多层构造引出线应通过被引的各层，文字说明应注写在水平线的上方或端部，说明的次序应与构造层次一致，如图5-68所示。

（4）对称符号　对称符号用细线绘制，平行线的长度宜为6～10mm，平行线的间距宜为2～3mm，平行线在对称线两侧的长度应

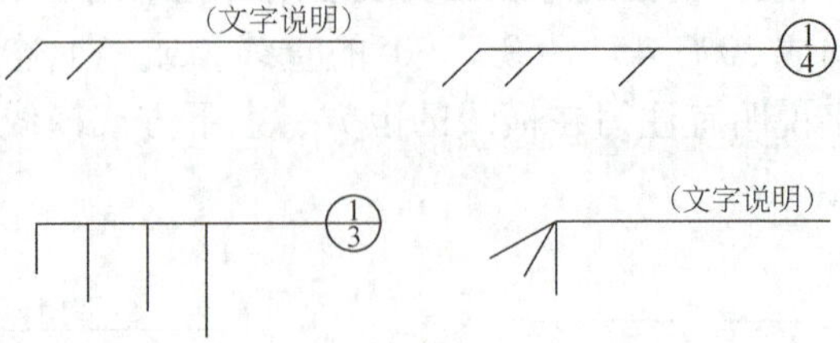

图 5-67　共用引出线

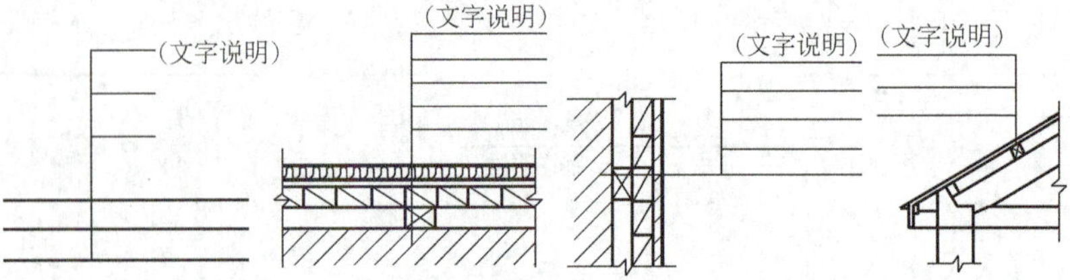

图 5-68　多层构造引出线

相等，图 5-69 所示为两种对称符号样式。

(5) 连接符号　连接符号应以折断线表示需连接的部位，以折断线两端靠图样一侧的大写拉丁字母表示连接编号，两个连接符号必须用相同的字母编号，如图 5-70 所示。

(6) 指北针　指北针圆的直径宜为 24mm，用细实线绘制，指针尾部的宽度宜为 3mm，指针头部应注“北”或“N”字。指北针应绘制在装饰装修平面图上，所指的方向应与建筑平面图一致。图 5-71 所示为指北针的基本画法。

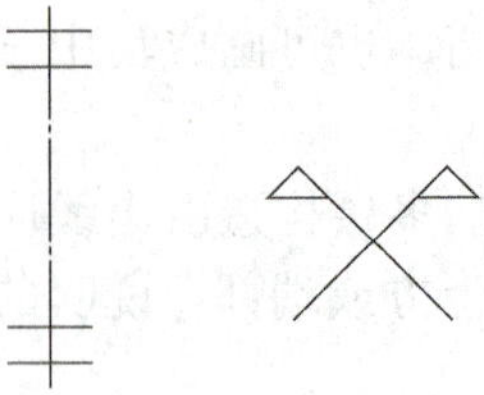

图 5-69　对称符号

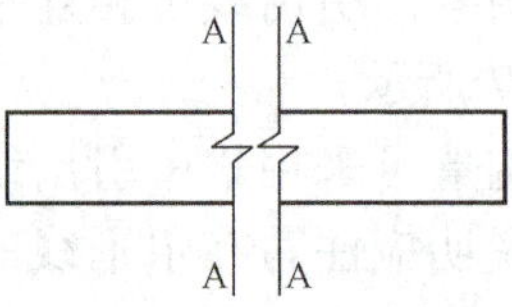

图 5-70　连接符号

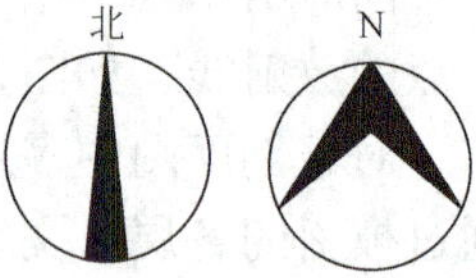

图 5-71　指北针

9. 标高

在建筑制图中，表示高度的符号称为标高。标高符号一般采用等腰三角形表示，也可采用其他方法表示，如图 5-72 所示。标高数字以米为单位，数字大多注写到小数点以后第二位。零点标高注写成 ±0.00，正数标高不注“+”，负数标高应注“-”。在建筑设计中，建筑标高通常取底层室内地坪高度为 ±0.00；而装饰设计中的标高，通常取每层室内装饰地坪为 ±0.00。在同一位置表示几个不同标高的注法如图 5-73 所示 。总平面图室外地坪标高符号用涂黑的三角形表示。

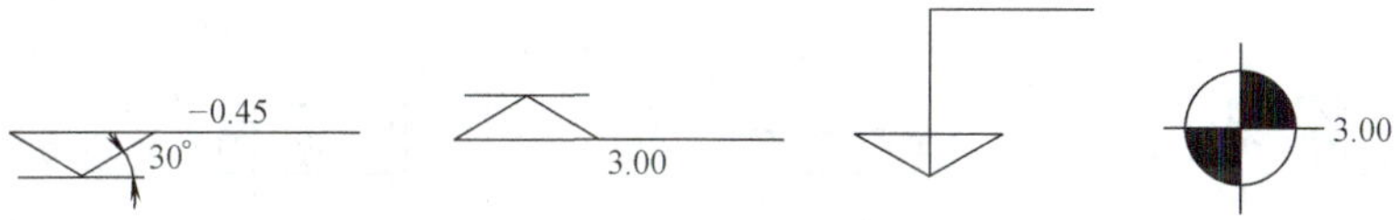

图 5-72　标高符号

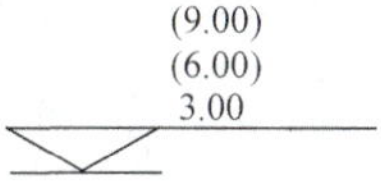

图 5-73　同一位置注写多个标高数字

10. 装饰设计图例

1）装饰装修材料图例如图 5-74 所示。

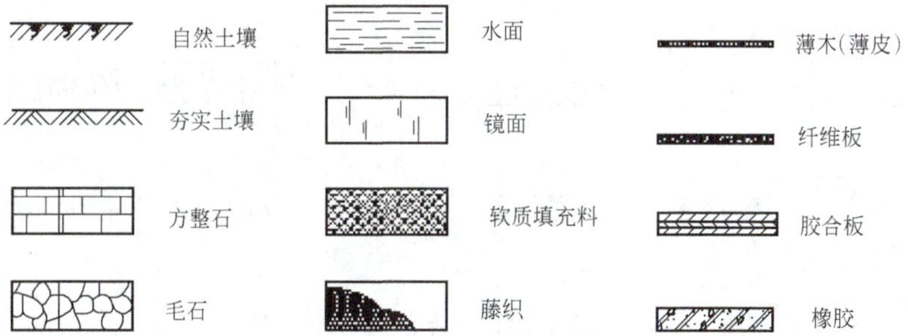

图 5-74　装饰装修材料图例

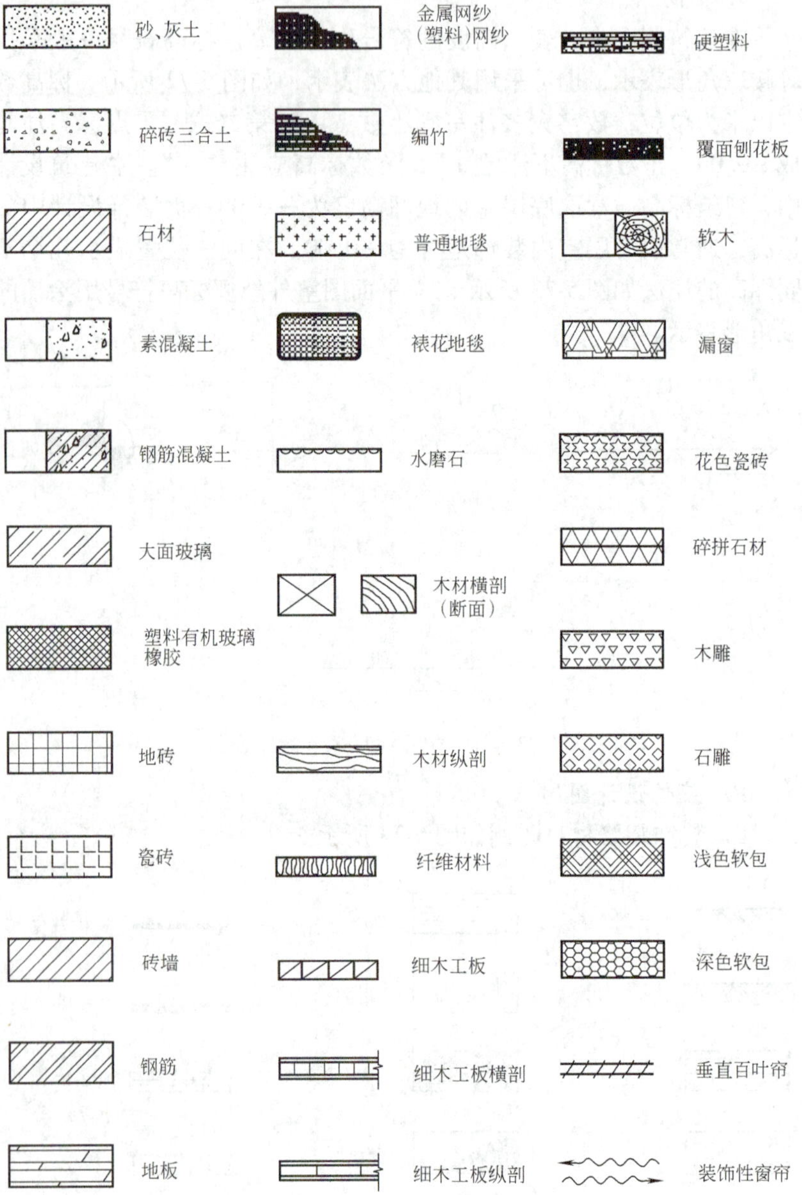

图 5-74　装饰装修材料图例（续）

2）建筑构造、装饰构造图例如图 5-75 所示。

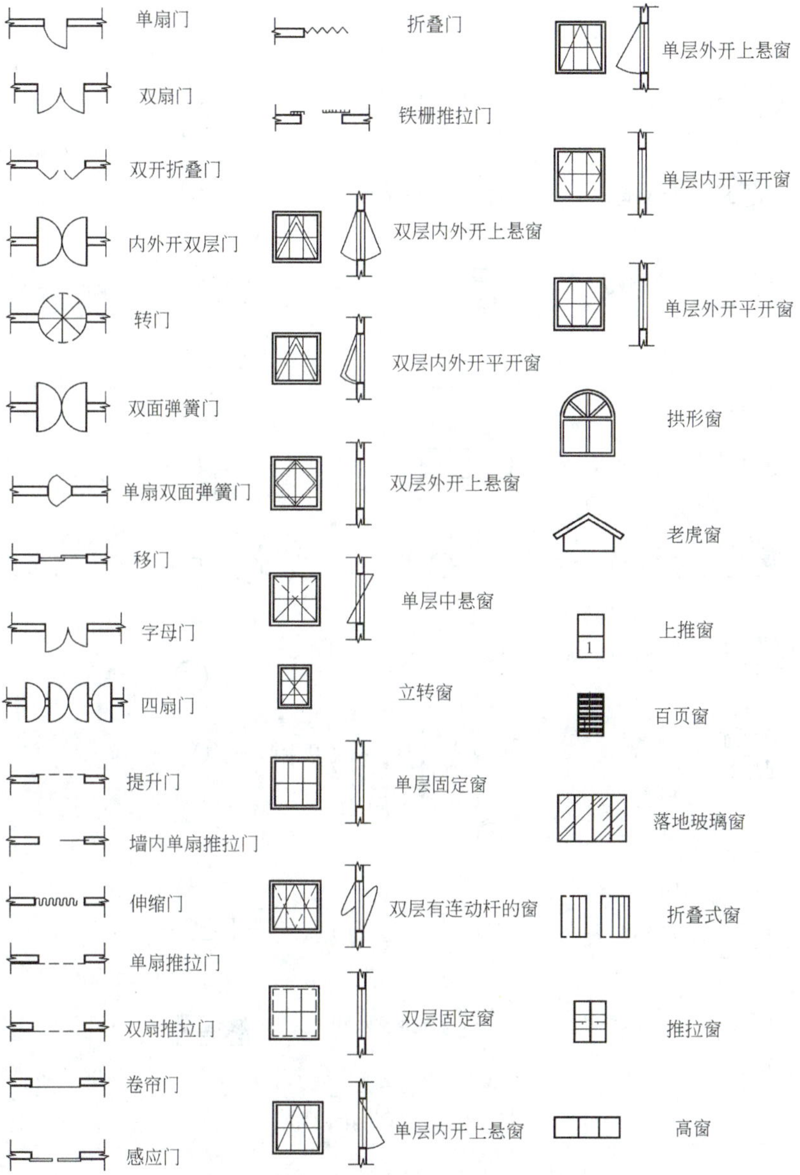

图 5-75　建筑构造、装饰构造图例

3）装饰制图图例如图 5-76 所示。

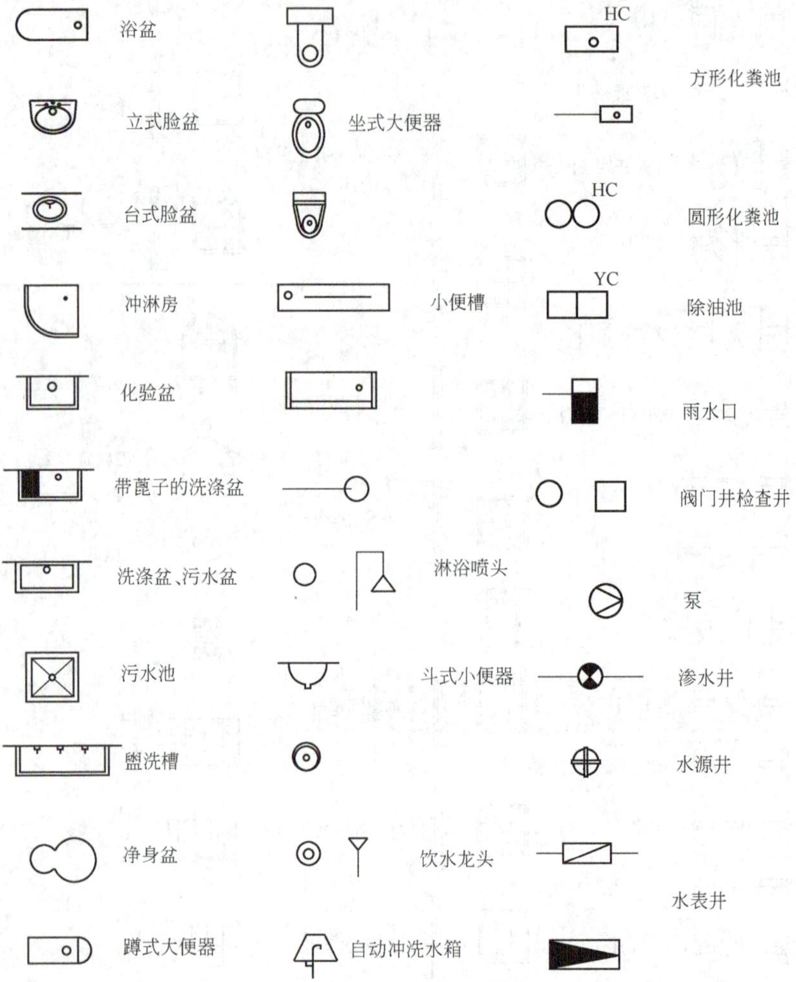

图 5-76 装饰制图图例

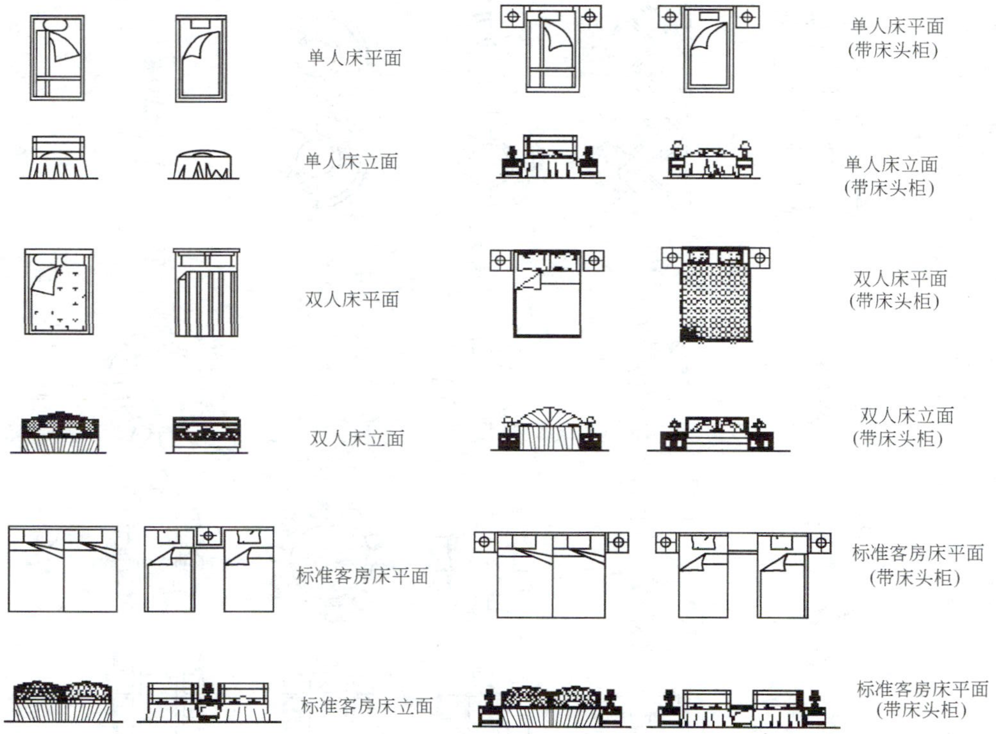

图 5-76　装饰制图图例（续）

图 5-76　装饰制图图例（续）

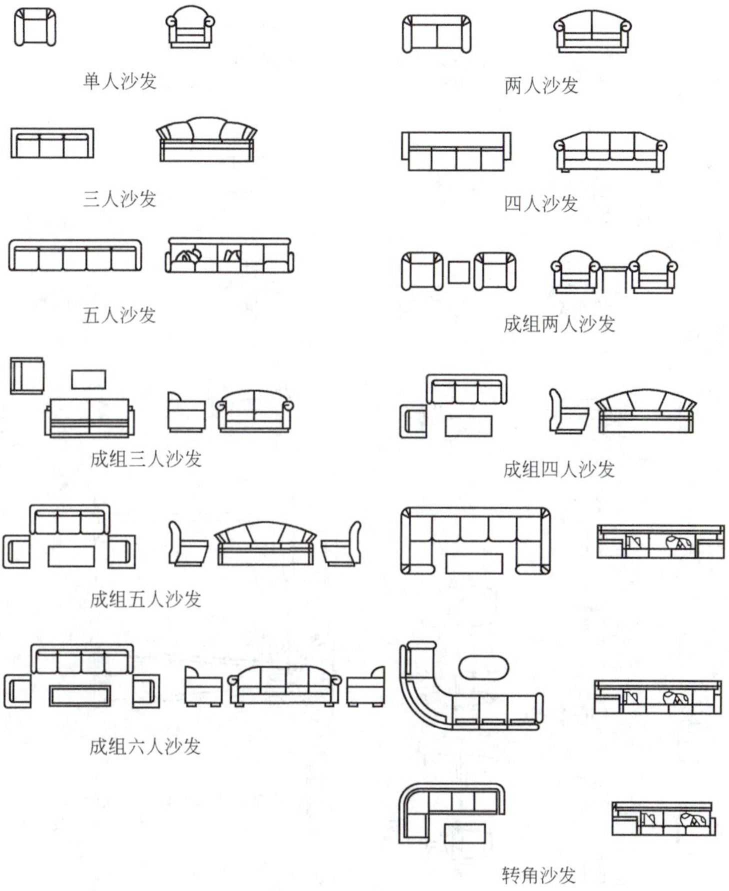

图 5-76　装饰制图图例（续）

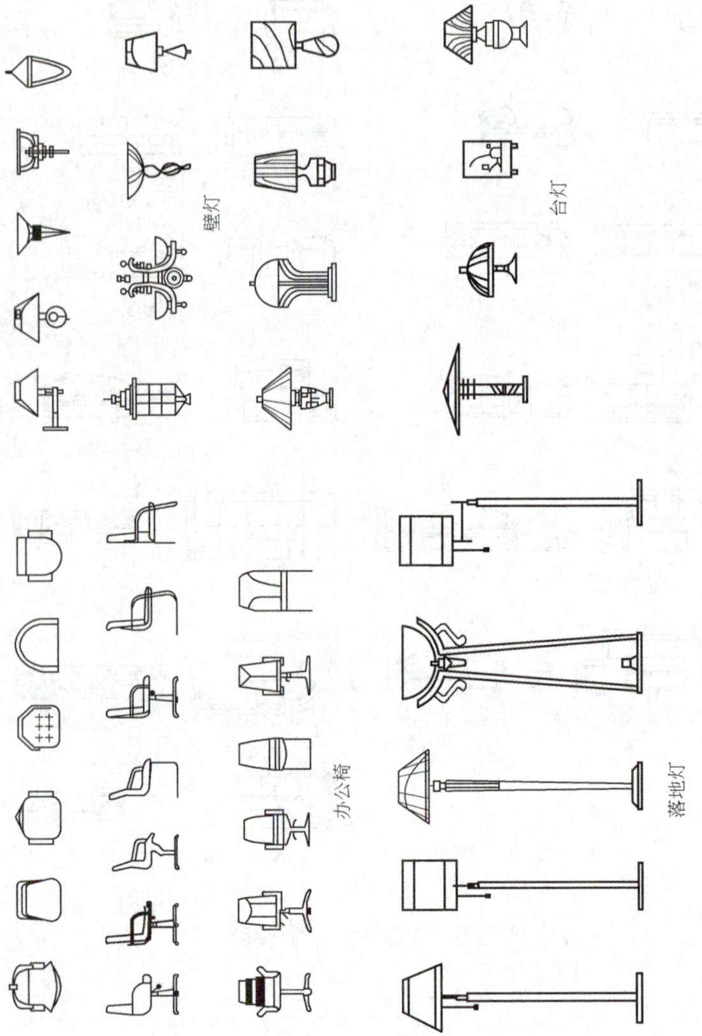

图 5-76 装饰制图图例（续）

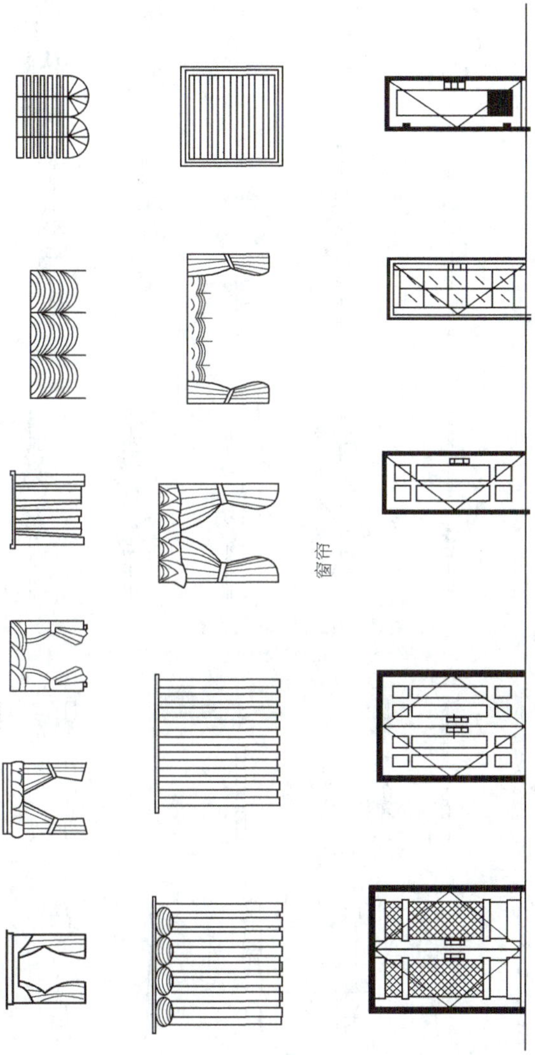

图 5-76　装饰制图图例（续）

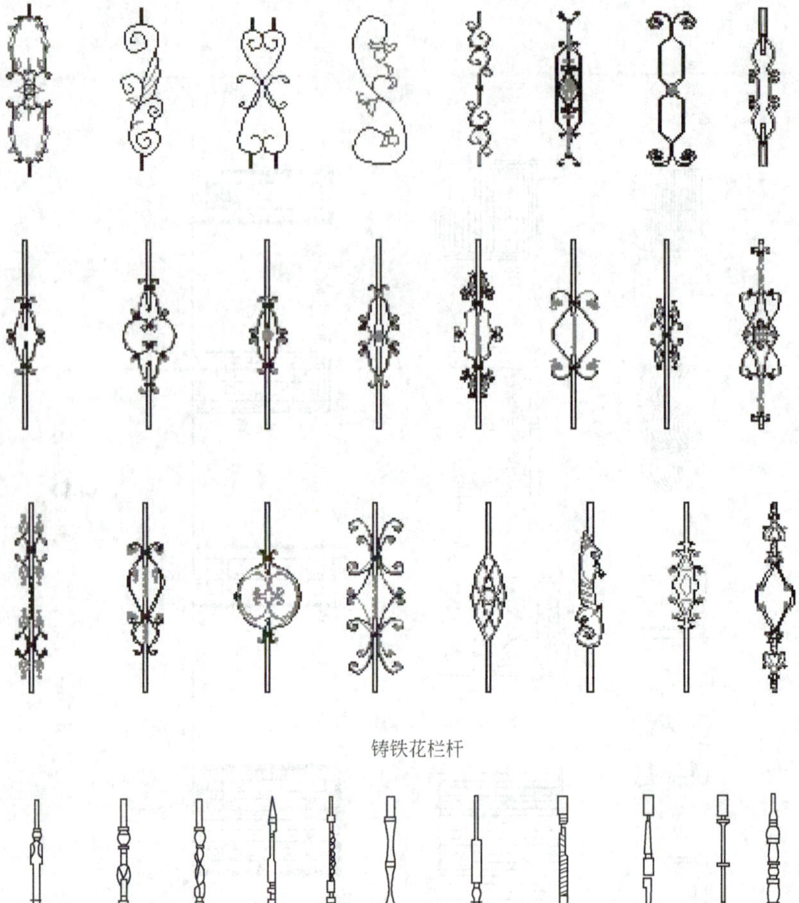

铸铁花栏杆

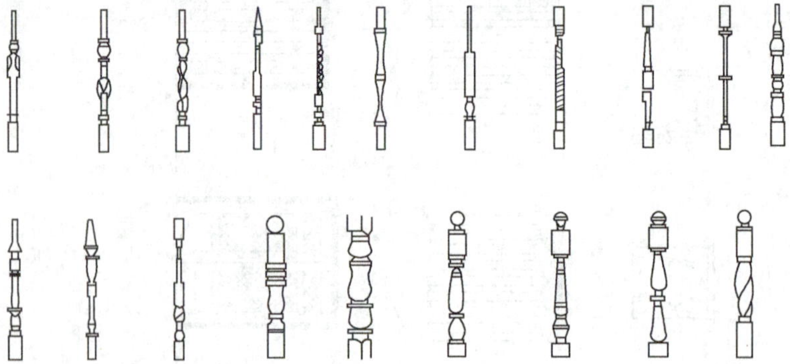

木质栏杆

图 5-76　装饰制图图例（续）

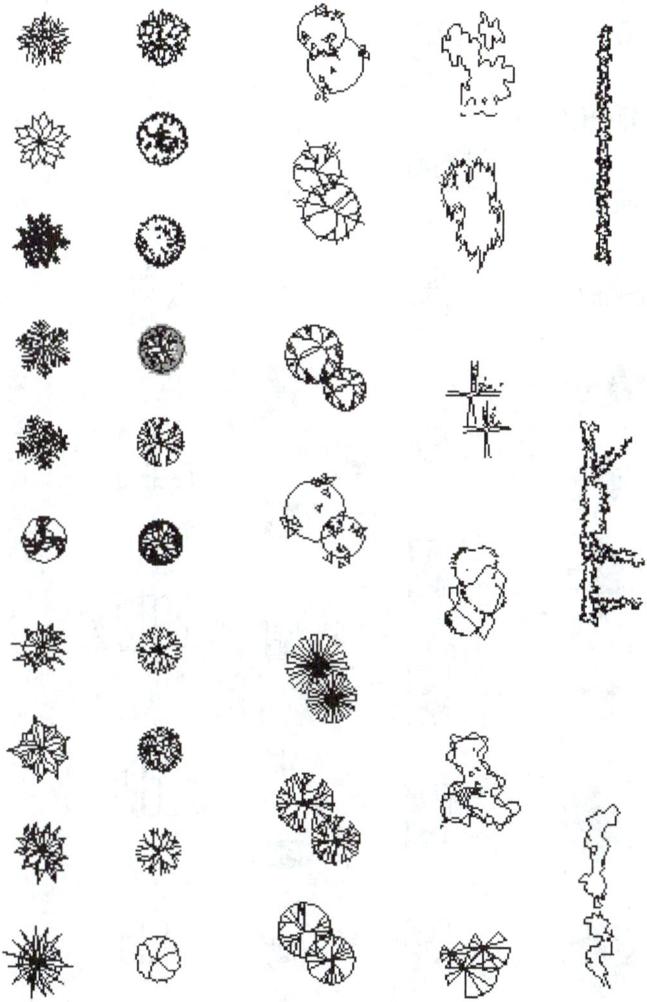

花草树木系列(平面)

图 5-76 装饰制图图例（续）

图 5-76　装饰制图图例（续）

三、制图基础知识

工程制图的基本作用，就是将设计者的设计意图用标准的方法准确地表达出来。一个复杂的建筑空间或室内空间用立体的效果图形式是无法在平面纸上表述清楚的，工程制图的解决方法是将空间的各个立体的面进行解析，分别投影在平面的纸上，一个正投影图能够准确地表现出物体一个面的形状，多个不同方向的投影图则能够反映出一个完整空间的实际形状及其尺寸，如图 5-77 所示。

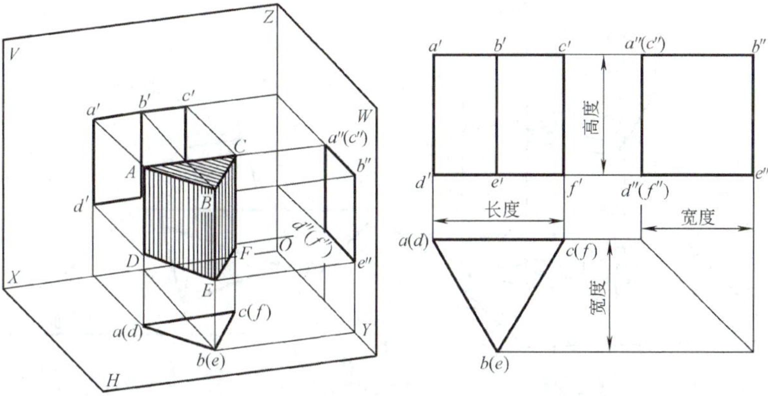

图 5-77 投影图反映的完整空间

1. 投影的概念

所谓投影，是指透过一平面来看物体，并将物体在透明平面上描绘下来的方法。

我们都了解日常生活中的影子现象，影子是在阳光或灯光的照射下，物体在平面上呈现出的影像，在光与物呈垂直状态时，投影能够准确地表达出物的形状。人们利用这一自然现象，找出一种能在平面上正确、完整、清楚地反映物体的形状和大小的方法，即为投影法。人们把投影的平面称为投影面，把光线称为投射线，因此，投射线、物体及投影面被称为投影的三要素。根据投射线的形式不同，一般把投影分为中心投影和平行投影两类。由一点发出的放射状的投射线作出的投影为中心投影，这种方法为中心投影法；由平行投射线作出的投影为平行投影，这种方法为平行投影法，它能反映物体真实的形状和大小。在平行投影中，如果投射方向垂直于投影面，所作的平行投影为正投影；如果投射方向倾斜于投影面，那么所作出的平行投影为斜投影。斜投影法主要用来绘制轴测图，正投影法主要用来绘制工程图，如图 5-78 所示。以正投影法绘制的图样，能够准确地反映面的几何形状，便于尺寸的度量，从而满足生产技术的要求。

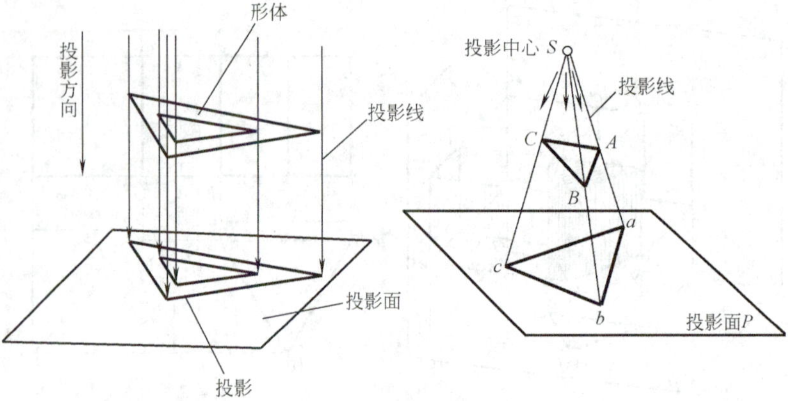

图 5-78　斜投影法与正投影法

2. 三面正投影

一个物体只用一个投影面来说明是不够的，因此必须建立多面投影体系。在实践中，一般用三个互相垂直的投影面来建立一个三面正投影体系，以准确反映物体的形状及大小。在三面正投影体系中，水平位置的平面叫作水平投影面或水平面，正对视点位置的平面叫作正立投影面或正立面，垂直于水平面又垂直于正立面的平面叫作侧立投影面或侧立面，分别用 H、V、W 来表示，这三个面相交的交线称为投影轴线，分别用 X、Y、Z 来表示，投影轴线的交点用 O 来表示，如图 5-79 所示。

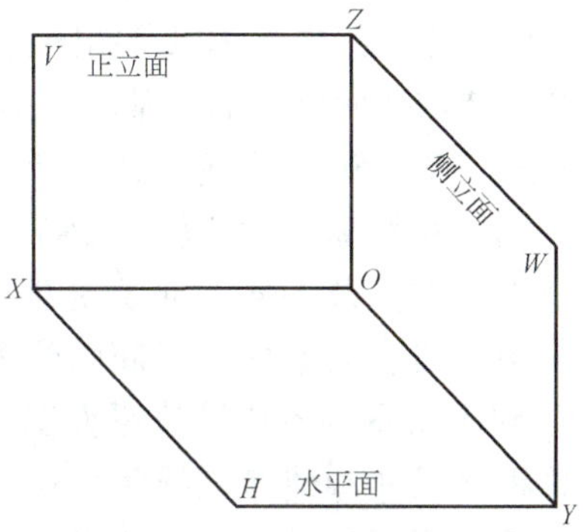

图 5-79　三面正投影体系

四、室内装饰施工图的绘制

室内装饰施工图是用以指导施工的技术性文件。一套完整的室内工程图，除了要正确完整地反映内容之外，还要求规范标准，如各投影图位置应匀称适当，线条粗细分明，图面整洁美观，尺寸材料标准齐全，并配有简明扼要的文字等。一张有效的工程施工图，在最后的标题栏中，应标注设计出图日期，并加盖设计单位设计资质专用章，项目负责人、设计师和制图、校对、审核的人员均应签名。

施工图图样的编排原则是先总体后局部、先底层后上层、先平面后立面，一套装饰施工图的一般顺序为图样目录、设计说明、效果图、平面图、顶棚平面图、立面图、剖面图、详图及大样图……在整套图样的最后附材料表、门窗表、灯具表等备注。

1. 装饰平面图

建筑设计中的平面图主要反映建筑物平面形式，而室内设计工程图中的平面图反映建筑的构造状况（即墙体、门窗、楼梯、台阶、柱子的位置），反映室内设施、陈设、隔断的位置，表明室内的平面关系、室内的交通流线关系和室内地面的装饰情况。平面图又分各层平面布置图、各层铺地平面图、各层顶棚平面图，有些还分局部平面图、隔墙尺寸图等。在装饰平面图中应标注定位轴线及编号、有高差处的设计标高、各部位的尺寸、局部大样的位置及编号、剖面图的剖切符号、索引标志、图样名称以及制图比例等。

建筑设计平面图是装饰平面设计的基础和依据，在表示方法上，二者既有区别又有联系。图 5-80 所示为建筑设计平面图，在该图中注明了三道尺寸，分别为总距离尺寸、轴线距离尺寸、门窗等局部尺寸，还注明了局部大样位置及编号、剖面图剖切符号及索引标志等。建筑设计的平面图主要表明室内各房间的位置，表现室内空间中的交通关系等。图 5-81 所示为室内装饰平面图，其外轮廓只标注两道尺寸，分别为总距离尺寸和建筑轴线距离尺寸或室内分隔墙的距离尺寸，在内部则标注了详细的家具、陈设、铺地的布置，还标注了有关设施的定位尺寸，这些尺寸包括固定隔断、固定家具之间的距离尺寸，有的还需注明铺地、家具、景观小品等尺寸。

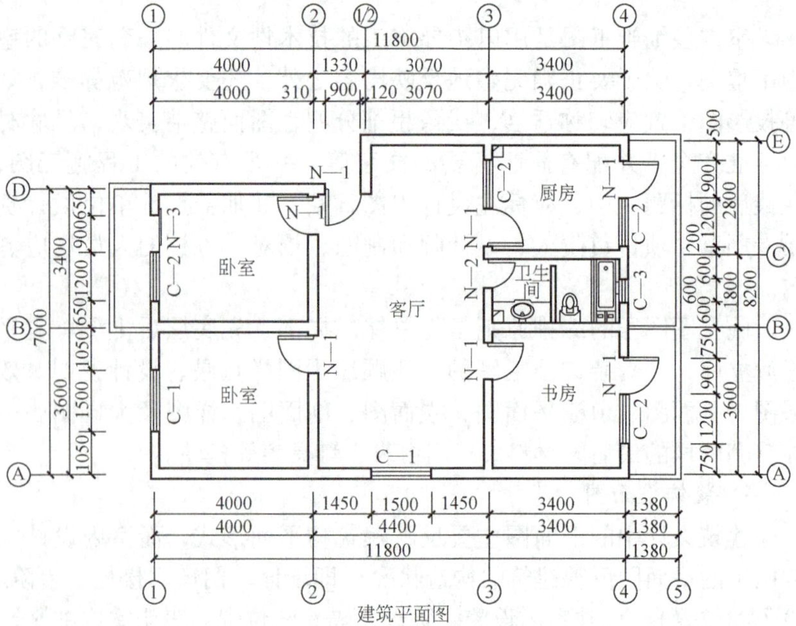

建筑平面图

图 5-80　建筑设计平面图

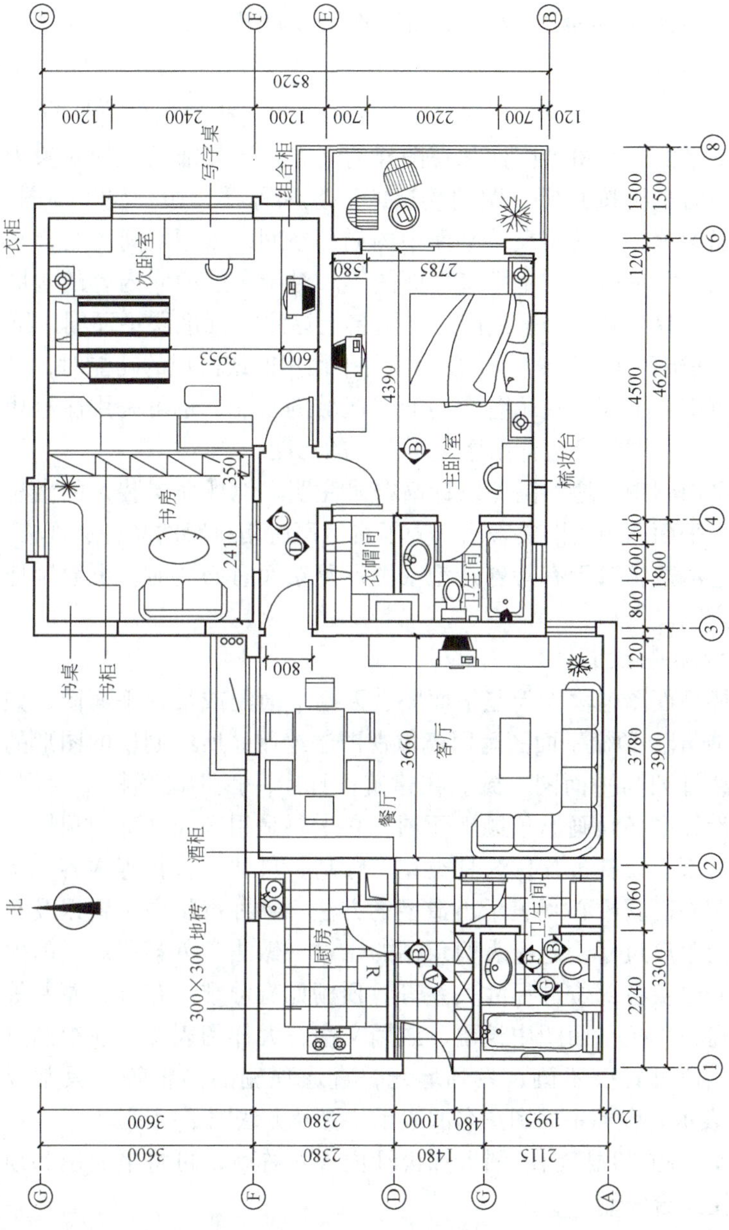

室内装饰平面图

注：地面未注明处铺地板。

图 5-81　室内装饰平面图

在整套装饰工程图样中，最好有表示各局部索引的平面图，它对查找、阅读局部图样起着“导航”作用，如图5-82所示。

索引符号要仔细编写。

装饰平面图的图名应标写在图样的下方。当装饰设计的对象为多层建筑时，可按其所表明的楼层的层数来称呼，如一层平面图、二层平面图等。若只需反映平面中的局部空间，可用空间的名称来称呼，如客厅平面图、主卧室平面图等。对于多层相同内容的楼层平面图，可只绘制一个平面图，在图名上标注“标准层平面图”或“某层~某层平面图”即可。在标注各平面房间或区域的功能时，可用文字直接在平面中注出各个房间或区域的功能，也可采用序号代替文字，而在图的旁边标出序号所指示的功能。

在平面图中，地坪高差以标高符号注明。地坪面层装饰的做法一般可在平面图中用图文表示，为了将地面所用材料的品种、规格、色彩表达清楚，对于有特殊造型或图形复杂而有必要时，可绘制地面局部详图。

2. 顶棚平面图

顶棚平面图也称为天花平面图、天棚平面图或吊顶平面图，如图5-83所示。顶棚平面图运用镜像视图法绘制，所绘制出的图形的纵横轴线排列与平面图一致。在建筑设计中一般不画顶棚平面图，而装饰设计中必须画出顶棚平面图，它主要是用来表现室内顶棚上的装饰造型、设备布置、灯具类型、标高、尺寸、材料等内容，所以在顶棚平面图中必须表示出造型的方法、各种设施的位置以及它们之间的距离尺寸，还应表明顶棚的用材、做法、色彩和灯具的大小、型号以及各部位的尺寸关系等。顶棚如有浮雕、花饰、藻井等时，也需在顶棚平面图中绘出，或用文字、大样图表明。在绘制过程中，门窗可省去不画，只画墙线，直通顶棚的高柜等家具常以“⊠”表示。顶棚平面图图名的表示位置及方法同平面图。

当平面图、顶棚图的图形和设计内容对称时，可将平面图和顶棚平面图组合绘制。

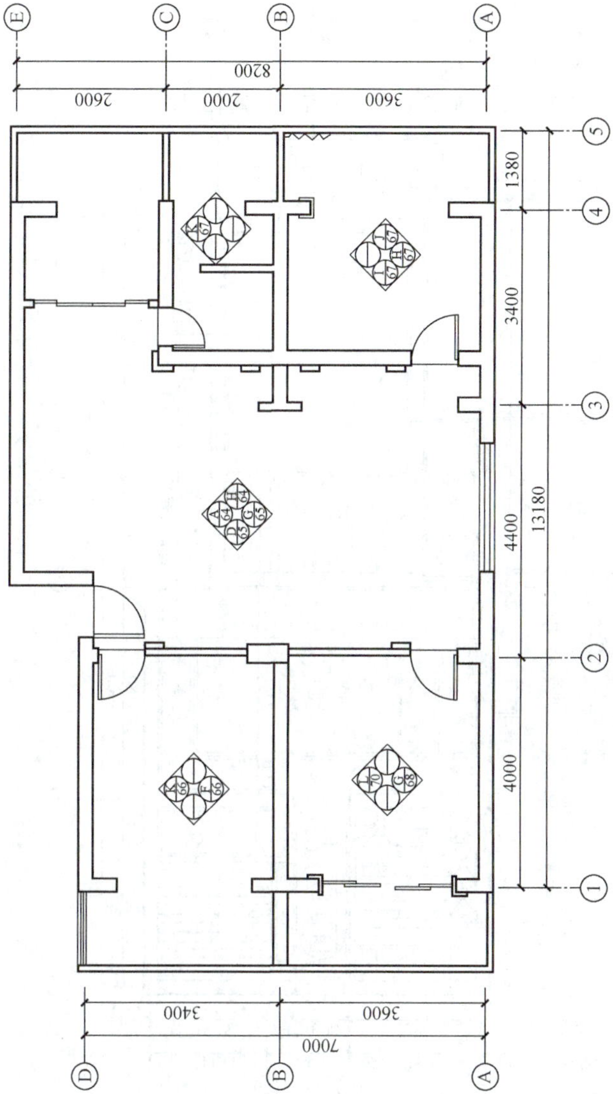
E
C
B
A
8200
2600
2000
3600
1380
3400
4400
13180
4000
5
4
3
2
1
3400
3600
7000
D
B
A

图5-82　平面索引图

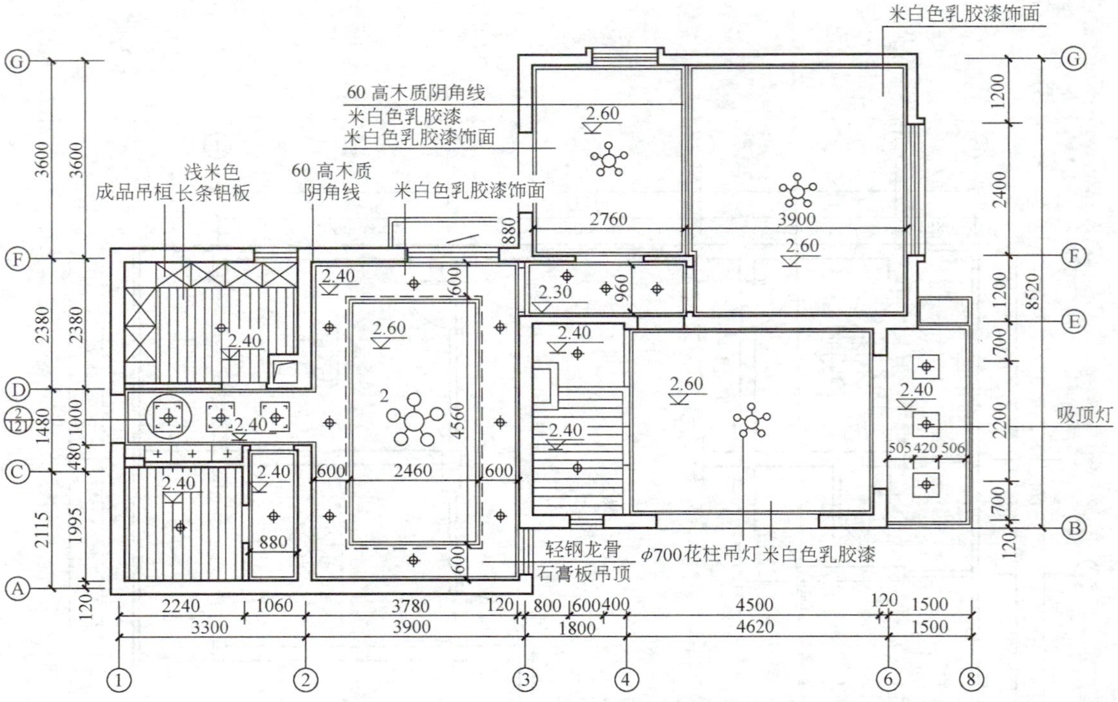

注：除铝板吊顶外，其他部位均以米白色乳胶漆饰面。

图5-83 顶棚平面图

在装饰装修设计和施工中为协调水、电、空调、暖通、消防等各工种的布点定位，可绘出顶棚设备综合布点图，图中应将灯具、喷淋头、风口、烟感器、顶棚造型等图形的位置、大小标注清楚。

3. 室内装饰立面图

一般建筑物都有前后左右四个面，建筑立面图就是反映这些外部立面的门、窗位置及高度尺寸等的工程图。对于室内的立面，主要通过剖面来表示，其剖面可以表明总楼层的剖面和室内部分立面的状况，并侧重表现出剖切位置上的空间状态、结构形式、构造方法及施工工艺等。室内装饰立面图主要表现室内某一房间或某一空间中各界面的造型、装饰内容以及与各界面有关的物体，并绘制出各种材料的制作尺寸、工艺要求和表面处理效果等。立面图因表达的目的不同，在立面上所绘制内容的侧重也不同，如以表达建筑装饰装修为主要目的的立面图，应侧重固定装修内容的表达，该立面图就称为装修立面图；如以表达室内陈设为主的立面，应以家具陈设品为主，该立面图就称为装饰立面图。

建筑设计图中的立面方向是指投影位置的方向，而装饰设计图中的立面方向是指立面所在位置的方向，在识图时务必注意。

装修立面图表达的内容有：某界面的可见装修内容和固定家具、灯具造型及其他，施工所需的尺寸及标高，装修材料的说明，节点剖切索引符号、大样索引符号，该立面的轴号、轴线尺寸，图名和绘图比例。若没有单独的装饰立面图，则在装修立面图上表示出活动家具、灯具（以虚线绘制主要可见轮廓线）和各饰品的立面造型和定位尺寸。

装饰立面图表达的内容有：某界面的装修内容及其他，标高和该立面的轴号，家具、灯具、摆件等陈设品的具体立面形状、摆放位置和定位尺寸，该立面的图名和绘图比例。

在装饰图样中，同一立面可有多种不同的表达方式，各个设计单位可根据自身的作图习惯及图样的要求来选择，但在同一套图样中，通常只采用一种表达方式。在立面的表达方式上，目前常用的主要有以下四种：

1）在装饰平面图中标出立面索引符号，用 A、B、C、D 等指示符号来表示立面的指示方向，如图 5-84 所示。

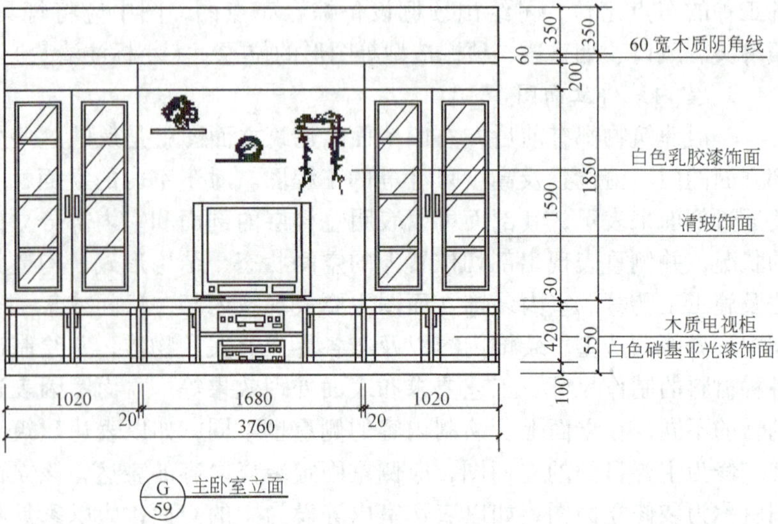

图 5-84　有立面索引符号的建筑立面

2）有定位轴线的建筑立面，根据两端定位轴线号表示立面图名称，如图 5-85 所示。

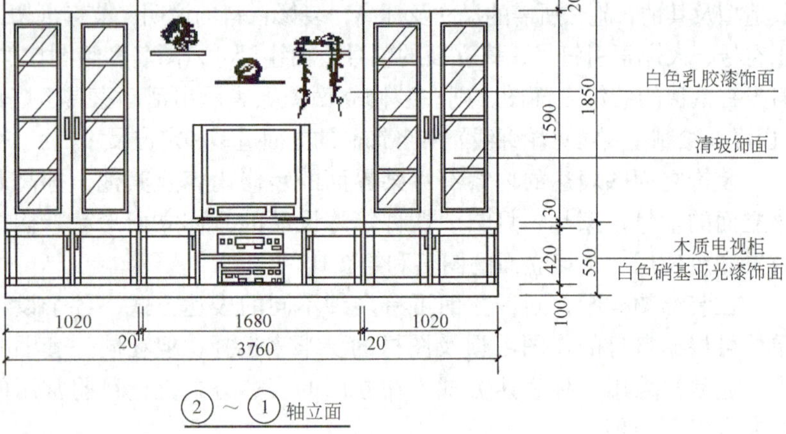

图 5-85　有定位轴线的建筑立面

3）在平面设计图中标出指北针，按东西南北方向指示各立面，如图 5-86 所示。

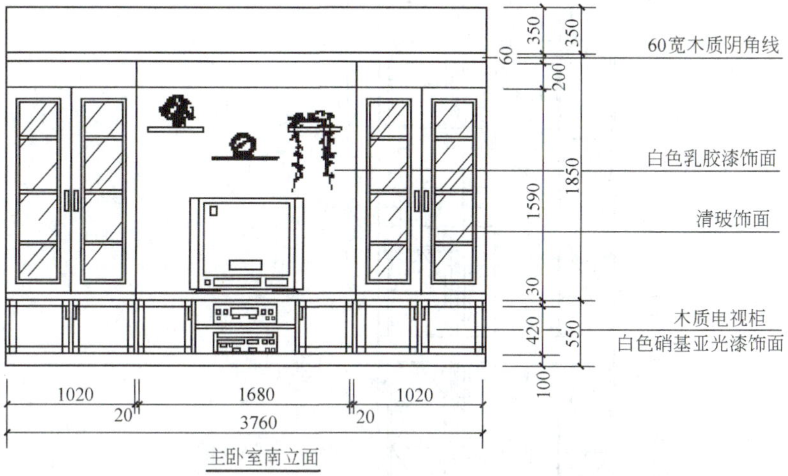

图 5-86　在平面设计图中标出指北针的建筑立面

4）对于局部立面的表达，也可直接使用物体或方位的名称，如屏风立面、客厅电视柜立面等，如图 5-87 所示。对于某空间中的两

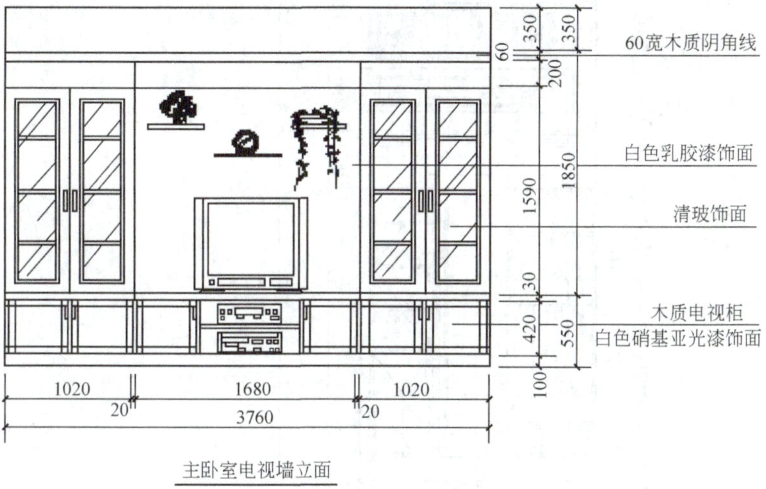

图 5-87　局部立面的表达

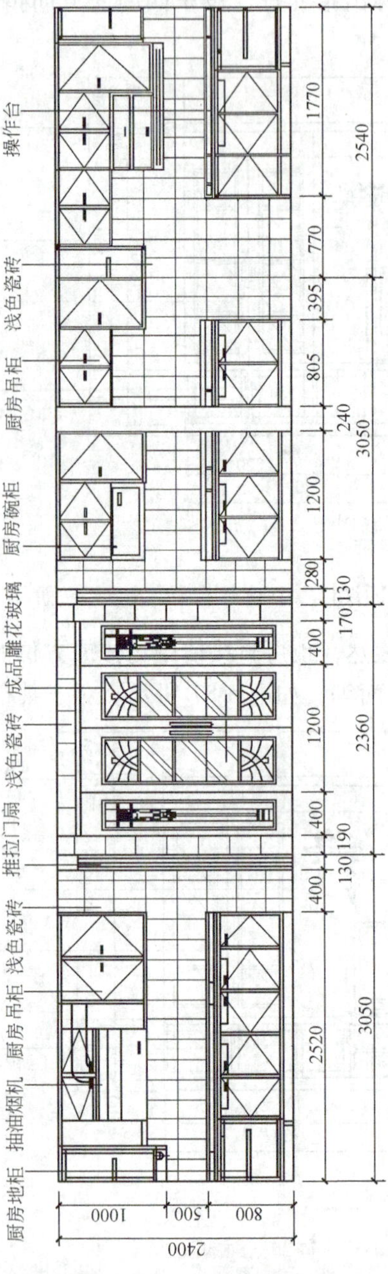

厨房立面展开图

图 5-88 立面展开图

个相同立面，一般只需画出一个立面，但需要在图中用文字说明。

对于平面形状曲折的建筑物、装饰物，正投影难以表明准确尺寸时，可采用立面展开图来表现，它是将室内一些连续立面展开成一个立面。对于圆形或多边形平面的建筑物，可分段展开绘制立面图，但均应在图名后加注写“展开”二字，如图 5-88 所示。

4. 剖面图

一些较为复杂的装饰造型，在平面、立面无法解释清楚的时候，可以采用剖面图的方式。剖面图系假想用平面把建筑物或装饰造型沿垂直方向切开，切开后的部分的正立面投影，如图 5-89 所示。剖面图要画出剖切面切到部分的图形、投射方向可见的装饰构造、构配件以及必要的尺寸、标高、材料、连接方式和做法，还应表示出相应部位的墙体、固定家具、楼地面的剖切面以及占空间较大的设备管线、灯具等的剖切面，使施工人员更加容易地理解设计意图。

剖面图中被剖切面切到部分的轮廓线用粗实线绘制，剖切面没有切到、但沿投射方向可以看到的部分用中实线绘制。分层剖切的剖面图，应按层次以波浪线将各层断开，波浪线不应与任何图线重合。

5. 详图

在装饰设计中有些细部做法（如装饰图案、雕刻等）和些复杂的构件等，设计要求往往较高，尺寸精度要求也较高，在平、立面图中由于受图幅、比例的限制是无法反映的，必须另外放样，绘制出内容详细、构造清楚的图形，即详图。详图有地面构造装饰详图、墙面构造装饰详图、隔断装饰详图、吊顶装饰详图、门窗装饰构造详图、建筑配件装饰大样图和装饰部件大样图等。详图在施工过程中尤为重要，它是对平、立、剖面图中内容的补充。在详图的符号索引上要与其他图样相匹配，标注要一致，如图 5-90 所示。在绘制装饰设计详图时，要做到图例构造清晰明确，尺寸标注细致，定位轴线、索引符号、控制性标高、图示比例等也应标注正确。对图样中的用材做法、材质色彩、规格大小及施工工艺等可用文字标注清楚。剖面图中的详图又称节点图。

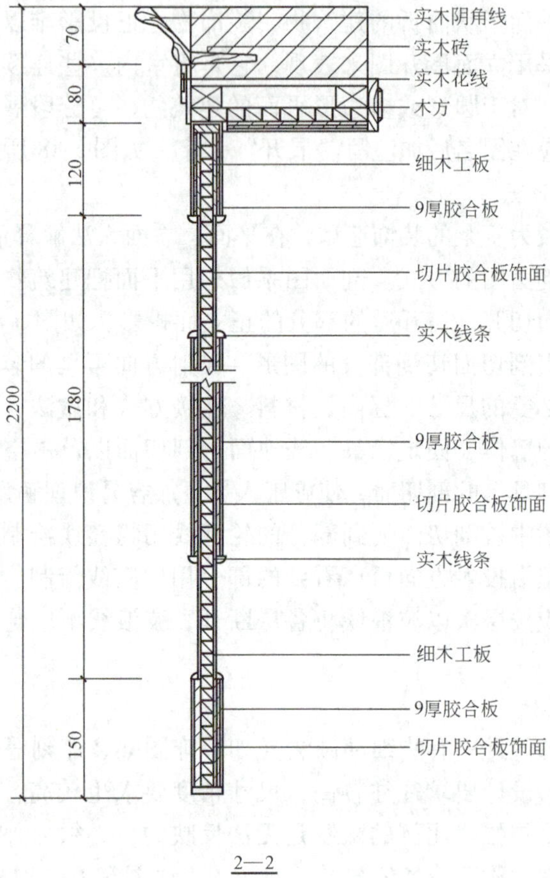

图 5-89　剖面图

6. 局部大样图

局部大样图是将平面图、顶棚平面图、立面图和剖面图中某些需要更加清楚说明的部位，单独抽取出来进行大比例绘制的图样，它能反映更详细的内容。

五、室内装饰设计施工图绘制实例

实例 1　家庭装饰设计施工图

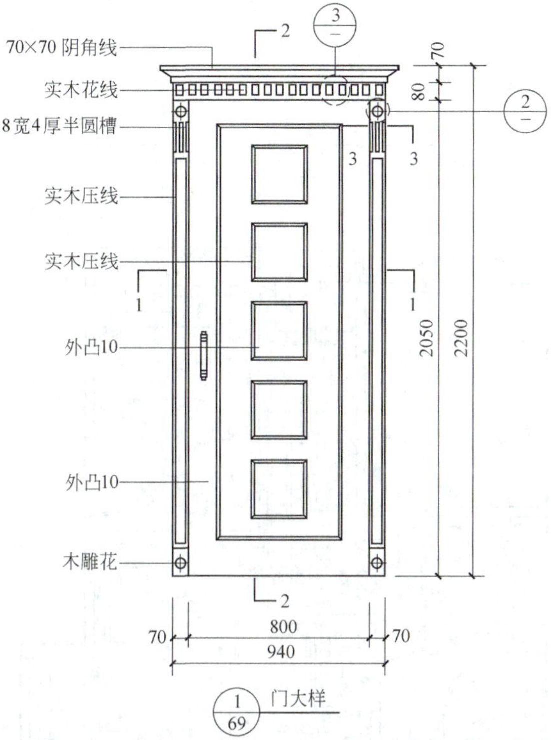

图 5-90　详图

家庭装饰设计主要应满足居住者的生活和工作需求，其中包括对平面关系、装饰风格、交通流线和装饰用材的设计。

图 5-91 ~ 图 5-96 为一家庭装饰设计，其面积约 110m²，在设计中设计师认真考虑了主卧室、次卧室、客厅、餐厅、厨房以及卫生间之间的流线关系，满足了使用者的要求，并且力求表现一种典型而时尚的装饰风格。本设计方案的难点在于入口处如何组织好交通流线，同时又能明确地区分玄关、餐厅、楼梯入口几个不同功能区域。因此，设计中通过隔断、家具以及地面铺装等有效地区分了各自的空间，满足了设计要求。

图 5-91 所示为一层平面索引图，在图中设计者详细绘制了平面的家具、陈设布置，并在图中表示了各局部索引的索引符号，注明了平

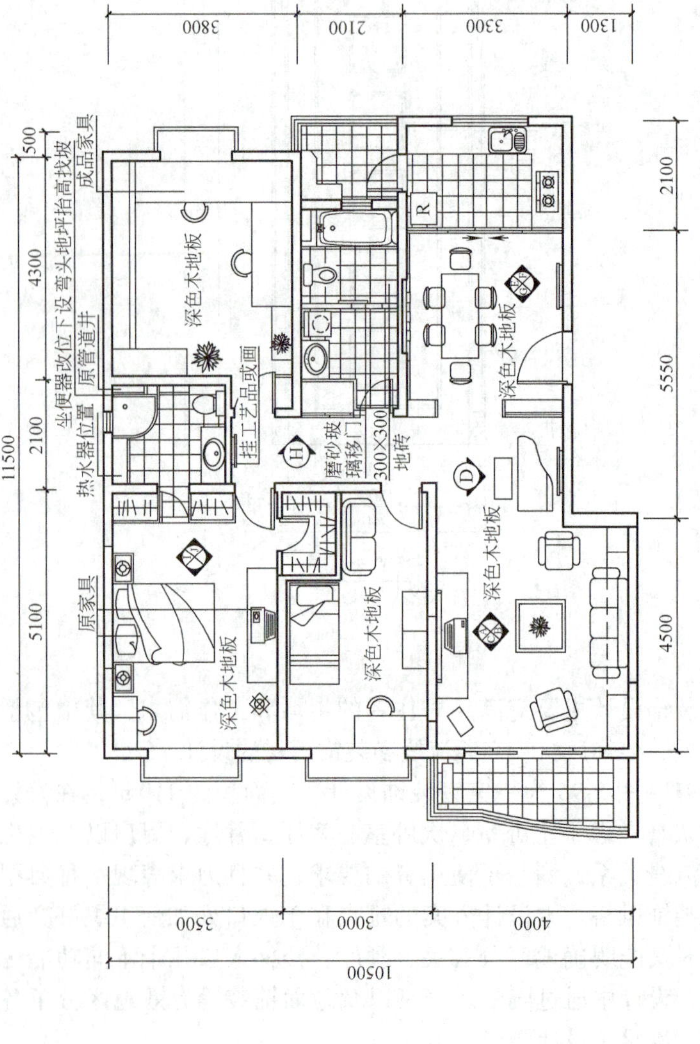
3800
2100
3300
1300
500
4300
2100
5100
11500
2100
5550
4500
3500
3000
4000
10500
坐便器改位下设弯头地坪抬高找坡
成品家具
原管道井
热水器位置
原家具
深色木地板
深色木地板
深色木地板
深色木地板
挂工艺品或画
磨砂玻璃移门
300×300地砖
R
平面图

图 5-91　平面图

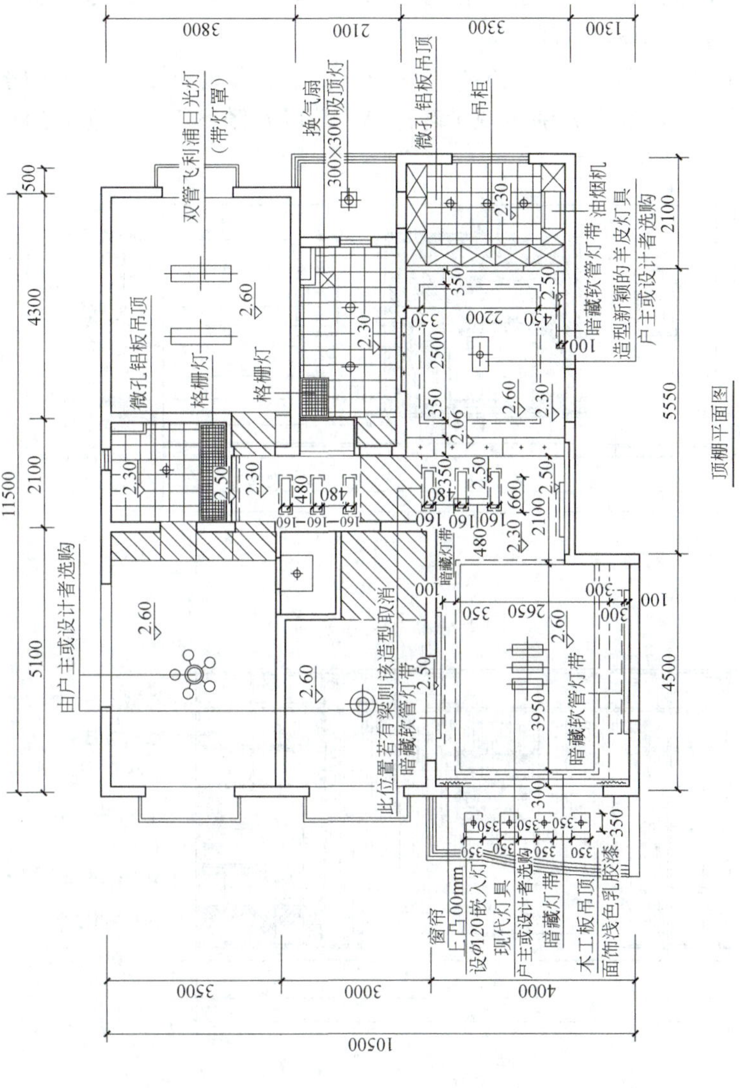
双管飞利浦日光灯
（带灯罩）
换气扇
300×300吸顶灯
微孔铝板吊顶
吊柜
油烟机
暗藏软管灯带
造型新颖的羊皮灯具
户主或设计者选购
微孔铝板吊顶
格栅灯
格栅灯
暗藏灯带
由户主或设计者选购
此位置若有梁则该造型取消
暗藏软管灯带
暗藏软管灯带
窗帘
上凸00mm
设φ120嵌入灯
现代灯具
户主或设计者选购
暗藏灯带
木工板吊顶
面饰浅色乳胶漆
顶棚平面图

图 5-92　顶面图

面标高和必要的尺寸，它对查找、阅读局部图起着“导航”作用。

图 5-92 所示为顶棚平面图，它表现了室内顶棚上的装饰造型做法、设备布置、灯具类型、材料运用等内容，并说明了顶棚设备的定位尺寸、标高以及间距等。

图 5-93、图 5-94、图 5-95 为立面图，它们是通过图 5-91 中的索引符号来命名的，分别表现了客厅 A、B 以及卧室 I 三个立面的造型、材料和定位尺寸。

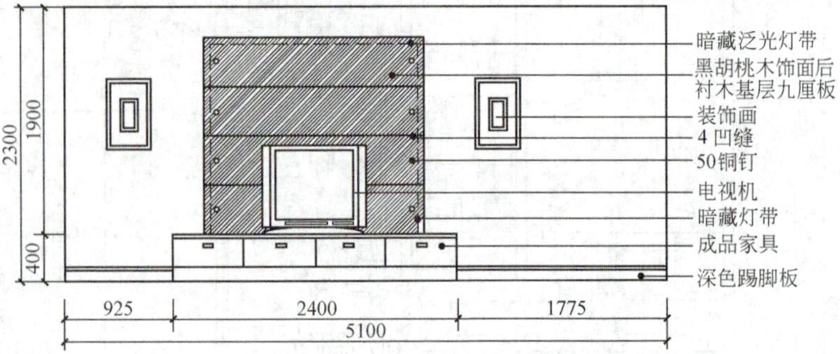

图 5-93　客厅 A 立面

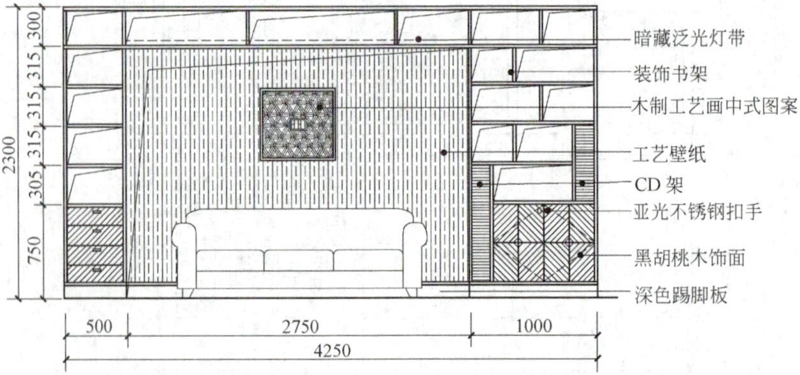

图 5-94　客厅 B 立面

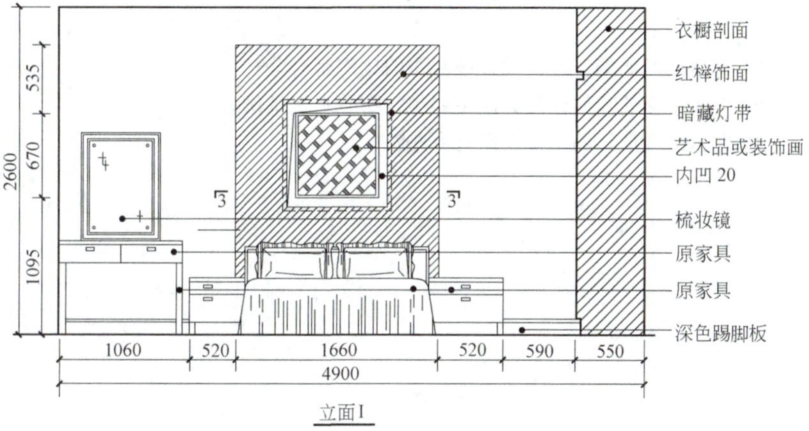

图 5-95　卧室 I 立面

图 5-96 为卧室 3-3 的剖面图，此图对卧室 I 立面的内部做法及构造尺寸进行了详细说明，为装饰施工提供了具体依据。

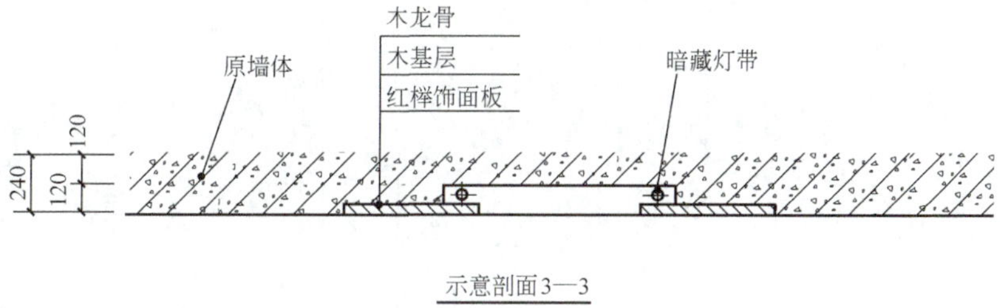

图 5-96　卧室 3-3 剖面

复习思考题

1. 墙体石材饰面的构造和做法有哪几种？
2. 建筑设计的暖通系统中有哪几种采暖方式？
3. 国标中对各种图线的画法与适用范围都有哪些规定？试举例说明。

4. 图形中的尺寸构成要素有哪些？其画法与标注应怎样进行？试举例说明。

5. 何谓图形比例？装饰设计中常用的比例有哪些？

6. 平面图形的几何作图方法主要包括哪些？试举例说明。

7. 表达组合形体的基本视图有哪些？

第六章

室内装饰施工的技术要求

培训学习目标　熟悉室内各主要装饰材料的特性、常用规格、技术要求、质量等级等相关内容，能够完成材料的选择和校验；掌握各项工程施工质量的要求，对施工质量进行有效的检查；学习工程质量检验与评定的依据、方法以及常用的检查方法；了解竣工验收的程序和内容；学习竣工图绘制的相关知识。

第一节　建筑装饰材料

建筑装饰材料是构成装饰实体的物质基础。装饰设计员只有熟悉装饰材料的种类、性能、技术要求等相关内容，才能在设计中正确地选择和应用装饰材料，以创造出功能合理、造型美观的室内空间。

一、建筑装饰材料的分类

建筑装饰材料的分类方法较多，常见的分类方法有：

1. 按材料的材质分

（1）无机材料　如石材、陶瓷、玻璃、不锈钢、铝型材、水泥等。

（2）有机材料　如木材、竹材、塑料、有机涂料、塑料壁纸等。

（3）有机——无机复合材料　如人造大理石、铝塑板、彩色涂层钢板、真石漆等。

2. 按材料的燃烧性能分

（1）A 级　不燃材料，如装饰石膏板、花岗石、大理石、玻璃、陶瓷等。

（2）B_1 级　难燃材料，如装饰防火板、阻燃塑料地板、阻燃壁纸等。

（3）B_2 级　可燃材料，如胶合板、细木工板、墙布等。

（4）B_3 级　易燃材料，如油漆、酒精、有机溶剂等。

3. 按装饰部位分

可分为外墙装饰材料、内墙装饰材料、地面装饰材料、顶棚装饰材料及其他装饰材料。

二、建筑饰面石材

目前室内外装修工程中采用的建筑装饰石材分为两大类：一类为天然石材，包括花岗石和大理石；另一类为人造石材。

1. 大理石（M）（含板岩）

大理石是具有致密隐晶结构的变质岩，是中等硬度的碱性石材。

（1）板材分类　按形状分，大理石板材可分为普型板（PX）、异型板（YX）、圆弧板（HM），其中普型板又有正方形和长方形（又称矩形）板材两种。天然大理石普型板常用的规格有 600mm × 600mm、800mm × 800mm、1000mm × 1000mm、600mm × 1200mm。

（2）特性

1）具有独特的装饰效果，有纯色及花斑两个系列，品种较多，色泽鲜艳，材质细腻。

2）抗压强度较高，吸水率低，不易变形。

3）中等硬度，易加工，开光性好，耐磨性强。

4）耐久性较好。

5）由于大理石属碱性石材，抗风化性能和耐酸性能较差。

（3）质量等级　优等品（A）、一等品（B）、合格品（C）。

（4）技术要求

1）表观密度不小于 $2.6g/cm^3$。

2）吸水率不大于 0.5%。

3）干燥状态下抗压强度不小于50MPa。

4）弯曲强度不小于7MPa。

5）板材的抛光面应具有镜面光泽，能清晰地反映出景物。

6）普型板拼缝板材正面与侧面的夹角不得大于90°；同一批板材花纹色调应基本一致。

（5）板材应用　大理石板材主要应用于建筑物室内的墙面、柱面、栏杆、窗台板、服务台、楼梯踏步、电梯踏步、电梯间、门套等处的饰面，也可以用来制造成工艺品、壁画和浮雕等。一般不宜用于建筑物室外装修以及与酸性物质有接触的墙地面装饰工程。

（6）常用品种　常用的大理石品种有具有斑纹花式的大花绿、金花米黄、啡网纹、紫罗红、大花白等和具有条纹花式的木纹石、红线米黄、银线米黄、黑白根等，如图6-1所示。

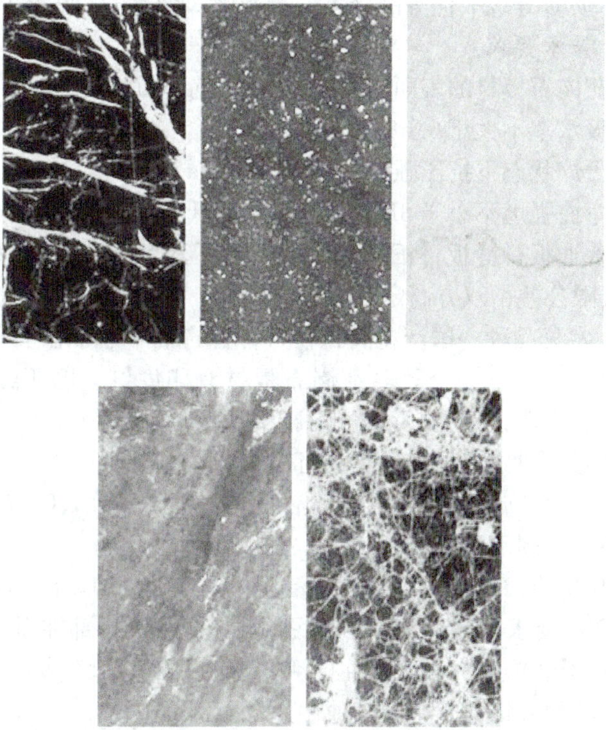

图6-1　大理石

2. 花岗石

花岗石是可磨平、抛光，具有良好的装饰效果的各类火成岩，是全晶质结构的酸性石材。

（1）板材分类　按形状分类，可分为普型板（PX）、异型板（YX）、圆弧板（HM）；按表面加工分类，可分为亚光板（YG）、镜面板（JM）、粗面板（CM）。

（2）特性

1）具有独特的装饰效果，外观常呈均匀粒状结构，有斑点状花纹。

2）石质坚硬致密，抗压强度高，吸水率小。

3）耐酸、耐腐、耐磨、抗冻、耐久。

4）硬度大、质脆，耐火性较差。

（3）质量等级　优等品（A）、一等品（B）、合格品（C）。

（4）技术要求

1）花岗石板材的表面密度不小于 $2.56g/cm^3$。

2）吸水率不大于 0.6%。

3）干燥状态下抗压强度不小于 100MPa。

4）弯曲强度不小于 8MPa，光泽度不低于 80 光泽单位。

5）普通板拼缝板材正面与侧面夹角不得大于 90°，异型板材角度允许极限公差由双方商定。

（5）常见品种　国产花岗石较为著名的品种有济南青、将军红、莱州白等，国际市场上著名花岗石板材有印度红、巴西红、啡钻、巴西黑、蓝珍珠、绿星石等，如图 6-2 所示。

（6）放射性能控制分类使用标准

1）A 类装饰材料：放射性比活度同时满足 $I_{Ra} \leqslant 1.0$、$I_r \leqslant 1.3$ 的要求，使用范围不受限制。

2）B 类装饰材料：放射性比活度同时满足 $1.0 \leqslant I_{Ra} \leqslant 1.3$、$1.3 < I_r \leqslant 1.9$ 的要求，不可用于Ⅰ类民用建筑工程的内部饰面。

3）C 类装饰材料：放射性比活度满足 $1.9 < I_r \leqslant 2.8$ 的要求，可用于建筑物的外饰面及室外其他用途。

$I_r > 2.8$ 的花岗石可用于碑石、海堤、桥墩等人们很少涉足到的地方。

（7）板材应用　花岗石板材多用于建筑室内外饰面和重要的大型建筑物的基础、路面及城市雕塑、铭牌、纪念碑等。

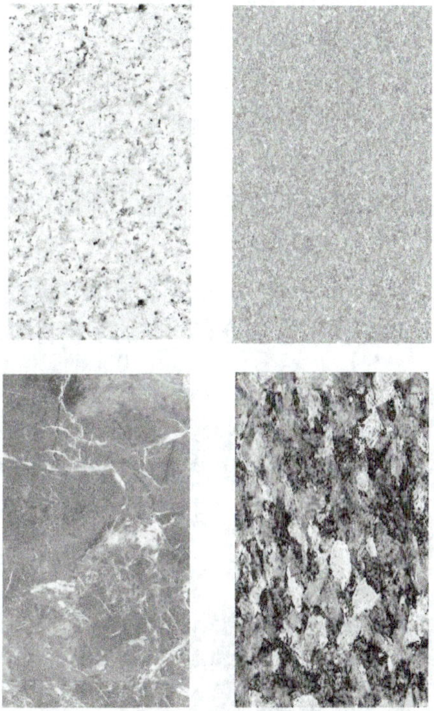

图 6-2　花岗石

3. 人造石材

人造石材按主要材质可分为水泥型人造石材、聚酯型人造石材、复合型人造石材、烧结型人造石材和微晶玻璃型人造石材等。

（1）水泥型人造石材

1）分类：水泥型人造石材是指以水泥为胶结材料制成的人造石材产品，可分为水磨石、花阶砖、人造艺术石、人造大理石等。

2）质量等级：优等品（A）、一等品（B）、合格品（C）。

3）特性：强度高，价格低，坚固耐久，美观实用且施工方便。

4）应用：广泛应用于墙面、柱面、地面、楼面、踢脚板、立板、隔断板、窗台板、台面板等。

（2）聚酯型人造石材

1）分类：按仿天然石材的品种可分为人造大理石板、人造花岗石板、人造玉石板；按成形工艺可分为浇筑成形聚酯合成石、压制成形聚脂合成石、人工成形聚酯合成石。

2）特性：装饰效果好，色泽均一，品种多，轻质高强不易碎，可制成大幅面薄板；耐磨、耐腐、耐污，加工性能好，耐热性和耐候性较差。

3）应用：适用于墙面、柱面、台面、地面、建筑浮雕等，也可以制造卫生洁具、工艺品和线条。

（3）微晶玻璃型人造石材　又称微晶板、微晶石，是由玻璃相和结晶相组成的质地坚实致密且分布均匀的复相材料，如图 6-3 所示。

图 6-3　微晶石

1）分类：按色调分，有白色、米色、灰色、蓝色、绿色、红色、黑色及花色等；按外形分，有普型板（P）、异型板（Y）；按加工表面程度分，有亚光面板（YG）、镜面板（JM）。

除了微晶玻璃型人造石材质量等级为优等品、合格品外，其余大理石、花岗石及水泥型人造石材的质量等级均为优等品、一等品、合格品。

2）质量等级：优等品（A）、合格品（C）。

3）技术要求：镜面板材的光泽度优等品不低于85光泽单位，合格品不低于75光泽单位；板材莫氏硬度5～6级；弯曲强度不小于30MPa；抗急冷急热无裂隙；同一颜色、同一批号板材的花纹颜色应基本一致。

4）特性：具有天然大理石的质感，色差小，颜色多，装饰效果好；强度高，硬度高，耐磨，吸水率极低；抗冻，耐污，耐风化，耐酸碱，耐腐蚀，热稳定性和电绝缘性良好；可制成平板和曲板。

5）应用：适用于室内外墙面、地面、柱面、台面。

4. 文化石的分类及应用

文化石是一种石质或仿石质板材。它以天然的色彩、肌理给人以质朴无华的“文化”气息，故称之为“文化石”。文化石分天然和人工两大类。天然文化石包括澳洲沙岩板、绿板、黑板、锈板、瓦板、砂岩板、石英板以及天然印石等；人造文化石有各种进口和国产的机制石板。目前文化石已被广泛应用于建筑室内外装饰工程。下列是常用的文化石：

1）石板：青石板、锈板、彩石面砖、瓦板等，常用于室内地面，内、外墙面及屋面。

2）砂岩：硅质砂岩、钙质砂岩、铁质砂岩、泥质砂岩。性能以硅质砂岩最佳，依次递减。前三类多应用于室内、外墙面和地面装饰，泥质砂岩遇水软化不宜用作装饰材料。

3）石英岩：是硅质砂岩的变质岩，强度大、硬度高，耐酸、耐久性优于其他石材，可用于室内、外墙面和地面。

4）蘑菇石：立体感强，装饰效果好，多用于外、内墙及屋面。

5）艺术石：外观具有不规则沉积式的层状结构，有天然石材和人造石材两类，用于内墙和外墙的装饰。

三、建筑装饰陶瓷

陶瓷制品是以黏土为主要原料，经配料、制坯、烧结制成的。建筑装饰陶瓷是指建筑物室内外装饰用的陶瓷制品，其质地坚硬，抗腐蚀性强且耐磨耐用，防火、防水，釉色美丽，质感丰富，对建筑室内外可起到很好的保护和美化作用，如图6-4所示。建筑装饰陶瓷按材质分可分为瓷质砖（吸水率≤0.5%）、炻瓷砖（0.5% <吸水率≤3%）、细炻砖（3% <吸水率≤6%）、炻质砖（6% <吸水率≤10%）、陶质砖（吸水率 >10%）；按装饰效果可分为有釉砖、无釉砖、平面装饰砖、立体装饰砖、陶瓷砖、抛光砖、渗花砖、劈裂（离）砖等；按用途可分为内墙砖、外墙砖、室内地砖、广场砖、配件砖等。

图 6-4　建筑装饰陶瓷的装饰效果

1. 釉面内墙砖

釉面内墙砖又称釉面砖或瓷砖，属于薄片精陶制品，吸水率较高，通常在 10% ~20% 之间。

（1）分类　按形状可分为：通用砖（正方形、长方形）和异性配件砖。按色彩图案分：白色釉面砖、彩色釉面砖、装饰釉面砖、图案砖、字画砖等。

（2）质量等级　优等品、合格品。

（3）特性　优点是仿真性强，花色品种多，表面色泽柔和，平滑光亮，装饰效果好，防火，防潮，热稳定性好，耐酸，耐碱，耐腐蚀，坚固耐用，易清洁；缺点是吸水率较大，内部多孔，强度不高，在室外应用釉层可能发生开裂、剥落，甚至釉面砖破损，故不宜用作室外和地面装饰。

（4）应用　主要用于厨房、浴室、卫生间、实验室、医院等室内墙面、台面等的饰面装饰。

2. 墙地砖

（1）分类　按表面装饰分，可分为无釉墙地砖和有釉墙地砖

（彩釉砖）；按材质分，可分为炻质砖、细炻砖、炻瓷砖、瓷质砖四类，其中瓷质砖又分为抛光和磨边两种；按用途分，可分为外墙砖、室内地面砖、广场砖、花园砖、防滑踏步砖、盲道砖、配件砖等。

（2）质量等级　优等品、合格品。

（3）特性　色彩丰富，质感强，装饰效果好；吸水率低（≤6%），强度高；防腐，耐水，耐急冷急热；不易起尘，易清洁且色彩图案多。

（4）应用　室内外墙面、地面、柱面、台面，大幅面玻化砖可用于幕墙。

3. 劈裂砖

劈裂砖又称劈离砖，是墙地砖的一种。

（1）特性　色彩丰富，质感强，装饰效果好；吸水率低（≤6%），强度高；防腐，耐水，耐急冷急热，耐酸，耐碱，防滑，抗冻。

（2）应用　外墙面及室内地面，室外广场、停车场、人行道地面以及浴室、池岸等处的地面。

4. 陶瓷锦砖

陶瓷锦砖又称马赛克（Mosaic），是指由具有各种色彩和形状的小块砖镶拼成的各种花色图案的陶瓷制品，如图 6-5 所示。

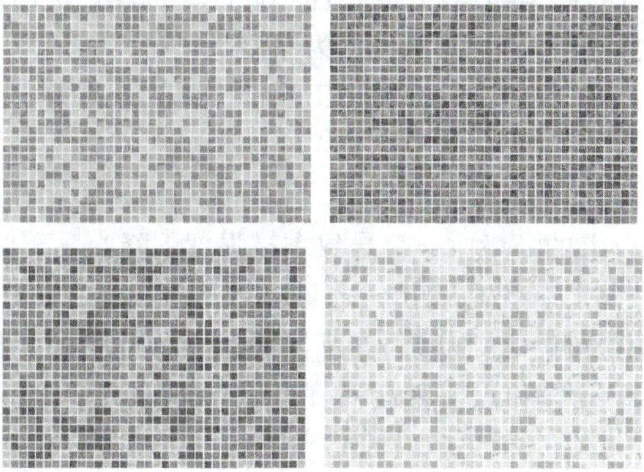

图 6-5　陶瓷锦砖

(1) 质量等级　一级品、二级品。

(2) 特性　质地坚硬，吸水率低，强度高，耐磨，耐腐，耐水，抗火，抗冻，形状色彩较多，具有独特的装饰效果。

(3) 应用　室内外墙面、室内地面及花园小径、游泳池、壁面等。

5. 建筑琉璃制品

建筑琉璃是表面或使用面附有彩色铅釉的陶质建筑装饰材料，釉色有黄、绿、蓝、白、棕等，具有浓烈的中国民族风格与特色。

(1) 质量等级　优等品、一级品、合格品。

(2) 应用　加工成特定形状且经过艺术处理的琉璃制品，多用于建筑物的檐口、墙壁、柱头等部位。

四、木材

1. 木材的分类

按树种可分为针叶树和阔叶树，常用的针叶树有红松、马尾松、落叶松、杉树、柏木等，称为软木材；常用的阔叶树有柚木、水曲柳、柳桉、菠萝格等，称为硬木材。

按材种可分为原木、原条、板方材等。

2. 木材的特性

1) 木材质轻，具有较好的弹性和韧性，抗震、抗冲击性能好。

2) 木材热导率小，所以也作为保温绝热材料使用。

3) 木材具有天然花纹，易加工涂饰，装饰效果好，无毒无放射性。

4) 木材长期处在干燥环境中，不易导电、耐久性好，但如果长期处于50℃以上的环境中，会导致木材强度下降。

5) 木材含水率较高，新伐木材含水率通常大于35%。当木材自由水全部脱去时，细胞壁内充满了吸附水，此时的木材含水率被称为木材的纤维饱和点。随树种不同，木材的纤维饱和点一般为25%～35%。

木材具有较强的吸湿性，当木材含水率与周围空气相对湿度达到平衡时的含水率称为平衡含水率。木材使用前，应干燥到平衡含水率。

6）木材具有湿涨干缩性能，木材湿涨干缩变形是由于细胞壁内吸附水的变化所引起的，通常表观密度越大，木材中吸附水的含量越高，变形则越大。顺纹方向涨缩变形最小。

7）木材的物理力学性能与木材的构造有关，由于木材构造不均匀，吸湿后膨胀可以引起木制品变形与开裂。木材易被虫蛀，易燃，在干湿交替中会腐朽，具有天然疵病。

五、木质人造板材

木材有质轻、强度高、有良好的弹性和韧性、易加工、纹理自然、颜色丰富等优点，但也存在构造不均、涨缩变形、不耐腐、易遭虫蛀、易燃等缺点。为保留木材的优点，改良木材的缺点，国内外都在研究开发新的木质人造板材。木质人造板材是利用木材、木质纤维、木质碎料或其他织物纤维为原料，加胶粘剂和其他添加剂制成的板材。

1. 胶合板

用数层（一般为3、5、7…15层，奇数）由原木切的片，使其上、下层纤维互相垂直叠放，热压胶合成板。

（1）分类　按单板层数可分为三夹板、五夹板、九夹板……；按原木种类可分为针叶树胶合板和阔叶树胶合板；按耐水性能可分为Ⅰ（耐候）、Ⅱ（耐水）、Ⅲ（耐潮）、Ⅳ（不耐潮）类胶合板；按表面装饰可分为普通胶合板和饰面胶合板。

胶合板最为常用的尺寸为1220mm×2440mm。

（2）常用规格　胶合板的幅面尺寸（宽度×长度）有915mm×915mm、915mm×2135mm，915mm×2440mm、1220mm×1220mm、1220mm×1830mm、1220mm×2135mm、1220mm×2440mm。胶合板的厚度为2.7mm、3.0mm、3.5mm、4.0mm、5.0mm、5.5mm、6.0mm……，自6mm起按1mm递增，小于4mm为薄胶合板，3mm为常用规格，针叶树胶合板没有2.7mm的厚度。

（3）特性　材质均匀，不易变形、翘曲及开裂；幅面大，易于加工，加工时除去疵病，花纹自然装饰性好，可提高木材利用率。

（4）质量等级　一等、二等、三等。

（5）外观质量　不允许有脱胶、鼓泡和明显边缺、角缺等现象，板中不得保留有影响使用的夹杂物，翘曲度不超过1%。

（6）应用　可用于内墙装饰、隔墙罩面和制作顶棚板、门面板、家具、复合地板等。

（7）含水率　Ⅰ类、Ⅱ类胶合板为6%～14%，Ⅲ类、Ⅳ类胶合板为8%～16%。

（8）环保控制使用范围　按《室内装饰材料人造板及其制品中甲醛释放量限量》强制性标准规定，胶合板、装饰单板贴面胶合板、细木工板均按甲醛释放量限定了分类使用范围。E_1类：可直接用于室内，Ⅰ类民用建筑工程室内装修必须采用E_1类人造板；E_2类：Ⅱ类民用建筑工程室内装修宜采用E_1类人造板，当采用E_2类人造板时，直接暴露于空气的部位应进行表面涂覆密封处理。

2. 微薄木贴面胶合板

微薄木贴面胶合板又称饰面胶合板或装饰单板贴面胶合板，是将珍贵的树种（如柚木、胡桃木、柳桉等）经过精密加工，制成厚度为0.2～0.5mm的微薄木，再以胶合板为基材用胶粘剂经胶粘工艺加工而成的板材，如图6-6所示。

（1）常用规格　微薄木贴面胶合板的幅面尺寸有1830mm×915mm、1830mm×1220mm、2135mm×915mm、2135mm×1220mm，厚度为3～6mm。

（2）应用　多用于高级建筑内部饰面装修，车船内部装修及电视机、乐器等饰面。

3. 细木工板

细木工板属于特种胶合板，是指芯板用木条拼接而成，上、下面层用木质单板或三夹板胶粘热压而成的实心板材。

（1）分类　按胶粘剂不同可分为Ⅰ类胶细木工板、Ⅱ类胶细木工板；按甲醛释放量可分为E_1类、E_2类，使用范围与胶合板相同。

（2）特性　质地坚硬、花纹美观、隔声隔热、材质均匀，利用木材小料制造大幅面板，可提高木材的使用率。

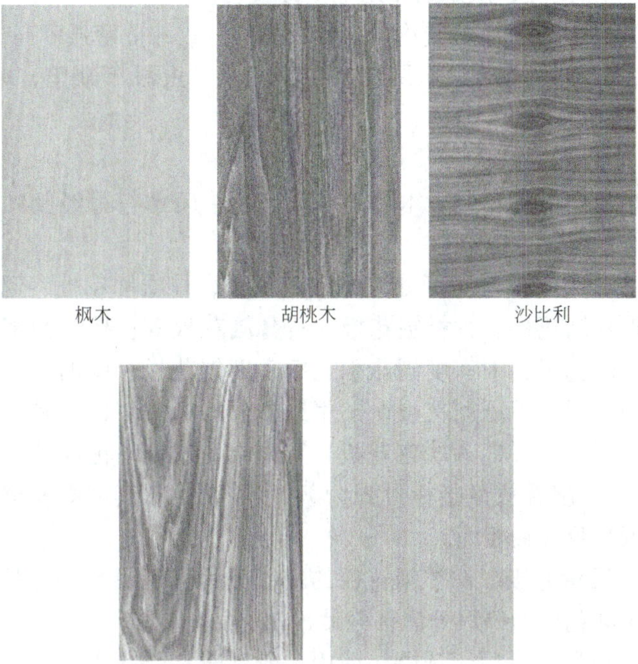

图 6-6　微薄木贴面胶合板

（3）质量等级　一等、二等、三等。

（4）材料选择　直接作饰面板使用应选用一等板；作底板用可选二等、三等板。优质细木工板表面应光滑、平整，无缺陷（如死节、挖补、漏胶等），两端无干裂。

（5）应用　可用于家具、护墙板、隔断、吊顶、门窗套、窗台板、船舶车厢等装饰，也可制作复合地板。

4. 纤维板

纤维板是指用木材或植物纤维为原料，经破碎、浸泡、磨浆等工艺再加胶热压而成的人造板材。

（1）分类　硬质纤维板（又名高密度板）、半硬质纤维板（又名中密度板）、软质纤维板（又名底密度板）。

（2）质量等级　按外观分为一等、二等、三等；按甲醛释放量

分为 E_1、E_2 两类，限定的使用范围同胶合板。

（3）特性　材质构造均匀，各项强度一致，抗弯强度高，耐腐，不易涨缩和翘曲变形，不易腐朽，无木节、虫眼等缺陷，幅面大，绝热性好，用途较为广泛。

5. 刨花板

刨花板是指用刨花、木屑、木丝、短小废木料等经胶粘热压而成的人造板材。

（1）分类　按材质可分为木质刨花板、甘蔗刨花板、亚麻屑刨花板、棉杆刨花板、竹材刨花板、石膏刨花板等；按表面密度可分为高密度刨花板、中密度刨花板、低密度刨花板；按加工方式可分为挤压刨花板、平压刨花板；按用途可分为家庭装饰家具、厨具等一般用途刨花板（即 A 类刨花板）和非结构建筑刨花板（即 B 类刨花板）；按甲醛释放量指标可分为 E_1、E_2 两类，其细则要求及限定使用范围与胶合板相同。

（2）质量等级　A 类刨花板的等级分为优等品、一等品、二等品；平压刨花板的等级分为一等品、二等品。

（3）应用　常用于顶棚、墙面、隔断等和强化木地的芯板，饰面刨花板可直接用来做装饰。

6. 花纹板

花纹板通常可分为花纹纸贴面人造板（如宝丽板、富丽板等）和印刷人造板（如印刷木纹胶合板、印刷木纤维板、印刷木纹刨花板等）两类。

六、木质地板

1. 实木地板（见图 6-7）

（1）分类　按材质可分为普通木地板、硬木地板；按外形可分为企口地板、平口地板、拼花地板；按表面涂饰可分为素板、漆板。

（2）质量等级　优等品、一等品、合格品。

（3）特性　具有自然纹理，质感好，返璞归真，装饰效果佳；无污染，可调节室内湿度；保温隔热性能好，弹性好，冬暖夏凉足感舒适；硬度适中，防静电，无污染。

图 6-7　实木地板

（4）选用要求　必须选用稳定性好、经过干燥和养生处理的实木地板，含水率应符合国家标准（7% ≤含水率≤我国各地区平衡含水率），每块地板的含水率必须均匀一致。

2. 实木复合地板

实木复合地板充分利用珍贵木材作为面层材料，保留了实木地板的优点，装饰效果好，多层复合结构材料均匀，不易翘曲、开裂，既适合普通地板铺设，又适合地热采暖地板铺设。实木复合地板不仅避免了天然木材的疵病，而且安装简便，缩短了工期、减少了施工现场的环境污染。

（1）分类　按结构可分为三层复合实木地板、多层实木复合地板、细木工板复合实木地板；按甲醛释放量可分为 A 类（甲醛释放量≤9mg/100g）、B 类（甲醛释放量 9 ~40mg/100g）。

（2）质量等级　优等品、一等品、合格品。

（3）环保控制标准及分类使用范围　根据国家颁布的强制执行标准《室内装饰材料人造板及其制品中甲醛释放量限量》规定：E_1 类实木复合地板其甲醛释放量不大于 0. 12mg/m^3，Ⅰ类民用建筑的室内装修必须采用 E_1 类实木复合地板。

3. 强化木地板（浸渍纸压木质地板）（见图 6-8）

强化木地板可以人为设计色彩花纹、仿造名贵木材并拼装图案，因此装饰效果较好。其特点为耐磨、阻燃、防静电、耐压、易清洁、防虫蛀且安装方便，可直接铺装在地面防潮衬垫上，省工省时，但

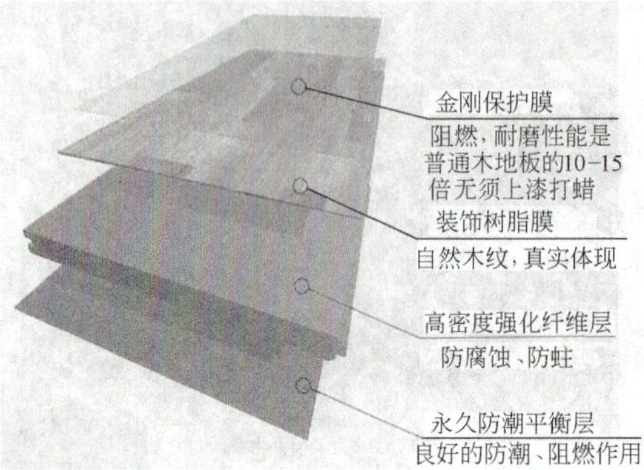

图 6-8　强化地板

是弹性比实木地板差，足感生硬。强化木地板的甲醛释放限量控制标准及使用范围与实木复合地板一致。

（1）分类　按材质可分为以高密度板、中密度板、刨花板为基材的三种强化木地板，其中以高密度板为基材的质量最佳；按用途可分为公共场所用强化木地板，其耐磨转数≥9000 转，家庭用强化木地板，其耐磨转数≥6000 转；按甲醛释放量可分为 A 类（甲醛释放量≤9mg/100g）、B 类（甲醛释放量 9 ~ 40mg/100g）。

（2）质量等级　优等品、一等品、合格品。

（3）应用　适用于办公室、写字楼、商场、健身房、车间等地面的铺设。

4. 软木地板

（1）分类　第一类，以软木颗粒热压切割成软木层，表面涂以清漆或光敏清漆耐磨层而制成的地板；第二类，PVC 贴面软木地板；第三类，天然薄木片和软木复合的软木地板。

（2）特性　其原料为栓树皮，具有再生特性，属于绿色建材。软木地板绝热，抗震，防滑，阻燃，不怕水，不霉变，不易翘曲和开裂，舒适且有弹性。

（3）应用　第一类软木地板适用于家庭居室地面铺设；第二、三类适用于商店、走廊、图书馆等人流大的地面铺设。

5. 竹地板

（1）分类　按结构可分为多层胶合竹地板、单层侧拼竹地板、竹木复合地板；按外形可分为条形、方形、菱形及六边形拼竹地板；按颜色可分为本色竹地板、漂白竹地板、深色竹地板。

（2）特性　表面华丽高雅，足感舒适，其物理力学性能与实木复合地板相似，湿涨干缩及稳定性优于实木地板。

（3）质量等级　优等品、一等品、合格品。

（4）应用　多用于室内地面装饰。

6. 活动地板

活动地板是以金属材料或特制刨花板为基材，表面覆以三聚氰胺装饰板，再用胶粘剂胶合而成的一种架空地板，它配有特制的钢木梁、橡胶垫条以及可调节金属支架。

（1）分类　抗静电活动地板（见图6-9）、不抗静电活动地板。

图6-9　抗静电地板

（2）特性　其表面平整、坚实，耐磨、耐烫、耐老化、耐污染、耐燃；防静电；安装、调试、清理、维修方便，可随意开启与拆迁。抗静电活动地板具有优良的抗静电能力。

（3）应用　多用于计算机房、通信部门、控制中心、实验室、电化教室、工矿企业、程控机房和要求较高的空调机房。

七、建筑玻璃

玻璃是一种被广泛用于建筑及其室内装饰的材料，如图 6-10 所示。随着玻璃的制造技术和建筑技术的发展，玻璃制品已由过去单纯作为采光和装饰的材料发展成为具有控制光线、调节热量、控制噪声、减少建筑自身质量、改善环境、提高建筑艺术性等诸方面功能的建筑主要材料之一。

图 6-10　建筑玻璃

1. 普通建筑玻璃

普通建筑玻璃透光、透视性能较好，透光率可达 85% 左右，紫外线透过率较低，具有一定的隔声、保温功能，且有一定的机械强度，属于脆性材料。

普通建筑玻璃分为普通平板玻璃和装饰平板玻璃。普通平板玻璃又分为引上法普通平板玻璃、平行引拉法普通平板玻璃、浮法玻璃；装饰平板玻璃又分为毛玻璃（磨砂玻璃）、彩色玻璃、花纹玻璃、印刷玻璃、冰花玻璃和镭射玻璃等。

（1）浮法玻璃

1）特性：光学畸变极小，表面平整光洁，厚度均匀，具有机械磨光玻璃的质量。

2）规格：厚度有 3mm、4mm、5mm、6mm、8mm、10mm、12mm

七种。

3）质量等级：优等品、一等品、合格品。

4）应用：多用作建筑、火车、汽车、船舶的门窗挡风、采光玻璃及制作电器设备的屏幕等，也可二次加工成钢化玻璃、夹丝玻璃、夹层玻璃、中空玻璃和特种玻璃。

（2）装饰平板玻璃

1）毛玻璃：具有漫射光、透光不透视的特点，可制成各种图案，用于卫生间、浴室、办公室的采光及灯箱。

2）彩色玻璃：分为透明玻璃与不透明玻璃，用于门窗、屏风、隔断，且可以与金属拼成各种花纹图案。

3）花纹玻璃：有压花玻璃、雕花玻璃、热熔立体玻璃，其特点是透光不透视，立体感强，图案丰富，装饰效果好，多用于门窗、屏风、隔断。

4）印刷玻璃：具有特殊装饰效果，常用于门、窗、隔断、吊顶和屏风等处。

5）冰花玻璃：透光不透视，具有多种色彩，用于门、窗、屏风等。

6）镭射玻璃：表面呈现艳丽的色彩和图案，色彩随入射光角度的改变而不断变化，主要用于商场及娱乐场所的招牌、门面、地板、隔断、台面等，还可制成大面积夹层玻璃幕墙、住宅屋顶、灯饰装饰品等。

2. 安全玻璃

安全玻璃是指在使用和破坏时给人造成的伤害达到最小程度的玻璃，如图6-11所示。

图6-11　安全玻璃

（1）钢化玻璃（又名强化玻璃）

1）特性：机械强度高，安全性能与热稳定性好，钢化玻璃必须在处理前进行机械加工以达到设计要求的形状和尺寸，其最大安全工作温度可达287.78℃。

设计时，不要超出玻璃的最大幅面。

2）规格尺寸：钢化玻璃的规格及尺寸主要受生产设备的影响，它的宽度在2.0~2.5m之间，长度在4.0~6.0m之间，厚度通常在2~19mm之间。用户在使用钢化玻璃时，应根据玻璃的实际规格尺寸，向生产厂家订制。钢化后不得进行机械加工。

3）质量等级：优等品、合格品。

4）应用：广泛应用于各种交通工具、建筑门窗、隔墙、栏板、幕墙、采光屋面，还可以制成吸热钢化玻璃、中空钢化玻璃、热反射钢化玻璃、炉门和观察孔、弧光灯、加热器等。

（2）夹层玻璃　夹层玻璃是指以两片或多片平板玻璃之间嵌入PVC膜或其他材料，经热压粘合而成的平面或曲面复合玻璃，也可作为防弹玻璃，是安全玻璃的一种。

1）规格尺寸：夹层玻璃的常见规格有2mm+3mm、3mm+3mm、5mm+5mm等，层数有2、3、5、7等层，最大层数可达9层。

2）特性：耐久、耐寒、耐湿、耐热、透明度好，机械强度高，破碎时不易裂成分离的碎块，如在夹层预埋电热丝或报警线，还能起加热防结雾或报警的功能。

3）应用：多用于汽车、飞机挡风玻璃、防弹玻璃及有特种要求的门窗、隔墙、天窗、防盗门、水下工程等。水下用夹层玻璃宜选用钢化夹层玻璃。当屋面玻璃最高点离地面大于5m时，必须使用夹层玻璃。

（3）夹丝玻璃　夹丝玻璃又称防碎玻璃或钢丝玻璃，它是以钢丝网压入，将红热玻璃加热软化后形成的一种安全玻璃。

1）分类：根据所用的玻璃基板不同可分为普通夹丝玻璃、彩色夹丝玻璃和压花玻璃等。

2）规格尺寸：长度和宽度的尺寸有1000mm×800mm、1200mm×900mm、2000mm×900mm、1200mm×1000mm和2000mm×1000mm等，常用的厚度有6mm、7mm、10mm。

3）质量等级：优等品、一等品、合格品。

4）特性：安全，抗折强度高，热稳定性强。其安全性体现在破坏时仍保持整体性，发生火灾时能起到隔绝火势的作用。

5）应用：防火门窗、楼梯间、厨房、天窗及各种采光屋面。

3. 特种玻璃

（1）中空玻璃　由两片或多片平板玻璃沿周边隔开，并用高强度气密性胶粘剂将其与密封条粘接密封而成，玻璃之间充有干燥空气或惰性气体。

1）分类：按原片性能分为普通中空玻璃、吸热中空玻璃、钢化中空玻璃、夹层中空玻璃、热反射中空玻璃等。

2）特性：具有良好的保温绝热性能，防结雾性能好，隔声性能好，可使噪声下降30～40dB。中空玻璃不能切割，可按技术要求的尺寸向厂家订制，或者按照厂家的产品规格进行选择。

3）应用：多用于房屋门窗、车船门窗、建筑幕墙以及需要采暖保温、防止噪声、防止结露的建筑物上。

（2）吸热玻璃　吸热玻璃是一种能吸收阳光中大量辐射热，同时又能保持良好透视性的玻璃。

1）分类：按颜色分类有灰色、茶色、绿色、蓝色、粉红色、古铜色、金色、棕色等；按成分分类有硅酸盐吸热玻璃、磷酸盐吸热玻璃、光致变色的吸热玻璃。

2）特性：能大量吸收阳光辐射热，同时保持良好的透视性；吸收阳光中的紫外线及可见光，减轻紫外线对人体和物体的损害，同时使室内光线柔和，减少眩光。

3）应用：根据需要深加工制成吸热中空玻璃、吸热夹层玻璃等，多用于门窗、隔断装饰和幕墙等处。

（3）热反射玻璃

1）特性：能过滤紫外线，大量反射红外线，热透射率低，具有良好的隔热性能；具有单向透视特点，其迎光面具有镜子效能，色彩丰富，装饰性好。

2）应用：多用于建筑门窗、幕墙、车船玻璃及艺术装饰等，还可制作热反射中空玻璃、热反射夹层玻璃。

（4）变色玻璃　变色玻璃是一种能随外部条件的变化而改变自身颜色的玻璃。

1）分类：有光致玻璃和电致玻璃两大类。

2）特性：能自动控制进入室内的太阳辐射能，降低能耗，改善室内的自然采光条件，具有防窥视、防眩光的作用。

3）应用：多用于建筑门窗、隔断和智能化建筑中。

（5）玻璃空心砖　玻璃空心砖是一种带有干燥空气层的周边密封的玻璃制品，其表面花纹图案十分丰富，有橘皮纹、平行纹、斜条纹、花格纹、水波纹、流星纹等。

1）特性：透光不透视，保温隔热性能好，抗压强度高；不结雾，耐磨，防水；稳定性好，装饰性强。

玻璃空心砖一定不能切割，也不能作为承重墙。

2）应用：多用于建筑物的非承重外墙、内墙、隔墙以及采光顶棚、地面和门面等装饰，使用时不能切割，也不能作为承重墙。

八、建筑塑料

1. 塑料管道

（1）硬聚氯乙烯（PVC-U）管道

1）特性：管道内壁光滑、阻力小，管内不结垢，无毒、无污染，耐腐蚀，抗老化，可用于室内敷设，属B1级难燃材料。管道输送介质温度不大于40℃，属冷水管。管道连接采取橡胶圈承插式，属柔性接口。管道常用直径为20～1000mm。

2）应用：可用作排水管、给水管、雨水管。

3）质量等级：优等品、合格品。

（2）氯化聚氯乙烯（PVC-C）管材　氯化聚氯乙烯管材是指用含氯的质量分数大于66%的氯化聚氯乙烯制成的管材。其耐热性较高，可输送90℃左右的介质。热膨胀系数小，阻燃性优良，机械强度较高，但管材连接使用的胶水有毒。

（3）芯层发泡硬聚乙烯管

1）特性：能吸收一些因管壁振动而产生的噪声，与实壁管相比可降低噪声 2dB。其内、外壳体较薄，管道不宜阔口，也不宜采用橡胶密封圈连接形式，而应采用实壁管件承插连接。

2）应用：多用于建筑室内排水系统，不宜用于外墙敷设。

（4）PP-R 管材与管件

1）特性：优点为管道内壁光洁、阻力小，无毒、卫生、耐腐蚀、不结垢，热导率小，保温性能好，热熔连接牢固不易渗漏；缺点是韧性和抗紫外线性能较差。

2）应用：可用作冷、热水管及饮用水管。

（5）铝塑复合管　可分为两类，第一类为冷水管，即外层聚乙烯（PE）、中层铝铂（AL）、内层聚乙烯（PE）；第二类为饮水和冷热水管，即外层高密度交联聚乙烯（XLPE）、中层铝铂（AL）、内层高密度交联聚乙烯（XLPE）。

第二类铝塑复合管安全无毒，耐腐蚀，不结垢，流量大，阻力小，铝锡增强克服了塑料易老化、热膨胀率高的缺点，使用寿命长，柔性好，弯曲后不反弹，易安装。管材连接方式为卡式；铝箔焊接方式有搭接、对接两种，后者优于前者。

（6）塑复铜管

1）特性：无毒、抗菌卫生，对人体有利，不腐蚀，不结垢，水质好，流量大，强度高，刚性好，使用寿命长，耐热抗冻性好，保温性能比铜管好，管线间连接安全牢固，不易渗漏，价格较高。

2）应用：多用于工业及生活饮用水和冷、热水的输送。

（7）塑复不锈钢管　塑复不锈钢管多用于饮用水及冷、热水的输送。

（8）丁烯管（PB 管）

1）特性：优点为无毒，强度较高，韧性较好，连接牢固；缺点是易燃，热膨胀系数大，原料进口价格高。

2）应用：多用于饮用水及冷、热水的输送，常用作地板辐射采暖系统的盘管。

（9）交联聚乙烯（PEX）管道　交联聚乙烯管道可输送冷、热水、饮用水及其他液体，目前主要用作地板辐射采暖系统的盘管。

（10）建筑用 PVC 电工套管　PVC 塑料电线管及其他配件应具

有阻燃性能，其氧指数应不小于40，有离火自熄性能。PVC管与配件的连接常采用插入法或套接法，并用胶粘剂粘接。

2. 塑料门窗

塑料门窗指在塑料型材的空腔内增加钢材（加强筋）而制成的塑料窗、塑料门，PVC塑料门窗属于阻燃材料。

（1）特性　气密性好，隔声性好，防腐性好，绝热保温性能好，美观易保养，可防虫蛀，缺点是易老化，但通过配方的改进提高耐候性，便可达到50年以上的使用寿命。

（2）规格　推拉窗有60、77、80、95系列；平开窗有50、60系列；平开门为80系列；弹簧门为108系列。

3. 塑料装饰板

（1）塑料贴面装饰板　塑料贴面装饰板又称三聚氰氨树脂装饰板，简称防火板，属热固型层压装饰贴面材料，是一种用于贴面的硬质薄板。

1）特性：耐磨，耐热，耐寒，耐溶剂，耐污染，耐腐蚀，抗静电，表面硬度大，易清洁，使用寿命长，装饰效果好。

2）应用：可粘贴在各类木质基层表面，均能获得较好的装饰效果，为中、高档饰面材料。

（2）聚氯乙烯装饰板（即PVC板）　以PVC树脂为基料，分为软、硬两种产品。硬质PVC板可用于卫生间、浴室、厨房的吊顶，还可作为内墙罩面板、护墙板。不透明波形板用于外墙装饰，透明平板、波形板可做采光顶棚、采光屋面、高速公路隔声墙、室内隔断、防震玻璃、广告牌、灯箱、橱窗等。软质PVC板适用于建筑物内墙面、吊顶、家具台面的装饰和铺设。

（3）波音装饰软片　波音装饰软片是以云母、珍珠粉及PVC为主要原料，经特殊工艺加工而成的装饰材料。

1）特性：耐腐蚀，耐冲击，耐磨性优越，耐污性好，耐湿性好，阻燃性能好，具有较好的弯曲性能，可承受各种弯曲，经久耐用不易褪色。

2）应用：适用于各种壁材、石膏板、人造板、金属板等基材上的粘贴装饰。

（4）聚乙烯塑料装饰板（PE塑料装饰板）　聚乙烯塑料装饰板是以聚乙烯树脂为基料，加入其他材料定形而成的装饰板材。

1）特性：优点为透光率较高，机械强度较高，易加工，耐腐蚀，绝缘性能好；缺点是质地较脆，易溶于有机溶剂中。

2）应用：适用于建筑物的内墙面。

（5）有机玻璃　有机玻璃是一种具有极好透光性的热塑性塑料。

1）特性：透光性较好，机械强度较好，耐腐，绝缘性好，易加工。

2）应用：适用于灯罩、采光罩、门窗、隔板、淋浴房、亚克力浴缸等。

（6）玻璃卡普隆板

1）分类：有中空板（蜂窝板）、实心板和波纹板三大系列，其中中空板有保温、隔热、消声性能。

2）特性：透光性较好，透光率88%，抗紫外线，质量轻，安全性好，弯曲性能好，可热弯、冷弯，安装方便，阻燃性良好，是良好的采光材料。

3）应用：可用于雨篷、公共设施的采光顶、隔断、淋浴房、广告牌、农业养殖的天幕等。

（7）千思板　千思板由热固性树脂与植物纤维混合而成，面层由特殊树脂经EBC双电子束曲线加工而成，是环保绿色建材。

1）特性：抗冲击性极高，易清洁，稳定性和耐用性可与硬木相媲美。抗紫外线，阻燃，耐化学腐蚀性强，装饰效果好，加工安装容易，使用寿命长，符合环保要求。

2）分类及应用：千思板M（外用型），特别适用于室外装饰装修；千思板A（内用型），表面粘贴三聚氰氨树脂装饰层板，有石英表面和水晶亚光表面两种，特别适用于人行通道、电梯厅、电话间等建筑部位以及家具表面、橱柜面板、接待柜台等处的装饰，也可用于盥洗间洗脸盆面板、隔断以及其他湿度较大处的装饰；千思板T，具有防静电的特点，适用于计算机房内墙面和各种化学、物理及生物实验室墙面、台面等的装修。

4. 塑料地板

（1）分类　按材质可分为聚氯乙烯树脂塑料地板、聚乙烯-醋酸乙烯（即氯醋共聚树脂）塑料地板、聚丙树脂塑料地板、氯化聚乙烯树脂塑料地板；按外形可分为块状塑料地板、卷材塑料地板；按功能可分为弹性地板、抗静电地板、导电地板、塑胶地板等。

（2）特性　具有轻质、耐磨、防滑、耐腐、可自熄等特性，发泡塑料地板还具有优良的弹性，脚感舒适，耐水，易于清洁。塑料地板花色品种多，规格多，造价低，施工方便。

（3）质量等级　带基材的 PVC 卷材地板质量等级分为优等品、一等品、合格品三种。

（4）应用　多用于住宅、工厂车间等地面装饰。

九、无机胶凝材料

无机胶凝材料按硬化条件可分为两大类：一类为气硬性胶凝材料，如石膏、石灰、菱苦土、水玻璃等，这类无机胶凝材料不宜在潮湿的环境中使用，应在地上或干燥环境中使用；另一类为水硬性胶凝材料，如各种水泥，多用于室内外地面和水工工程中。

1. 石灰

石灰主要包括生石灰（块灰）、磨细生石灰、消石灰（熟石灰）和石灰膏。

（1）特性　保水性好，水不易析出，因此可以克服水泥砂浆保水性差的缺点。硬化石灰浆体强度不高，耐水性差，硬化过程中体积收缩大，易导致变形开裂，因此石灰不宜单独使用，通常需要加入砂子、纸筋等，以防止收缩开裂。生石灰和消石灰粉在使用前应进行陈伏处理，前者陈伏的目的是消除过火石灰的危害，后者陈伏的目的是使石灰浆体具有良好的可塑性。

生石灰和消石灰粉在使用前陈伏的目的是不同的。

（2）质量等级　生石灰、消石灰分为优等品、一等品、合格品三个质量等级。

（3）应用　可用于配制石灰砂浆、混合砂浆和石灰水，配制石灰土、三合土，生产硅酸盐制品（如灰砂砖、硅钙板、硅酸盐砌块、无熟料水泥等）。

2. 建筑石膏（$CaSO_4$）

（1）特性　凝结硬化快，一般初凝时间为3～5min，终凝时间为20～30min。在室内自然干燥条件下，一周左右可完全硬化，硬化后体积微膨胀（约1%），硬化产品外形饱满，不收缩，不开裂，体积稳定，表面洁白细腻。硬化后的建筑石膏制品孔隙率大，表面密度小，隔热保温性能好，吸声性强；但因吸水率高、软化系数低，所以耐水性、抗渗性、抗冻性差，防火性能好。

（2）质量等级　分优等品、一等品、合格品三个质量等级。

（3）应用　可用来制造纸面石膏板、装饰石膏板（无纸石膏板）、嵌装式石膏板、石膏条板、石膏蜂窝板、石膏矿棉复合板、石膏砌块、石膏刨花板等，可用作室内抹灰、粉刷涂料的填料和油漆打底，还可用来制作模型、雕塑、艺术品等。

3. 水泥

水泥是一种应用广泛的水硬性胶凝材料。

水泥按性能和用途可分为通用水泥、专用水泥和特种水泥。通用水泥是指用于一般建筑工程的水泥，如硅酸盐水泥、矿渣硅酸盐水泥、火山灰质硅酸盐水泥、粉煤灰硅酸盐水泥等；专用水泥是指具有专门用途的水泥，如道路水泥、大坝水泥、砌筑水泥等；特种水泥是指某种性能较为突出的水泥，如快硬硅酸盐水泥、膨胀水泥、高铝水泥、白水泥、磷酸盐水泥、硫铝酸盐水泥等。

在建筑装饰中，水泥多用于配制砂浆、混凝土及生产各种水泥制品，如水泥型人造石材、花阶砖、水磨石、水泥砌块以及各种饰面板（如TK板、FC板）。

（1）硅酸盐水泥　Ⅰ型硅酸盐水泥和Ⅱ型硅酸盐水泥是建筑工程中常用的水泥品种，但不宜用于大体积工程和海水工程中。

1）技术性质：必须符合国家标准规定的SO_3、MgO含量和有关细度、凝结时间、安定性能的要求，否则定为废品不得使用。细度应大于$300m^2/kg$；初凝时间不得早于45min，终凝时间不得迟于

6.5h；体积安全性应合格；硅酸盐水泥强度等级分为42.5、42.5R、52.5、52.5R、62.5、62.5R。

2）保管和验收：水泥不宜受潮和混入杂物，贮存时间不宜过长，一般不应超过3个月。过期水泥必须进行检验，重新确定其强度等级，按实际强度使用。

（2）白水泥　必须满足SO_3、MgO含量和有关细度、凝结时间、安定性能的要求。将白水泥过0.08mm方孔筛，筛余不大于10%；初凝不得小于45min，终凝不得迟于12h；安定性应合格；标号有325、425、525和625四个等级；白度分为特级、一级、二级、三级。

十、建筑涂料

建筑涂料是指涂敷于建筑物表面，粘接形成完整涂膜的材料，如图6-12所示。

图6-12　建筑涂料

1. 常用内墙涂料

（1）水溶性内墙涂料　水溶性内墙涂料通常包括聚乙烯醇水玻璃涂料（简称106内墙涂料）、聚乙烯醇甲醛内墙涂料（简称107、803内墙涂料）。

（2）合成树脂乳液内墙涂料（又名内墙乳胶漆）　合成树脂乳液内墙涂料是一种以合成树脂乳液为主要成膜物质（基料）的薄型涂料，一般用于室内墙面顶棚的装饰，质量等级分为优等品、一等品和合格品三个等级，同时应符合《室内装饰装修材料内墙涂料中有害物质限量》标准的规定。这类涂料的施工温度在10℃以上。

注意施工温度，保证工程质量。

常用的合成树脂乳液内墙涂料有聚醋酸乙烯内墙乳胶漆、乙丙内墙乳胶漆、苯丙乳胶漆、氯偏共聚乳液内墙涂料。

1）聚醋酸乙烯内墙乳胶漆：聚醋酸乙烯内墙乳胶漆无毒，无味，易加工，干燥快，透气性好，附着力强，品种较多，施工方便，其耐水性、耐碱性、耐候性都比水溶涂料好，是一种装饰效果好的中、高档内墙装饰涂料，适用于内墙（顶棚）装饰，不宜用于外墙及潮气较大的室内（如厨房、浴室、卫生间等）装饰。

2）乙丙内墙乳胶漆：以聚醋酸乙烯与丙烯酸酯共聚乳液为主要成膜物质的亚光或光泽的内墙水乳性涂料。乙丙内墙乳胶漆。无毒，无味，透气性好，外观细腻，保色性好，有光泽，耐碱性、耐水性、耐久性都优于聚醋酸乙烯乳胶漆，价格适中，是一种较高档的内墙装饰涂料，适用于外墙及潮气较大的室内装饰。

3）苯丙乳胶漆：以苯乙烯-丙烯酸酯-甲基丙烯酸三元共聚乳液为主要成膜物质的水乳性涂料。苯丙乳胶漆具有高耐光性、漆膜不泛黄等特点。漆膜外观细腻，色泽鲜艳，质感好，与水泥基层附着力好，它的耐碱性、耐水性、耐洗刷性都优于聚醋酸乙烯内墙乳胶漆和乙丙内墙乳胶漆，可用于内、外墙面装饰及潮气较大的部位装饰，是一种价格适中的高档内墙涂料。

4）氯偏共聚乳液内墙涂料：以氯乙烯与偏氯乙烯共聚乳液为主要成膜物质的一种水乳性涂料。氯偏共聚乳液内墙涂料无毒，无味，抗水，耐磨，光洁，涂层干燥快，施工方便，同时还具有良好的耐碱、耐水、耐化学腐蚀性能，透气性小，耐洗刷性能好。可在较潮湿基层上施工，一般适用于工业与民用建筑的内墙装饰和保护，用于地下建筑工程和山中洞库的防潮效果更为显著。

(3) 隐形变色发光涂料　一种能隐形、变色和发光的建筑内墙涂料，可以涂饰成预先设计的图案。这种图案在普通光线下呈白色，但在紫外灯的光线照射下，可呈现各种美丽的色彩，原来看不见的图案即刻呈现出来。

(4) 膨胀珍珠岩喷浆涂料　一种具有粗质感的喷浆涂料，喷到墙面或顶面上类似小拉毛的装饰效果，但质感要比拉毛强。施工时，对基底表面要求不高，且遮盖效果好，可以喷花喷出各种彩色图案，其技术性能如下：密度 860kg/m^3，粘接强度 0.11MPa，浸泡 15h 无变化，在 47℃的条件下经 168h 无变化。

2. 常用外墙涂料

（1）合成树脂乳液外墙涂料（外墙乳胶漆） 合成树脂乳液外墙涂料通常可分为硅丙乳胶漆、纯丙乳胶漆、苯丙乳胶漆等。

1）硅丙乳胶漆：硅丙乳胶漆抗水性、透气性、耐久性好，是一种自洁性较好的外墙涂料。

2）纯丙乳胶漆：纯丙乳胶漆有良好的保色性、耐洗刷性和耐污性，无毒，不燃，快干且漆膜光泽柔和。施工温度在 5℃以上，可以采用刷涂、辊涂、喷涂等工艺进行施工，也可直接涂于墙面或作为罩面涂料（防水胶）使用。可分为优等品、一等品、合格品三个质量等级。

（2）溶剂型外墙涂料 溶剂型外墙涂料主要有丙烯酸外墙涂料、聚氨酯丙烯酸外墙涂料、有机硅丙烯酸外墙涂料和氯化橡胶外墙涂料等。其中，聚氨酯丙烯酸和有机硅丙烯酸两种外墙涂料的耐候性、装饰性、耐污性最为优异。

1）丙烯酸酯有机硅外墙涂料：丙烯酸酯有机硅外墙涂料渗透性、耐污性、耐磨性、耐洗刷性好，涂膜表面具有一定的光洁度和自洁性，因此，长期装饰效果较好。施工时基体含水率不应超过 8%，可以直接在水泥砂浆和混凝土基层上进行涂饰。溶剂型丙烯酸酯外墙涂料是溶剂挥发型涂料，耐碱性好，对墙面有较好的渗透作用，粘接牢固不易脱落，耐候性好，耐洗刷性好，保色性好，受气候影响小，耐水性好，在 0℃以下也能结成涂膜，施工温度影响小。

2）聚氨酸酯系列外墙涂料：聚氨酸酯系列外墙涂料含固量高，膜层柔软，弹性好，有很好的光泽度，可配成各种色彩，表面呈瓷质感，俗称仿瓷涂料。与基层粘接力强，耐候耐水等性能好，是一种价格较高的高档涂料。该类涂料与混凝土、金属、木材等材料粘接牢固，可以直接涂刷在水泥砂浆、混凝土表面，但墙体表面含水率应低于 8%。聚氨酸酯系列外墙涂料是一种双组分固化型涂料，施工时应将涂料甲、乙两种按比例配制拌匀后使用，由于用有机溶剂作稀释剂，因此施工时必须注意防火。溶剂型外墙涂料分为优等品、一等品、合格品三个质量等级。

3）复层建筑涂料：复层建筑涂料由多层涂膜组成，如底涂层、主涂层、面涂层等，按主涂层的基料可分为四大类，即聚合物水泥类（代号 CE）、硅酸盐类（代号 SI）、合成树脂乳液类（代号 E）、反应固化型合成树脂乳液类（代号 RE）。

4）硅溶胶外墙涂料：硅溶胶外墙涂料是以水为分散剂，具有无毒、无味的特点，施工性能好，耐污性强，质感细腻，致密坚硬，耐酸碱腐蚀，有较好的装饰性，与基层也有较强的粘接力，可用于无机板材、内墙、外墙、顶棚饰面。

5）砂壁状建筑外墙涂料（彩砂涂料）：涂料的涂膜表面具有砂壁一样的粗犷外表，是一种厚质涂料。该涂料以合成树脂乳液为主要成膜物质，以各种颜色、不同粒径的的彩砂和石粉为骨架材料，配以增稠剂等加工制成。

6）氟碳涂料：在氟树脂基础上经改性、加工而成的涂料，是性能最优异的一种新型涂料。

氟碳涂料按固化温度的不同可分为高温固化型（180℃以上）、中温固化型、常温固化型三种类型。具有优异的耐候性、耐污性、自洁性，耐酸、耐碱、抗腐蚀性强，耐高温低温性能好，涂层硬度高，与各种材质有良好的粘接性能，使用寿命长，装饰性好，可以是金属色、朱光色以及其他特殊色彩，图层细腻有光泽，施工方便，可以喷涂、刷涂。

氟碳涂料可以用来进行金属幕墙表面涂饰和铝合金门窗、型材、无机板材、内外墙以及各种装饰板涂饰。

3. 地面涂料

（1）聚氨酯地面涂料　聚氨酯地面涂料分为薄质罩面涂料与厚质弹性地面涂料两类。前者用于木质地板或其他地面的罩面上光；后者刷涂水泥地面形成无缝弹性耐磨涂层，因此称为弹性地面涂料。

1）特性：涂膜具有优良的防腐性能，耐酸、耐水、耐油、耐碱、耐磨，与水泥地面粘接力强，有弹性，脚感舒适，光洁而不滑，不积尘，易清洁，色彩丰富，可以做成各种图案，重涂性好，便于维修，缺点是价格较高。

2）应用：适用于图书馆、健身房、歌舞厅、影剧院、办公室、会议室、工业厂房、车间、机房、地下室、卫生间等有耐磨、耐油、耐腐要求的水泥地面装饰。

（2）环氧树脂地面涂料　又称环氧树脂地面厚质涂料，是一种双组分常温固化型涂料。

1）特性：涂膜坚硬，有一定的耐磨性，耐水、耐酸、耐碱、耐有机溶剂、耐化学腐蚀性好，涂膜有一定的韧性，但施工操作比较复杂。

2）应用：适用于机场、车库、实验室、化工厂及有耐磨、防尘、耐酸、耐腐、耐碱、耐有机溶剂、耐水要求的水泥地面装饰。

（3）聚醋酸乙烯地面涂料　聚醋酸乙烯地面涂料是由聚醋酸乙烯乳液、水泥及颜料、填料配制而成的一种地面涂料，是有机与无机相结合的聚合物水泥地面涂料。

1）特性：无毒、无味，早期强度高，与水泥地面结合力强，耐磨，抗冲击，有一定的弹性，装饰效果好，价格适中。

2）应用：适用于实验室、仪器装配车间等水泥地面。

十一、金属材料

1. 建筑装饰装修用钢材制品

了解各类金属材料的特性及应用，并在设计时灵活使用。

（1）建筑装饰用不锈钢制品　建筑装饰用不锈钢制品主要是薄钢板，厚度一般小于2mm。

1）特性：耐腐蚀，表面可加工形成不同的光泽和反射度，高级抛光不锈钢表面光泽度具有与玻璃相同的反射能力。

2）应用：适用于屋面、幕墙、门窗、内外墙饰面，还可用来制作栏杆扶手、壁画、装饰画边框、护栏包柱等。

（2）彩色钢板　通过在不锈钢板上进行技术性和艺术性加工，使其表面形成各种绚丽多彩的不锈钢装饰板，有蓝、灰、红、黄、绿、金黄、橙、茶等颜色。

1）特性：抗腐蚀性强，强度较高，不易褪色，色泽随光照角度变化而变换，彩色面耐200℃高温，耐盐、耐雾腐蚀性能优于一般不锈钢，耐磨、耐划性能好，当板弯曲90°时，彩色层不损坏。

2）应用：适用于墙面、顶棚、电梯箱、车箱、建筑装潢、招牌等的装饰。

（3）彩色涂层钢板

1）分类：可分为有机涂层、无机涂层和复合涂层三种。

2）特性：可分为具有耐热性、耐污性、耐沸水性能。

3）应用：可用作外墙板、屋面板、护墙板、瓦楞板、大型车间的壁板和屋面板，还可用来制造建筑门、窗框等。

（4）彩色压型钢板（彩色涂层压型钢板）　彩色压型钢板是以镀锌钢板为基材，经过成形轧制，并涂敷各种涂层与彩色烤漆，制成纵断面呈“V”形或“U”形及其他类型的轻型围护结构材料。

1）特性：自重轻，抗震好，耐久性强，易加工，涂层色彩丰富，有良好的防腐蚀性和较低的水蒸气渗透力。

2）应用：适用于屋面、墙板、墙壁装饰等。

（5）搪瓷装饰板　搪瓷装饰板是以钢板、铸铁为基层材料，表面涂覆一层无机物，经高温烧制后，形成一层具有装饰效果的搪瓷表面层的装饰板。

1）特性：不生锈，耐酸碱，防火，受热不易氧化，可以贴花、丝网印花和喷花，装饰效果好，耐磨性高，质量轻，刚度大。

2）应用：适用于内、外墙面装饰，也可用来制作小幅面装饰制品。

（6）轻钢龙骨　轻钢龙骨是以冷轧钢板、镀锌钢板或彩色涂层钢板（含带）为原料，采用冷弯工艺生产的薄壁型材。

1）特性：强度大，通用性强，安装方便，防火。

2）应用：一般与水泥压力板、岩棉板、纸面石膏板、装饰石膏板、胶合板等板材配套使用。

2. 铝合金装饰材料

（1）铝合金型材

1）特性：质量轻，刚度大，耐腐蚀，色调美观，可工业化生产。

2）应用：适用于制作门窗、吊顶、隔墙龙骨、幕墙等。

（2）铝合金装饰板

1）特性：质轻，不燃，耐久，施工方便，装饰效果好。

2）应用：可用于内外墙面、柱面的装饰。

（3）铝合金花纹板　铝合金花纹板可分为防锈铝合金坯料、冷轧花纹板，适用于墙面、楼梯、踏板等处。

（4）铝质浅花纹板　铝质浅花纹板是以冷却硬化后的铝材为基础，在其表面进行浅花纹处理的装饰板。铝质浅花纹板花纹别致，色泽美观，比普通铝板刚度提高20%，抗污、抗擦伤性能均有提高，具有立体图案和美丽色彩，对光反射率为75%～95%（白光），耐腐蚀性好。

（5）铝合金压型板　铝合金压型板适用于墙面、屋面等装饰。

（6）铝合金穿孔板

1）特性：降低噪声的装饰板材。

2）应用：在有消声要求的各类建筑中使用。

（7）搪瓷铝合金建筑装饰制品　表面涂饰一层玻璃质层，属于高档装饰材料。

（8）专用铝合金建筑装饰制品　专用铝合金建筑装饰制品适用于栏杆、扶手、屏幕、格栅、遮阳帘等。

（9）单层铝板　按一定尺寸、形状和结构形式加工，对其表面进行静电液体喷涂、氟碳树脂涂饰处理的一种装饰材料。

（10）铝塑复合板（三层复合）　上、下层为高强度铝合金板，中间层芯板为低密度PVC或PE泡沫板，经高温、高压制成，表面喷涂氟碳树脂，常用于建筑幕墙、门厅、门面、包柱、壁板、吊顶、展台等。

十二、室内纺织品

1. 壁纸、壁布

壁纸、壁布是现代室内装饰材料的重要组成部分，除美化装饰外，还具有遮盖、吸声、隔热、防毒、防臭、防火等多种功能，如图6-13、图6-14所示。

图 6-13 壁纸

图 6-14 壁布

一般的壁纸、壁布都是由两层复合而成的，底层为基层，表层为面层。按基层材料可分为全塑的、纸基的、布基的（包括玻璃布和无纺布）壁纸或壁布；按面层材料分有氯乙烯、聚氯乙烯和纸面的壁纸或壁布。

（1）壁纸 又称墙纸，以纸为基层，表面覆盖不同材料，经特殊处理而成。

1）分类：壁纸可分为复合纸质壁纸、纤维壁纸、天然材料面壁纸、金属壁纸、塑料壁纸、聚氯乙烯塑料壁纸。复合纸质壁纸的基层和表面都是纸；纤维壁纸以纸为基层，表面为复合丝、棉、麻、毛等纤维；天然材料面壁纸的基层是纸，表面为复合木、麻、树叶、草席、软木等；金属壁纸的基层是纸，面层涂布金属膜；塑料壁纸有非发泡塑料壁纸、发泡塑料壁纸、特种塑料壁纸（如耐水塑料壁纸、防霉塑料壁纸、防火塑料壁纸、防结雾塑料壁纸、芳香塑料壁纸、彩砂塑料壁纸、屏蔽塑料壁纸等）；聚氯乙烯塑料壁纸可分为优等品、一等品、合格品三个等级，都必须符合国家《室内装修材料 壁纸中有害物质限量》强制性标准的规定。

2）规格：窄幅小卷幅宽 530 ~ 600mm，长 10 ~ 12m，每卷 5 ~ 6m²；中幅中卷幅宽 760 ~ 900mm，长 25 ~ 50m，每卷 25 ~ 50m²；宽幅大卷幅宽 920 ~ 1200mm，长 50m，每卷 49 ~ 50m²。

（2）壁布　又称墙布，以天然纤维布或人造纤维布为基层，面层涂以树脂并印刷各种图案和色彩，有玻纤印花墙布、无纺布墙布、棉纺装饰布墙布、化纤装饰布墙布、锦缎墙布等。

2. 地毯

地毯是一种使用广泛、较为高级的地面装饰材料，如图 6-15 所示。

图 6-15　地毯

地毯按材质可分为羊毛地毯、混纺地毯、化纤地毯、塑料地毯和剑麻地毯；按外观形状可分为块状地毯和卷状地毯；按编织工艺可分为编织地毯、簇绒地毯和无纺地毯。

（1）编织地毯　编织地毯有手工编织地毯和机器编织地毯两种。

1）特性：编织地毯图案优美，色泽鲜艳，富有弹性，柔软舒适，耐磨，光泽好，有良好的保温隔热性能和隔声效果。机器编织地毯与手工编织地毯性能相近，但价格较低。

2）应用：适用于宾馆、宴会厅、会议室以及家庭卧室等场所的地面装饰。

（2）化纤地毯　化纤地毯是以化学纤维为主要原料制成的地毯，与纯毛地毯相比，具有质轻、耐磨、色彩鲜艳、更富弹性、铺设简便等优点，而其价格比较低廉。化纤地毯所用的原料有锦纶、腈纶、涤纶、丙纶等各种材料。

3. 纺织装饰艺术品

纺织装饰艺术品包括壁毯、壁挂、壁饰等，是以毛、丝、棉、麻、化纤等为原料，经手工或机织加工而成。按加工方法和质地不同，有高档、中档和低档之分。

4. 室内装饰织物

室内装饰织物可用于墙面或顶棚的装饰，还可用作帷幔、窗帘、台布、沙发巾、床罩等。室内装饰织物的颜色、图案非常丰富，材料质地也十分广泛，有棉、缎、丝等，此外还有阻燃和非阻燃之分。

十三、其他装饰材料

1. 灯箱布

灯箱布是在合成纤维制成的布基上涂布树脂后加工而成的。此材料一般具有一定的半透明性，耐水性、耐候性和耐腐蚀性较强，可用于室内外各种灯箱的画面装饰。

2. 矿棉装饰吸声板

矿棉装饰吸声板是以矿棉为主要材料，加入少量的胶粘剂、防潮剂等，经过加压、烘干、饰面而成的一种顶棚装饰材料。

（1）特性　质轻，防火性、吸声性较好且施工方便。表面可制成各种图案，常见的板孔图形有满天星、毛毛虫、枫叶、排孔、龟纹等。矿棉装饰吸声板在使用时应注意防潮，避免碰撞和重压。施工时应避开高温多雨季节，以防板材变形，同时注意龙骨与板材边角的配套使用。

（2）常用规格　矿棉装饰吸声板的常用规格为596mm×596mm×12mm、496mm×496mm×12mm。

（3）应用　可用于商场、办公场所、播音室、录音室等处的顶棚或墙面的装饰。

3. 玻璃棉制品

玻璃棉制品以玻璃棉为主要原料，加入适量的胶粘剂、防腐剂、防潮剂等，经过热压成形加工而成。板材表面一般喷涂一层有机高分子合成乳液，喷涂点有大点和小点之分，有各种色彩，常用的板材以白色为主。

（1）特性　玻璃棉具有质轻、热导率小、化学稳定性好及吸湿性较小等特点，是一种优良的隔热吸声材料。

（2）应用　玻璃棉除以絮状使用外，常做成毡状和其他形状的制品，室内装饰中常用的为板状材料。

（3）常用规格　玻璃棉板常用规格为1200mm×600mm×15（20、25、40、50、75）mm。

第二节　装饰工程施工质量要求

一、室内防水工程施工质量要求

1. 室内防水工程施工质量控制要点

1）厕浴间和有防水要求的建筑地面必须设置防水隔离层。楼层结构必须采用现浇混凝土或整块预制混凝土板，混凝土强度等级不应小于C20；楼板四周除门洞外，应做混凝土翻边，其高度不应小于120mm；施工时结构层标高和预留孔洞位置应准确，严禁乱凿洞。

2）防水隔离层严禁渗漏，坡向应正确，排水通畅。

3）找平层的泛水应找顺，地漏应低于找平层最低处至少10mm，四周砖墙应抹找平层，阴角为圆角，门口处应抬高。

4）厕所小便池应设防水层，并超过花管高度不小于100mm；浴室墙面防水高度不低于1.8m。

5）有防水要求的建筑地面工程，铺设前必须对立管、套管和地漏与楼板节点之间进行密封处理，排水坡度应符合设计要求。

6）厕浴间、厨房和有排水（或其他液体）要求的建筑地面面层与相连接各类面层的标高差应符合设计要求。

7）涂膜防水施工应符合下列规定：

① 涂膜涂刷应均匀一致，不得漏刷；总厚度应符合产品技术性能要求。

② 玻纤布的接槎应顺流水方向搭接，搭接宽度应小于100mm；两层以上玻纤布的防水施工，上、下搭接应错开幅宽的1/2。

2. 室内防水工程蓄水试验的要求

1）室内防水层完工后应做24h蓄水试验，蓄水深度30～50mm，合格后办理隐蔽工程验收手续。

2）室内防水层上的饰面层完工后应做第二次24h蓄水试验（要求同上），以最终无渗漏时为合格，合格后方可办理验收手续。

二、抹灰工程施工质量要求

1. 抹灰工程基层处理要求

1）抹灰前基层表面的尘土、疏松物、脱膜剂、污垢和油渍等应清除干净。

2）外墙抹灰工程施工前应先安装钢木门窗框、护栏等，并应将墙上的施工孔洞堵塞密实。

3）室内墙面、柱面和门洞口的阳角做法应符合设计要求。设计无要求时，应采用1:2水泥砂浆做暗护角，其高度不应低于2m，每侧宽度不应小于50mm。

4）不同材料基体交接处表面的抹灰，应采取防止开裂的加强措施；当采用加强网时，加强网与各基体的搭接宽度不应小于100mm。

5）基体表面光滑，抹灰前应作毛化处理。

未作毛化处理是抹灰层出现空鼓、开裂和脱落的主要原因。

6）抹灰前基体表面应洒水润湿。

2. 一般抹灰和装饰抹灰工程施工质量控制要点

1）抹灰前石灰膏的熟化期不应小于15d；罩面用的磨细石灰粉的熟化期不应小于3d。

2）抹灰前的基层处理应符合规范规定。

3）一般抹灰和装饰抹灰工程所用材料的品种和性能应符合设计要求；水泥的凝结时间和安定性复验应合格；砂浆的配合比应符合设计要求。

抹灰厚度过大时，也会出现空鼓、开裂等问题。

4）抹灰工程应分层进行；当抹灰总厚度大于或等于35mm时，应采取加强措施。

5）抹灰层与基体之间及各抹灰层之间必须粘接牢固，抹灰层应无脱层、空鼓现象，面层应无爆灰和裂缝产生。

6）抹灰分格缝（条）的设置应符合设计要求，宽度和深度应均匀，表面应光滑，棱角应整齐。

7）有排水要求的部位应做滴水线（槽）；滴水线（槽）应整齐顺直，滴水线应内高外低，滴水槽的宽度和深度均不应小于10mm。

8）一般抹灰工程的水泥砂浆不得抹在石灰砂浆层上；罩面石膏不得抹在水泥砂浆层上。

9）护角、孔洞、槽、盒周围的抹灰表面应整齐、光滑；管道后面的抹灰表面应平整。

10）各种砂浆抹灰层在凝结前应防止快干、水冲、撞击、振动和受冻，在凝结后应采取措施防止沾污和损坏；水泥砂浆抹灰层应在湿润条件下养护。

11）一般抹灰工程的表面质量应符合下列规定：

① 普通抹灰表面应光滑、洁净、接槎平整，分格缝应清晰。

② 高级抹灰表面应光滑、洁净、颜色均匀、无抹纹，分格缝和灰线应清晰美观。

12）装饰抹灰工程的表面质量应符合下列规定：

① 水刷石表面应石粒清晰、分布均匀、紧密平整、色泽一致，无掉粒和接槎痕迹。

② 斩假石表面剁纹应均匀顺直、深浅一致，应无漏剁处；阳角处应横剁，并留出宽窄一致的不剁边，棱角应无损坏。

③ 干粘石表面应色泽一致、不露浆、不漏粘，石粒应粘接牢固、分布均匀，阳角处应无明显黑边。

④ 假面砖表面应平整、沟纹清晰、留缝整齐、色泽一致，应无掉角、脱皮、起砂等缺陷。

三、门窗工程安装质量要求

1. 木门窗制作与安装工程质量要求

1）木门窗的木材品种、材质等级、规格、尺寸和门窗框的线型及人造木板的甲醛含量应符合设计要求。

2）木门窗应采用烘干的木材，含水率应符合有关规定。

3）木门窗的防火、防腐、防虫处理应符合设计要求；埋入砌体或混凝土中的木砖应进行防腐处理。

4）木门窗的结合处和安装配件处不得有木节；木门窗如有允许限值以内的死节及直径较大的虫眼，应用同一材质的木塞加胶填补；对于清漆制品，木塞的木纹和色泽应与制品一致。

5）门窗框和厚度大于50mm的门窗扇应用双榫连接，榫槽应采用胶料严密嵌合，并应用胶楔加紧。

6）胶合板门、纤维板门和模压板门不得脱胶；胶合板不得刨透表层单板，不得有戗槎；制作胶合板门、纤维板门时，边框和横棱应在同一平面上，面层、边框及横棱应加压胶结；横棱和上、下冒头应各钻两个以上的透气孔，透气孔应通畅。

7）木门窗的品种、类型、规格、开启方向、安装位置及连接方式应符合设计要求。

8）木门窗框的安装必须牢固；预埋木砖的防腐处理、木门窗框固定点的数量、位置及固定方法应符合设计要求。

9）木门窗扇必须安装牢固，并应开关灵活、关闭严密，无倒翘。

10）木门窗配件的型号、规格、数量应符合设计要求，安装应牢固，位置应正确，功能应满足使用要求。

11）木门窗表面应整洁，不得有刨痕、锤印。

12）木门窗的割角、拼缝应严密平整；门窗框、扇裁口应顺直，刨面应平整。

13）木门窗上的槽、孔应边缘整齐，无毛刺。

14）木门窗与墙体间缝隙的填嵌材料应符合设计要求，填嵌应饱满。寒冷地区外门窗（或门窗框）与砌体间的空隙应填充保温材料。

15）木门窗批水、盖口条、压缝条、密封条的安装应顺直，与门窗结合应牢固、严密。

2. 金属门窗安装工程质量要求

1）金属门窗的品种、类型、规格、尺寸、性能、开启方向、安装位置、连接方式及铝合金门窗的型材壁厚应符合设计要求；金属门窗的防腐处理及填嵌、密封处理应符合设计要求。

2）金属门窗安装应采用预留洞口的方法施工，不得采用边安装边砌口或先安装后砌口的方法施工。金属门窗框和副框的安装必须牢固；预埋件的数量、位置、埋设方式、与框的连接方式必须符合设计要求。

3）金属门窗扇必须安装牢固，并应开关灵活、关闭严密，无倒翘。推拉门窗扇必须有防脱落措施。

4）金属门窗配件的型号、规格、数量应符合设计要求，安装应牢固，位置应正确，功能应满足使用要求。

5）金属门窗表面应洁净、平整、光滑、色泽一致、无锈蚀，大面应无划痕、碰伤，漆膜或保护层应连续。

6）铝合金门窗推拉门窗扇开关力应不大于100N。

7）金属门窗框与墙体之间的缝隙应填嵌饱满，并采用密封胶密封；密封胶表面应光滑、顺直，无裂纹。

8）金属门窗扇的橡胶密封条或毛毡密封条应安装完好，不得脱槽。

9）有排水孔的金属门窗排水孔应畅通，位置和数量应符合设计要求。

10）建筑外门窗的安装必须牢固；在砌体上安装门窗严禁用射钉固定。

3. 塑料门窗安装工程质量要求

1）塑料门窗的品种、类型、规格、尺寸、开启方向、安装位置、连接方式及填嵌密封处理应符合设计要求，内衬增强型钢的壁厚及设置应符合国家现行产品标准的质量要求。

2）塑料门窗安装应采用预留洞口的方法施工，不得采用边安装边砌口或先安装后砌口的方法施工；塑料门窗框、副框和扇的安装必须牢固；固定片或膨胀螺栓的数量与位置应正确，连接方式应符合设计要求；固定点应距离角、中横框、中竖框 150～200mm，固定点间距离应不大于 600mm。

3）塑料门窗拼樘料内衬增强型钢的规格、壁厚必须符合设计要求，型钢应与钢材内腔紧密吻合，其两端必须与洞口固定牢固；窗框必须与拼樘料连接紧密，固定点间距应不大于 600mm。

4）塑料门窗扇应开关灵活、关闭严密、无倒翘；推拉门窗必须有防脱落措施。

5）塑料门窗配件的型号、规格、数量应符合设计要求，安装应牢固，位置应正确，功能应满足使用要求。

6）塑料门窗框与墙体间缝隙应采用闭孔弹性材料填嵌饱满，表面应采用密封胶密封；密封胶应粘接牢固，表面应光滑、顺直、无裂纹。

7）塑料门窗表面应洁净、平整、光滑，大面应无划痕、碰伤。

8）塑料门窗扇的密封条不得脱槽；旋转窗间隙应基本均匀。

9）塑料门窗扇的开关力应符合下列规定：

① 平开门窗扇平铰链的开关力应不大于 80N；滑撑铰链的开关力应不大于 80N，并不小于 30N。

② 推拉门窗的开关力应不大于 100N。

10）玻璃密封条与玻璃槽口的接缝应平整，不得卷边、脱槽。

11）排水孔应畅通，位置和数量应符合设计要求。

四、吊顶工程施工质量要求

1. 暗龙骨吊顶工程施工质量要求

1）吊顶标高、尺寸、起拱和造型应符合设计要求。

2）饰面材料的材质、品种、规格、图案和颜色应符合设计要求。

3）暗龙骨吊顶工程的吊杆、龙骨和饰面材料的安装必须牢固。

4）吊杆、龙骨的材质、规格、安装间距及连接方式应符合设计要求；金属吊杆、龙骨应经过表面防锈处理，木吊杆、龙骨应进行防腐、防火处理。

5）石膏板的接缝应按其施工工艺标准进行板缝防裂处理；安装双层石膏板时，面层板与基层板的接缝应错开，并不得在同一根龙骨上接缝。

6）饰面材料表面应洁净、色泽一致，不得有翘曲、裂缝及缺损；压条应平直、宽窄一致。

7）饰面板上的灯具、烟感器、喷淋头、风口篦子等设备的位置应合理、美观，与饰面板的交接应吻合、严密。

8）金属吊杆、龙骨的接缝应均匀一致，角缝应吻合，表面应平整，无翘曲、锤印；木质吊杆、龙骨应顺直，无劈裂、变形。

9）吊顶内填充的吸声材料的品种和铺设厚度应符合设计要求，并应有防散落措施。

2. 明龙骨吊顶工程施工质量要求

1）吊顶标高、尺寸、起拱和造型应符合设计要求。

2）饰面材料的材质、品种、规格、图案和颜色应符合设计要求；当饰面材料为玻璃板时，应使用安全玻璃或采取可靠的安全措施。

3）饰面材料的安装应稳固严密；饰面材料与龙骨的搭接宽度应大于龙骨受力面宽度的2/3。

4）吊杆、龙骨的材质、规格、安装间距及连接方式应符合设计要求；金属吊杆、龙骨应进行表面防锈处理，木龙骨应进行防腐、防火处理。

5）明龙骨吊顶工程的吊杆和龙骨安装必须牢固。

6）饰面材料表面应洁净、色泽一致，不得有翘曲、裂缝及缺损；饰面板与明龙骨的搭接应平整、吻合，压条应平直、宽窄一致。

7）饰面板上的灯具、烟感器、喷淋头、风口篦子等设备的位置应合理、美观，与饰面板交接应吻合、严密。

8）金属龙骨的接缝应平整、吻合，颜色应一致，不得有划伤、擦伤等表面缺陷；木质龙骨应平整、顺直，无劈裂。

9）吊顶内填充的吸声材料的品种和铺设厚度应符合设计要求，并应有防散落措施。

五、饰面板（砖）工程施工质量要求

1. 饰面板安装工程施工质量要求

1）饰面板的品种、规格、颜色和性能应符合设计要求，木龙骨、木饰面板和塑料饰面板的燃烧性能等级应符合设计要求。

2）饰面板孔、槽的数量、位置和尺寸应符合设计要求。

3）饰面安装工程的预埋件（或后置埋件）、连接件的数量、规格、位置、连接方法和防腐处理必须符合设计要求；后置埋件的现场拉拔强度必须符合设计要求；饰面板安装必须牢固。

4）饰面板表面应平整、洁净、色泽一致，无裂痕和缺损；石材表面应无泛碱等污染。

5）饰面板嵌缝应密实、平直，宽度和深度应符合设计要求，嵌填材料色泽应一致。

6）采用湿作业法施工的饰面板工程，石材应进行防碱背涂处理；饰面板与基体之间的灌注材料应饱满、密实。

7）饰面板上的孔洞应套割吻合，边缘应整齐。

8）饰面板（砖）工程的防震缝、伸缩缝、沉降缝等的处理应保证缝的使用功能和饰面的完整性。

2. 饰面砖粘贴工程施工质量要求

1）饰面砖的品种、规格、图案、颜色和性能应符合设计要求。

2）饰面砖粘贴工程的找平、防水、粘贴和勾缝材料及施工方法应符合设计要求及国家现行产品标准和工程技术标准的规定。

3）饰面砖粘贴必须牢固。

4）外墙饰面砖粘贴前和施工过程中，均应在相同基层上做样板件，并对样板件的饰面砖粘接强度进行检验，其检验方法和结果判定应符合《建筑工程饰面砖粘结强度检验标准》（JGJ 110—1997）的规定。

5）满粘法施工的饰面砖工程应无空鼓、裂缝。

6）饰面砖表面应平整、洁净、色泽一致，无裂纹和缺损。

7）阴阳角处搭接方式、非整砖使用部位应符合设计要求。

8）墙面突出物周围的饰面砖应整砖套割吻合，边缘应整齐；墙裙、贴脸突出墙面的厚度应一致。

9）饰面砖接缝应平直、光滑，填嵌应连续、密实；宽度和深度应符合设计要求。

10）有排水要求的部位应做滴水线（槽）；滴水线（槽）应顺直，流水坡向应正确，坡度应符合设计要求。

六、地面工程施工质量要求

1. 整体面层铺设质量要求

（1）水泥混凝土面层施工质量要求

1）水泥混凝土面层厚度应符合设计要求。

2）水泥混凝土面层铺设不得留施工缝；当施工间隙超过允许时间规定时，应对接槎处进行处理。

3）水泥混凝土采用的粗骨料，其最大粒直径不应大于面层厚度的2/3，细石混凝土面层采用的石子粒径不应大于15mm。

4）面层的强度等级应符合设计要求，且水泥混凝土面层强度等级不应小于C20；水泥混凝土垫层兼面层强度等级不应小于C15。

5）面层与下一层应结合牢固，无空鼓、裂纹。

（2）水磨石面层施工质量要求

1）水磨石面层应采用水泥和石粒拌合料铺设；面层厚度除有特殊要求外，宜为12～18mm，且按石粒粒径确定；水磨石面层的颜色和图案应符合设计要求。

2）白色或浅色的水磨石面层，应采用白水泥；深色的水磨石面层，宜采用硅酸盐水泥、普通硅酸盐水泥或矿渣酸水泥；同颜色的面层应使用同一批水泥；同一颜色面层应使用同厂、同批的颜料；其掺入量为水泥质量分数的3% ~6%，或由试验确定。

3）水磨石面层的结合层水泥砂浆体积比宜为1:3；相应的强度等级不应小于M10，水泥砂浆稠度（以标准圆锥体沉入度计）宜为30 ~35mm。

4）普通水磨石面层磨光遍数不应少于3遍；高级水磨石面层的厚度和磨光遍数由设计确定。

5）水磨石面层的石粒，应采用坚硬可磨的白云石、大理石等岩石加工而成，石粒应洁净无杂物，其粒径除特殊要求外应为6 ~15mm；水泥强度等级不应小于32.5；颜料应采用耐光、耐碱的矿物原料，不得使用酸性颜料。

6）水磨石面层拌合料的体积比应符合设计要求，且在1:1.5 ~1:2.5（水泥:石粒）之间。

7）面层与下一层结合应牢固，无空鼓、裂缝。

2. 板块面层铺设质量要求

（1）砖面层铺设质量要求

1）砖面层采用陶瓷锦砖、缸砖、陶瓷地砖和水泥花砖时，应在结合层上铺设；在铺贴前，应对砖的规格尺寸、外观质量、色泽等进行预选，浸水湿润晾干待用；勾缝和压缝应采用同品种、同强度等级、同颜色的水泥，并进行养护和保护。

2）在水泥砂浆结合层上铺贴陶瓷锦砖面层时应紧密贴合，在靠墙处不得采用砂浆填补。

3）在沥青胶结料结合层上铺贴缸砖面层时，缸砖应干净，铺贴时应在摊铺热沥青胶结料上进行，并应在胶结料凝结前完成。

4）采用胶贴剂在结合层上粘贴面层时，胶贴剂的选用应符合现行国家标准《民用建筑工程室内环境污染控制规范》（GB50325—2001）的规定。

5）面层所用板块的品种、质量必须符合设计要求。

6）面层与下一层的结合（粘贴）应牢固，无空鼓。

（2）大理石面层和花岗石面层施工质量要求

1）大理石、花岗石面层采用天然大理石、花岗石（或碎拼大理石、碎拼花岗石）板材，应在结合层上铺设。

2）天然大理石、花岗石的技术等级、光泽度、外观等质量要求应符合国家现行行业标准《天然大理石建筑板材》（GB/T 19766—2005）、《天然花岗石建筑板材》（GB/T 18601—2001）的规定。

3）板材有裂缝、掉角、翘曲和表面有缺陷时应予以剔除；在铺设前，应根据石材的颜色、花纹、图案、纹理等按设计要求进行试拼并编号。

4）铺设大理石、花岗石面层前，板材应浸湿、晾干；结合层与板材应分段同时铺设。

5）大理石、花岗石面层所用板块的品种、质量应符合设计要求。

6）面层与下一层应结合牢固，无空鼓。

（3）塑料板面层铺设质量要求

1）塑料板面层所用的塑料板块和卷材的品种、规格、颜色、等级应符合设计要求和现行国家标准的规定。

2）面层与下一层的粘贴应牢固，无翘边、脱胶、溢胶。

3）塑料板面层应表面洁净，图案清晰，色泽一致，接缝严密、美观；拼缝处的图案、花纹应吻合，无胶合；与墙边交接严密，阴阳角收边方正。

（4）地毯面层铺设质量要求　铺设地毯的水泥面层（或基层）表面应坚硬、平整、光洁、干燥，无凹坑、麻面、裂缝，并应清除油污、钉头和其他突出物；海绵衬垫应满铺平整，地毯拼缝处不得露底衬。

1）固定式地毯铺设应符合下列规定：

① 固定地毯用的金属卡条（倒刺板）、金属压条、专用双面胶带必须符合设计要求。

② 铺设的地毯张拉应适宜，四周卡条应固定牢；门口处应用金属压条等固定。

③ 地毯周边应塞入卡条和踢脚线之间的缝中。

④ 地毯应用胶贴剂与基层贴牢。

2）活动式地毯铺设应符合下列规定：

① 地毯拼成整块后直接铺设在洁净的地上，地毯周边应塞入踢脚线下。

② 与不同材质的建筑地面连接处应按设计要求收口。

③ 小方块地毯铺设时，块与块之间应挤紧服贴；楼梯地毯铺设时，每梯段顶级应用压条将地毯固定于平台上，每级阴角处应用卡条固定牢。

④ 地毯的品种、规格、颜色、花色和胶料及辅料必须符合设计要求和国家现行地毯产品标准的规定。

⑤ 地毯表面应平服，拼缝处应粘贴牢固、严密平整、图案吻合。

3. 木、竹面层铺设质量要求

（1）实木地板面层铺设质量要求

1）铺设实木地板面层时，其木格栅的截面尺寸、间距和稳固方法等均应符合设计要求；木格栅固定时，不得损坏基层和预埋管线；木格栅应垫实钉牢，与墙之间应留出30mm的缝隙，表面应平直。

2）毛地板铺设时，木材髓心应向上，其板间缝隙不应大于3mm，与墙之间应留8~12mm的缝隙，表面应刨平。

注意比较各类木质地面铺设时与墙之间的空隙。

3）实木地板面层铺设时，面板与墙之间应留有8~12mm的缝隙。

4）采用实木制作的踢脚线，背面应抽槽并做防腐处理。

5）实木地板面层所采用的材质和铺设时的木材含水率必须符合设计要求；木格栅、垫木和毛地板等必须做防腐、防蛀处理。

6）木格栅安装应牢固、平直。

7）面层铺设应牢固，粘接无空鼓。

（2）实木复合地板面层铺设质量要求

1）铺设实木复合地板面层时，其木格栅的截面尺寸、间距和稳固方法等均应符合设计要求；木格栅固定时，不得损坏基层和预埋管线；木格栅应垫实钉牢，与墙之间留出30mm的缝隙，表面应平直。

2）实木复合地板面层可采用整贴和点贴法施工；粘贴材料应采用具有耐老化、防水和防菌、无毒等性能的材料，或按设计要求选用。

3）实木复合地板面层下衬垫的材质和厚度应符合设计要求。

4）实木复合地板面层铺设时，相邻板材接头位置应错开不小于300mm的距离，与墙之间留出不小于10mm的缝隙。

5）大面积铺设实木复合层时，应分段铺设，分段缝的处理应符合设计要求。

6）实木复合地板面层所采用的条材和块材，其技术等级及质量要求应符合设计要求；木格栅、垫木和毛地板必须做防腐、防蛀处理。

7）木格栅安装应牢固、平直。

8）面层铺设应牢固，粘接无空鼓。

（3）中密度（强化）复合地板面层铺设质量要求

1）中密度（强化）复合地板面层铺设时，相邻条板端头应错开不小于300mm的距离，衬垫层及面层与墙之间应留出不小于10mm的缝隙。

2）中密度（强化）复合地板面层所采取的材料，其技术等级及质量要求应符合设计要求；木格栅、垫木和毛地板等应做防腐、防蛀处理。

3）木格栅安装应牢固、平直。

4）面层铺设应牢固、平直。

七、轻质隔墙工程施工质量要求

1. 板材隔墙工程施工质量要求

1）隔墙板材的品种、规格、性能、颜色应符合设计要求；有隔声、隔热、阻燃、防潮等特殊要求的工程板材应有相应性能等级的检测报告。

2）安装隔墙板材所需预埋件、连接件的位置、数量及连接方法应符合设计要求。

3）隔墙板材安装必须牢固；现制钢丝网水泥隔墙与周边墙体的连续方法应符合设计要求，并应连接牢固。

4）隔墙板材所用接缝材料的品种及接缝方式应符合设计要求。

5）板材隔墙表面应平整光滑、色泽一致、洁净，接缝应均匀、顺直。

6）隔墙板材安装应垂直、平整、位置正确，板材不应有裂缝或缺损。

7）隔墙上的孔洞、槽、盒应位置正确、套割方正、边缘整齐。

2. 骨架隔墙工程施工质量要求

1）应按设计要求选择骨架隔墙所用龙骨、配件、墙面板、填充材料及嵌缝材料的品种和规格，对有特殊要求（如隔声、隔热、阻燃、防潮等）的材料应有相应性的登记检测报告。

2）骨架隔墙工程边框龙骨与基体结构连接必须牢固、平整、垂直且位置正确。

3）应按设计要求处理骨架隔墙中的龙骨间距和构造连接方法；应按设计要求设置骨架内的设备管线和门窗洞口等部位的加强龙骨。

4）应按设计要求进行木龙骨及墙面板的防火和防腐处理。

5）安装骨架隔墙的墙面板应牢固，无脱层、翘曲、折裂及缺损。

6）按设计要求选择墙面板所用接缝材料的接缝方法。

7）骨架隔墙应有平整光滑、色泽一致、洁净、无裂缝的表面及均匀、顺直的接缝。

8）骨架隔墙上应有位置正确、套割吻合、边缘整齐的孔、洞、槽盒。

9）骨架隔墙内的填充材料应干燥，填充应密实、均匀、无下坠。

3. 玻璃隔墙工程施工质量要求

1）玻璃隔墙工程所用材料的品种、规格、性能、图案和颜色应符合设计要求；玻璃板隔墙应使用安全玻璃。

2）玻璃砖隔墙的砌筑或玻璃板隔墙的安装方法应符合设计

要求。

3）玻璃砖隔墙砌筑中埋设的拉结筋必须与基体结构连接牢固，并且位置正确。

4）玻璃砖隔墙的安装必须牢固；玻璃砖隔墙胶垫的安装应正确。

5）玻璃隔墙表面应色泽一致、平整洁净、清晰美观。

6）玻璃隔墙接缝应横平竖直，玻璃应无裂痕、缺损和划痕。

7）玻璃隔墙嵌缝及勾缝应密实平整、均匀顺直、深浅一致。

八、涂饰工程施工质量要求

1. 水性涂料涂饰工程施工质量要求

1）施工的环境温度应在5~35℃之间。

2）水性涂料涂饰工程所用涂料的品种、型号和性能应符合设计要求。

3）水性涂料涂饰工程的颜色、图案应符合设计要求。

4）水性涂料涂饰工程应涂饰均匀、粘接牢固，不得漏涂、透底、起皮和掉粉。

5）水性涂料涂饰工程的基层处理应符合规范要求。

2. 溶剂型涂料涂饰工程施工质量要求

1）溶剂型涂料涂饰工程所选用涂料的品种、型号和性能应符合设计要求。

2）溶剂型涂料涂饰工程的颜色、光泽、图案应符合设计要求。

3）溶剂型涂料涂饰工程应涂饰均匀、粘接牢固，不得漏涂、透底、起皮和反锈。

4）溶剂型涂料涂饰工程的基层处理应符合规范要求。

九、裱糊与软包工程施工质量要求

1. 基层处理要求

1）应在新建筑物的混凝土或抹灰层墙面刮腻子前涂刷抗碱封闭底漆。

2）应在旧墙面裱糊前清除旧装修层，并涂刷界面剂。

3）混凝土或抹灰层含水率应小于8%，木材层的含水率应小于或等于12%。

4）基层应无粉化、起皮和裂缝，平整、坚实、牢固是对基础腻子的要求，腻子的粘接强度应符合《建筑室内用腻子》（JG/T 3049—1998）N型的规定。

5）基层表面平整度、立面垂直度、基层阴阳角方正应满足《建筑装饰装修工程质量验收规范》（GB50210—2001）中高级抹灰的要求。

6）基层表面颜色要求一致。

7）裱糊前基层应用封底胶涂刷。

2. 裱糊工程施工质量要求

1）壁纸、墙布的种类、规格、图案、颜色和燃烧性能等级必须符合设计要求及国家现行标准的有关规定。

2）基层处理应符合规范要求。

3）裱糊后各幅之间的拼接应横平竖直，拼接处花纹、图案应吻合，不能出现离缝、不搭接、不显拼缝的现象。

4）壁纸、墙布应粘贴牢固，不得有漏贴、补贴、脱层、空鼓和翘边。

5）裱糊后的壁纸、墙布表面应平整，色泽应一致，不得有波纹起伏、气泡、裂缝、褶皱及斑污，斜视时应无胶痕。

6）复合压花壁纸的压痕及发泡壁纸的发泡层应无损坏。

7）壁纸、墙布与各种装饰线、设备线盒应交接严密。

8）壁纸、墙布边缘应平直整齐，不得有纸毛、飞刺。

9）壁纸、墙布阴角处搭接应顺光，阳角处应无接缝。

3. 软包工程施工质量要求

1）软包面料、内衬材料及边框的材质、颜色、图案、燃烧性能、等级和木材的含水率应符合设计要求及国家现行标准的有关规定。

2）软包工程的安装位置及构造做法应符合设计要求。

3）软包工程的龙骨、衬板应安装牢固，无翘曲，拼缝应平直。

4）单块软包料不应有接缝，四周应绷压严密。

5）软包工程表面应平整、洁净，无凹凸不平及褶皱；图案应清晰、无色差，整体应协调美观。

6）软包边框应平整、顺直，接缝应吻合。

7）清漆涂饰木质边框的颜色、木纹应协调一致。

十、细部工程施工质量要求

1. 橱柜制作与安装工程施工质量要求

1）橱柜制作与安装所用材料的材质和规格、木材的燃烧性能等级和含水率、花岗石的放射性及人造木板的甲醛含量应符合设计要求及国家现行标准的有关规定。

2）橱柜安装预埋件或后置埋件的数量、规格、位置应符合设计要求。

3）橱柜的造型、尺寸、安装位置、制作和固定方法应符合设计要求，橱柜安装必须牢固。

4）橱柜配件的品种、规格应符合设计要求；配件应齐全，安装应牢固。

5）橱柜的抽屉和柜门应开关灵活、回位正确。

2. 窗帘盒、窗台板和散热器罩的制作与安装工程施工质量要求

1）窗帘盒、窗台板和散热器罩制作与安装所使用材料的材质与规格、木材的燃烧性能等级和含水率、花岗石的放射性及人造木板的甲醛含量应符合设计要求及国家现行标准的有关规定。

2）窗帘盒、窗台板和散热器的造型、规格、尺寸、安装位置和固定方法必须符合设计要求，窗帘盒、窗台板和散热器罩的安装必须牢固。

3）窗帘盒配件的品种、规格应符合设计要求，安装应牢固。

3. 护栏和扶手制作与安装工程施工质量要求

1）护栏和扶手制作与安装所使用材料的材质、规格、数量和木材、塑料的燃烧性能等级应符合设计要求。

2）护栏和扶手的造型、尺寸及安装位置应符合设计要求。

3）护栏和扶手安装预埋件的数量、规格、位置以及护栏与预埋件的连接节点应符合设计要求。

4）护栏高度、栏杆间距、安装位置必须符合设计要求；护栏必须安装牢固。

5）护栏玻璃应使用公称厚度不小于12mm的钢化玻璃或钢化夹层玻璃；当护栏一侧距楼地面高度为5m及5m以上时，应使用钢化夹层玻璃。

护栏使用玻璃时，应注意玻璃厚度。

第三节　装饰施工质量检验标准

一、抹灰工程

1. 检验内容

主要装饰材料的合格证、检测报告及复试报告。

2. 检验要求

1）水泥出厂合格证明、水泥凝结时间和安定性复验报告。

2）主体结构必须经过有关单位检验合格后才能进行抹灰工程施工。

3）抹灰工程应对下列隐蔽工程项目进行验收：

① 抹灰总厚度大于或等于35mm时的加强措施。

② 不同材料基体交接处的加强措施。

3. 强制性规定

外墙和顶棚的抹灰层与基层之间及各抹灰层之间必须粘贴牢固。

二、门窗工程

1. 检验内容

门窗工程材料及其性能复验及隐蔽工程验收。

2. 检验要求

1）门窗工程应对下列材料及其性能指标进行复验：

① 人造板的甲醛含量。

② 建筑外墙金属窗、塑料窗的抗风压性能、空气渗透性能和雨水渗透性能。

2）门窗工程应对下列隐蔽工程项目进行验收：

① 预埋件和锚固件。

② 隐蔽部位的防腐、嵌填处理。

3. 强制性规定

建筑外门窗的安装必须牢固；在砌体上安装门窗严禁用射钉固定。

三、吊顶工程

1. 检验内容

吊顶材料复验及隐蔽工程验收。

2. 检验要求

1）吊顶工程对人造板的甲醛含量进行复验。

2）吊顶工程应对下列隐蔽工程项目进行验收：

① 吊顶内管道、设备的安装及水管试压。

② 木龙骨防火、防腐处理。

③ 预埋件或拉结筋。

④ 吊杆安装。

⑤ 龙骨安装。

⑥ 填充材料的设置。

3. 强制性规定

重型灯具、电扇及其他重型设备严禁安装在吊顶工程的龙骨上。

四、轻质隔墙工程

1. 检验内容

轻质隔墙工程材料复验、交接检验、隐蔽工程验收。

2. 检验要求

1）轻质隔墙工程应对人造木板的甲醛含量进行检验。

2）主体结构经有关部门检验合格后方可进行轻质隔墙工程施工。

3）轻质隔墙工程应对下列隐蔽工程项目进行验收：

① 骨架隔墙中设备管线的安装及水管试压。

② 木龙骨防火、防腐处理。
③ 预埋件或拉结筋。
④ 龙骨安装。
⑤ 填充材料的设置。

五、饰面板（砖）工程

1. 检验内容

饰面板（砖）工程材料复验、交接检验、隐蔽工程验收。

2. 检验要求

1）饰面板（砖）工程应对下列材料及其性能指标进行复验：
① 室内用花岗石（大于200m^2）的放射性指标。
② 粘贴用水泥的凝结时间、安定性和抗压强度。
③ 外墙陶瓷面砖的吸水率。
④ 寒冷地区外墙陶瓷面砖的抗冻性。
⑤ 外墙饰面砖样板粘接强度检测。
⑥ 后置埋件的现场拉拔检测。

2）主体结构经有关部门检验合格方可进行饰面板（砖）工程施工。

3）饰面板（砖）工程应对下列隐蔽工程项目进行验收：
① 预埋件（或后置埋件）。
② 连接节点。
③ 防水层。

3. 强制性规定

饰面板安装工程的预埋件（或后置预埋件）、连接件的数量、规格、位置、连接方法和防腐处理必须符合设计要求；后置预埋件的现场拉拔强度必须符合设计要求；饰面安装必须牢固；饰面粘贴必须牢固。

六、涂饰工程

1. 检验内容

涂饰工程工序交接检验。

2. 检验要求

涂饰工程的基层处理经检验合格后方可进行涂饰工程施工。

七、地面工程

1. 检验内容

地面工程材料复验、交接检验、隐蔽工程验收。

2. 检验要求

1）进场材料合格证及性能检测报告。

2）对地面工程中所用装饰材料进行复验：

① 按《民用建筑工程室内环境污染控制规范》（GB 50325—2001）要求对地面基层土壤及材料进行复验。

② 防水材料的复验。

③ 地面一次、二次蓄水试验。

3）交接检验：基层检验合格。

4）地面工程应对下列隐蔽工程项目进行验收：

① 建筑地面下的沟槽、暗管铺设。

② 基层（垫层、找平层、隔离层、填充层、防水层）做法。

③ 穿地面管道根部处理。

3. 强制性规定

1）建筑地面工程采用的材料应按设计要求和规范的规定选用，并应符合国家标准的规定；进场材料应有中文质量合格证明文件、规格、型号及性能检测报告，对重要材料应有复验报告。

2）厕浴间和有防滑要求的建筑地面板块材料应符合设计要求。

3）厕浴间、厨房和有排水（或其他液体）要求的建筑地面面层与相连接各类面层的标高差应符合设计要求。

4）有防水要求的建筑地面工程，铺设前必须对立管、套管和地漏与楼板节点之间进行密封处理；排水坡度应符合设计要求。

5）厕浴间和有防水要求的建筑地面必须设置防水隔离层。楼层结构必须采用现浇混凝土或整块预制混凝土，混凝土强度等级不应小于C20；楼板四周除门洞外，应做混凝土翻边，其高度不应小于120mm；施工时结构层标高和预留孔位置应准确，严禁乱凿洞。

6）防水隔离层严禁渗透，坡向应正确、排水通畅。

7）不发火（防爆的）面层采用的碎石应选用大理石、白云石或其他石料加工而成，并以金属或石料撞击时不发生火花为合格；砂应质地坚硬、表面粗糙，其粒径宜为0.15～5mm，泥的质量分数不应大于32.5%；面层分格的嵌条应采用不发生火花的材料配制，配制时应随时检查，不得混入金属或其他易发生火花的杂质。

八、防水工程

1. 检验内容

防水工程材料复验、交接检验、隐蔽工程验收。

2. 检验要求

1）应对下列防水工程材料进行复验：

① 高聚物改性沥青防水卷材应对拉力、最大拉力时的延伸率、不透水性、柔度、耐热度复验。

② 合成高分子防水卷材应对断裂拉伸强度、扯断拉伸率、不透水性、低温弯折性复验。

③ 合成高分子防水涂料和聚合物乳液建筑防水涂料应对断裂延伸率、拉伸强度、低温柔性、不透水性（或抗渗性）复验。

2）交接检验：基层经检验合格才能进行防水层施工。

3）防水工程应对下列隐蔽工程项目进行验收：

① 基层处理。

② 防水层做法。

③ 地漏、套管、卫生洁具根部、阴阳角等部位的处理。

九、裱糊、软包工程

1. 检验内容

裱糊、软包及细部工程材料复验、交接检验、隐蔽工程验收。

2. 检验要求

1）按《民用建筑工程室内环境污染控制规范》（GB 50325—2001）要求进行检验。

2）基层经检验合格后方能进行裱糊、软包及细部工程施工。

3）细部工程应对下列隐蔽工程项目进行验收：

① 预埋件（或后置埋件）。

② 护栏高度、栏杆间距、安装位置必须符合设计要求；护栏安装必须牢固。

第四节　装饰施工中的变更设计

一、变更设计概述

在图样交底、答疑过后，施工图有一个进一步完善的过程。因为施工过程的复杂性，设计师不得不经常对原先施工图的图样及施工方法等进行修改，除了解决问题之外，还要到施工现场根据实际情况进行局部修改和补充，这些修改和补充最后都要集中体现在图样上，有些甚至还会影响到原先的设计。这就需要设计师重新考虑或改变原先设计以满足实际情况，而图样上的任何变动，尤其是变更设计都必须及时通知建设单位或施工单位，以免造成不必要的浪费。

变更设计必须符合设计任务书和初步设计审批文件，必须符合有关技术标准设计规范，符合节约能源、提高工程质量、方便施工、利于营业、节约工程投资、加快工程进度的原则。变更设计还必须在合同条款的约束下进行，任何变更都不能使合同失效。变更后的单价仍执行合同中已有的单价，如合同中无此单价或因变更带来影响和变化，应按合同条款进行估价，经承包商提出单价分析数据，监理工程师审定，建设单位认可后，按认可的单价执行。按其性质和涉及的费用可以将变更等级分为以下三类：

（1）重大变更　包括改变技术标准和设计方案的重大变动。

（2）重要变更　不属于重大变更范围的较大变更。

（3）一般变更　变更原设计图样中明显的差错、漏洞。

变更设计以变更通知书的形式记录下来，是施工过程中对施工图的补充、调整和完善。变更通知书是详实记录修改的内容、时间、意见的详图，是整理和重绘竣工图的重要依据。变更通知书最终应被整理后归档以备查阅。

二、变更的事由

施工中需要变更的事由很多，设计单位和施工单位都要根据施工的实际情况对图样进行相应的变更调整，直至整个工程最终结束。较为常见的变更事由主要有：

（1）来自建设单位的因素　因产权变更、转换经营方向、变化经营方式、降低或抬高装修标准等提出变更要求。

（2）来自施工方的因素　因遇到技术问题、施工设备受到限制、材料市场缺货或为了施工便利、节约工程成本等提出变更要求。

（3）来自监理工程师的因素　根据施工现场的施工条件、施工难易程度及临时发生的各种问题，综合考虑后认为需要进行变更。

（4）第三方因素　当地政府和群众提出变更要求。

（5）设计单位的因素　对原设计有新的考虑或为进一步完善设计等提出变更要求。

三、变更通知书的规范性

变更通知书作为原施工图样的局部修改和补充，一定要能够如实地反映变更的过程、变更的原因和变更后的最终结果。规范的变更通知书的内容包括变更日期、变更编号、变更事由说明、变更部分原图和变更图或文字说明变更的情况、出图章等。设计师应正确处理好工程变更问题，以免引起索赔或合同争端。

第五节　装饰工程竣工验收

一、工程质量检查的常用方法

分项工程质量检查主要有两部分，一是检验项目，二是实测项目。检验项目又分为主要项目与一般项目。

分项工程质量检查时常用的方法可以归纳为“看”、“摸”、“敲”、“照”、“靠”、“吊”、“量”、“套”八种。

检验项目主要采用“看、摸、敲、照”四种方法，实测项目主要采用“靠、吊、量、套”四种方法。

“看”，即对照规范或标准要求进行外观质量的检验，如检查壁纸裱糊、玻璃安装、油漆喷涂等。

“摸”，即用手摸检查，如检查油漆表面、大理石表面等。

“敲”，即用工具进行敲击检查，如检查地面、墙面的空鼓等。

“照”，即用镜子反射光照、用灯照等，是“看”中检查的一部分，如检查门扇上下窄面的油漆、地下室暗处等。

“靠”，即用工具测量检查，如检查墙面大理石面的平整度等。

“吊”，即用吊线等方法测量检查垂直度。

“量”，即用量度进行检查，如用钢直尺、磅秤等工具来检查轴线、平直度等。

“套”，即用各种角度尺进行测量检查，如检查阴阳角方正等。

二、装饰施工质量检验与评定的依据

工程质量的检验与评定指的是两方面的工作，一是施工操作过程中的质量检验，即通常所说的“质量把关”；二是在施工完毕后的质量评定。质量把关是全面检查，而质量评定是随机抽样进行分项工程的质量等级评定。

工程质量检验与评定的依据有设计图样、建筑安装工程质量检验与评定标准、建筑工程施工及装饰验收规范、上级规定、施工管理的各种技术规定等。

三、装饰施工质量评定的方法

为了严格准确地对工程质量进行检查评定，必须对建筑装饰的每一部位进行细致的检验评定，确定其质量等级，然后再将这些部位的质量等级综合起来反映出整个装饰工程的质量等级。

当前，我国采用分项工程、分部工程、单位工程三级质量评定程序进行质量检验评定。在这三级质量检验评定中，只有分项工程是在现场对建筑装饰进行检验与实测实量后来确定质量等级的，而分部工程与单位工程的质量评定是在分项质量评定的基础上进行的综合评定。

1. 分项工程质量评定

分项工程是按装饰工程的主要工种划分的，例如贴壁纸、贴大理石或花岗石、门窗安装等。

2. 分部工程质量评定

分部工程是按装饰工程的主要部分划分的，质量等级分合格和优良两级。

（1）合格　所含分项工程质量全部合格。

（2）优良　所含分项工程质量全部合格，其中有50%及以上分项工程质量达到优良（设备安装工程中，必须含指定的主要分项工程）。

3. 单位工程质量评定

单位工程质量等级分合格和优良两级。

（1）合格　所含分部工程质量全部合格；保证项目技术资料符合规定；建筑、装饰和安装为一个单位工程的工程，检验项目质量综合评分得分率达到70%及以上。

（2）优良　所含分部工程质量全部合格，其中有50%及以上优良；保证项目技术资料符合规定；建筑、装饰和安装为一个单位工程的工程，检验项目质量综合评分得分率达到85%及以上。

四、竣工验收程序及内容

装饰项目规模有大有小，有简单有复杂，根据这种情况大项目可以分两个阶段进行验收，即初步验收和正式验收，小型的简单的项目只进行一次验收即可。

1. 验收准备

装饰工程项目完成后，应经过各单位工程的验收。验收前施工部门要按照国家有关规定，整理技术资料、工程决算书、工程总结等必要的文件，提出交工报告；设计人员、监理人员要做好审核工作，对竣工资料进行整理，绘制竣工图，起草竣工验收的各种文件，并分类装订成册。资料数据要准确真实，文件整理要系统规范。

2. 初步验收

在正式召开验收会之前，由设计、施工、监理及业主进行预验收，此时可请一些有经验的专家一起参加，检查各项工作是否都已达标，是否达到验收的要求，对所有文件、资料进行认真检查，找出不足之处，限期整改，然后由施工单位向负责验收的单位或部门提出验收申请报告。

3. 正式验收

主管部门或负责验收的单位接到正式竣工验收申请报告，经审查符合验收条件后，应及时安排组织验收，组成有关专家、部门代表参加的验收委员会，对装饰工程分专业进行认真审查，然后提出《竣工验收鉴定书》，验收通过后即行办理移交手续。

4. 竣工报告书

竣工报告书是竣工验收的重要文件，内容包括装饰工程总说明、技术档案建立情况、工程决算、工程质量情况，在竣工报告中还应含有许多附件，如工程概况、设计任务书、概算、工程量、开竣工日期、工程质量承诺、竣工项目财务决算综合表、概算调整与执行情况一览表、每个单位工程的质量评定结果等。在进行了工程的综合验收之后，要会同各相关单位共同签认竣工验收证书，此时验收工作才算完成。

五、竣工图的绘制

竣工图是工程竣工验收后绘制的真实反映工程项目施工结果的图样，是工程竣工档案重要的组成部分，是工程建设完成的主要凭证材料，是工程维修，管理，改建的依据。绘制竣工图有多种方法：

1）利用施工蓝图改绘竣工图。

2）在二底图上修改竣工图。

多数情况下主要是在施工图上修改竣工图。

3）重新绘制竣工图。

凡按施工图施工没有变动的，只要由竣工图编制单位在施工图签附近空白处加盖并签署竣工图章就可作为竣工图。

如是一般性改变（小的变更设计），编制单位可根据设计变更依据在施工图上直接改绘，并加盖和签署竣工图章后作为竣工图。

如果修改量达到40%，并且工艺、结构形式和平面布置都有重大变更，应重新绘制竣工图。重新绘制的图样必须有图名和图号，在竣工图中必须要有目录，所绘制的竣工图必须准确、清楚、完整、规范，能够真实反映项目竣工验收时的实际情况。绘制时要按照国家制图规范要求，用绘图笔或不褪色的笔来绘制，在图样上不得用刀刮、补贴、涂改等方式修改。竣工图要按单位工程，根据专业系统进行分类整理和装订成册，并及时移交相关部门存档。

第六节　竣工验收备案

一、竣工验收备案的范围

凡在中华人民共和国境内从事建筑工程的新建、扩建、改建等有关活动及实施对建设工程质量监督管理的竣工工程，都需要进行竣工验收备案。

竣工验收备案管理工作，一般由市、区（县）两级建委委托市、区（县）两级质量监督机构，按现行的工程质量监督范围，具体负责房屋建筑工程和市政基础设施工程的竣工验收备案工作。

市建设工程质量监督总站及各专业监督站负责监督的工程竣工验收后，由建设单位向市建委工程竣工验收备案管理部门办理竣工验收备案；各区（县）建设工程质量监督站负责监督的工程竣工后，由建设单位向区（县）建委竣工验收备案管理部门办理竣工验收备案。

二、竣工验收备案的文件

建设单位办理工程竣工验收备案应提交下列文件：

1）建设工程竣工验收备案表。

2）工程竣工验收报告。工程竣工验收报告应包括工程开工及竣工的时间；施工许可证号；施工图及建设文件审查意见；建设、设计、勘察、监理、施工单位分别签署的质量合格文件及验收人员签署的竣工验收原始文件；有关工程质量的检测资料以及备案管理部门认为需要提供的有关资料。

3）法律、行政法规规定应当由规划、公安消防、环保等部门出具的认可文件或者准许使用文件。

4）《房屋建筑工程质量保修书》，商品住宅工程还应同时提供该房地产开发企业签署的《住宅质量保证书》和《住宅使用说明书》。

5）有关法律、规章规定必须提供的其他文件。

三、竣工验收备案的程序

1）单位工程竣工验收5日前，建设单位到承监该工程的监督站工程竣工验收备案管理部门领取《建设工程竣工验收备案表》。

同时，建设单位将竣工验收的时间、地点及验收组名单和各项验收报告报送负责监督该项工程的质量监督部门，准备对该工程竣工验收进行监督。

2）自工程竣工验收合格之日起15个工作日内，建设单位将《建设工程竣工验收备案表》一式二份和竣工验收备案文件报送工程竣工验收备案管理部门，经备案工作人员初审验证符合要求后，在表中备案意见栏加盖“备案文件收讫”章。

3）工程质量监督部门在工程竣工验收合格后5个工作日内，向工程竣工验收备案管理部门报送《工程质量监督报告》。

4）备案管理机构负责人审阅《建设工程竣工验收备案表》和备案文件，符合要求后，在表中备案管理部门处理意见栏签写“准予该工程竣工验收备案”意见，加盖“工程竣工验收备案专用章”。备案管理部门将备案表一份发给建设单位，一份备案表及全部备案资料和《工程质量监督报告》留存档案。

5）建设单位报送的《建设工程竣工验收备案表》和竣工验收备案文件如不符合要求的，备案人员应填写《备案审查记录表》，提出备案资料存在的问题，双方签字后，交建设单位整改。

6）建设单位根据规定对存在的问题进行整改和完善，符合要求后重新报送备案管理部门备案。

7）备案管理部门依据《工程质量监督报告》或其他方式发现在工程竣工过程中存有违反国家建设工程质量管理规定行为的，应当在收讫工程竣工验收文件15个工作日内，责令建设单位停止使用，并重新组织竣工验收。建设单位在重新组织竣工验收前，工程不得自行投入使用，擅自使用的，备案机关责令停止使用，违者处工程合同价款2%以上4%以下罚款。

8）建设单位采用虚假证明文件办理工程竣工验收备案的，工程竣工验收无效，备案机关责令停止使用，重新组织竣工验收，并处20万元以上50万元以下罚款，构成犯罪的，依法追究刑事责任。

9）建设单位在工程竣工验收合格后15日内，未办理工程竣工验收备案，责令其限期改正，处20万元以上30万元以下罚款。

复习思考题

1. 装饰材料主要有哪几大类？各有什么特性？
2. 大理石和花岗石有什么区别？如何正确应用？
3. 概括各项装饰工程施工的主要规范要求。
4. 什么是变更设计？包括哪几类？
5. 常见的设计变更事由主要有哪些？
6. 工程质量检查的常用方法有哪些？
7. 工程质量的检验与评定包括哪些工作？工程质量评定的依据是什么？
8. 工程竣工验收备案应提交哪些文件？

试　题　库

知识要求试题

一、判断题（对画✓，错画×）

1. 室内色彩设计的基本任务，就是根据色彩的基本要素，运用对比统一的规律并结合其他设计要素，创造出优美、实用、舒适的室内环境。（　）

2. 色彩设计可以有效调节人们的心理感受，同时对人们的工作效率不会产生影响。（　）

3. 色调是指色彩设计中所有色彩所造成的总体的色彩效果。（　）

4. 一般来说各个局部的色彩可以根据不同需要各自为政。（　）

5. 界面作为室内环境的背景，一定要选用淡雅的、单一的色彩。（　）

6. 室内色彩设计通常应注意大面积协调，小面积对比。（　）

7. 人工照明的光线投射到物体上，不会使物体的色相、明度和彩度发生明显的变化。（　）

8. 白色物体都会使人产生寒冷的感觉。（　）

9. 室内环境中的重点色常为引人注目的强烈的色彩。（　）

10. 一般顶棚的色彩在室内色彩中明度较高。（　）

11. 界面的色彩是控制室内总体效果的主导色彩，是表现室内个性的重要因素。（ ）

12. 色彩的对比就是指橙与蓝、红与绿、黄与紫这样的互补色之间的对比。（ ）

13. 卤钨灯就是填充含有部分卤族元素或卤化物气体的灯具。（ ）

14. 荧光灯是最重要的热辐射光源之一。（ ）

15. 光源在某一方向单位立体角内所发出的光通量叫做光源在该方向的照度，也就是衡量光源发光强弱程度的量。（ ）

16. 发光强度是光照射于一定表面的光通密度，单位为勒克斯(lx)。（ ）

17. 直接采光形态的特点是灯具的光通量的利用率最高，有强烈的阴影并伴有眩光。（ ）

18. 扩散满射采光形态的光量略高于直接采光，但阴影与眩光得到了改善。（ ）

19. 普通照明为空间提供基本的照明，要求照明器的匀布性和照明的均匀性。（ ）

20. 中式仿古灯具在材料上常常选择比较考究的焊锡、铜、铁艺、水晶等。（ ）

21. 使用镀铬的金属制作的灯具能够表现出简洁淡雅的气氛。（ ）

22. 办公室、商业建筑空间及展览馆等照明系统均属于一般照明系统。（ ）

23. 陈设品是指用来美化或强化环境效果的具有观赏价值或文化意义的物品。（ ）

24. 陈设品可以有效地调节室内环境色调。（ ）

25. 陈设品的色彩是构成室内空间色调的主要因素，它对调节室内空间色彩具有关键的作用。（ ）

26. 如果室内空间的色调灰暗，选择的大体量的陈设品应取高纯度的色彩，而小体量的陈设品则应选择高明度的色彩。（ ）

27. 在室内陈设设计中选择什么风格的陈设品，应以陈设品的风

格为主要依据。（ ）

28. 在室内环境中布置造型优美、格调高雅、工艺精致，特别是具有文化内涵的陈设品，可以营造出不同情趣的室内环境。（ ）

29. 灯光被人们称为“最经济的奢侈品”。（ ）

30. 对于室内总体规划设计而言的色彩设计，其主要任务是对色相的控制。（ ）

31. 暖色调使界面给人以后退的感觉。（ ）

32. 墙面色彩一般采用低彩度、高明度的色彩，如此处理不易使人产生视觉疲劳，同时可提高与家具、陈设品色调的适应性。（ ）

33. 狭小而低矮的房间内，家具的色彩与界面色彩宜采用互补色。（ ）

34. 水晶灯和碘灯属于白炽灯的范畴。（ ）

35. 根据光源的色彩来划分，人工光源又可分为暖光源与冷光源两种。（ ）

36. 灯罩上端开口较小、下端开口较大的吊灯、台灯、落地灯属于半间接采光形态。（ ）

37. 灯罩开口向上的落地灯属于间接采光。（ ）

38. 一般灯具的保护角要求在15°～30°之间，可以有效地控制眩光。（ ）

39. 活动灯具是一种最具有弹性的灯型。（ ）

40. 扁平的空间可采用直径较小和高度较低的灯具。（ ）

41. 在室内装修中主要依靠家具陈设营造环境气氛，而在室内装修设计中，则主要依靠室内界面解决视觉效果。（ ）

42. 室内设计的方案图，首先需要考虑的是设计的风格和内部功能的分区等大的方面。（ ）

43. 中式餐饮建筑的室内色彩多采用暖色调，可起到增进食欲的效果。（ ）

44. 屋顶花园是旅馆绿化中常见的一种形式，在构造方面需着重考虑的因素是科学的计算屋顶的荷载，事先合理设置排水系统。（ ）

45. 暖色调使界面给人以向前进的感觉。 (　　)

46. 霓虹灯属于放电灯。 (　　)

47. 在确定了陈设品的内容后，陈设品的布置是室内陈设设计成败的关键。 (　　)

48. 卧室中的普遍照明多选用吊灯、吸顶灯、发光顶棚和各种嵌入式灯具。 (　　)

49. 住宅室内绿化通常放置在不影响交通的墙边、角隅，利用悬、吊、壁龛、壁架等方式。 (　　)

50. 厨房的平面类型有一列形、并列形、曲尺形、U 形和岛形。 (　　)

51. 在餐饮建筑中，主要用于装饰性作用、烘托空间气氛的照明方式及灯具种类有吊灯、反射光、吸顶灯、投射光和反光灯槽。 (　　)

52. 办公家具的基本构成包括坐椅、办公台、橱柜和各种组合系统形式。 (　　)

53. 室内空间的分隔方式主要有绝对分隔、局部分隔、象征性分隔和弹性分隔。 (　　)

54. 室内色彩的主要功能有体现室内的功能、表现室内的风格、调节室内光线效果、调节室内的空间感和调节室内的冷暖感。 (　　)

55. 古希腊建筑的基本柱式主要有陶立克、爱奥尼和科林斯三种。 (　　)

56. 印度佛教石窟的开凿，大约始于孔雀帝国的阿育王时代。 (　　)

57. “水晶宫”是1851 年英国伦敦世界首届万国博览会的展示场所，是人们用来展示工业革命成果的场所，整个建筑集中了当时工业革命的技术成果，即采用标准的构件、组装的工艺和大尺度的材料规格来组织空间。 (　　)

58. 文艺复兴三杰的出现标志着意大利文艺复兴美术达到光辉灿烂的鼎盛时期，他们分别是达芬奇、米开朗基罗、拉斐尔。 (　　)

59. 北宋文人画开始出现，代表人物主要有苏轼、文同、黄庭

坚、李公麟、米芾等，他们强调绘画要有诗的意境，追求萧散简淡的水墨表现风格，主张即兴创作，取神舍形。（　）

60. 西班牙格拉纳达的阿尔汗布拉宫是伊斯兰风格建筑中的代表性建筑。（　）

61. 室内设计是在建筑设计基础上对建筑空间的“装饰”化处理。（　）

62. 室内设计是融合了建筑、心理、经济、文化等多种学科的创造性活动。（　）

63. 室内设计必须满足人们特定的目的和需求。（　）

64. 室内设计活动不应受到空间和时间的限制，设计能超越具体的时空范围。（　）

65. 室内装饰、装修与室内设计的内在含义是相同的，只是叫法不同。（　）

66. 室内设计也就是室内环境设计。（　）

67. 室内界面是指围合成室内空间的底面（楼、地面）、侧面（墙面、断面）和顶面（平顶、天棚）。（　）

68. 照明是室内设计中最为生动、最为活跃的因素。（　）

69. 不同材料的质地效果给人以不同的感受。（　）

70. 室内陈设设计的内容包括家具、灯具及绿化等方面的布置、设计及选用。（　）

71. 家具被称为实用的艺术品。（　）

72. 室内绿化能够改善室内小气候，起到净化环境和平衡心理的作用，合理地布置绿化可以柔化室内人工环境，带来生机，使人们感觉到赏心悦目。（　）

73. 室内设计的原则包括科学性原则、经济性原则、社会性原则、创新性原则、审美性原则、健康性原则等。（　）

74. 编制工程概算是在设计准备阶段进行的。（　）

75. 装饰工程室内设计应分为设计准备、方案设计、施工图设计三个阶段。（　）

76. 初步设计方案的文件包括平面图、室内立面展开图、室内透视图、室内装饰材料实样版面、设计说明。（　）

77. 编制投标文件在设计准备阶段进行。（　）

78. 工程的总报价及分析、施工的组织、进度、方法及质量保证措施等应在工程概算中进行说明。（　）

79. 施工图设计是继方案设计后，由设计到施工的一个过渡程序，也是将设计方案付诸实施的重要步骤。（　）

80. 在工程验收结束之后才开始绘制竣工图。（　）

81. 室内设计的主要任务是根据建筑本身所提供的基础条件，为人们在室内的活动创造一个舒适、实用、美观，并与建筑本体功能所配合的、符合某种既定氛围目标的空间形式。（　）

82. 只有充分表现个性，装饰的内涵与境界才能得到体现。（　）

83. 室内设计应着重设计思维的创新表达，追求多样化、个性化风格。（　）

84. 室内设计要按照使用者的目的和要求，根据具体的环境、文化背景、风俗习惯，围绕不同的设计主题来进行。（　）

85. 装饰是功能与使用的实现，装修是个性与美学的体现，它们相互影响、相互制约，两者要达到和谐的统一。（　）

86. 室内设计是强调科学与艺术相结合、强调整体性、系统性特征的设计，是人类社会的居住文化发展到一定文明高度的标志。（　）

87. 在室内工程施工前，设计人员应向施工单位进行设计意图说明及图样的技术交底。（　）

88. 设计概念草图是将专业知识与视觉图形交织性的表达，是设计主体自身思维的直接反映。它将设计思维物态化，为深刻了解项目中的实质问题提供分析、思考、讨论及沟通的图面，并具有极为简明的视觉图形和文字说明。（　）

89. 平面图、立面图、剖面图、透视图和施工图都属于方案设计图。（　）

90. 方案设计图中的尺寸要求注图比以及详细尺寸；立面图只出主要立面，不需画出大样图和节点图。（　）

91. 施工图是室内设计意图最直接的表达，是指导工程施工的主

要参照依据。 ( )

92. 施工图设计说明中不需要对标注所引用的相关图集进行说明。 ( )

93. 在方案设计说明中既要说明工程项目所在位置、规模、性质等概况，也要说明工程项目的设计原则和设计依据、规范。 ( )

94. 在方案设计说明中要明确和完整地总结业主提出的具体要求，特别要说明业主对设计的期望，然后表明将如何根据这些要求来完成设计任务。 ( )

95. 可行性研究报告是室内设计人员向业主提供其设计服务的最直接的形式，表明其服务范围、设计流程、设计内容、设计收费简介等情况。 ( )

96. 设计建议书是在制定某一建设项目之前，对该项目设立的必要性、实施的可能性、有效性、技术性进行具体、深入、全面、系统的技术论证和经济评价，确定最优方案。 ( )

97. 在设计的不同阶段对工程的造价会有不同的计算方法，通常在方案设计阶段为概算，施工图阶段是比概算更精确的预算，在装饰工程竣工之后是竣工结算。 ( )

98. 装饰工程概算是为进行投标报价、订立合同、控制建设投资、办理拨贷款提供的依据，是加强施工管理和进行经济核算的必要条件，是施工单位与建设单位工程预算的基础。 ( )

99. 室内装饰设计委托合同是施工单位与设计单位依据国家有关法规“自愿互利、委托服务”的原则，为明确双方的责任、权利和经济利益关系，协商议定的协议书。 ( )

100. 水准仪测量原理是为建筑物建造或室内装修提供一个水平基准线，并能照准水准尺进行读数。 ( )

101. 水准塔尺可用于室内外水准测量。 ( )

102. 测设是指通过使用测量设备和工具，测量地球表面的地形（包括地物、地貌）得到相关数据结果，进而缩绘成地形图，以供进一步应用。 ( )

103. 一般在控制测量工作结束之后再进行碎部测量。 ( )

104. 墙体在框架结构中只起围护和分隔作用，因此在强度方面

没有要求。（　　）

105. 当建筑空间内的开间大部分相同、开间的尺寸符合钢筋混凝土板的经济跨度时，常采用纵墙承重的结构布置。（　　）

106. 在平面布置时，为保证房屋的横向刚度，应隔一定的间隔距离设置保证房屋横向刚度的刚性隔墙。（　　）

107. 结构的可靠度是指结构在规定的条件下和规定的时间内，完成预定功能的概率。（　　）

108. 作用在屋面上的风、雨、雪既属于均布荷载又属于动态荷载。（　　）

109. 在建筑物原有的楼面铺设木地板、地砖，墙面上铺贴墙砖、木板或在顶棚增设吊顶时，会在建筑物的房间或墙体增加一定的分布荷载。（　　）

110. 装饰装修中结构工程的安全性主要决定于结构改动部分的结构设计与施工水准。（　　）

111. 装修过程中在梁下加柱相当于在梁下增加了支撑点，能有效地提高结构的强度。（　　）

112. 装修时，使原建筑空间的使用功能发生改变时，也会造成隐患，如把办公室改造为舞厅，每平方米的活荷载就会大大增加，影响楼板的正常承载力。（　　）

113. 如在装修过程中将非承重墙拆掉换成木制柜子，在结构设计上是允许的。（　　）

114. 承重墙的窗下墙不能拆除，而联系墙、外墙的窗下墙是允许拆除的。（　　）

115. 拆墙扩洞会削弱墙体的截面，降低墙体刚度，当房屋的刚度降低到一定程度时，结构将变为刚弹性方案或弹性方案，使墙体的承载力和抗震能力严重削弱。（　　）

116. 在进行室内重新组织空间设计时，要严格按照室内装饰管理条例，科学合理设计。（　　）

117. 在绘制室内装饰施工图时，可以省略原有的建筑材料和构造的绘制。（　　）

118. 中实线在施工图中用于表现平面图中除被剖切轮廓外的可

见物体轮廓线。 （ ）

119. 折断线用于表示不需要画全的断开界线以及构造层次的断开界线。 （ ）

120. $\frac{1}{2}$表示在2号轴线后添加的第一根轴线。 （ ）

121. 详图符号的圆应以直径为10mm的粗实线绘制，圆内横线为细实线，横线上方为详图序号，下方为图样序号。 （ ）

122. 装饰设计中的标高，通常取底层室内装饰地坪为±0.00。 （ ）

123. 对于平面形状曲折的建筑物、装饰物，正投影难以表明准确尺寸时，可采用立面展开图来表现。 （ ）

124. 顶棚平面图运用镜像视图法绘制，所绘制出的图形的纵横轴线排列与平面图一致。 （ ）

125. 建筑设计、规划设计的图样比例可确定为1:200以上，而装饰设计的图样比例大多数都在1:200以下。 （ ）

126. 大理石耐磨性强，所以可用于外墙装修。 （ ）

127. 较为常用的花岗石品种有济南青、印度红、巴西红、啡网纹等。 （ ）

128. 人造石材按主要材质可分为水泥型人造石材、聚酯型人造石材、复合型人造石材、烧结型人造石材和微晶玻璃型人造石材。 （ ）

129. 釉面内墙砖具有仿真性强、花色品种多、表面色泽柔和、平滑、光亮、装饰效果好、吸水率较低、强度高等特点。 （ ）

130. 劈裂砖又称劈离砖，是墙地砖的一种。 （ ）

131. 陶瓷锦砖又称马赛克（Mosaic），质量等级可分为一级品、二级品。 （ ）

132. 建筑琉璃是表面或使用面附有彩色铅釉的陶质建筑装修材料，釉色有黄、绿、蓝、白、棕等，具有浓烈的中国民族风格与特色，其质量等级可分为一级品、合格品。 （ ）

133. 木材热导率小，因此不能作为保温绝热材料使用。（ ）

134. 木材具有湿涨干缩性能，通常表观密度越大，吸附水的含

量越高，变形则越大。（　　）

135. 由于木材构造不均匀，吸湿后膨胀可以引起木制品变形与开裂。（　　）

136. 用透明的清漆作涂层，使木材的天然纹理清晰可见，可最大程度地表现木材的自然美。（　　）

137. 胶合板不允许有脱胶、鼓泡和明显边缺、角缺等现象，可有少量夹杂物，翘曲度不超过1%。（　　）

138. 胶合板、装饰单板贴面胶合板、细木工板按甲醛释放量均可分为 E_1 类、E_2 类。（　　）

139. 在选择实木地板时，必须选用稳定性好、经过干燥和养生处理的实木地板，每块地板的含水率必须均匀一致。（　　）

140. 实木地板、实木复合地板、强化木地板和竹地板的质量等级均可分为优等品、一等品、合格品。（　　）

141. 软木地板的原料为栓树皮，具有再生特性，属于绿色建材。（　　）

142. 第一类软木地板适用于商店、走廊、图书馆等人流大的地面铺设；第二类、三类适用于家庭居室地面铺设。（　　）

143. 活动地板多用于计算机房、通信部门、控制中心、实验室、电化教室、工矿企业、程控机房和要求较高的空调机房。（　　）

144. 冰花玻璃有压花、雕花、热熔立体玻璃三种。（　　）

145. 彩色玻璃透光不透视，具有多种色彩。（　　）

146. 镭射玻璃表面呈现艳丽的色彩和图案，色彩随入射光角度的改变而不断变化。（　　）

147. 钢化玻璃根据设计需要可以在施工现场进行切割。（　　）

148. 当屋面玻璃最高点离地面大于5m时，必须使用夹层玻璃。（　　）

149. 玻璃砖在使用时不能切割，但能作为承重墙。（　　）

150. 硬聚氯乙烯（PVC-U）管道耐热性较高，可输送90℃左右的介质。（　　）

151. PVC塑料电线管及其他配件应具有阻燃性能，其氧指数应不小于40，有离火自熄性能。（　　）

152. 有机玻璃是一种具有极好透光性的热塑性塑料。 ( )

153. 生石灰和消石灰粉在使用前应进行陈伏处理，前者陈伏是为了使石灰浆体具有良好的可塑性，后者陈伏的目的是消除过火石灰的危害。 ( )

154. 水泥不宜受潮和混入杂物，贮存时间不宜过长，一般贮存时间不应超过 3 个月。 ( )

155. Ⅰ型硅酸盐水泥和Ⅱ型硅酸盐水泥是建筑工程中常用的水泥品种，也可用于大体积工程和海水工程中。 ( )

156. 乳胶漆只能用于室内装饰。 ( )

157. 建筑装饰用不锈钢制品主要是薄钢板，厚度一般小于 2mm。 ( )

158. 彩色钢板以镀锌钢板为基材，经过成形轧制，并涂敷各种涂层与彩色烤漆。 ( )

159. 壁纸、壁布是现代室内装饰材料的重要组成部分，除美化装饰外，还具有遮盖、吸声、隔热、防毒、防臭、防火等多种功能。 ( )

160. 矿棉装饰吸声板的常用规格有 596mm × 596mm × 12mm、496mm × 496mm × 12mm。 ( )

161. 室内防水层完工后应做 12h 蓄水试验，蓄水深度 30 ~ 50mm，合格后办理隐蔽工程验收手续。 ( )

162. 建筑外门窗的安装必须牢固，在砌体上安装门窗可以用射钉固定。 ( )

163. 塑料门窗安装应采用预留洞口的方法施工，不得采用边安装边砌口或先安装后砌口的方法施工。 ( )

164. 安装双层石膏板时，面层板与基层板的接缝应错开，并不得在同一根龙骨上接缝。 ( )

165. 饰面材料与龙骨的搭接宽度应大于龙骨受力面宽度的 1/3。 ( )

166. 采用湿作业法施工的饰面板工程，石材应进行防碱背涂处理。 ( )

167. 普通水磨石面层磨光遍数不应少于 2 遍。 ( )

168. 大理石、花岗石板材在铺设前应浸湿、晾干。（ ）

169. 不同材质的建筑地面连接处应按设计要求收口。（ ）

170. 单块软包料可以有接缝，四周应绷压严密。（ ）

171. 重型灯具、电扇及其他重型设备严禁安装在吊顶工程的龙骨上。（ ）

172. 毛地板铺设时，板间缝隙不应大于5mm，与墙之间应留8～12mm的缝隙。（ ）

173. 实木复合地板面层铺设时，相邻板材接头位置应错开不小于300mm的距离，与墙之间留出不小于10mm的缝隙。（ ）

174. 玻璃砖隔墙砌筑中埋设的拉结筋必须与基体结构连接牢固，并且位置正确。（ ）

175. 水性涂料涂饰工程施工环境的温度应在5～35℃之间。（ ）

176. 壁纸、墙布阴角处不能有接缝，阳角可以有接缝。（ ）

177. 护栏玻璃应使用公称厚度不小于10mm的钢化玻璃或钢化夹层玻璃。（ ）

178. 未经竣工验收合格的建筑装饰装修工程不得投入使用。（ ）

179. 工程交付使用后，施工单位应与工程业主签订保修合同，按国家规定或合同约定负责一定时间内的维修、保修。（ ）

180. 施工中需要变更的事由很多，较为常见的有来自建设单位的因素、来自施工方的因素、来自监理工程师的因素、第三方因素以及设计单位的因素。（ ）

181. 分项工程质量检查时常用的方法可以归纳为“看”、“摸”、“敲”、“照”、“靠”、“吊”、“量”、“套”八种方法。（ ）

182. 用镜子反射光照、用灯照等方法可以检查顶面油漆是否平整。（ ）

183. 绘制竣工图有多种方法：利用施工蓝图改绘竣工图；在二底图上修改竣工图；重新绘制竣工图。（ ）

184. 单位工程竣工验收10日前，建设单位到承监该工程的监督

站工程竣工验收备案管理部门领取《建设工程竣工验收备案表》。 ( )

185. 建设单位在工程竣工验收合格后15日内，未办理工程竣工验收备案，责令其限期改正，处20万元以上30万元以下罚款。 ( )

186. 方案设计中，设计图样应包括平面图、顶棚平面图、主要立面图、节点大样图、设计效果图等。 ( )

187. 防火设计和安全疏散设计的说明不属于方案设计的具体说明。 ( )

188. 关于设计所采用的新技术、新工艺、新设备和新材料的说明是方案设计的主要特点。 ( )

189. 方案图样中平面图以标注过柱网和承重墙，顶面图就不需要标注了。 ( )

190. 在方案立面图样中固定隔断、家具和不固定隔断、家具都需要绘制。 ( )

191. 由隔墙、隔断、家具、设备等分隔的空间属于固定空间。 ( )

192. 固定空间又称为第一次空间。 ( )

193. 实体空间内采用不到顶的隔断围合的部分就属于虚拟空间。 ( )

194. 空间的开敞程度取决于开洞的大小等。 ( )

195. 动态空间具有视觉导向性。 ( )

196. 在宾馆大厅中设计小型瀑布可以使之成为动态空间。 ( )

197. 错层与跃层空间属于不规则空间。 ( )

198. 下沉空间具有收纳性和展示性。 ( )

199. 交错空间在一定程度上带有流动空间与不定空间的特点。 ( )

200. 在进行空间序列的处理时，运用各种手段产生足够的吸引力是过渡阶段考虑的主要核心。 ( )

201. 许多连续排列的列柱、灯具、柜台、装饰画可以具有空间

导向性。 ( )

202. 在酒店的入口处设置大型雕塑可以形成视觉中心。 ( )

203. 空间的组合方式主要有集中式组合、线形组合、辐射式组合、组团式组合和流动式组合。 ( )

204. 办公空间或教学空间属于空间组合方式中的组团式组合。 ( )

205. 在进行商业建筑、展览建筑空间组合设计时可适当地运用对比与统一的手法。 ( )

206. 在空间设计中隔断物的高度介于1.4~1.8m之间，具有强围合感。 ( )

207. 现代住宅设计中的廊道空间是敞开空间的渗透设计。 ( )

208. 干纸裱纸方法适用于水彩或透明水色渲染技法等。 ( )

209. 平涂法、退晕法、分格叠加法都是渲染的方法。 ( )

210. 在进行材质光亮度表现时，反光面的材质有玻璃、不锈钢、抛光铜、花岗石和大理石等。 ( )

211. 是否具有空间感是决定室内设计表现图成败的关键。 ( )

212. 在进行内墙面瓷砖粘贴时，应每隔1m左右在墙面上粘贴废瓷砖片作为标志块。 ( )

213. 在进行内墙面瓷砖粘贴时，非整块应留到最下一层。 ( )

214. 内墙面瓷砖粘贴时，室内的管线必须位于四块砖的十字交缝上或处于釉面砖的中心。 ( )

215. 陶瓷锦砖的镶贴程序为基层处理→底、中层抹灰→弹线分格→抹粘贴层→贴砖→揭纸→擦缝→拨缝→清洁。 ( )

216. 陶瓷锦砖镶贴后，揭纸时要用双手按垂直墙面的方向顺序缓慢地将纸揭下。 ( )

217. 石灰浆、聚乙烯醇类、聚乙烯类和乳胶类涂料都属于有机高分子涂料。 ( )

218. 在进行内墙涂料涂饰时，辊涂小面积的阴阳角时，用长度

为 120mm 的短辊。（ ）

219. 在进行彩色涂料弹涂时，弹完色点后要刷罩面材料。（ ）

220. 对墙面进行喷涂时，所用空气压缩机出料口与墙面应垂直，距墙面 100mm 左右。（ ）

221. 在墙面进行壁纸裱糊工程时，要注意壁纸的对花处理。（ ）

222. 为防止塑料壁纸在裱糊后收缩、紧绷，需要在裱糊前浸水。（ ）

223. 玻璃纤维和无纺贴墙布在裱糊前需要浸水。（ ）

224. 装饰构造的基本做法，一般有现场制作方法、粘贴方法、装配方法及综合技法四种。（ ）

225. 石膏板适合用装配方法进行施工。（ ）

226. 在顶棚装饰装修中不需要考虑防火的问题。（ ）

227. 顶棚装饰的类型按装饰面与基层的关系可分为活动装配式顶棚和固定式顶棚两种。（ ）

228. 在进行悬吊式顶棚施工时，预埋件起连接和固定作用。（ ）

229. 轻钢基层龙骨，主要有 U 形、T 形和 C 形。（ ）

230. 金属板顶棚总体上可分为开放型条板顶棚和封闭型条板顶棚两大类。（ ）

231. 在吊顶中金属板与龙骨连接，板厚 0.8mm 以下、板宽 100mm 以下的板条应使用钉接法。（ ）

232. 在墙面做石材饰面，树脂胶粘贴适合于小面积的板材。（ ）

233. 墙的饰面板与踢脚板的交接，一般有两种做法：一是墙面凸出踢脚板；二是踢脚板凸出墙面 20mm 左右。（ ）

234. 大理石板铺地时应首先进行试铺，目的是检查板面的厚度、尺寸、色彩、纹理的差别及铺垫砂浆的平整度。（ ）

235. 条形木地板铺贴的主要形式有错缝式钉铺、无规则式钉铺等。（ ）

236. 石材包柱用钢筋网绑扎法的施工步骤是设置钢筋网→试拼编号→绑扎板材→灌浆→养护→嵌缝。 ( )

237. 在做木栏杆时，栏杆转向为180°且栏杆之间距离大于200mm时，一般采用断开的转角木进行分段连接。 ( )

238. 轻钢龙骨用作隔墙内纸面石膏板的支撑，钢板（带）的厚度为0.5~1.5mm。 ( )

239. 在室内装饰中，50系列的轻钢龙骨上附双面单层纸面石膏板，竖龙骨间距600mm时的最大高度应控制在5m以下。 ( )

240. 在办公空间中，为了保证所有房间采暖一致，应进行全面采暖。 ( )

241. 在安装空调系统时，若各室的使用时间不同，宜使用半集中式空调系统。 ( )

242. 空调机房应尽量布置在空调房间附近，且空调系统的作用半径不宜过大，一般为50~60m。 ( )

243. 在天然采光中，高侧窗主要用于仓库和博览建筑。( )

244. 敞开式办公室的办公区和休息区常采用分区一般照明。 ( )

245. 住宅中卧室和餐厅的照明宜选用无紫光源。 ( )

二、选择题（将正确答案的序号填入括号内）

（一）单选题

1. 在进行室内设计时，须掌握常用的人体尺寸，单人床的宽度在（ ）。

A. 700~1300mm之间　　B. 700~1000mm之间

C. 500~1300mm之间　　D. 900~1800mm之间

2. 西方古典建筑是指（ ）。

A. 古希腊、古罗马建筑

B. 学院派建筑

C. 17世纪法国宫廷文化支配下的建筑

D. 19世纪以前的古代建筑

3. 新古典主义建筑的代表作是（ ）。

A. 罗马万神庙　　B. 巴黎恩瓦立德教堂

C. 巴黎万神庙　　D. 卢浮宫东立面

4. 文艺复兴时期建筑师设计教堂的理想空间是（　　）。

A. 十字式　　B. 中心化　　C. 拉丁式　　D. 巴西利卡式

5. 哥特式教堂（　　）最早采用骨架券在圣坛部分开启了彩色玻璃窗。

A. 巴黎圣母院　　B. 巴黎圣德尼教堂

C. 韩期（兰斯）主教堂　　D. 夏特尔教堂

6. 中国美术史上，元四家指的是王蒙、吴镇、倪瓒和（　　）。

A. 刘松年　　B. 马远　　C. 夏圭　　D. 黄公望

7.（　　）被视为现代建筑的创始人，“形式服从功能”是他设计的指导原则。

A. 沃尔特·格罗皮乌斯　　B. 路易斯·考姆福特·蒂芬尼

C. 路易·斯利文　　D. 密斯·凡德罗

8. 中国建筑是以（　　）为主的体系，与世界其他所有建筑体系以砖石结构为主不同。

A. 木结构　　B. 石材　　C. 竹结构　　D. 芦苇

9. 20 世纪 20 年代欧洲很有影响的探讨社会住宅设计的建筑展是（　　）。

A. 德国斯图加特魏森霍夫住宅展

B. 德国柏林国际建筑展（IBA）

C. 德意志制造联盟科隆展

D. 威尼斯双年展

10. 二次大战之间意大利理性主义的代表人物是（　　）。

A. G·特拉尼　　B. 圣·埃利亚

C. DUOMUS　　D. C·斯卡帕

11.（　　）是美国现代建筑中最具有代表意义的先驱人物，被认为现代建筑奠基人之一。

A. 赖特　　B. J·R·莫奈奥

C. 密斯　　D. J·L·舍特

12. 密斯“流动空间”的设计语言受（　　）造型语言的影响

很大。

A. 风格派　B. 未来主义　C. 理性主义　D. 表现主义

13. 19 世纪德国最重要的新古典主义建筑师是（　　）。

A. 苏夫洛　B. 布雷　C. 辛克尔　D. 拉布鲁斯特

14. 五代时期，中国花鸟画出现了以黄荃与（　　）为代表的两种风格流派。

A. 徐熙　B. 徐渭　C. 易元吉　D. 赵昌

15. 古埃及第一座石头金字塔也是最有名的多层金字塔是（　　）金字塔。

A. 昭赛尔　B. 库富　C. 哈弗拉　D. 门卡乌拉

16. 拜占庭建筑最光辉的代表作是位于君士坦丁堡的（　　）。

A. 圣马可教堂　B. 圣索菲亚大教堂

C. 格拉查尼茨教堂　D. 圣德尼教堂

17. 法国古典主义建筑最主要的代表类型是（　　）。

A. 教堂建筑　B. 宫廷的纪念性建筑

C. 世俗的公共建筑　D. 庄园府邸建筑

18. 下列文艺复兴时期建筑物与设计者对应错误的是（　　）。

A. 梵蒂冈宫——伯拉孟特

B. 劳仑齐阿纳图书馆——米开朗基罗

C. 圆厅别墅——维尼奥拉

D. 维琴察巴西利卡——帕拉迪奥

19. 罗马万神庙的建筑形式是（　　）。

A. 巴西利卡　B. 希腊十字式

C. 拉丁十字式　D. 集中式

20. 法国古典主义建筑理论产生的哲学基础是（　　）。

A. 唯理论　B. 经验论　C. 唯心主义　D. 唯物主义

21. 北宋随着等级的差别，彩画有五彩遍装、青绿彩画和（　　）三类。

A. 退晕　B. 对晕　C. 土朱刷饰　D. 雕漆

22. 在中国山水画中，勾勒设色、金碧辉煌、富于装饰意味者称金碧山水或（　　）。

A. 水墨山水　B. 青绿山水　C. 浅绛山水　D. 没骨山水

23. （　　）被称为西方现代艺术的起源。

A. 野兽主义　B. 立体主义

C. 后印象主义　D. 风格主义

24. 下列色彩中分别是冷色和暖色的颜色为（　　）。

A. 青色和紫色　B. 大红色和橙色

C. 蓝色和青绿色　D. 青紫色和黄绿色

25. 对于室内总体规划设计而言的色彩设计，其最主要的任务是对（　　）的控制。

A. 色调　B. 色相　C. 明度　D. 彩度

26. （　　）使界面给人以向前进的感觉。

A. 低明度的色彩　B. 低彩度的色彩

C. 暖色调　D. 冷色调

27. 墙面色彩一般采用（　　）的色彩，如此处理不易使人产生视觉疲劳，同时可提高与家具、陈设品色调的适应性。

A. 低彩度、低明度　B. 高彩度、低明度

C. 高彩度、高明度　D. 低彩度、高明度

28. 根据光源的（　　）来划分，人工光源又可分为暖光源与冷光源两种。

A. 物理原理　B. 化学原理　C. 色彩　D. 视觉效果

29. （　　）形态是应用采光装置，使 90% ~100% 的光线往下直接投射，只有 0 ~10% 的光线往上或往下投射或反射。

A. 直接采光　B. 半直接采光

C. 间接采光　D. 半间接采光

30. 灯罩上端开口较小、下端开口较大的吊灯、台灯、落地灯属于（　　）形态。

A. 直接采光　B. 半直接采光

C. 间接采光　D. 半间接采光

31. （　　）形态是应用采光装置，使 60% ~90% 的光线往上投射，只有 10% ~40% 的光线经由顶棚或墙壁再往下反射。

A. 直接采光　B. 半直接采光

C. 间接采光　　　　　　　　D. 半间接采光

32. 层数为（　　）层的建筑为多层建筑。

A. 2~7　　B. 2~6　　C. 2~5　　D. 2~8

33. 结构类型按组成建筑结构的体型可分为单层结构、多层结构、高层结构和（　　）结构。

A. 超高层　　B. 大跨度　　C. 空间　　D. 筒体

34. 在砖混结构中，采用（　　）承重方案能使房间的横向刚度较好，且各个房间的隔声效果也好。

A. 横向　　B. 纵向　　C. 纵横向　　D. 混合

35. 框架结构体系是由（　　）或梁柱通过节点连接而组成的一种结构。

A. 板梁　　B. 板柱　　C. 墙柱　　D. 墙梁

36. 框架—剪力墙结构中，剪力墙是指承担（　　）很大的墙，是抵抗水平力的主要构件，承受很大的剪力和弯矩。

A. 抗侧力刚度　　　　　　　B. 水平刚度

C. 纵向刚度　　　　　　　　D. 横向刚度

37. 铝合金装饰材料属于（　　）。

A. 黑色金属材料　　　　　　B. 有色金属材料

C. 复合材料　　　　　　　　D. 有机材料

38.（　　）板材不适用于室外装饰。

A. 花岗石　　B. 水磨石　　C. 大理石　　D. 微晶石

39. 建筑施工图中不可见轮廓线用（　　）来表示。

A. 虚线　　B. 点画线　　C. 实线　　D. 折断线

40. 说明房屋建造的规模、尺寸、细部构件的图样是（　　）。

A. 建筑总平面图　　　　　　B. 建筑施工图

C. 结构施工图　　　　　　　D. 设备施工图

41. 当在原有建筑物的楼面增设柱子时，会使结构增加（　　）。

A. 集中荷载　　B. 分布荷载　　C. 动荷载　　D. 偶然荷载

42.（　　）具有很多优点，如易于加工、有较高的弹性和韧性、能抵抗冲击和振动力、导电和导热性能低等。

A. 钢材　　B. 水泥　　C. 混凝土　　D. 木材

43. 下列各种比例尺的地形图中，比例尺最小的是（　　）。

A. 1:2000　　B. 1:500　　C. 1:10000　　D. 1:5000

44. 水准仪应满足的主要条件是（　　）。

A. 横丝应垂直于仪器的竖轴

B. 望远镜的视准轴不因调焦而变动位置

C. 水准管轴应与望远镜的视准轴平行

D. 圆水准器轴应平行于仪器的竖轴

45. 地面上有一点 A，任意取一个水准面，则点 A 到该水准面的铅垂距离为（　　）。

A. 绝对高程　　B. 海拔　　C. 高差　　D. 相对高程

46. 测绘控制点时，应在图上标明控制点的（　　）。

A. 点号与坐标　　B. 点号与高程

C. 坐标与高程　　D. 高程与方向

47. 建筑工程施工测量的基本工作是（　　）。

A. 测图　　B. 测设　　C. 绘图　　D. 识图

48. 测量计算工作的基准面是（　　）。

A. 大地水准面　　B. 海平面

C. 大地体　　D. 绝对高程

49. 确定地面点的空间位置，就是确定该点的坐标和（　　）。

A. 高程　　B. 方位角　　C. 已知坐标　　D. 未知点坐标

50. 视差产生的原因是（　　）。

A. 观测时眼睛位置不正

B. 目标成像与十字丝分划板平面不重合

C. 前后视距不相等

D. 影像没有调清楚

51. 测定点的坐标的主要工作是（　　）。

A. 测量水平距离　　B. 测量水平角

C. 测量水平距离和水平角　　D. 测量竖直角

52. 用一般方法测设水平角时，通常（　　）进行测设。

A. 只用盘左位置

B. 只用盘右位置

C. 用盘左或盘右任意一个位置

D. 用盘左和盘右两个位置

53. DJ6 经纬仪的测量精度通常要（ ）DJ2 经纬仪的测量精度。

A. 等于　B. 高于　C. 接近于　D. 低于

54. 水准测量中，设 A 为后视点，B 为前视点，A 尺读数为 1.213m，B 尺读数为 1.401m，A 点高程为 21.000m，则视线高程为（ ）m。

A. 22.401　B. 22.213　C. 21.812　D. 20.812

55. 普通水准测量中，在水准尺上每个读数应读（ ）位数。

A. 5　B. 3　C. 2　D. 4

56. 下列各种比例尺的地形图中，比例尺最小的是（ ）。

A. 1:1000　B. 1:200　C. 1:5000　D. 1:10000

57. （ ）向轻质、高强、多功能化发展。

A. 建筑材料　B. 建筑结构　C. 技术　D. 设计

58. （ ）的目的在于利用和改造自然来为人类服务。

A. 设计　B. 科学　C. 技术　D. 工程

59. （ ）是由胶凝材料、粗细骨料和水等按适当比例配制而成的装饰材料。

A. 水泥砂浆　B. 混凝土

C. 钢筋混凝土　D. 三合土

60. 对建筑物主要起装饰作用的材料称（ ），其具有装饰、保护及其他特殊功能。

A. 装饰材料　B. 胶凝材料　C. 饰面材料　D. 建筑材料

61. 石膏属于（ ）材料。

A. 水硬性　B. 湿硬性　C. 气硬性　D. 干硬性

62. 将不易传热的材料，即对热流有显著阻抗性的材料或材料复合体称为（ ）。

A. 绝热材料　B. 吸声材料　C. 装饰材料　D. 保温材料

63. （ ）不仅有采光和防护的功能，而且是良好的吸声、隔热材料。

A. 玻璃　　B. 陶瓷　　C. 水泥　　D. 红砖

64.（　　）具有很多优点，如轻质高强、易于加工、有较高的弹性和韧性、能承受冲击和振动作用、导电和导热性能低等。

A. 钢材　　B. 水泥　　C. 混凝土　　D. 木材

65.（　　）是指承托基础的场地。

A. 条形基础　　B. 地基　　C. 桩基础　　D. 承台

66.（　　）是由一个或多个筒体作为承重结构的高层建筑体系，适用于层数在 40 层以上的高层建筑。

A. 框架结构　　B. 筒体结构　　C. 剪力墙　　D. 框剪结构

67.（　　）常作为吸声材料。

A. 无机材料　　B. 有机材料　　C. 多孔材料　　D. 纤维材料

68.（　　）对木材强度的影响较大。

A. 含水率　　B. 温度

C. 荷载作用时间　　D. 木材的缺陷

69. 一号图纸的尺寸为（　　）。

A. 841mm × 1189mm　　B. 594mm × 841mm

C. 594mm × 420mm　　D. 841mm × 420mm

70. 建筑施工图中可见轮廓线用（　　）来表示。

A. 虚线　　B. 点画线　　C. 实线　　D. 折断线

71.（　　）着重于工程技术、施工工艺和构造做法。

A. 室内设计　　B. 装修　　C. 装饰　　D. 装潢

72.（　　）是指结构防止破坏倒塌的能力，是结构工程最重要的质量指标

A. 结构可靠性　　B. 结构稳定性

C. 结构安全性　　D. 结构耐久性

73. 工程承包合同按承包关系划分为总包合同和（　　）。

A. 设计合同　　B. 建筑安装合同

C. 包工包料合同　　D. 分包合同

74. 编制投标文件是在（　　）阶段进行。

A. 方案设计阶段　　B. 施工图设计阶段

C. 设计准备阶段　　D. 设计实施阶段

75. 装饰平面图的常用比例为（　　）。

A. 1:50　　B. 1:200　　C. 1:20　　D. 1:500

76. 梁柱承重、墙体只起分隔和围护作用的结构是（　　）。

A. 混合结构　　B. 框架结构

C. 筒体结构　　D. 空间结构

77. 从内部空间形成的过程看，内部空间可分为（　　）两大类。

A. 实体空间和虚拟空间　　B. 固定空间和可变空间

C. 静态空间和动态空间　　D. 肯定性空间和不定性空间

78. 依靠联想和“视觉完形性”划分的空间称为（　　）。

A. 可变空间　　B. 虚拟空间

C. 不规则空间　　D. 封闭空间

79. 私密性较强的封闭空间属于（　　）。

A. 实体空间　　B. 规则空间

C. 肯定空间　　D. 静态空间

80. 错层的设计属于（　　）形态

A. 动态空间　　B. 不规则空间

C. 虚拟空间　　D. 可变空间

81. 办公空间和教学空间属于空间组合方式中的（　　）组合。

A. 集中式组合　　B. 线形组合

C. 辐射式组合　　D. 组团式组合

82. 根据围合的高度不同，强围合的隔断高度在（　　）。

A. 1.4~1.8m 之间　　B. 2.0m

C. 1.8m 以上　　D. 1.6m 以上

83. 由隔断、隔墙、家具、设备等对空间进行的再划分形成的空间称为（　　）。

A. 封闭空间　　B. 固定空间

C. 可变空间　　D. 不定性空间

84. 在空间中引进自然景观如瀑布、小溪、阳光等，就形成了（　　）空间。

A. 开敞　　B. 不规则　　C. 不定性　　D. 动态

85. 采用套间式的房间属于（　　）。

A. 动态空间　　B. 封闭空间

C. 不定性空间　　D. 不规则空间

86. 在墙面上作壁龛属于（　　）形态。

A. 交错空间　　B. 凹入空间

C. 不规则空间　　D. 可变空间

87. 在建筑外墙上设有较大的窗洞时，便成为（　　）空间。

A. 开敞　　B. 动态　　C. 外凸　　D. 交错

88. 下列空间形态带有动态空间和不定空间特点的是（　　）。

A. 交错空间　　B. 开敞空间　　C. 可变空间　　D. 虚拟空间

89. 空间序列设计的客观依据是（　　）。

A. 空间的大小　　B. 人的行为模式

C. 空间的用途　　D. 空间的特点

90. 在空间序列的处理中，运用各种手段产生足够的吸引力是（　　）阶段。

A. 起始　　B. 过渡　　C. 高潮　　D. 终结

91. 在空间设计中，使用连续排列的柱列、灯具、柜台可体现空间的（　　）。

A. 连贯性　　B. 艺术性　　C. 导向性　　D. 单一性

92. 住宅空间和餐饮空间属于空间组合方式中的（　　）。

A. 集中式组合　　B. 组团式组合

C. 线形组合　　D. 辐射式组合

93. 各个空间之间相互联系紧密的空间组合方式称为（　　）。

A. 集中式组合　　B. 组团式组合

C. 网格式组合　　D. 辐射式组合

94. 用花格、构架、绿化等分隔空间的形式属于（　　）。

A. 象征性分隔　　B. 弹性分隔

C. 局部分隔　　D. 绝对分隔

95. 隔断物的高度在（　　）m 以上、高于一般人的视线高度时，具有强围合感。

A. 1.5　　B. 1.6　　C. 1.7　　D. 1.8

96. 在徒手绘制效果图时，需要表现反光的材质是（　　）。

A. 皮革　　B. 毛面花岗石

C. 抛光铜　　D. 油漆面

97. 墙面贴瓷砖时，弹出粘贴釉面砖的水平和垂直控制线，每隔（　　）左右在墙面上粘贴废瓷砖片作为标志块。

A. 2m　　B. 1.5m　　C. 3m　　D. 1m

98. 如果整个墙面贴砖，其釉面砖的粘贴高度应与顶棚的标高一致，从上到下按皮数计算，非整块应留到（　　）。

A. 最顶端　　B. 阴角　　C. 最下端　　D. 门窗处

99. 下面说法正确的是（　　）。

A. 底灰和贴砖时的粘贴层之间应抹结合层，厚度3~7mm

B. 瓷砖弹线分格，每隔1.5m左右在墙面上粘贴废瓷砖片作为标志块

C. 若抹灰不满，可以直接在灰浆不满的砖口处塞灰

D. 每贴好一皮砖，都要用木托条检查砖面的平整度

100. 陶瓷锦砖的镶贴程序是（　　）。

A. 基层处理→抹灰→弹线分格→抹粘贴层→揭纸→贴砖→拨缝→擦缝→清洁

B. 基层处理→抹灰→弹线分格→抹粘贴层→贴砖→揭纸→拨缝→擦缝→清洁

C. 基层处理→弹线分格→抹灰→抹粘贴层→贴砖→揭纸→拨缝→擦缝→清洁

D. 基层处理→抹灰→弹线分格→抹粘贴层→贴砖→揭纸→擦缝→拨缝→清洁

101. 陶瓷锦砖粘贴后揭纸的方向是（　　）。

A. 平行墙面的方向将纸揭下

B. 垂直墙面的方向将纸揭下

C. 与墙面成45°的方向将纸揭下

D. 与墙面成30°的方向将纸揭下

102. 在进行内墙涂料涂饰时，辊涂小面积的阴阳角时，用长度为（　　）mm的短辊筒

A. 80　　B. 100　　C. 120　　D. 140

103. 在进行彩色涂料弹涂时，用弹涂器将不同颜色的涂料弹在底漆上而形成（　　）mm 大小不等的扁圆形色点。

A. 2~4　　B. 2~5　　C. 3~6　　D. 5~8

104. 墙面在进行涂料喷涂时，喷涂所用空气压缩机的出料口应距墙面（　　）mm 左右。

A. 500　　B. 600　　C. 700　　D. 800

105. 壁纸阳角处严禁接缝，壁纸应裹过阳角不小于（　　），包角壁纸必须用粘接力较强的胶液。

A. 10mm　　B. 15mm　　C. 20mm　　D. 25mm

106. 墙面在进行塑料壁纸裱糊时要分格弹线，在墙面上弹出垂直线，两垂直线的宽度应小于壁纸幅宽（　　）mm。

A. 5~8　　B. 10~20　　C. 15~25　　D. 25~30

107. 壁纸在裱糊时，基层表面同样要刷胶，刷涂的宽度要比壁纸宽（　　）mm。

A. 5~10　　B. 10~15　　C. 15~20　　D. 20~30

108. 墙面进行锦缎裱糊时，裁料前要测量好墙面需要粘贴的长度，再加上（　　）mm 的裱糊余量

A. 50~80　　B. 80~100　　C. 100~150　　D. 150~200

109. 在裱糊前需要浸水的材料是（　　）。

A. 玻璃纤维墙布　　B 无纺布墙布

C. 塑料壁纸　　D. 锦缎

110. 悬吊式顶棚一般由（　　）构成

A. 吊筋、基层、面层　　B. 龙骨、基层、面层

C. 预埋件、基层、面层　　D. 构架、木龙骨、板材

111. 用于一般顶棚的钢筋应不小于（　　）mm

A. $\phi 5$　　B. $\phi 6$　　C. $\phi 7$　　D. $\phi 8$

112. 方木吊筋一般用于（　　）。

A. 重型顶棚　　B. 整体刚度要求高的顶棚

C. 格栅式顶棚　　D. 木质基层顶棚

113. 顶棚构造中主龙骨间距一般是（　　）。

A. 1.0～1.5m　　　　B. 1.0～1.2m

C. 1.2～1.5m　　　　D. 1.2～1.8m

114. 主龙骨通常为（　　）木方。

A. 50mm×50mm　　　　B. 50mm×70mm

C. 30mm×50mm　　　　D. 30mm×30mm

115. 吊顶工程中轻钢龙骨38系列适用于吊杆间距不大于（　　）的不上人顶棚。

A. 1.0m　　B. 1.1m　　C. 1.2m　　D. 1.3m

116. 吊顶工程中轻钢龙骨50系列，主龙骨可承受（　　）的检修荷载

A. 40kg　　B. 50kg　　C. 60kg　　D. 80kg

117. 铝合金龙骨中LT形主龙骨的轻型系列中龙骨的高度有（　　）。

A. 30mm和38mm　　　　B. 20mm和25mm

C. 25mm和30mm　　　　D. 30mm和35mm

118. 吊顶工程中，当吊杆长度大于（　　）时，应设置反支撑。

A. 1.2m　　B. 1.3m　　C. 1.4m　　D. 1.5m

119. 在用金属板作吊顶的工程中，为降低顶棚的自重，一般采用（　　）mm厚的板材。

A. 0.2　　B. 0.3　　C. 0.4　　D. 0.5

120. 在吊顶工程中，（　　）铝合金方板适用于吸声顶棚。

A. 开放型　　B. 封闭型　　C. 穿孔型　　D. 非穿孔型

121. 与照明布置关系极为紧密的吊顶形式是（　　）。

A. 金属方板顶棚　　　　B. 格栅式顶棚

C. 纸面石膏板顶棚　　　　D. 金属条板顶棚

122. 在进行墙面施工时，为防止墙面开裂应采用加强网，加强网与各基体的搭接宽度不应小于（　　）。

A. 60mm　　B. 80mm　　C. 100mm　　D. 120mm

123. 墙的饰面板与踢脚板交接时，踢脚板应凸出墙面（　　）mm左右。

A. 8　　B. 10　　C. 12　　D. 15

124. 墙面进行木质板材饰面时，所用木龙骨的间距是（　　）。

A. 200 ~ 500mm　　B. 300 ~ 500mm

C. 300 ~ 600mm　　D. 350 ~ 600mm

125. 墙面板材与踢脚板的连接方式，适用于护墙板与墙面之间距离较大的情况的是（　　）。

A. 外凸式　　B. 内凹式　　C. 齐平式　　D. 不做踢脚板

126. 墙面进行镜面玻璃饰面时，适用于小块镜面玻璃的方法是（　　）。

A. 木框固定　　B. 金属框固定

C. 圆头泡钉固定　　D. 玻璃胶固定

127. 在进行板材楼地面装饰时，进行正式铺贴前，在找平层上应浇一层（　　）mm 厚的素水泥浆。

A. 0.8　　B. 0.6　　C. 1.0　　D. 0.5

128. 在做大理石、花岗石和预制水磨石楼地面时，在面层铺贴前，先在基层上铺（　　）mm 厚的干硬性水泥砂浆

A. 20　　B. 30　　C. 40　　D. 50

129. 进行木质地面饰面时，实铺式木基层木格栅的间距是（　　）mm 左右。

A. 400　　B. 300　　C. 200　　D. 150

130. 在进行木材包柱的装饰施工时，一般选用（　　）mm 厚的木夹板作为基层板。

A. 3 ~ 5　　B. 3 ~ 9　　C. 5 ~ 9　　D. 9 ~ 12

131. 在进行石材包柱时，粘贴法适用于面积较小、厚度在（　　）mm 以下的板材。

A. 18　　B. 20　　C. 25　　D. 30

132. 在进行石材包柱时，钢筋网绑扎法中安装板材时用（　　）找阴阳角。

A. 靠尺　　B. 水平尺　　C. 方尺　　D. 直尺

133. 石材包柱施工时，钢筋网绑扎法的施工步骤是（　　）。

A. 设置钢筋网→试拼编号→板材背面开槽→绑扎板材→找平吊

直并临时固定→灌浆→养护→嵌缝

B. 设置钢筋网→板材背面开槽→试拼编号→绑扎板材→找平吊直并临时固定→灌浆→养护→嵌缝

C. 设置钢筋网→试拼编号→板材背面开槽→绑扎板材→找平吊直并临时固定→灌浆→嵌缝→养护

D. 设置钢筋网→试拼编号→绑扎板材→板材背面开槽→找平吊直并临时固定→灌浆→养护→嵌缝

134. 楼梯用木栏杆之间的距离大于（　　）mm 时，一般采用断开的转角木进行分段连接。

A. 100　　B. 200　　C. 300　　D. 400

135. 楼梯使用玻璃栏板时，全玻璃栏板应采用厚（　　）mm 以上的平板玻璃、钢化玻璃或夹丝玻璃。

A. 5　　B. 8　　C. 10　　D. 12

136. 用幕帐垂地、拉帘布的形式做的隔断属于（　　）。

A. 推拉式隔断　　B. 多功能活动半隔断

C. 软隔断　　D. 家具隔断

137. 在做轻钢龙骨隔墙时，50 系列的轻钢龙骨，竖龙骨间距 600mm 时的最大高度应控制在（　　）m 以下。

A. 2　　B. 3　　C. 4　　D. 5

138. 热源设备和散热设备分别设置，由热源通过管道向各个房间或各个建筑物供给热量的采暖方式叫（　　）。

A. 全面采暖　　B. 分散采暖　　C. 连续采暖　　D. 集中采暖

139. 饭店、宾馆的卧室温度一般应保持在（　　）℃。

A. 16～22　　B. 14～18　　C. 18～22　　D. 21～25

140. 阅览室的温度一般应保持在（　　）℃。

A. 16～20　　B. 18～22　　C. 21～25　　D. 16～22

141. 为使整个采暖房间保持一定的温度要求而设置的采暖方式叫（　　）。

A. 连续采暖　　B. 集中采暖　　C. 间歇采暖　　D. 全面采暖

142. 室内温湿度、洁净度、噪声等要求高时，使用（　　）空调系统。

A. 半集中式　B. 集中式　C. 全分散式　D. 半分散式

143. 在空调机房中，一个空调系统的服务面积不宜超过（　　）m^2。

A. 200　B. 300　C. 400　D. 500

144. 高层工业建筑室内消防竖管成环状且管道直径不小于（　　）mm。

A. 50　B. 70　C. 100　D. 150

145. 建筑高度不超过（　　）m 的工业与民用建筑物可以采用不分区的室内消防给水系统。

A. 20　B. 30　C. 40　D. 50

146. 阅览室一般采用（　　）。

A. 一般照明　B. 分区一般照明

C. 局部照明　D. 混合照明

147. 敞开式办公室的办公区和休息区一般采用（　　）。

A. 一般照明　B. 分区一般照明

C. 局部照明　D. 混合照明

148. 疏散通道中疏散照明的照度值不宜低于（　　）lx。

A. 0.5　B. 0.8　C. 1.0　D. 1.5

149. 住宅中卧室和餐厅的照明宜选用（　　）。

A. 无紫光源　B. 低色温光源

C. 隔紫灯具　D. 金属卤化物灯

150. 大理石、花岗石的普型板拼缝板材，正面与侧面的夹角不得大于（　　）。

A. 120°　B. 60°　C. 80°　D. 90°

151. 大理石属于（　　）。

A. 酸性石材　B. 碱性石材　C. 硬质石材　D. 中性石材

152. 花岗石属于（　　）。

A. 酸性石材　B. 碱性石材　C. 硬质石材　D. 中性石材

153. 下列关于花岗石的叙述，正确的是（　　）。

A. 花岗石板材是酸性石材，可以用于室内、外墙面、地面、柱面、台阶等

B. 花岗石板材有致密的结晶结构，晶粒越粗，则岩石强度越高，质地越好

C. 花岗石板材是全晶质结构，硬石材，为碱性石材

D. 花岗石耐火性好

154. Ⅰ类民用建筑工程内墙面和地面装修时，采用的花岗石应该是（ ）。

A. A类和B类　　B. E_1 类

C. Ⅰ类　　D. A类

155. Ⅰ类民用建筑工程内墙面和地面装修时，采用的大理石应该是（ ）。

A. A类和B类　　B. E_1 类

C. Ⅰ类　　D. A类

156. 下列板材中，属于花岗石的是（ ）。

A. 黑白根　B. 大花白　C. 大花绿　D. 印度红

157. 花岗石的质量等级可分为（ ）。

A. 优等品（A）、一等品（B）、合格品（C）

B. 优等品（A）、合格品（C）

C. 优等品（A）、一级品（C）

D. 一等品（B）、合格品（C）

158. 微晶玻璃型人造石材的质量等级可分为（ ）。

A. 优等品（A）、一等品（B）、合格品（C）

B. 优等品（A）、合格品（C）

C. 优等品（A）、一等品（B）

D. 一等品（B）、合格品（C）

159. 从材料的物相组成可以判定微晶板属于（ ）。

A. 水泥为胶结材料制成的人造石材

B. 陶瓷材料

C. 玻璃相和结晶相组成的质地坚实致密而均匀分布的复相材料

D. 玻璃体均质材料

160. 墙地砖的吸水率不超过（ ）。

A. 10%　B. 3%　C. 6%　D. 0.5%

161. 釉面砖的吸水率大于（　　）。

A. 10%　　B. 15%　　C. 5%　　D. 21%

162. 墙地砖按表面装饰可分为（　　）。

A. 炻瓷砖

B. 外墙砖、室内地面砖、广场砖、花园砖

C. 无釉墙地砖和有釉墙地砖（彩釉砖）

D. 炻质砖、细炻砖、炻瓷砖、瓷质砖

163. Ⅰ类民用建筑工程的室内装修时，必须选用具有（　　）限量指标的中密度纤维板及高密度纤维板。

A. E_0　　B. A　　C. E_2　　D. E_1

164. 我国规定以含水率为（　　）时木材的实测强度作为木材的强度。

A. 15%　　B. 10%　　C. 0%　　D. 20%

165. 国家标准规定实木地板的含水率应该为（　　）。

A. 0

B. 15%

C. 木材纤维饱和点

D. 在 7% 和我国各地区平衡含水率之间

166. 普通建筑玻璃可分为（　　）。

A. 普通平板玻璃和装饰平板玻璃

B. 平板玻璃、安全玻璃和装饰玻璃

C. 钢化玻璃、夹层玻璃和夹丝玻璃

D. 普通平板玻璃、装饰平板玻璃、特种玻璃和安全玻璃

167. 下列关于硬聚氯乙烯管的叙述，不正确的是（　　）。

A. 内壁光滑、阻力小，管内不结垢

B. 耐热性较高，可输送 90℃左右的介质

C. 属 B1 级难燃材料

D. 无毒，无污染，耐腐蚀，抗老化，可用于室内敷设

168. 有关 PP-R 管的叙述，不正确的是（　　）。

A. 保温绝热性能好

B. 无毒、卫生、耐腐蚀、不结垢

C. 连接牢固、不易渗漏

D. 适用于冷、热水管，可用作民用生活用热水、消防管道和工业管道

169. 通常为了消除生石灰中过火石灰在使用时的危害性，使用前必须进行（　　）处理。

A. 加热　　B. 加水陈伏　　C. 蒸养养护　　D. 碳化

170. 隐形变色发光涂料是一种能隐形、变色和发光的建筑内墙涂料，在自然光（即普通光）照射下呈白色，但在（　　）下呈现红、黄、蓝、绿、白、紫等各种色彩。

A. 绿光　　B. 红光　　C. 紫外线　　D. 日光灯光

171.（　　）适用于屋面、幕墙、门窗、内外墙饰面，还可用来制作栏杆扶手、壁画、装饰画边框、护栏、不锈钢包柱等。

A. 不锈钢薄板　　B. 搪瓷钢板

C. 彩色不锈钢板　　D. 彩色压型钢板

172. 有消声要求的建筑物中，应选用铝合金装饰板的种类为（　　）。

A. 铝合金花纹板　　B. 铝合金浅花纹板

C. 铝合金压型板　　D. 铝合金穿孔板

173. 聚氯乙烯塑料壁纸的质量等级可分为（　　）。

A. 优等品、一等品、合格品　　B. 一级品、二级品

C. 合格品、不合格品　　D. 优等品、合格品

174. 对室内抹灰墙面、柱面和门洞口的阳角做法，当设计无要求时应（　　）。

A. 采用1:2水泥砂浆做暗护角，护角高度不应低于1.8m

B. 护角高度不应低于1.8m，护角每侧宽度不应小于48mm

C. 采用1:3水泥砂浆做暗护角，护角每侧宽度不应小于50mm

D. 采用1:2水泥砂浆做暗护角，护角高度不应低于1.8m，护角每侧宽度不应小于50mm

175. 不同材料基体交接处表面的抹灰，当采用加强网时，加强网与各基体的搭接宽度不应小于（　　）。

A. 50mm　　B. 100mm　　C. 150mm　　D. 200mm

176. 抹灰工程中，当抹灰总厚度大于或等于（　　）时，应采取加强措施。

A. 20mm　B. 25mm　C. 30mm　D. 35mm

177. 滴水线（槽）应整齐顺直，滴水线应内高外低，滴水槽的宽度和深度均不应小于（　　）。

A. 20mm　B. 15mm　C. 30mm　D. 10mm

178. 木门窗制作与安装工程中，厚度大于（　　）mm 的门窗应用双榫连接。

A. 30　B. 40　C. 50　D. 60

179. 铝合金门窗推拉门窗扇开关力应不大于（　　）。

A. 30N　B. 50N　C. 100N　D. 150N

180. 安装塑料门窗时，窗框必须与拼樘料连接紧密，固定点间距应不大于（　　）。

A. 600mm　B. 500mm　C. 400mm　D. 300mm

181. 烟感器、喷淋头与灯具的间距不得小于（　　）。

A. 200mm　B. 250mm　C. 300mm　D. 350mm

182. 暗龙骨吊顶工程不需进行防腐处理的是（　　）。

A. 金属吊杆　B. 木龙骨　C. 石膏板　D. 金属龙骨

183. 下列各项中不属于暗龙骨吊顶工程安装应控制的允许偏差的是（　　）。

A. 表面平整度　B. 接缝高低差

C. 接缝直线距离　D. 接缝错开距离

184. 下列设备中，可以靠吊顶工程的龙骨承重的有（　　）。

A. 喷淋头　B. 电扇　C. 重型设备　D. 大型吊灯

185. 明装龙骨吊顶工程内填充吸声材料应有（　　）措施。

A. 防腐　B. 防散落　C. 防潮　D. 防火

186. 采用湿作业法施工的饰面板工程，石材应进行（　　）处理。

A. 防酸背涂处理　B. 防潮背涂处理

C. 防碱背涂处理　D. 防腐背涂处理

187. 下列饰面砖粘贴工程项目中应符合设计规定的是（　　）。

A. 饰面砖表面质量

B. 饰面砖粘贴工程的找平、防水和施工方法

C. 饰面砖上的孔洞套割

D. 饰面砖的接缝平直

188. 外墙饰面砖粘贴工程应在相同基层上做样板件，并对样板件的饰面砖粘接强度进行检验，其检验方法和结果判定应符合(　　)的规定。

A. 施工工艺标准

B. 设计

C. 业主与施工单位的合同

D. 《建筑工程饰面砖粘结强度检验标准》(JGJ110—1997)

189. 地面进行水泥砂浆面层施工时，可采用硅酸盐水泥、普通硅酸盐水泥，其强度等级应大于(　　)。

A. 32.5　　B. 32.5R　　C. 42.5　　D. 42.5R

190. 普通水磨石面层磨光遍数不应少于(　　)遍。

A. 1　　B. 2　　C. 3　　D. 4

191. 毛地板铺设时，木材髓心应向上，其板间缝隙不应大于(　　)，与墙之间应留(　　)的缝隙，表面应刨平。

A. 2mm，8~12mm　　B. 3mm，8~12mm

C. 2mm，6~10mm　　D. 3mm，6~10mm

192. 实木复合地板面层铺设时，相邻板材接头位置应错开不小于(　　)的距离，与墙之间留出不小于(　　)的缝隙。

A. 200mm，10mm　　B. 300mm，8mm

C. 200mm，8mm　　D. 300mm，10mm

193. 下列板材隔墙安装工程应符合设计要求的是(　　)。

A. 接缝顺直　　B. 表面平整度

C. 孔洞、槽、盒的位置　　D. 接缝方法

194. 下列不属于玻璃隔墙工程主控项目的是(　　)。

A. 玻璃板隔墙嵌缝

B. 玻璃板隔墙应使用安全玻璃

C. 玻璃板隔墙胶垫的安装

D. 所用材料的图案、颜色

195. 涂刷乳液型涂料时，混凝土或抹灰层含水率应小于（　　），木材基层的含水率应小于或等于（　　）。

A. 8%，12%　　B. 12%，10%

C. 10%，8%　　D. 12%，8%

196. 水性涂料涂饰工程施工环境的温度在（　　）之间。

A. 0～5℃　　B. 5～35℃　　C. 5～25℃　　D. 15～35℃

197. 新建建筑物的混凝土或抹灰基层，涂饰涂料前应涂刷（　　）封闭底漆。

A. 抗酸　　B. 防腐　　C. 抗碱　　D. 防水

198. 下列水性涂料涂饰工程施工应符合设计要求的是（　　）。

A. 涂饰工程的颜色和图案　　B. 涂饰均匀

C. 基层处理　　D. 不得漏涂

199. 裱糊前应用（　　）涂刷基层。

A. 底漆　　B. 底胶　　C. 封闭底漆　　D. 封闭底胶

200. 细部工程中，护栏玻璃应使用公称厚度不小于（　　）的钢化玻璃或钢化夹层玻璃。

A. 5mm　　B. 8mm　　C. 12mm　　D. 10mm

201. 当护栏一侧距楼地面高度达（　　）及以上时，应使用钢化夹层玻璃。

A. 3m　　B. 4m　　C. 5m　　D. 6m

202. 下列橱柜制作与安装工程应符合设计要求的是（　　）。

A. 配件应齐全　　B. 橱柜的固定方法

C. 柜门开关灵活、回位正确　　D. 橱柜安装牢固

203. 下列窗帘盒、窗台板和散热器罩制作与安装工程应符合设计要求的是（　　）。

A. 配件的品种、规格　　B. 表面平整、洁净、线条顺直

C. 柜门开关灵活、回位正确　　D. 安装应牢固

（二）**多选题**

1. 家具在室内环境中的作用有（　　）。

A. 组织并划分室内空间　　B. 体现风格

C. 调节室内环境的色彩　　D. 陶冶人们的审美情操
E. 应考虑人体尺度的要求

2. 按光线分配情况灯具可分为（　　）。
A. 直接照明　　B. 半间接照明
C. 间接照明　　D. 半直接照明
E. 漫射式照明

3. 色彩的三原色是指（　　）。
A. 红　　B. 紫　　C. 蓝　　D. 黄　　E. 绿

4. 下列颜色中互为补色的是（　　）。
A. 红与绿　　B. 黄与紫　　C. 蓝与橙　　D. 红与黄
E. 紫与青

5. 在照明设计中，影响照明质量的主要因素有（　　）。
A. 照度稳定性　　B. 照度均匀性
C. 适当的亮度分布性　　D. 照明设计的安全性
E. 照明的艺术性

6. 室内绿色陈设从种类上划分，主要可分为（　　）。
A. 盆栽　　B. 插花　　C. 盆景　　D. 观赏石
E. 观叶

7. 各种流派的盆景都具有自身的风格特点，盆景主要有（　　）。
A. 川派　　B. 徽派　　C. 岭南派　　D. 苏派
E. 扬派

8. 观赏石按地域可分为（　　）。
A. 山石　　B. 平原石　　C. 溪河石　　D. 海石
E. 祟意石

9. 卧室中的普通照明多选用（　　）。
A. 吊灯　　B. 吸顶灯　　C. 发光顶棚　　D. 落地灯
E. 各种嵌入式灯具

10. 住宅室内绿化通常（　　）。
A. 布置在室内的中心位置
B. 布置在不影响交通的墙边、角隅

C. 布置在厨房中
D. 利用悬、吊、壁龛、壁架等方式
E. 布置在交通流线上

11. 对客厅内摆放陈设品的要求是（　　）。
A. 可摆放一些大型的重点陈设品
B. 将大量小型装饰物品集中设置
C. 避免摆放过于富有刺激性的陈设品
D. 陈设品应热烈、活泼，可激发食欲
E. 特别注意格局，符合有主有次、有聚有散的原则

12. 在办公建筑中，依据灯具的布置方式可把照明分为(　　)。
A. 基本照明　　B. 功能性照明
C. 重点照明　　D. 装饰照明
E. 综合照明

13. 室内色彩的主要功能有（　　）。
A. 体现室内的功能　　B. 表现室内的风格
C. 调节室内光线效果　　D. 调节室内的空间感
E. 调节室内的冷暖感

14. 利用色彩的（　　）可调节人在室内的活动情绪。
A. 物理效应　B. 心理效应　C. 象征性　D. 染色效应
E. 识别效应

15. 色调从色性分有（　　）。
A. 统一色调　B. 对比色调　C. 冷色调　D. 中性色调
E. 暖色调

16. 室内色彩设计的依据有（　　）。
A. 使用功能的需要　　B. 空间的大小
C. 使用者的需要　　D. 空间的其他构成要素
E. 设计师的好恶

17. 灯光可以用来（　　）。
A. 丰富空间层次　　B. 决定空间风格
C. 增强物体的立体感　　D. 表现质感与肌理效果
E. 满足人们的心理需求

18. 测量工作应遵循的原则是（　　）。

A. 由整体到局部　　B. 由高级到低级

C. 先控制后碎部　　D. 由远及近

E. 由近及远

19. 测量的基本工作是（　　）。

A. 距离测量　B. 测定　C. 测设　D. 角度测量

E. 高差测量

20. 经纬仪的使用包括（　　）等程序

A. 对中　B. 整平　C. 瞄准　D. 读数

E. 调节角度

21. 建筑工程按体形可分为（　　）。

A. 单层建筑　B. 多层建筑　C. 高层建筑　D. 超高层建筑

E. 大跨度结构

22. 房屋的楼板搁置在墙上，楼板传来的荷载为（　　）

A. 永久荷载　B. 可变荷载　C. 固定荷载　D. 移动荷载

E. 分布荷载

23. 下列有关胶凝材料的说法正确的是（　　）。

A. 水硬性材料只能在水中硬化

B. 气硬性材料只能在空中硬化

C. 水玻璃属于水硬性材料

D. 石膏属气硬性材料

E. 水泥属水硬性材料

24. 下列对砖混结构房屋各组成部分的论述中，（　　）是正确的。

A. 墙是房屋的承重或围护构件

B. 楼板直接承受荷载，并把荷载传给支撑它的墙

C. 门窗承受着上面部分墙体的重量

D. 内墙只起分隔房间的作用，不承重

E. 屋顶是房屋顶部的围护构件和承重构件

25. 房屋在设置隔墙时，应考虑（　　）。

A. 保温　　B. 隔声

C. 有一定的承载能力　　　　D. 少占有效使用面积

E. 隔热

26. 砖混结构房屋中，承重的构件有（　　）。

A. 屋顶　　B. 楼板　　C. 基础　　D. 门窗

E. 墙体

27. 一幢民用建筑主要由（　　）以及门窗和屋顶等部分组成。

A. 地坪　　B. 基础　　C. 楼板　　D. 墙

E. 楼梯

28. 高层结构的主要结构形式有（　　）等。

A. 框架结构　　　　B. 框架—剪力墙结构

C. 剪力墙结构　　　D. 框支剪力墙结构

E. 筒体结构

29. 下列有关水泥的论述中，说法错误的是（　　）。

A. 水泥属水硬性材料　　　B. 硅酸盐水泥早期强度高

C. 矿渣水泥早期强度高　　D. 火山灰水泥干缩性小

E. 粉煤灰水泥抗裂性能好

30. 装饰材料的选用应考虑材料的（　　）因素。

A. 装饰性　　B. 耐久性　　C. 经济性　　D. 新型性

E. 安全性

31. 建筑结构的功能要求有（　　）。

A. 安全性　　B. 适用性　　C. 耐久性　　D. 稳定性

E. 可靠性

32. 下列有关石材的说法中，正确的有（　　）。

A. 大理石质地密实、抗压强度高

B. 花岗石耐风化性差，故不适用于室外装饰

C. 花岗石具有“千年石烂”之美称

D. 天然花岗石受热会体积膨胀甚至开裂

E. 大理石吸水率高易变形

33. 下列有关陶瓷的说法中，正确的有（　　）。

A. 釉面砖只适用于室内　　　B. 卫生洁具也属于陶瓷

C. 陶瓷锦砖俗称马赛克　　　D. 建筑琉璃制品也属于陶瓷

E. 釉面内墙砖吸水率较低

34. 下列有关木材的说法中，正确的有（　　）。

A. 木材的构造越紧密，收缩变形越小

B. 木材时干时湿最易腐朽

C. 木材的强度随着含水率的降低而降低

D. 木材的湿胀变形随着含水率的提高而变小

E. 木材的热导率较大，不宜作为保温绝热材料使用

35. 硅酸盐水泥适用于（　　）。

A. 大体积工程

B. 严寒地区处于水位升降范围内的混凝土

C. 要求快干快硬的混凝土

D. 气候干燥的环境

E. 有耐磨性要求的混凝土

36. 胶合板具有（　　）等特点

A. 平整美观　　B. 吸声性能好

C. 保温性好　　D. 抗裂性好

E. 构造不均

37. 陶瓷按用途进行分类，可分为（　　）。

A. 墙面砖　　B. 地面砖　　C. 陶瓷洁具　　D. 陶瓷壁画

E. 釉面砖

38. 以下属于吸声材料的是（　　）。

A. 软木板　　B. 水泥　　C. 地毯　　D. 三合板

E. 泡沫玻璃

39. 下列有关玻璃的说法正确的是（　　）。

A. 磨砂玻璃是用机械喷砂和研磨方法进行处理而成的

B. 钢化玻璃比普通玻璃强度大

C. 压花玻璃具有一定的防火性能

D. 夹层玻璃耐寒性好，可用于水下工程

E. 中空玻璃可作为防弹玻璃，是安全玻璃中的一种

40. 材料组合的基本原理是（　　）。

A. 秩序性　　B. 习惯性　　C. 对比性　　D. 共进性

E. 同一性

41. 钢材品质均匀致密，（ ）强度都很高。

A. 抗拉　B. 抗压　C. 抗弯　D. 抗剪切

E. 抗疲劳

42. 涂料按使用功能分为（ ）。

A. 防火涂料　B. 保温涂料

C. 溶剂性涂料　D. 水溶性涂料

E. 芳香涂料

43. 室内设计阶段分为（ ）。

A. 资料收集　B. 设计准备

C. 方案设计　D. 施工图设计

E. 设计实施

44. 室内设计的目的是通过创造室内空间环境为人服务，应满足人的（ ）需求。

A. 心理　B. 生理　C. 技术　D. 物质

E. 物理

45. 施工图预算的编制依据是（ ）。

A. 施工图　B. 施工方案　C. 设计图样　D. 预算定额

E. 材料预算价格

46. 居住者对于住宅空间的精神要求大致有（ ）几方面。

A. 物理环境需求　B. 生理需求

C. 私密性需求　D. 公共交往需求

E. 审美情趣需求

47. 设计工作确立全局观念，主要指对（ ）等的总体把握。

A. 空间与环境　B. 建筑物风格特征

C. 时代与文化背景　D. 地理环境

E. 用户需求

48. 室内装饰设计的目标是（ ）。

A. 满足使用功能的要求

B. 满足社会经济效益和社会环境效益

C. 满足人们心理和精神生活的需求

D. 满足实用美观的要求
E. 满足开发商的要求
49. 室内方案设计过程中的专业图示分为（　　）。
A. 概念设计图示表达　　B. 方案设计图示表达
C. 施工图设计图示表达　　D. 计算机辅助设计图示表达
E. 模型表达
50. 装饰设计在方案阶段要完成（　　）图样
A. 平面图　　B. 立面图
C. 顶棚平面图　　D. 效果图
E. 节点详图
51. 专业文本表达中的说明类文本有（　　）。
A. 概念设计说明　　B. 方案设计说明
C. 施工图设计说明　　D. 合同书
E. 备忘录
52. 方案设计阶段包含的步骤有（　　）。
A. 方案构思　　B. 方案设计
C. 完善方案设计　　D. 编制投标文件
E. 编制工程概算
53. 施工图设计包含的主要工作有（　　）。
A. 完善方案设计　　B. 提供装饰材料实物样板
C. 完成设计　　D. 完成施工文件
E. 编制工程预算
54. 施工图设计阶段要完成的图样内容有（　　）。
A. 平面图　　B. 立面图　　C. 节点大样　　D. 施工详图
E. 效果图
55. 工程投标书包括（　　）内容
A. 投标告示书　　B. 招标文件
C. 法人委托授权书　　D. 投标报价
E. 投标文件
56. 投影分为（　　）。
A. 正投影　　B. 中心投影　　C. 平行投影　　D. 斜投影

E. 垂直投影

57. 建筑装饰施工图中，（　　）字母不能用于标注定位轴线。

A. I　　B. O　　C. Z　　D. X　　E. Y

58. 在室内设计制图中，波浪线用于表现（　　）。

A. 不需要画全的断开界线　　B. 运动轨迹

C. 预想放置的装饰构件　　D. 构造层次的断开界线

E. 图形和图例的填充线

59. 装饰设计的立面施工图适用的比例有（　　）。

A. 1:100　　B. 1:50　　C. 1:30　　D. 1:200

E. 1:500

60. 装饰施工图中的字体应采用（　　）。

A. 仿宋　　B. 宋体　　C. 黑体　　D. 楷体

E. 隶书

61. 标题栏的内容包括（　　）。

A. 大图标　　B. 设计单位名称

C. 图样内容　　D. 工程名称

E. 工程负责人

62. 在装饰制图中不需要画全的断开界线用（　　）表示

A. 细实线　　B. 折断线　　C. 波浪线　　D. 细虚线

E. 点画线

63. 在标注定位轴线时，下列说法正确的是（　　）。

A. 轴线的圆直径应为 8～10mm

B. 轴线编号应注写在图样的上方和左方

C. 水平方向的定位轴线编号用阿拉伯数字表示

D. 附加轴线的分母表示编号，分子表示前一轴线的编号

E. 左方轴线编号顺序应从上到下

64. 装饰立面图的命名可根据（　　）。

A. 两端定位轴线号　　B. 东西南北方向指示

C. 立面索引符号　　D. 主要房间名称

E. 建筑物层数

65. 在装修过程中如果拆除墙扩洞，会（　　）。

A. 削弱墙体的截面　　B. 使房屋的刚度降低
C. 墙体的承载力下降　　D. 墙体的抗震能力下降
E. 影响结构的稳定性

66. 建筑工程施工测量的基本工作是（　　）。
A. 测图　B. 测设　C. 绘图　D. 识图
E. 测定

67. 荷载按空间位置的变化可分为（　　）。
A. 固定荷载　B. 可动荷载　C. 集中荷载　D. 分布荷载
E. 偶然荷载

68. 当前，我国采用（　　）质量评定程序进行质量检验评定。
A. 分项工程　B. 单项工程　C. 分部工程　D. 单位工程
E. 单体工程

69. 下列属于方案设计图样的是（　　）。
A. 施工图　B. 平面图　C. 立面图　D. 剖面图
E. 节点图

70. 空间的开敞程度取决于（　　）。
A. 空间私密性的强弱
B. 有无侧界面和侧界面的围合程度
C. 开洞的大小
D. 环境渗透性的强弱
E. 实墙使用的多少

71. 开敞空间的特征是（　　）。
A. 限定度小　　B. 私密性弱
C. 环境渗透性弱　　D. 有领域感
E. 界面清晰

72. 动态空间的特点是（　　）。
A. 有较强的围护感　　B. 视觉的导向性
C. 界面组织的连续性　　D. 形式的稳定性
E. 空间的开敞性

73. 不定性空间的特点是（　　）。
A. 模糊性　　B. 环境渗透性强

C. 领域感　　　　　　D. 灰色性
E. 私密性强

74. 下列属于规则空间与不规则空间的分类类型的是（　　）。
A. 肯定空间与不定空间　　B. 下沉空间与抬升空间
C. 交错空间　　　　　　D. 静态空间与动态空间
E. 实体空间与虚拟空间

75. 下列属于虚拟空间的构成方法的是（　　）。
A. 借用家具和陈设分隔空间　B. 用实墙分隔空间
C. 在室内引进自然景物　　D. 改变地面标高
E. 在墙面作壁龛

76. 下列属于室内设计水平要素的是（　　）。
A. 地面　　B. 墙面　　C. 隔断　　D. 顶棚
E. 家具

77. 影响空间围合感的因素有（　　）。
A. 围合的宽度　　　　B. 围合的高度
C. 围合的材料　　　　D. 围合的范围
E. 围合的长度

78. 围合感的强弱根据（　　）来确定
A. 功能的需要　　　　B. 环境的需要
C. 人们在空间中的行为方式　D. 隔断物的大小
E. 用户的要求

79. 隔断的围合强度与（　　）有关
A. 隔断的宽度　　　　B. 隔断材料的透明度
C. 隔断物的体积　　　D. 隔断面层的通透性
E. 空间大小

80. 改善后的空间应满足（　　）。
A. 功能上的要求　　　B. 结构上的要求
C. 视觉审美上的要求　　D. 整体环境的要求
E. 用户的要求

81. 改善空间效果主要指改善空间的（　　）。
A. 家具摆放　B. 色彩　　C. 虚实　　D. 主次

E. 层高

82. 湿纸裱纸法适用于（　　）。

A. 水彩效果图　　B. 喷笔效果图

C. 透明水色效果图　　D. 水粉效果图

E. 钢笔淡彩效果图

83. 贴砖时用木托条的作用是（　　）。

A. 支撑釉面砖　　B. 使釉面砖粘贴整齐

C. 防止釉面砖下坠　　D. 检查砖面平整度

E. 排除釉面砖内的气泡

84. 在装饰构造的做法中适用于装配方法的材料有（　　）。

A. 金属板材　B. 壁纸　C. 石膏板　D. 微薄木

E. 马赛克

85. 在装饰构造的做法中适用于粘贴方法的材料有（　　）。

A. 装饰块　B. 壁纸　C. 面砖　D. 玻璃板材

E. 矿面板

86. 按装饰面层与基层的关系，顶棚装饰的类型有（　　）。

A. 活动装配式顶棚　　B. 直接式顶棚

C. 构架式顶棚　　D. 分层式顶棚

E. 悬吊式顶棚

87. 按饰面材料与龙骨的关系，顶棚装饰的类型有（　　）。

A. 活动装配式顶棚　　B. 分层式顶棚

C. 平面式顶棚　　D. 固定式顶棚

E. 构架式顶棚

88. 顶棚的预埋件是屋面板或楼板与吊筋之间的连接件，主要起（　　）作用。

A. 连接　B. 支撑　C. 加固　D. 固定

E. 平衡

89. 常用的顶棚基层有（　　）。

A. 塑料基层　B. 金属基层　C. 木质基层　D. 石膏板基层

E. 铝制基层

90. 龙骨是轻钢龙骨和铝合金龙骨都有的龙骨造型是（　　）。

A. T形　　B. C形　　C. U形　　D. L形
E. LT形

91. 顶棚面层灯具的安装形式有（　　）。
A. 嵌入式　　B. 吸顶式　　C. 吊挂式　　D. 暗藏式
E. 轨道式

92. 在做石材类墙体饰面时，适用于小规格的板材及小面积的饰面的方法是（　　）。
A. 灌挂固定法　　B. 树脂胶粘贴法
C. 聚酯砂浆固定法　　D. 干挂法
E. 湿挂法

93. 条形木地板铺贴的主要形式有（　　）。
A. 企口钉铺　　B. 错缝式钉铺
C. 规则式钉铺　　D. 无规则式钉铺
E. 对缝式钉铺

94. 地毯铺设的方法有（　　）。
A. 活动式　　B. 胶粘式　　C. 固定式　　D. 局部铺设
E. 满铺式

95. 石材包柱的做法有（　　）。
A. 钢筋网绑扎法　　B. 聚酯砂浆固定法
C. 干挂法　　D. 灌挂固定法
E. 粘贴法

96. 全分散式空调系统适用于（　　）的房间。
A. 面积不大、各室使用时间不一致
B. 各室的使用时间相同
C. 布置较为分散
D. 室内温湿度、洁净度、噪声等要求高
E. 面积大、层高较低、风管不宜布置

97. 煤气加热器的特点是（　　）。
A. 无二次污染
B. 卫生，热效率高
C. 适用于厨房、卫生间距离不远的房间

D. 水温波动大

E. 噪声大

98. 下列关于大理石的叙述，正确的是（　　）。

A. 大理石属碱性石材，抗风化性能和耐酸性能较差，因此除极少数石材以外，大理石磨光板材一般不宜用于室外饰面

B. 大理石属酸性石材，不怕酸雨，因此，可用于室内外墙面、地面、柱面、台阶等

C. 大理石具有独特的装饰效果，有纯色及花斑两系列，品种多、色泽鲜艳、材质细腻

D. 大理石的质量等级可分为优等品（A）、一等品（B）

E. 大理石硬度较高，不易加工

99. 下列关于花岗石的叙述，正确的是（　　）。

A. 花岗石属碱性石材，抗风化性能和耐酸性能较差，因此除极少数石材以外，花岗石磨光板材一般不宜用于室外饰面

B. 花岗石属酸性石材，不怕酸雨，因此，可用于室内外墙面、地面、柱面、台阶等

C. 花岗石具有独特的装饰效果，外观常呈均匀粒状结构，有斑点状花纹

D. 某些花岗石含有对人体健康有危害的放射性元素

E. 花岗石中等硬度，易加工

100. 下列装饰石材中，属于大理石的有（　　）。

A. 印度红　　B. 黑金砂　　C. 啡网纹　　D. 大花白

E. 啡钻

101. 微晶板按外形分类，可分为（　　）。

A. 普型板　　B. 镜面板　　C. 亚光面板　　D. 异型板

E. 圆弧板

102. 下列关于陶瓷锦砖的描述，正确的是（　　）。

A. 陶瓷锦砖又称马赛克（Mosaic），是指由具有各种色彩和形状的小块砖镶拼成的各种花色图案的陶瓷制品

B. 陶瓷锦砖可分为有釉陶瓷锦砖和无釉陶瓷锦砖

C. 陶瓷锦砖的质量等级可分为一级品、二级品、三级品

D. 陶瓷锦砖具有质地坚硬、吸水率低、强度高、耐磨、耐腐、耐水、抗火、抗冻、形状色彩多、可按设计拼图等特性，具有独特的装饰效果

E. 陶瓷锦砖适用于室内外墙面、室内地面、花园小径等装饰

103. 下列属于木材优点的是（　　）。

A. 轻质高强，具有弹性和韧性，抗震、抗冲击性能好

B. 具有天然花纹，易加工涂饰，装饰效果好，无毒无放射性

C. 长期处在干燥环境中，不易导电，耐久性好

D. 随环境的温度、湿度变化，其形状尺寸也随之变化

E. 含水率低，具有湿胀干缩性能

104. 下列属于细木工板特点的是（　　）。

A. 质地坚硬、花纹美观

B. 用刨花、木屑、木丝、短小废木料等经胶粘热压而成

C. 隔声隔热、材质均匀

D. 利用木材小料制造大幅面板，可提高木材使用率

E. 质量等级分为一等品和二等品

105. 下列玻璃中，（　　）属于安全玻璃。

A. 夹层玻璃　B. 钢化玻璃　C. 中空玻璃　D. 夹丝玻璃

E. 花纹玻璃

106. 下列对于玻璃空心砖的描述中，正确的有（　　）。

A. 一种带有干燥空气层的空腔且周边密封的玻璃制品

B. 可用于非承重墙、承重墙、顶棚、地面的装饰

C. 具有透光不透视、保温隔热性能好、抗压强度高的特性

D. 玻璃砖安装时，可根据需要进行切割加工

E. 易结雾，不耐磨，不防水

107. 目前常用的饮用水和冷热水管是（　　）。

A. PVC-U 管　　B. PP-R 管

C. PE 管　　D. 镀锌钢管

E. 芯层发泡硬聚乙烯管

108. 塑料贴面装饰板又称为（　　）。

A. 防火板　　B. 三聚氰氨树脂装饰板

C. PVC 板　　　　　　　　D. PE 塑料装饰板

E. 千思板

109. 下列关于合成树脂乳液（内墙乳胶漆）的叙述正确的是（　　）。

A. 以合成树脂乳液为主要成膜物质（基料）的薄型涂料

B. 无毒、无味、不燃、易加工、干燥快、透气性好、附着力强

C. 施工环境温度不受限制

D. 耐水性、耐碱性、耐候性好，装饰效果好

E. 适宜用于内墙涂饰，也可用于外墙

110. 下列关于涂料的叙述中，正确的是（　　）。

A. 乙丙内墙乳胶漆适用于外墙及室内潮气较大的部位

B. 聚醋酸乙烯涂料适用于外墙及潮气较大的室内装修

C. 苯丙乳胶漆是一种高档的内墙涂料，同时也是一种较好的价格适中的外墙涂料

D. 氯偏共聚乳液内墙涂料适用于工业与民用建筑的内墙装饰和保护，用于地下建筑工程和山中洞库的防潮效果更为显著

E. 膨胀珍珠岩喷浆涂料是一种能隐形、变色和发光的内墙涂料

111. 轻钢龙骨强度高，通用性广，安装方便，是一种不燃材料，因此常与（　　）配套使用。

A. 水泥压力板　　　　　　　B. 岩棉板

C. 纸面石膏板　　　　　　　D. 装饰石膏板

E. 胶合板

112. 下列关于壁纸、壁布的叙述，正确的是（　　）。

A. 墙纸、墙布总称为壁纸，是一种人造装饰材料

B. 壁纸、壁布除具有装饰功能外，还具备其他多种功能，如遮盖、隔热、防毒、防臭、防火等

C. 壁纸是以纸为基层，表面覆盖不同材料，经特殊处理而成

D. 壁布是以天然纤维布或人造纤维布为基层，面层涂以树脂并印刷各种图案和色彩的装饰材料

E. 聚氯乙烯塑料壁纸的等级可分为优等品和合格品

113. 地面找平层应做到（　　）。

A. 泛水找顺
B. 地漏应低于找平层最低处至少 20mm
C. 施工时结构层标高和预留孔洞位置应准确，严禁乱凿洞
D. 地漏应低于找平层最低处至少 10mm
E. 四周砖墙应抹找平层，阴角为直角，门口处应降低

114. 下列说法正确的是（　　）。
A. 水泥砂浆不得抹在石灰砂浆层上
B. 石灰砂浆可抹在水泥砂浆层上
C. 罩面石灰膏不得抹在水泥砂浆层上
D. 罩面石灰膏可抹在水泥砂浆层上
E. 水泥砂浆抹灰层应在干燥条件下养护

115. 木门窗制作与安装工程中，要求（　　）。
A. 采用烘干的木材
B. 人造板甲醛含量应符合设计要求
C. 防火、防腐、防虫处理符合设计要求
D. 采用含水率不超过 10% 的木材
E. 埋入砌体或混凝土中的木砖可不进行防腐处理

116. 下列铝合金门窗框与砌体固定方法错误的是（　　）。
A. 门窗框上的拉接件与洞口墙体的预埋钢板焊接
B. 射钉固定
C. 墙体打孔砸入钢筋与门窗框上的拉接件焊接
D. A、C 混用
E. 用胶粘贴

117. 下列对塑料门窗工程安装方法描述正确的有（　　）。
A. 可以采用边安装边砌口或先安装后砌口的方法施工
B. 塑料门窗框、副框和扇的安装必须牢固
C. 固定片或膨胀螺栓的数量与位置应正确，连接方式应符合设计要求
D. 固定点应距离角、中横框、中竖框 150 ~ 200mm
E. 固定点间的距离不小于 600mm

118. 暗龙骨吊顶工程施工质量控制的主控项目包括（　　）。

A. 吊顶标高、尺寸、起拱和造型
B. 饰面材料质量要求
C. 饰面板上的灯具、烟感器位置
D. 吊顶龙骨的安装间距
E. 吊顶龙骨的连接方式
119. 明龙骨吊顶工程施工质量控制主控项目应包括（ ）。
A. 饰面材料的图案和颜色
B. 吊顶标高、尺寸、起拱和造型
C. 防腐、防火处理
D. 吊顶内填充吸声材料的品种
E. 吊顶内填充吸声材料的铺设厚度
120. 下列选项中属于饰面板安装工程的主控项目的是（ ）。
A. 饰面板孔、槽的数量、位置和尺寸
B. 后置埋件现场拉拔强度
C. 湿作业法防碱背涂处理
D. 表面平整、无裂纹和缺损
E. 石材表面应无泛碱等污染
121. 活动地板面层施工的质量要求是（ ）。
A. 面层材质符合设计要求
B. 面层承载力不小于 7.5MPa
C. 行走无响声，无摆动
D. 面层承载力不小于 6.5MPa
E. 活动地板面层应无裂纹
122. 实木地板面层铺设质量要求是（ ）。
A. 采用实木制作的踢脚线，背面应抽槽并做防腐处理
B. 木格栅应垫实钉牢，与墙之间应留出 20mm 的缝隙
C. 木格栅安装应牢固，平直
D. 面层铺设应牢固，粘接无空鼓
E. 木格栅、垫木等不必做防腐处理
123. 大理石面层和花岗石面层铺设质量要求有（ ）。
A. 大理石、花岗石面层采用天然大理石、花岗石板材，应在结

合层上铺设

B. 铺设大理石、花岗石面层前，板材应保持潮湿

C. 大理石、花岗石面层所用板块的品种、质量应符合设计要求

D. 面层与下一层应结合牢固，无空鼓

E. 结合层与板材应分段同时铺设

124. 固定式地毯铺设应符合的规定有（　　）。

A. 地毯不应与基层粘贴

B. 铺设的地毯张拉应适宜，四周卡条应固定牢，门口处应用金属压条等固定

C. 地毯周边应塞入卡条和踢脚线之间的缝中

D. 固定地毯用的金属卡条（倒刺板），金属压条、专用双面胶带必须符合设计要求

E. 与不同材质的建筑地面连接处，应按设计要求收口

125. 板材隔墙工程施工质量要求是（　　）。

A. 接缝应均匀、顺直

B. 孔洞、槽、盒位置应正确

C. 隔墙板材的品种、规格、性能、颜色应符合设计要求

D. 连接件的位置、数量、连接方法应符合设计要求

E. 板材允许有轻微的裂缝或缺损

126. 下列属于普通水性涂料涂饰工程施工质量要求的是（　　）。

A. 不得出现泛碱、咬色现象

B. 涂饰均匀，不得漏涂

C. 木材基层的含水率大于10%

D. 基层处理符合规范要求

E. 颜色、图案符合设计要求

127. 涂饰工程的基层处理中对基层含水率的正确要求是（　　）。

A. 涂刷乳液型涂料时，基层含水率应小于等于10%

B. 木材基层的含水率应小于等于12%

C. 混凝土或抹灰基层涂刷溶剂型涂料时，含水率应小于等于

8%

D. 涂刷乳液型涂料时，基层含水率应小于等于8%

E. 混凝土或抹灰基层的含水率应小于等于12%

128. 裱糊前，对基层处理的正确要求是（　　）。

A. 混凝土或抹灰层含水率应大于8%

B. 应在新建建筑物的混凝土或抹灰层墙面刮腻子前涂刷抗碱封闭底漆

C. 应在旧墙面裱糊前清除旧装修层，并涂刷界面剂

D. 基层表面颜色要求一致

E. 基层应用封底胶涂刷

129. 下列裱糊工程施工技术的控制要点正确的有（　　）。

A. 壁纸、墙布应粘贴牢固，不得有漏贴、补贴、脱层、空鼓和翘边

B. 拼接处花纹、图案应吻合

C. 壁纸、墙布与各种装饰线、设备线盒应交接严密

D. 裱糊后的壁纸、墙布表面应平整，色泽应一致

E. 壁纸、墙布阳角处搭接应顺光、阴角处应无接缝

130. 软包工程对材料的质量要求是（　　）。

A. 面料、内衬材料及边框的燃烧性能应符合国家标准

B. 表面应平整、洁净

C. 边框应平整、顺直，接缝吻合

D. 有害物质限量应符合国家标准

E. 木材含水率符合国家现行标准

131. 下列属于橱柜制作与安装工程质量要求的是（　　）。

A. 表面平整、洁净、色泽一致

B. 材料的燃烧性能等级符合设计要求及国家现行标准的有关规定

C. 材料的含水率符合设计要求及国家现行标准的有关规定

D. 柜门开关灵活、回位正确

E. 配件应齐全，安装应牢固

132. 下列属于窗帘盒、窗台板和散热器罩制作与安装工程质量

要求的是（　　）。

A. 造型、尺寸、安装位置应符合设计要求及国家现行标准的有关规定

B. 材料的材质、规格应符合设计要求及国家现行标准的有关规定

C. 表面平整、洁净、线条顺直

D. 窗帘盒配件的品种、规格应符合设计要求

E. 配件安装应牢固

技能要求试题

一、现代风格的家庭居室室内设计

1. 设计任务

某地区某业主拟对其一居室进行室内设计。该居室层高为3.1m，地坪至楼板底净高2.95m，地坪至梁底净高2.70m，窗台高度0.60m，窗高2.00m。户型平面图如图1所示。

2. 设计要求

1）满足中年工人夫妻二人、一男孩（中学生）和一老人的生活需要。

2）功能布局合理，流线顺畅，舒适温馨，色调明快。

3）造型简洁，体现现代气息。

3. 居室内房间的组成内容

客厅、餐厅、厨房、主卧室、男孩房、老人房、卫生间以及储藏室。

4. 设计时间

在6h内完成全部设计内容。

5. 图样内容及比例要求

1）平面布置图1张（1:50），应注明房间名称。

2）顶棚平面图1张（1:50），应注明材料名称。

3）手绘客厅效果图1张，表现手法不限。

6. 设计配分、评分标准

按百分制打分，各项所占分值如下：

1）满足业主的使用要求，适应不同年龄家庭成员的需要。（30分）

2）完成规定的设计图样。（20分）

3）达到方案的设计深度。（20分）

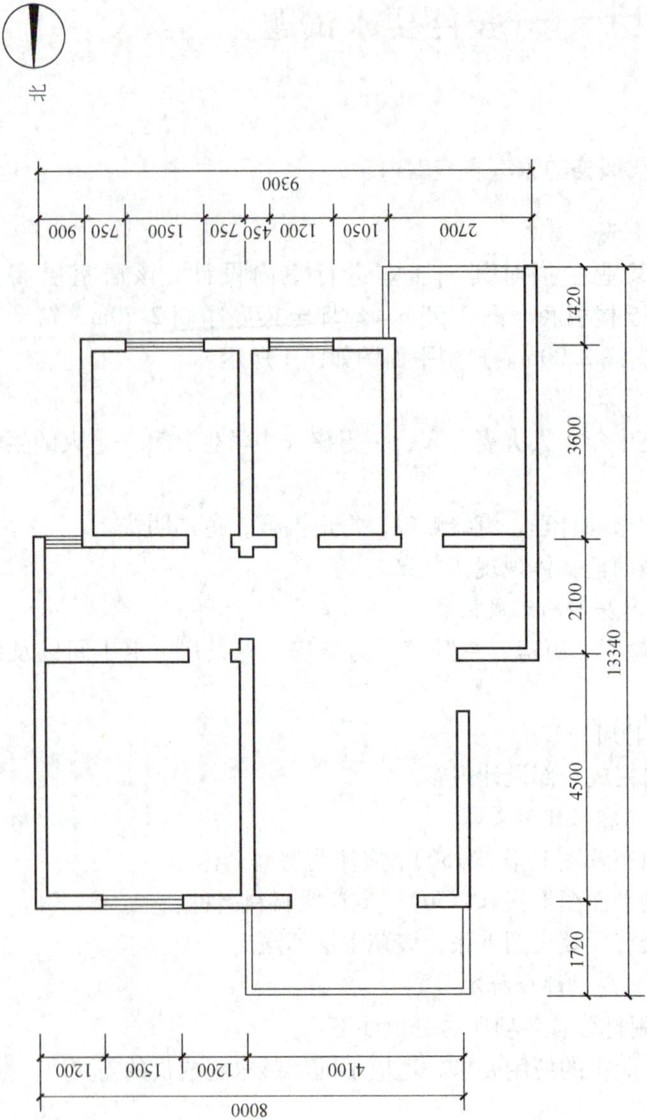
北
9300
900
750
1500
750
450
1200
1050
2700
1420
3600
2100
4500
1720
13340
1200
1500
1200
4100
8000

图 1　户型平面图

4）较好地反映设计风格。（20 分）

5）符合制图的标准。（10 分）

二、中式风格的家庭居室室内设计

将图 1 所示家庭居室设计成中式风格装饰，其余条件和要求均相同。

三、欧式风格的家庭居室室内设计

将图 1 所示家庭居室设计成欧式风格装饰，其余条件和要求均相同。

模拟试卷样例

一、判断题（对画√，错画×，画错倒扣分；每题1分，共20分）

1. 普通照明为空间提供基本的照明，要求照明器的匀布性和照明的均匀性。（ ）

2. 中式仿古灯具在材料上常常选择比较考究的焊锡、铜、铁艺、水晶等。（ ）

3. 如果室内空间的色调灰暗，选择的大体量的陈设品应取高纯度的色彩，而小体量的陈设品则应选择高明度的色彩。（ ）

4. 古希腊建筑的基本柱式主要有陶立克、爱奥尼和科林斯三种。（ ）

5. 印度佛教石窟的开凿，大约始于孔雀帝国的阿育王时代。（ ）

6. “水晶宫”是1851年英国伦敦世界首届万国博览会的展示场所，是人们用来展示工业革命成果的场所，整个建筑集中了当时工业革命的技术成果，即采用标准的构件、组装的工艺和大尺度的材料规格来组织空间。（ ）

7. 平面图、立面图、剖面图、透视图和施工图都属于方案设计图。（ ）

8. 方案设计图中的尺寸要求注图比以及注明详细尺寸；立面图只出主要立面，不需画出大样图和节点图。（ ）

9. 施工图是室内设计意图最直接的表达，是指导工程施工的主要参照依据。（ ）

10. 在平面布置时，为保证房屋的横向刚度，应隔一定的间隔距离设置保证房屋横向刚度的刚性隔墙。（ ）

11. 有机玻璃是一种具有极好透光性的热塑性塑料。（ ）

12. 生石灰和消石灰粉在使用前应进行陈伏处理，前者陈伏是为了使石灰浆体具有良好的可塑性，后者陈伏的目的是消除过火石灰的危害。（ ）

13. 水泥不宜受潮和混入杂物，贮存时间不宜过长，一般贮存时间不应超过 3 个月。（ ）

14. 施工中需要变更的事由很多，较为常见的有来自建设单位的因素、来自施工方的因素、来自监理工程师的因素、第三方因素以及设计单位的因素。（ ）

15. 分项工程质量检查时常用的方法可以归纳为“看”、“摸”、“敲”、“照”、“靠”、“吊”、“量”、“套”八种方法。（ ）

16. 在吊顶中金属板与龙骨连接，板厚 0.8mm 以下、板宽 100mm 以下的板条应使用钉接法。（ ）

17. 在墙面做石材饰面，树脂胶粘贴适合于小面积的板材。（ ）

18. 墙的饰面板与踢脚板的交接，一般有两种做法：一是墙面凸出踢脚板；二是踢脚板凸出墙面 20mm 左右。（ ）

19. 大理石板铺地时应首先进行试铺，目的是检查板面的厚度、尺寸、色彩、纹理的差别及铺垫砂浆的平整度。（ ）

20. 条形木地板铺贴的主要形式有错缝式钉铺、无规则式钉铺等。（ ）

二、选择题（将正确答案的序号填入括号内；每题 2 分，共 80 分）

（一）单选题

1. 文艺复兴时期建筑师设计教堂的理想空间是（ ）。

A. 十字式　B. 中心化　C. 拉丁式　D. 巴西利卡式

2. 中国美术史上，元四家指的是王蒙、吴镇、倪瓒和（ ）。

A. 刘松年　B. 马远　C. 夏圭　D. 黄公望

3. （ ）被称为西方现代艺术的起源。

A. 野兽主义　B. 立体主义

C. 后印象主义　D. 风格主义

4. 拜占庭建筑最光辉的代表作是位于君士坦丁堡的（　　）。

A. 圣马可教堂　　B. 圣索菲亚大教堂

C. 格拉查尼茨教堂　　D. 圣德尼教堂

5. 在中国山水画中，勾勒设色、金碧辉煌、富于装饰意味者称金碧山水或（　　）。

A. 水墨山水　B. 青绿山水　C. 浅绛山水　D. 没骨山水

6. （　　）形态是应用采光装置，使 60% ~90% 的光线往上投射，只有 10% ~40% 的光线经由顶棚或墙壁再往下反射。

A. 直接采光　　B. 半直接采光

C. 间接采光　　D. 半间接采光

7. 框架—剪力墙结构中，剪力墙是指承担（　　）很大的墙，是抵抗水平力的主要构件，承受很大的剪力和弯矩。

A. 抗侧力刚度　　B. 水平刚度

C. 纵向刚度　　D. 横向刚度

8. 测定点的坐标的主要工作是（　　）。

A. 测量水平距离　　B. 测量水平角

C. 测量水平距离和水平角　　D. 测量竖直角

9. 从内部空间形成的过程看，内部空间可分为（　　）两大类。

A. 实体空间和虚拟空间　　B. 固定空间和可变空间

C. 静态空间和动态空间　　D. 肯定性空间和不定性空间

10. 住宅中卧室和餐厅的照明宜选用（　　）。

A. 无紫光源　　B. 低色温光源

C. 隔紫灯具　　D. 金属卤化物灯

11. （　　）使界面给人以向前进的感觉。

A. 低明度的色彩　　B. 低彩度的色彩

C. 暖色调　　D. 冷色调

12. 有关 PP-R 管的叙述，不正确的是（　　）。

A. 保温绝热性能好

B. 无毒、卫生、耐腐蚀、不结垢

C. 连接牢固、不易渗漏

D. 适用于冷、热水管，可用作民用生活用热水、消防管道和工业管道

13. 下列各种比例尺的地形图中，比例尺最小的是（　　）。

A. 1:2000　　B. 1:500　　C. 1:10000　　D. 1:5000

14. 水准仪应满足的主要条件是（　　）。

A. 横丝应垂直于仪器的竖轴

B. 望远镜的视准轴不因调焦而变动位置

C. 水准管轴应与望远镜的视准轴平行

D. 圆水准器轴应平行于仪器的竖轴

15. 隔断物的高度在（　　）m 以上、高于一般人的视线高度时，具有强围合感。

A. 1.5　　B. 1.6　　C. 1.7　　D. 1.8

16. 普通建筑玻璃可分为（　　）。

A. 普通平板玻璃和装饰平板玻璃

B. 平板玻璃、安全玻璃和装饰玻璃

C. 钢化玻璃、夹层玻璃和夹丝玻璃

D. 普通平板玻璃、装饰平板玻璃、特种玻璃和安全玻璃

17. 花岗石的质量等级可分为（　　）。

A. 优等品（A）、一等品（B）、合格品（C）

B. 优等品（A）、合格品（C）

C. 一等品（B）、合格品（C）

D. 一等品（B）、合格品（C）

18. 当护栏一侧距楼地面高度达（　　）及以上时，应使用钢化夹层玻璃。

A. 3m　　B. 4m　　C. 5m　　D. 6m

19. 安装塑料门窗时，窗框必须与拼樘料连接紧密，固定点间距应不大于（　　）。

A. 600mm　　B. 500mm　　C. 400mm　　D. 300mm

20. 墙面进行锦缎裱糊时，裁料前要测量好墙面需要粘贴的长度，再加上（　　）mm 的裱糊余量。

A. 50 ~ 80　　B. 80 ~ 100　　C. 100 ~ 150　　D. 150 ~ 200

（二）多选题

1. 下列有关木材的说法中，正确的有（　　）。

A. 木材的构造越紧密，收缩变形越小

B. 木材时干时湿最易腐朽

C. 木材的强度随着含水率的降低而降低

D. 木材的湿胀变形随着含水率的提高而变小

E. 木材的热导率较大，不宜作为保温绝热材料使用

2. 色彩的三原色是指（　　）。

A. 红　　B. 紫　　C. 蓝　　D. 黄　　E. 绿

3. 标题栏的内容包括（　　）。

A. 大图标　　B. 设计单位名称

C. 图样内容　　D. 工程名称

E. 工程负责人

4. 改善后的空间应满足（　　）。

A. 功能上的要求　　B. 结构上的要求

C. 视觉审美上的要求　　D. 整体环境的要求

E. 用户的要求

5. 下列属于普通水性涂料涂饰工程施工质量要求的是（　　）。

A. 不得出现泛碱、咬色现象

B. 涂饰均匀，不得漏涂

C. 木材基层的含水率大于10%

D. 基层处理符合规范要求

E. 颜色、图案符合设计要求

6. 下列玻璃中，（　　）属于安全玻璃。

A. 夹层玻璃　　B. 钢化玻璃　　C. 中空玻璃　　D. 夹丝玻璃

E. 花纹玻璃

7. 室内装饰设计的目标是（　　）。

A. 满足使用功能的要求

B. 满足社会经济效益和社会环境效益

C. 满足人们心理和精神生活的需求

D. 满足实用美观的要求

E. 满足开发商的要求

8. 测量工作应遵循的原则是（　　）。

A. 由整体到局部　　B. 由高级到低级

C. 先控制后碎部　　D. 由远及近

E. 由近及远

9. 顶棚面层灯具的安装形式有（　　）。

A. 嵌入式　　B. 吸顶式　　C 吊挂式　　C. 暗藏式

E. 轨道式

10. 施工图预算的编制依据是（　　）。

A. 施工图　　B. 施工方案　　C. 设计图样　　D. 预算定额

E. 材料预算价格

11. 围合感的强弱根据（　　）来确定。

A. 功能的需要　　B. 环境的需要

C. 人们在空间中的行为方式　　D. 隔断物的大小

E. 用户的要求

12. 利用色彩的（　　）可调节人在室内的活动情绪。

A. 物理效应　　B. 心理效应　　C. 象征性　　D. 染色效应

E. 识别效应

13. 下列属于规则空间与不规则空间的分类类型的是（　　）。

A. 肯定空间与不定空间　　B. 下沉空间与抬升空间

C. 交错空间　　D. 静态空间与动态空间

E. 实体空间与虚拟空间

14. 装饰设计的立面施工图适用的比例有（　　）。

A. 1:100　　B. 1:50　　C. 1:30　　D. 1:200

E. 1:500

15. 装饰施工图中的字体应采用（　　）。

A. 仿宋　　B. 宋体　　C. 黑体　　D. 楷体

E. 隶书

16. 裱糊前，对基层处理的正确要求是（　　）。

A. 混凝土或抹灰层含水率应大于8%

B. 应在新建建筑物的混凝土或抹灰层墙面刮腻子前涂刷抗碱封

闭底漆

C. 应在旧墙面裱糊前清除旧装修层，并涂刷界面剂

D. 基层表面颜色要求一致

E. 基层应用封底胶涂刷

17. 室内方案设计过程中的专业图示表达有（　　）。

A. 概念设计图示表达　　B. 方案设计图示表达

C. 施工图设计表达　　D. 计算机辅助设计图示表达

E. 模型表达

18. 下列属于方案设计图样的是（　　）。

A. 施工图　　B. 平面图　　C. 立面图　　D. 剖面图

E. 节点图

19. 下列属于窗帘盒、窗台板和散热器罩制作与安装工程质量要求的是（　　）。

A. 造型、尺寸、安装位置应符合设计要求及国家现行标准的有关规定

B. 材料的材质、规格应符合设计要求及国家现行标准的有关规定

C. 表面平整、洁净、线条顺直

D. 窗帘盒配件的品种、规格应符合设计要求

E. 配件安装应牢固

20. 当前，我国采用（　　）质量评定程序进行质量检验评定。

A. 分项工程　　B. 单项工程　　C. 分部工程　　D. 单位工程

E. 单体工程

答案部分

一、判断题

1. ✓	2. ×	3. ✓	4. ×	5. ✓	6. ✓	7. ×	8. ×
9. ✓	10. ✓	11. ×	12. ×	13. ✓	14. ×	15. ×	16. ×
17. ✓	18. ×	19. ✓	20. ×	21. ×	22. ×	23. ✓	24. ✓
25. ✓	26. ×	27. ×	28. ✓	29. ×	30. ×	31. ×	32. ✓
33. ×	34. ✓	35. ✓	36. ×	37. ✓	38. ✓	39. ✓	40. ×
41. ✓	42. ✓	43. ✓	44. ✓	45. ✓	46. ✓	47. ✓	48. ✓
49. ✓	50. ✓	51. ✓	52. ✓	53. ✓	54. ✓	55. ✓	56. ✓
57. ✓	58. ✓	59. ✓	60. ✓	61. ×	62. ✓	63. ✓	64. ×
65. ×	66. ✓	67. ✓	68. ×	69. ✓	70. ✓	71. ✓	72. ✓
73. ✓	74. ×	75. ×	76. ✓	77. ×	78. ×	79. ✓	80. ✓
81. ✓	82. ×	83. ✓	84. ×	85. ×	86. ✓	87. ✓	88. ✓
89. ×	90. ×	91. ✓	92. ×	93. ✓	94. ×	95. ×	96. ×
97. ✓	98. ×	99. ✓	100. ✓	101. ×	102. ×	103. ✓	104. ×
105. ×	106. ✓	107. ✓	108. ×	109. ✓	110. ✓	111. ×	112. ✓
113. ×	114. ×	115. ✓	116. ✓	117. ✓	118. ✓	119. ×	120. ×
121. ×	122. ×	123. ✓	124. ✓	125. ✓	126. ×	127. ×	128. ✓
129. ×	130. ✓	131. ✓	132. ×	133. ×	134. ✓	135. ✓	136. ✓
137. ×	138. ✓	139. ✓	140. ✓	141. ✓	142. ×	143. ✓	144. ×
145. ×	146. ✓	147. ×	148. ✓	149. ×	150. ×	151. ✓	152. ✓
153. ×	154. ✓	155. ×	156. ×	157. ✓	158. ×	159. ✓	160. ✓
161. ×	162. ×	163. ✓	164. ✓	165. ×	166. ✓	167. ×	168. ✓
169. ✓	170. ×	171. ✓	172. ×	173. ✓	174. ✓	175. ✓	176. ×

177. × 178. ✓ 179. ✓ 180. ✓ 181. ✓ 182. ✓ 183. ✓ 184. ×
185. ✓ 186. × 187. × 188. ✓ 189. × 190. × 191. × 192. ✓
193. ✓ 194. × 195. ✓ 196. ✓ 197. ✓ 198. × 199. ✓ 200. ×
201. ✓ 202. ✓ 203. ✓ 204. × 205. ✓ 206. × 207. ✓ 208. ×
209. ✓ 210. ✓ 211. ✓ 212. × 213. ✓ 214. ✓ 215. × 216. ×
217. × 218. ✓ 219. ✓ 220. × 221. ✓ 222. ✓ 223. × 224. ✓
225. ✓ 226. × 227. × 228. ✓ 229. ✓ 230. ✓ 231. × 232. ✓
233. × 234. ✓ 235. ✓ 236. × 237. ✓ 238. ✓ 239. × 240. ✓
241. ✓ 242. × 243. ✓ 244. ✓ 245. ×

二、选择题

（一）单选题

1. A 2. A 3. C 4. D 5. A 6. D 7. C 8. A
9. B 10. A 11. A 12. A 13. C 14. A 15. A 16. B
17. C 18. C 19. D 20. A 21. C 22. B 23. C 24. D
25. A 26. C 27. D 28. C 29. A 30. B 31. D 32. B
33. B 34. A 35. B 36. A 37. B 38. C 39. A 40. B
41. A 42. D 43. C 44. B 45. C 46. C 47. B 48. A
49. A 50. B 51. C 52. D 53. B 54. D 55. B 56. D
57. A 58. A 59. B 60. A 61. C 62. A 63. A 64. A
65. B 66. B 67. C 68. A 69. B 70. C 71. B 72. C
73. D 74. A 75. A 76. B 77. B 78. B 79. C 80. B
81. B 82. C 83. C 84. D 85. C 86. B 87. C 88. A
89. B 90. A 91. C 92. B 93. B 94. A 95. D 96. C
97. B 98. C 99. B 100. B 101. A 102. C 103. B 104. A
105. C 106. B 107. D 108. C 109. C 110. A 111. B 112. D
113. C 114. B 115. C 116. D 117. A 118. D 119. D 120. C
121. B 122. C 123. B 124. C 125. B 126. D 127. D 128. B
129. A 130. C 131. B 132. C 133. A 134. B 135. C 136. C
137. B 138. D 139. C 140. A 141. D 142. B 143. D 144. C
145. D 146. D 147. B 148. A 149. B 150. D 151. B 152. A

153. A	154. B	155. B	156. D	157. A	158. B	159. C	160. C
161. A	162. C	163. D	164. A	165. D	166. A	167. B	168. D
169. B	170. C	171. A	172. D	173. A	174. D	175. B	176. D
177. D	178. C	179. C	180. A	181. C	182. C	183. D	184. A
185. B	186. C	187. B	188. D	189. A	190. C	191. B	192. D
193. C	194. A	195. A	196. B	197. C	198. A	199. D	200. C
201. C	202. B	203. A					

（二）**多选题**

1. ABCD	2. ABCDE	3. ACD	4. ABC	5. ABC
6. ABCD	7. ABCDE	8. ABCD	9. ABCE	10. BD
11. ABE	12. ACDE	13. ABCDE	14. ABC	15. CDE
16. ABCD	17. ACDE	18. AC	19. ADE	20. ABCD
21. ABCE	22. ACE	23. ACE	24. AB	25. BD
26. ABCE	27. ABCDE	28. ABCDE	29. CD	30. ABC
31. ABC	32. ACD	33. ABCD	34. ABD	35. CE
36. ABD	37. ABCD	38. ACDE	39. ABD	40. ABCD
41. AC	42. ABE	43. BCDE	44. AB	45. ADE
46. CDE	47. ABC	48. ACD	49. ABCD	50. ABCD
51. ABC	52. ABDE	53. ABCDE	54. ABCDE	55. ABCDE
56. BC	57. ABC	58. AD	59. BC	60. AB
61. BCDE	62. BC	63. AC	64. ABC	65. ABCDE
66. BE	67. AB	68. ACD	69. BC	70. BC
71. AB	72. BCE	73. AD	74. BC	75. AD
76. AD	77. BC	78. AC	79. BD	80. AC
81. CD	82AC	83. AC	84. AC	85. BC
86. BE	87. AD	88. AD	89. BC	90. AC
91. ABC	92. BC	93. BD	94. AC	95. ACE
96. AC	97. BC	98. AC	99. BCD	100. BCD
101. AD	102. ABDE	103. ABC	104. ACD	105. ABD
106. AC	107. BD	108. AB	109. ABD	110. ACD
111. ABCDE	112. BCD	113. ACD	114. AC	115. ABC

116. BE	117. BCD	118. ABDE	119. ABC	120. AB
121. ABCE	122. ACD	123. ACDE	124. BCD	125. ABCD
126. BDE	127. ABC	128. BCDE	129. ABCD	130. ADE
131. BCDE	132. ABC			

参 考 文 献

［1］胡伍生，潘庆林．土木工程测量［M］．南京：东南大学出版社，1999.

［2］同济大学，西安建筑科学大学，东南大学，重庆建筑大学．房屋建筑学［M］．3 版．北京：中国建筑工业出版社，2000.

［3］何新闻．室内设计材料的表现与运用［M］．长沙：湖南科学技术出版社，2002.

［4］安素琴，魏鸿汉，刘树斌．建筑装饰材料［M］．北京：中国建筑工业出版社，2000.

［5］方巍．建筑装饰材料［M］．北京：机械工业出版社，2005.

［6］魏静，李明庚．建筑工程测量（工业与民用建筑专业）［M］．北京：高等教育出版社，2002.

［7］韩巍，刘谯．室内装饰设计师［M］．北京：机械工业出版社，2006.

［8］来增祥，陆震纬．室内设计原理（上册）［M］．北京：中国建筑工业出版社，2002.

［9］中国建筑学会室内设计分会．全国室内建筑师资格考试培训教材［M］．北京：中国建筑工业出版社，2003.

［10］高祥生，韩魏，过伟敏．室内设计师手册（上、下）［M］．北京：中国建筑工业出版社，2001.

［11］中国建筑装饰协会．中国建筑装饰协会室内建筑师培训教材［M］．哈尔滨：哈尔滨工程大学出版社，2005.

［12］何平．装饰材料［M］．南京：东南大学出版社，2002.

［13］东南大学建筑学院．建筑装饰装修制图标准［M］．南京：江苏省工程建设标准站，2006.

［14］高祥生．装饰设计制图与识图［M］．北京：中国建筑工业出版社，2004.

［15］李宏．中外建筑史［M］．北京：中国建筑工业出版社，1998.

［16］霍维国，霍光．中国室内设计史［M］．北京：中国建筑工业出版社，2003.

［17］中央美术学院美术史系外国美术史教研室．外国美术简史［M］．北京：高等教育出版社，1999.

［18］庄荣，吴叶红．家具与陈设［M］．北京：中国建筑工业出版社，1996.

［19］高祥生．室内陈设设计［M］．南京：江苏科学技术出版社，2004.

[20] 成涛. 现代室内设计与实务 [M]. 广州：广东科技出版社，1997.
[21] 高祥生. 高级室内装饰设计师 [M]. 北京：机械工业出版社，2006.
[22] 高祥生. 装饰构造图集 [M]. 南京：江苏科学技术出版社，2006.
[23] 曹纬浚. 一级注册建筑师考试辅导教材：建筑物理与建筑设备 [M]. 北京：中国建筑工业出版社，2005.
[24] 王树京. 一级建造师执业资格考试：装饰装修工程 复习教程 习题 案例 [M]. 天津：天津大学出版社，2004.
[25] 鲍桂兰. 室内装饰设计（中级）[M]. 北京：中国劳动社会保障出版社，2005.
[26] 张绮曼，郑曙旸. 室内设计资料集 [M]. 北京：中国建筑工业出版社，1991.